Landscape Planning

조경계획론

한국조경학회
| 대표저자 김진오 |

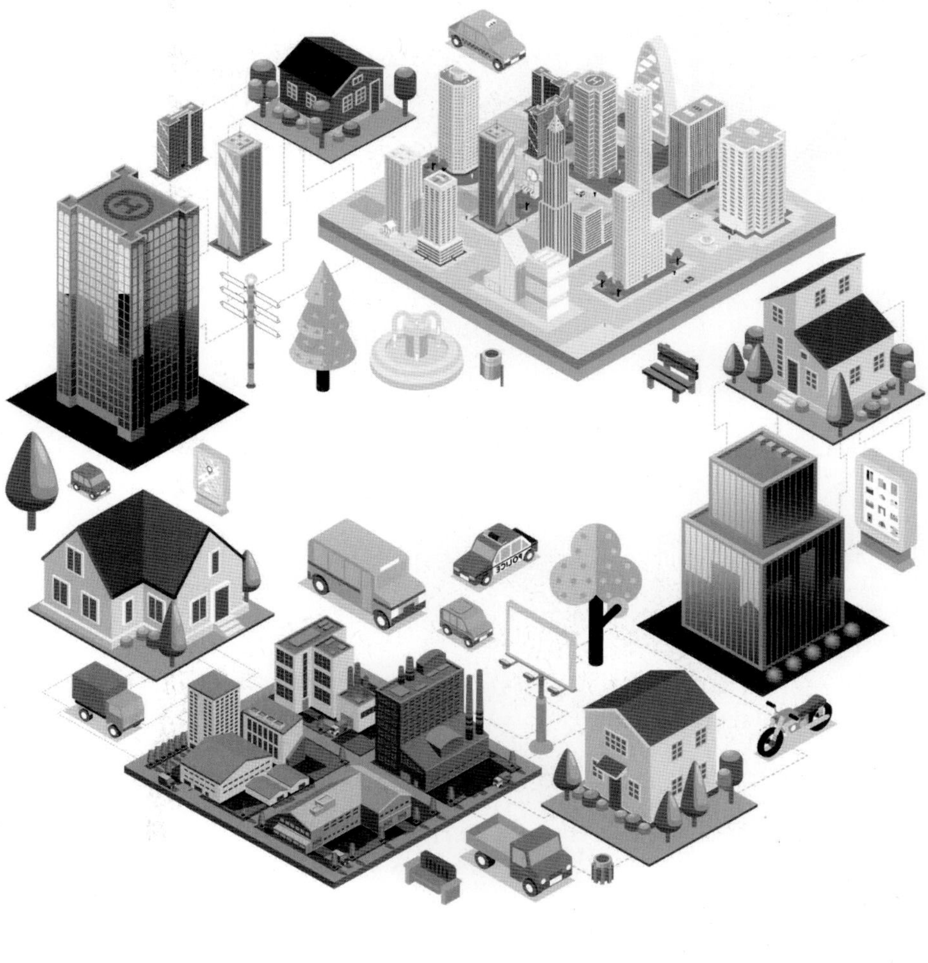

문운당

발간사

학자로서 훌륭한 업적을 남기셨던 대선배 조경가의 말씀이 기억난다. "조경은 설계로 완성된다." 시공과 관리 등의 과정도 있기는 하지만 이들은 설계를 실현하는 과정과 이후의 연속 작업이기 때문에 그런 표현을 하셨을 것이다. 조경이 설계가 목표이기는 하지만 계획을 기반으로 하지 않을 수는 없으므로 조경계획은 조경의 핵심과정이라 하겠다. 공무원 임용을 비롯한 공식적 채용시험에 필수과목으로 채택되고 있는 것은 이를 방증하는 것이고, 어느 누구도 이에 대한 반론은 없을 것이다.

조경학대계라는 명칭으로 조경계획론과 조경수목학이 처음 출간되는 감격이 1986년에 있었다. 당시에는 학생신분이었기에 당연히 있어야 할 전공서적이라 치부했지만 조경 50주년을 맞이하면서 돌아본 역사를 생각하니 우리 분야에서 교과서가 처음으로 탄생한 순간이었기에 감격이라는 말이 결코 과장은 아닐 것이다. 이것이 단순한 교과서로서의 기능만 한 것이 아니라 기사시험이나 2006년에 신설된 공무원 조경직 채용시험 등에 중요한 기준점이었다. 특히, 2019년부터 본격화된 정부의 조경직 채용으로 그 필요성은 더 이상 말할 필요가 없어졌다.

1986년의 1세대 계획론 집필자는 7명이었는데 2세대라고 할 수 있는 2007년에는 16명으로 2배 이상 늘어났고, 3세대로 구분할 수 있는 본 책자에는 28명이 참여하였다. 이것만 보아도 시대의 변화로 인해 조경계획에 담아야 할 내용이 그 만큼 많아지고 있음을 알 수 있다. 1세대의 계획론은 첫 번째 시도였음에도 아직까지 좋은 평가를 받고 있다. 시대의 변화를 따라가지 못하는 부분이 있어 다음 세대로 넘기기는 했지만 많은 부분에서 교과서의 역할을 톡톡히 했다고 할 수 있다. 2세대 조경계획론의 초판은 1천쪽에 달하는 방대한 분량과 좋은 내용에도 불구하고 큰 호응을 받지는 못했고 개정판에서 사례부분을 축약함으로써 상당한 다이어트를 했었다. 그러나 아쉽게도 부분적이기는 하지만 1세대에 미치지 못한다는 논란이 있었음을 부정할 수 없다. 이에 따라 대학현장에서는 몇 종의 계획론 서적과 함께 교수 개인들의 보조자료를 통해 그 아쉬움을 보충했던 것으로 알고 있다. 20년 이상을 현장에서 강의하고 있는 교수 입장에서 항상 뭔가 아쉬움이 있었음을 숨길 수 없었는데, 아마도 각론 혹은 분야별 계획이 가지고 있었던 문제가 아닌가 한다. 조경계획의 일반론에서 다루었던 내용을 이어지는 각론에서 다시 언급하는 것을 피하려다 보니 계획보다는 설계기준에 가까운 내용을 다룰 수 밖에 없었을 것이다. 이번에 출간된 본 서적에는 이 부분에 대한 수술 흔적이 두드러진다. 각론을 없애는 과감한 시도를 했는데, 과감성보다는 합리성이라고 평가를 하고 싶다. 완벽한 교육과 교재가 어디에 있겠는가. 교육은 시행과정에서 발생하는 문제를 찾아 그것을 극복하는 과정의 연속이고 시대 변화를 즉시 수용해야 하는 실용학문으로서의 조경학을 생각하면 이 책도 언젠가는 수술대에 올라갈 것이다. 그렇지만 전통적인 계획의 접근방법부터 최근의 경향까지 계획론이 가져야 할 골격을 탄탄하게 유지하고 있어 다음 수술까지는 꽤 오랜 시간을 기다려도 되지 않을까 한다. 집필자들의 면면에서도 신선한 변화가 느껴진다. 조경 50년을 넘기는 첫 해에 선물과 같이 출간된 3세대 조경계획론이 3세대 조경인들에 의해 쓰여진 것 같아 기대감이 커질 수밖에 없다.

실용학문인 조경학의 서적들은 시대변화를 실시간처럼 담아야 하는 의무가 있지만 인쇄물의 특성상 한계는 분명하다. 그럼에도 불구하고 본 조경계획론은 그런 변화양상을 충실히 담고 있어 전문인으로서의 조경가를 준비하는 이들에게 좋은 지침서가 될 것임이 확실하다.

2024년 2월

한국조경학회장 김 태 경

추천사

2022년은 한국조경 50년이 되는 해였습니다. 한국조경학회는 2021-22년 연구분과를 중심으로 조경계획론 발간을 준비하였습니다. 2007년 학회는 조경학대계 첫 번째 시리즈로 조경계획론을 출간하였습니다. 15년 이상이 시간이 흐른 시점에서 재출간하게 되었습니다. 최근 기후위기문제나 탄소중립 등 새로운 시대적 이슈가 등장하였고, 조경 분야를 둘러싼 법과 제도에도 큰 변화가 있었습니다. 이러한 변화에 대응하고자 책의 구성과 내용을 대대적으로 개편하여 새롭게 선보입니다.

조경계획은 조경 교육과 연구, 정책과 실무에 중추적 부분을 차지하는 분야입니다. 조경(학)은 정책 및 계획, 설계와 시공, 운영 관리 등 영역으로 나누어지며, 조경계획은 정책 부문을 아우르면서 넓은 범위를 포괄합니다. 조경계획은 크게 두 가지의 차원에서 이해될 수 있습니다. 첫째는 설계의 전 단계로서 설계를 위한 기획과 분석 및 프로그래밍의 작업을 지칭합니다. 둘째는 법과 제도에 기반한 정책환경 분석과 인문사회 및 자연생태환경 분석을 기초로 공간 계획의 골격을 제시하는 것입니다. 이 둘은 서로 겹치면서 작동되며 거시적이냐 미시적이냐 하는 스케일의 차이 혹은 요구되는 지식과 기술의 특성의 차이를 갖습니다.

근대조경은 공원이라는 단위 공간의 설계를 넘어 도시 스케일에서 그린 인프라를 구축하는 일을 자임하면서 전문 분야로 사회적 정당성을 확보하게 되었습니다. 20세기 중반에 개발한 환경분석기법은 다양한 공간정보를 융합하여 처리하는 방법으로서, 조경 분야 지식과 기술의 큰 성취라고 볼 수 있습니다. 이 기법은 지역 계획에서 도시계획과 설계에 이르기까지 다양한 영역에서 표준이 되고 있습니다. 이제 회복탄력성 등의 최근 새로운 환경문제에 대한 조경계획 기법 개발이 필요한 상황입니다.

조경계획론은 알찬 구성과 풍부한 내용을 가지고 있습니다. 1장에서는 복잡한 조경계획의 개념을 정리하였고, 2장은 7가지 관점에서 이론적 배경을 소개하고 있으며 최근의 이슈도 다루고 있습니다. 3장에서는 계획방법론을 다루고 있으며 이는 계획의 실질적 실행수단이 됩니다. 4장의 법제도는 실무 행위의 기반이 되는 내용입니다. 5

장에서는 계획의 다양한 유형을 다룹니다. 실무 행위의 현장을 폭넓게 정의하며 사례와 함께 다루고 있습니다. 경관계획, 하천생태복원계획, 농산어촌계획, 공공정원 등의 다양한 범위를 포괄하고 있습니다. 6장은 자연기반해법 등 조경계획의 미래 트렌드를 잘 반영하고 있습니다.

방대한 범위와 내용을 다루는 일이라 집필이 쉽지 않은 일이었다고 생각합니다. 집필에 수고해주신 28인의 노고에 감사드립니다. 특히 기획하고 총괄을 담당한 경희대 김진오 교수의 열정에 깊이 감사드립니다. 조경계획론이 조경교육과 실무에 유용하게 쓰여지길 희망합니다.

2024년 2월

서울대학교 환경대학원 교수(전 한국조경학회장)

조 경 진

머리말

1986년 한국조경학회에서 조경계획론이 처음 출간된 이후 조경계획에 관한 논의가 논문과 서적 등을 통해 꾸준히 이어져 왔다. 그동안 우리나라의 조경계획은 주로 공원녹지와 단지계획, 가로조경, 관광조경, 생태조경, 전통조경, 시설계획 등 공간적 특성과 대상 중심으로 논의되었으나, 광역적 계획과 부지설계, 그리고 기본계획과 기본설계 등 공간 규모와 업역적 구분의 혼재 속에서 명확하게 정의되지 못한 것이 현실이다. 이는 조경이라는 학문적 태생과도 연계되는 부분이기도 하지만 계획이 설계과정의 하나로 인식되는 업역의 현실과 '계획'의 의미와 목적에 대한 깊이있는 학술적 논의의 부족에도 기인한다고 볼 수 있다. 대학교육은 물론 조경기사 등 국가기술자격시험에서도 다루어지고 있는 조경계획은 조경설계와는 차별화되는 영역으로 인식되지만, 이론과 실무에서 그 경계를 명확히 구분하기 어려운 것이 현실이며 전문가마다 조금씩 다른 견해를 보이기도 한다. 그러나, 이는 당장 풀어야 될 난제라기 보다는 끊임없이 고민해야 할 논제이기도 하다. 도시계획 분야에서는 '계획'의 의미와 주체, 그리고 대상이 무엇인지에 대한 학문적 논의가 지금까지도 끊이지 않고 있음에 주목할 필요가 있다. 조경 분야 역시 소규모 단위의 부지에 대한 설계를 넘어 지역적, 광역적 차원에서의 토지이용과 경관자원, 타 계획 및 정책과의 연계, 그리고 다양한 이해당사자들의 참여와 절차적 정당성에 기반하는 '계획'의 개념과 방법에 대해 앞으로 더욱 적극적으로 논의해야 할 것이다.

본 서는 조경계획의 기반이 될 수 있는 이론적 개념 및 이와 연계된 계획방법론, 관련 법 · 제도, 그리고 공간규모의 위계에 따른 계획 유형의 소개와 논의를 통해 조경계획에 대한 보다 폭넓은 관점을 제시하고자 하였다. 이에 따라 본 서는 크게 6개의 장으로 구성되었다. Part 01에서는 조경계획의 개념과 목표 및 학문적 · 실천적 영역에서의 과제에 대해, Part 02에서는 조경계획의 이론적 배경과 환경생태적, 도시형태적, 경관미학적, 사회문화적, 경제적, 환경정의와 시민참여 측면에서 연계되는 다양한 이론에 대해 논의하였다. Part 03에서는 조경계획 프로세스와 조사분석방법, 그리고 조경계획과 조경설계의 차이점에 대해 논하였다. Part 04에서는 조경계획 관련 법·제도와 주요 법규에 대해 소개하였으며 Part 05에서는 조경계획의 유형 및 사례를 광역 및 지역, 도시 및 마을, 지구 단위 등 공간 규모의 위계에 따라 소개하였다. 마지막으로 Part 06에서는 글로벌 환경위기에 대응하기 위한 조경계획의 역할과 미래 및 과제에 대하여 논하였다.

본 서는 총 28명의 조경계획 분야 전문가들이 참여하여 각자의 학술적·실무적 지식과 경험에 기반한 다양한 관점을 담았으며 이를 통해 조경계획의 기본 개념과 방법, 관련 법·정책과 계획 유형에 대해 종합적으로 이해하는데 도움을 주고자 하였다. 비록, 여전히 미흡한 부분들에 대한 아쉬움이 있지만, 이번 기회를 통해 조경계획의 새로운 가능성을 모색하고 앞으로 조경분야의 목표와 역할이 기후변화 등 환경문제와 사회문화적, 정책적 영역으로 더욱 확장될 수 있기를 기대한다.

집필을 마무리하며 본 서의 출간을 처음 제안해주신 조경진 전 회장님과 출간을 위해 적극 지원해주신 김태경 회장님, 그리고 출간 기획부터 목차구성과 필진 섭외, 원고수정 등 최종 출간까지 함께 노력해주신 전진형, 엄정희, 김영민 교수님께 깊은 감사를 드린다. 마지막으로 조경계획의 비전과 방향을 제시해주시며 한국 조경분야의 태동과 발전을 위해 일생을 바쳐오신 오휘영 교수님께 깊은 존경과 감사의 마음을 전하고자 한다.

2024년 2월

집필대표 김 진 오

CONTENTS

PART 01

조경계획이란 | 김진오

PART 02

조경계획의 개념과 이론

PART 03

조경계획 방법론

PART 04

조경계획 관련 법 · 제도

PART 05

조경계획의 유형 및 사례

PART 06

조경계획의 미래

PART 1

조경계획이란?

1. 조경계획의 개념과 목표

1.1. 조경계획의 개념

'계획'(planning)은 의사결정 및 실행을 위한 통합적인 행위로 "다양한 선택 가운데 하나의 합의를 도출하기 위해 과학적이고 기술적인 정보를 활용하는 것"으로 정의될 수 있다(Steiner, 2000). 좁은 의미로서의 계획은 도시계획, 교통계획, 경제계획, 관광계획 등 비교적 명확히 정의된 계획분야를 들 수 있으며 환경계획(environmental planning)은 제한된 자원과 자연환경의 이용 및 보전을 위한 계획과 개발에 따른 환경적 영향의 예측, 저감, 관리 방안 등을 포함한다. 조경계획은 영어로 'landscape planning'으로 해석될 수 있으며 이는 경관의 특성과 프로세스, 시스템을 다루는 토지이용 및 계획의 행위를 의미한다(Marsh, 1998). 조경계획은 계획과정에서 경관적 어메니티에 초점을 두고 있으며 이는 경관을 인지하고 정의하는 사회문화적 다양성에 기반하고 있다. 영국의 학자 크로우(Dame Sylvia Crowe)(1969)는 조경계획을 "창의적인 보전"(creative conservation)으로 전제한 후 "지구의 아름다움과 비옥함을 보전하며 제한된 토지에 대한 인간의 최적 이용을 지원하는 행위"로 정의하였다. 이러한 크로우의 정의는 조경계획을 미적·생산적 요소와 문화적·자연적 자원의 보전에 초점을 맞추며 다른 유형의 계획과 구분하였다(Zube, 1986). 또한 세든(Seddon)(1986)은 조경계획을 기존의 전통적 조경디자인과 구분하기 위해 "주어진 특정 부지에서의 공간디자인 행위를 조경디자인(landscape design)이라고 한다면, 보다 큰 스케일의 공간에서 특정 이용에 적합한 부지를 선정하거나 특정 부지에서의 적합한 이용을 계획하는 행위를 조경계획(landscape planning)"이라고 정의하였다. 이러한 조경계획의 정의는 조경디자인을 보다 거시적이고 장기적인 차원에서 지원하는데 초점이 맞추어져 있다. 존 로딕(Jon Rodiek)(2006)에 따르면 조경디자인은 반드시 거시적이고 지역적인 환경의 생태적 기능과 구조에 잘 부합해야 하며 이런 측면에서 조경계획은 계획과 디자인 이론의 새로운 발전을 유도함은 물론 효과적인 디자인을 위한 의사결정에도 중요하게 기여할 수 있다.

1.2. 조경계획의 영역

조경계획(landscape planning)의 개념은 조경(landscape architecture)의 한 분야로 정의될 수 있으며 이는 “landscape architecture”라는 용어가 처음 사용되었던 미국에서의 학문적·실무적 영역의 발전과정과 맥락을 같이 한다(Zube, 1986). 정원과 공원 등 소규모 스케일에 대한 디자인과 달리 지역적·광역적 규모의 공간계획에 초점을 둔 조경계획은 19세기 중반 미국 조경분야의 창시자로 불리는 프레드릭 로 옴스테드(Frederick Law Olmsted)와 찰스 엘리어트(Charles Eliot)의 프로젝트 영역에 이미 포함되어 있었으며, 이후에도 옴스테드 주니어(Olmsted Jr.)와 존 놀런(John Nolen) 등 미국 초창기의 조경가들이 주도적으로 참여해왔다(Seddon, 1986). 미국에서 최초의 도시계획 강의도 하버드대학교 조경학과에서 개설되었으며 1929년 도시계획 대학원이 설립되면서 도시계획 및 지역계획 분야가 별도의 독자적인 학제로 발전하게 되었다(Seddon, 1986). 이러한 미국의 초기 학제적 분화에 따라 조경분야는 주로 작은 스케일의 프로젝트 디자인에 초점을 맞추어 왔으나 1969년 이안 맥하그(Ian McHarg)의 ‘Design with Nature’ 출간을 계기로 도시 및 지역계획을 위한 조경의 이론적·실무적 영역이 더욱 확장되기 시작했다. 미국과 달리 영국과 호주 등에서는 조경보다는 도시 및 지역계획 분야의 전통이 강했는데 이미 1909년부터 대학에 도시계획 전공이 설치되기 시작했다. 조경학 전공은 1960년대 후반 미국을 중심으로 한 환경운동이 전 세계적으로 확산되면서 영국에서는 1969년, 호주에서는 1981년부터 대학에 설치되기 시작했다(Seddon, 1986).

우리나라의 경우 1973년 서울대 환경대학원과 서울대, 영남대 학부과정에 처음으로 조경학과가 신설되면서 조경학에 대한 학문적 토대가 마련되었다. 이는 지역개발 및 도시계획 관련 학과가 1963년부터 설치되기 시작한데 비해 다소 늦은 출발이었지만 1972년 청와대 조경담당비서관이었던 오휘영의 주도 아래 대학 학제부터 제도, 전문 자격증 등에 이르기까지 조경 분야에 대한 정착이 매우 신속하게 이루어졌다. ‘조경’(造景)이라는 용어 또한 이 때부터 보편화되기 시작했으며 ‘조경계획’이라는 용어는 1973년 “한국과학원 조경계획”이라는 대통령 보고서에서 처음 사용되었다(조세환 외, 2018). “한국과학원 조경계획” 보고서에서는 홍릉 주변의 체계적 녹화를 목표로 각 기관이 참여하는 환경관리위원회와 의사결정기구 및 협력기관 구성, 예산 및 관리계획까지 총 망라하고 있다는 측면에서 주목할 만하다. 이후 “조경계획”이라는 용어는 관광, 하천, 산림, 국가유산 등 다양한 유형의 국토개발 과정에서 보다 확장된 시공간적 스케일과 의사결정 기구 및 절차 등을 아우르는 탄력적인 개념으로 사용되어 왔다.

조경계획이 다루는 영역은 명확하게 정의되기 어려우며 다양한 사회적·문화적인 영향 아래 국가마다 다소 다른 관점과 발전 과정을 보여주고 있다. 독일에서는 조경계획이 자연환경 보전을 위한 예방적 계획으로 법제화되었고 스위스의 경우 공간계획을 위한 중요한 자료로 활용되며 미국에서는 특정 목적을 위한 전략적 계획의 형식으로 수행되고 있다(Hersperger et al., 2020). 그러나, 조경계획은 광역적 스케일에서의 통합적이고 협력적인 계획으로서 생태적 지식과 가치의 중요성을 공유하는 가운데 지구적 환경문제와 다양하고 복잡한 사회 문제들과 마주하며 그 역할과 책임이 더욱 강조되고 있다. 특히, 지속적인 환경파괴와 기후변화의 위기 속에서 조경계획은 거시적인 스케일의 도시계획과 건축적 스케일 사이에서 놓치기 쉬운 지역적 환경생태 및 이와 연계된 사회문화적 문제를 탐구하고 이를 여러 유형의 계획과 디자인에 연결시키는 중요한 역할을 할 것으로 기대되고 있다.

1.3. 조경계획의 목표와 대상

조경계획의 목표는 한정된 자원과 다양한 토지이용의 요구 속에서 자연의 프로세스와 자연적·사회문화적으로 중요한 자원을 보호하며 지속가능한 경관을 창출해나가는 것이다. 조경계획은 조경디자인에 비해 큰 공간적 스케일과 장기간의 시간, 그리고 다양한 이해당사자의 참여를 특징으로 한다. 조경계획의 대표적인 예로는 파크시스템(park system)을 들 수 있는데, 이는 공공보행로와 산책로, 자전거도로 등으로 연결된 녹지공간의 체계적 네트워크를 의미한다. 최초의 파크시스템은 19세기 영국 런던의 세인트 제임스파크(St. Jame's Park)와 그린파크(Green Park), 그리고 하이드파크(Hyde Park)가 도시녹지 시스템으로 편입되면서 시작되었으며 이후 프랑스 파리의 재계획에 적용되었다. 미국에서는 옴스테드가 보스턴의 에메럴드 네클리스 파크(Emerald Necklace)를 계획하면서 시작되었고 이후 미국 각 지역에서 다양한 유형의 그린웨이(greenway) 계획으로 구현되었다.

조경계획의 목표와 대상은 물리적 공간에 한정되지 않는다. 조경계획은 다른 공간계획과 마찬가지로 다양한 이해관계자들 사이의 갈등 중재 및 협상을 위한 정치적 행위(political activity)로 이해되기도 한다(Oliveira and Hersperger, 2019). 생태자원 및 인문환경 분석에 초점을 맞춘 맥하그(McHarg) 이후 스타이니츠(Steinitz), 스타이너(Steiner), 아흔(Ahern) 등 많은 학자들이 과학적 분석과 이해당사자들의 참여를 연계시키는 통합적 계획모델을 제시한 것도 이러한 이유에서다.

2. 조경계획의 학문적·실천적 영역과 과제

지구적 환경문제와 기후변화에 따른 자연재해, 각종 토지개발로 인한 환경파괴의 가속화 등은 조경계획의 중요성을 더욱 크게 부각시키고 있다. 그러나 조경계획의 개념과 중요성에 대한 인식 확산과 타 계획과의 차별화 및 연계성, 그리고 정책적 기반의 조성을 위해서는 이론적 기반의 구축과 실천에 대한 노력이 지속되어야 할 것이다. 실천을 위한 구체적인 목표와 방향은 합리적 이론을 토대로 수립될 때 학문적·사회적 설득력을 얻을 수 있으며 이는 이론의 검증과 발전으로 연결되는 순환적 과정으로 이해될 필요가 있다. 조경계획에 대한 이론적 기반 없이 방법과 기술만으로 계획을 설득하고 발전시키는데는 한계가 있다. 조경계획 분야에서의 새로운 이론 정립을 주도했던 맥하그(Ian McHarg)의 경우 찰스 다윈(Charles Dawin)과 로렌스 핸더슨(Lawrence Henderson) 등 생태학자들의 이론을 차용하여 토지이용의 적합성 이론을 제시했다. 이러한 맥하그의 이론은 다양한 생태적 가치를 토지이용계획에 접목하기 위한 과학적 방법의 정당성을 제공하며, 조경계획의 영역과 역할을 확장하는데 기여하기도 했다. 그러나 조경계획 분야 역시 도시계획이나 환경계획 등 사회과학에 근접한 학문영역으로서 여전히 많은 한계에 봉착하고 있다. 현상을 개념화하고 측정하는 방법은 자연과학과 사회과학에서 확연한 차이를 보이고 있으며 이에 따라 자연·생태적 가치와 사회문화적 가치를 찾아 상호 연계성을 분석하기 위한 이론 및 방법의 모색은 더욱 어려운 것이 현실이다. 많은 학자들은 새로운 이론(theory)의 정립이 과학적 가설을 통한 검증을 통해 가능하며 이는 기존의 자연과학과 사회과학에 대한 폭넓은 이해를 전제로 한다. 따라서 조경계획 분야에서의 새롭고 유익한 이론의 정립은 개별적 학문 영역을 넘어서는 다학제간 소통과 협력이 필수적이며 이는 대학의 교육 역량과 업역의 확장을 위해서도 매우 중요한 과제라 볼 수 있다.

참고문헌

조세환, 구영일, 오정학 (2018) 한국 현대조경 태동의 역사 : 빛과 프리즘 그리고 무지개, 기문당.

Crowe, S. (1969) Landscape planning. A Policy For a Crowded World. International Union for the Conservation of Nature and National Resources, Morges, Switzerland.

Hersperger, A.M., Bürgi, M., Wende, W., Bacău, S., Grădinaru, S.R. (2020) Does landscape play a role in strategic spatial planning of European urban regions? Landscape and Urban Planning 194 : 103702

Marsh, W. (1998) Landscape Planning : Environmental Applications, 3rd Edition. John Wiley & Sons.

Oliveira, E., Hersperger A.M. (2019) Disentangling the governance configurations of strategic spatial plan–making in European urban regions. Planning Practice and Research 34(1) : 47–61.

Rodiek, J. (2006) Landscape planning : its contributions to the evolution of the profession of landscape architecture. Landscape and Urban Planning 76 : 291–297.

Seddon, G. (1986) Landscape Planning : A Conceptual Perspective. Landscape and Urban Planning 13 : 335–347.

Steiner, F. (2000) The Living Landscape: An Ecological Approach to Landscape Planning. McGraw–Hill.

Zube, E. (1986) Landscape Planning Education in America : Retrospect and Prospect. Landscape and Urban Planning 13 : 367–378.

PART 2

조경계획의 개념과 이론

1. 조경계획의 이론적 배경

계획(planning)분야에서의 이론은 실체적 이론과 절차적 이론으로 분류될 수 있으며(Faludi, 1973) 조경계획(landscape planning)의 이론 또한 이러한 분류에 기반하고 있다(Ndubisi, 2002). 실체적 이론(substantive theory)은 자연과학 및 사회과학 연구에 기초한 이론으로, 인간과 자연의 상호작용으로서의 환경 및 경관을 이해하기 위한 기술적이고 규범적인 이론이다. 절차적 이론(procedural theory)은 실체적 이론을 적용하고 실천하기 위한 방법론적 이슈에 초점을 두고 있다. 실체적 이론이 도시형태, 디자인, 레이아웃(layout) 등 주로 계획 대상과 주제에 초점을 둔 반면, 절차적 이론은 토지적정성분석(land suitability analysis) 이론 등 실체적 이론 기반의 지식을 구체적으로 실행하기 위한 계획의 절차와 관련 정책에 관심을 두고 있다. 실체적 이론이 과학 영역의 원칙 등 객관성 있는 유용한 정보와 가이드라인을 제공하고 있으나, 절차적 이론에서는 이러한 정보들을 어떻게 조합하여 해석하고 또 어떠한 방식으로 의사결정 단계에 적용할지에 대한 방향 제시에 초점을 두고 있다. 조경계획에서는 생태학, 지리학, 사회학, 심리학, 인류학 등 다양한 자연과학 및 사회과학 영역의 실체적 이론들을 기반으로 이들을 현실적 계획 실천에 적용하기 위한 다양한 절차적 이론들이 논의되어 왔다.

본 서에서는 조경계획의 주요 이론을 환경생태적 접근, 도시형태적 접근, 경관미학적 접근, 사회문화적 접근, 경제적 접근 등 5가지 측면으로 나누고 각 영역별로 제기되었던 주요 이론들을 논의하고자 한다. 환경생태적 접근에서는 생태학에 대한 기본적 개념을 바탕으로 이를 활용한 생태경관계획, 경관생태학, 생태계 및 생태계서비스 관리, 경관회복탄력성, 다기능적 경관 등을 다루고 있다. 도시형태적 접근은 주로 도시의 물리적 계획에 주로 초점을 맞춘 이론으로 옴스테드의 도시관, 하워드의 전원도시론, 페리의 근린주구론, 모더니즘 계획, 뉴어바니즘, 랜드스케이프 어바니즘 등을 소개하였다. 경관미학적 접근에서는 경관미학 및 심리행태에 초점을 맞춘 이론으로 정신물리학적 경관분석, 인지적 경관분석, 문화학습적 경관분석 등의 특징에 대해 논의하였다. 사회문화적 접근에서는 문화경관에 대한 개념을 바탕으로 문화경관 기반의 조경계획 이론을 고찰하였으며 경제적 접근에서는 경제학에 대한 기본개념을 바탕으로 사적재화 및 공공재로서의 조경공간 특성 및 계획의 특성에 대하여 논의하였다. 이러한 5가지 관점의 분류는 상호 배타적인 관계를 의미하는 것은 아니며 오히려 서로 중첩되거나 보완적인 관계로 이해할 필요가 있으며 개별적 이론 또한 학자들에 따라 그 관심 범위가 다소 다르게 제기되기도 하는 점을 주지할 필요가 있다.

2. 환경생태적 접근

2.1 '생태'의 개념과 계획 분야에서의 적용

1) 생태학과 계획

생태학은 자연자원의 작동과 순환, 그리고 계획은 인간의 혜택을 위한 이들의 적절한 이용이라는 측면에서 많은 중요한 관심사를 공유하고 있다. Booth(1984)에 따르면 계획은 생태에 대한 고려없이 결코 그 본연의 목적을 결코 달성할 수 없다. 그러나, 생태적 개념과 가치에 대한 원칙들은 경제적, 사회적 우선순위에 밀려 계획과정에 비중있게 반영되지 못했다(Leitão and Ahern, 2002). 미국과 유럽에서는 옴스테드 이후 이미 생태학적 개념이 조경계획에 직·간접적으로 녹아들어 있었으나 1960년대부터 전쟁후 사회인식 변화와 공공을 주도하는 산림전문가와 기업가, 그리고 자연보전과 동일시되는 생태학에 대한 오해 등으로 인해 계획과 생태학의 괴리가 더욱 커지게 되었다(Booth, 1984). 이후 급격한 도시화 및 개발에 따른 환경훼손이 가속화되면서 토양 및 생태학에 대한 관심이 높아지게 되었으며 미국의 생태학자 유진 오덤(Eugene Odum)이 생태계와 인간의 적극적인 관계성을 설명하는 새로운 생태적 모델을 제시하면서 생태학의 계획적 접목에 대한 관심이 증가하게 되었다(Leitão and Ahern, 2002). 조경 분야에서는 1969년 맥하그의 저서 "Design with Nature"를 계기로 조경계획에서의 생태학적 지식의 접목이 적극적으로 논의되기 시작했고 1980년대 생태학자들을 중심으로 경관생태학(landscape ecology)에 대한 연구가 활발해지며 생태적 프로세스의 공간적 차원에 대한 지식을 계획적 접근으로 연결하려는 노력이 본격화되었다. 또한, 1990년대 초 자연자원관리에 대한 전통적 접근방법에 대한 비판이 커지면서 지속가능성(sustainability)이라는 목표 아래 생태계관리(ecosystem management)라는 새로운 패러다임이 출현하였으며 이후 다기능적 경관(multifunctional landscape)과 회복탄력성(resilience) 등 다양한 생태학적 지식과 이들의 계획 적용 가능성에 대한 논의가 활발하게 진행되어 왔다(Leitão and Ahern, 2002).

2.2 생태경관계획 (Ecological Landscape Planning)

1) 생태계획의 개념과 발전

생태적 측면을 고려한 토지이용계획 및 관리에 대한 이론은 그 동안 각각의 이론들이 서로 영향을 주고 받으며 다양하게 발전해 왔다. 대표적으로는 맥하그(Ian McHarg)의 생태계획(ecological planning)을 비롯, 환경영향평가(EIA : Environmental Impact Assessment), 경관생태학(landscape ecology), 생태계관리(ecosystem management), 환경시스템 기반 농촌계획(environmental system-based rural planning), 경관생태계획(landscape ecological planning) 등을 들 수 있다(Leitão and Ahern, 2002). 생태와 경관 중심의 '계획'이라는 측면에서는 생태계획(ecological planning), 생태경관계획(ecological landscape planning), 경관생태계획(landscape ecological planning) 등의 용어가 혼용되어 사용되고 있으나, 이는 명확한 이론적 차이에 기인하기 보다는 학자들의 학문적 배경과 취향에 따른 것으로 보인다. Steiner(2000)에 따르면 생태계획(ecological planning)은 "경관의 효과적 이용 및 보전을 위한 의사결정을 위해 생물물리적(biophysical) 환경과 사회문화적(sociocultural) 환경 정보를 분석하여 기회 및 제한 요소들을 제안하는 과정"으로 정의된다.

2) 맥하그의 생태계획 이론

맥하그(1969)는 생태계획의 목적을 "자연의 법칙과 시간의 작동을 통해 드러나는 생물물리적·사회적 프로세스를 이해하는 것"이라 주장하였으며, 그의 생태계획 이론의 근간으로 진화론자인 찰스 다윈(Charles Darwin)과 생물학자인 로렌스 핸더슨(Lawrence Henderson)의 적합성(Fitness) 이론을 차용하였다. 다윈(1859)은 "환경에 적합한 유기체만이 살아 남는다"며 환경 적합성의 당위성을 주장하였으며, 핸더슨(1913)은 "세상은 모든 유기체에 적합한 환경으로 구성되어 있다"며 환경적 적합성의 추구를 위한 유기체의 노력을 강조했는데, 맥하그는 이 두 이론이 서로 상보적이라 판단하며 자신의 토지적합성 분석의 이론적 토대로 활용하였다(McHarg and Steiner, 1998). 또한, 맥하그(1969)에 따르면 자연의 모든 시스템은 생존과 번영을 추구하고 있으며, 환경에 적응하는데 최소한의 에너지와 시간이 요구될 때를 '저-엔트로피의 적합하고 건강한 상태(synthropic- fitness-health)', 그 반대의 경우를 '고-엔트로피의 부적합하고 건강하지 못한 상태(entropic-misfitness-morbidity)'라고 정의하였다(McHarg and

그림 2.1 이안 맥하그(Ian McHarg, 1920~2001)

(출처 : The Cultural Landscape Foundation, https : //www.tclf.org/pioneer/ian-mcharg)

Steiner, 1998). 맥하그(1969)에 따르면 '저-엔트로피의 적합하고 건강한 상태'를 위해서는 가장 적합한 환경을 찾고 적응하는 것이 중요하며, 생태계획은 최소한의 노동과 에너지 투입에 필요한 적합한 환경을 찾고 적응하는 과정으로서 인간의 건강과 복리를 향상시키는 중요한 수단이라고 주장했다. 맥하그는 이러한 적합성 이론을 바탕으로 다양한 정보의 지도를 중첩시켜 이용과 보전에 필요한 적지를 찾아내는 다층적 분석방법(Layer Cake Method)을 제안하였으며 이는 다양한 적지분석 방법의 토대로 활용되며 생태경관계획의 이론 및 방법론 개발에 크게 기여하였다.

3) 스타이너의 생태계획 이론

미국의 생태계획학자 프레드릭 스타이너(Frederick Steiner)는 경관의 자연생태 프로세스 및 분석과정에 치중한 맥하그의 한계를 보완하기 위해 맥하그의 토지적정성 분석 방법과 사회문화적인 정보수집 및 분석, 그리고 시민참여를 아우르며 의사결정 프로세스에

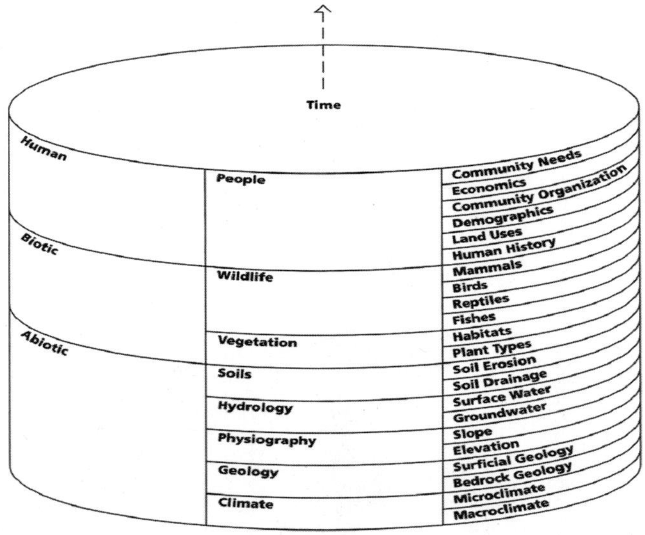

그림 2.2. 맥하그의 다층적 경관구조 모델(Layer Cake Model) (Steiner, 2000)

중심을 둔 통합적 생태계획 모델을 제시하였다. 이 모델은 11개의 단계로 이루어지는데, 1) 지역사회의 문제점 혹은 기회요소의 발견을 시작으로, 2) 목표설정, 3) 광역적 스케일과 4) 지역적 스케일에서의 생물물리적·사회문화적 프로세스에 대한 분석, 5) 분석내용과 문제점 및 목표와의 연결성 검토를 위한 세부연구(예 : 토지적합성 분석), 6) 컨셉 개발과 이를 바탕으로 한 계획방향 설정, 7) 경관계획(landscape plan)의 수립, 8) 시민참여 및 교육, 9) 개별 부지의 토지이용을 위한 사이트 디자인, 10) 계획 및 디자인의 실현, 11) 관리 운영 등으로 제안되었다(Steiner, 2000). 특히 이 생태계획 모델은 계획과정 전반에 걸쳐 시민참여 및 교육을 중요시하는데 이는 계획수립후 의견을 청취하는 단계 뿐만 아니라 디자인 탐색, 문제발견, 목표설정 등 각 단계별 의사결정 과정에 다양한 방식으로 관여할 수 있음을 강조하고 있다. 스타이너의 생태계획 모델은 맥하그의 생태적 토지적합성 분석기법을 수용하면서 디자인의 역할과 시민참여를 결합하는 순환적 계획프로세스로, 이를 통해 전문가 중심의 생태학적 지식의 한계를 극복하고 사회문화적 환경에 대한 적극적 고려와 시민참여를 통한 공동의 의사결정을 지원한다는 데 큰 의의가 있다.

4) 생태경관계획 이론의 조경계획적 시사점과 한계

맥하그의 유명한 저서 "Design with Nature"(1969)의 출간 이후 국제적으로 생태경

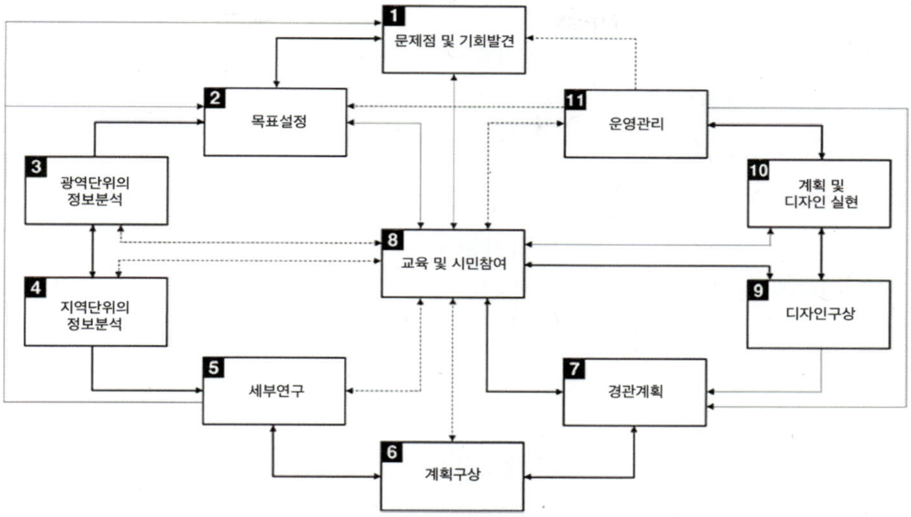

그림 2.3. 생태계획 모델 (Steiner, 2000)

그림 2.4. 프레드릭 스타이너(Frederick R. Steiner, 1949~)

출처 : Biohabitats, https : //www.biohabitats.com/newsletter/ecology-in-urban-planning/aa_expert-qa-frederick-steiner/

관계획 이론에 대한 다양한 연구가 진행되어 왔으며 이들은 주로 생물물리적·사회문화적·경제적 환경을 이해하고 이를 토지이용 및 조경계획에 접목하는데 초점을 두어 왔다. 그러나 이들 생태경관계획 이론의 대부분은 생태적 지식이 도시 및 조경계획 과정에 어떻게 효과적으로 접목될 수 있을지에 대한 명쾌한 답을 제시해주지 못하고 있다. 또한, 도시계획, 환경, 생태, 지리, 사회, 문화 등 다양한 학문영역과의 다학제적 연구에 대한 부족, 시민교육 및 참여, 토지이용계획 및 개발과정에서의 실제적인 의사결정 과정에서의 역할부족 등의 한계를 드러내고 있다.

2.3 경관생태학 (Landscape Ecology)

1) 경관생태학의 개념과 발전

조경가들은 주로 정원, 공원 등 상대적으로 작은 면적의 토지를 계획하고 디자인하는데 익숙하지만, 때로는 이러한 행위가 지역이나 도시 등 큰 공간적 스케일에서 볼 때 분절되거나 흩어져 있어 생태적으로 건강하지 않고 시민들의 이용 측면에서도 효율적이지 않은 경우가 많다. 이러한 측면에서 경관생태학은 보다 큰 스케일의 공간을 이해하고 분석함으로써 지역 및 도시에서 녹지시스템과 생태적 네트워크 등을 계획 관리하는데 유용하게 활용될 수 있다.

경관(landscape)은 이질적인(heterogeneous) 토지피복(land cover)으로 구성된 마을과 지역 등 다양한 스케일의 공간으로 구성되며, 경관생태학(landscape ecology)은 경관이 동물, 식물, 수계, 물질, 에너지 등의 공간적 분포 및 흐름과 공간적으로 어떤 연계성을 갖는지 이해하고자 하는 학문 분야이다. 경관생태학을 의미하는 "landscape ecology"는 1939년 독일의 지리학자 칼 트롤(Carl Troll)에 의해 처음 사용되었으며 유럽의 전통적 지역지리학(regional geography)과 식생과학(vegetation science)을 기반으로 태동되었다(Turner, 1989). 미국에서는 다양한 경관의 모습을 분석할 수 있는 항공사진이 보급되면서 본격적으로 경관생태학이 발전하기 시작했다. 경관생태학의 목적은 공간적 패턴과 생태적 프로세스와의 상관성을 다양한 스케일에서 이해하고 개선하는데 있으며 주요 연구 주제로는 경관패턴 분석, 토지이용 및 토지피복 변화, 경관의 분절 및 연결성이 생물다양성, 개체수, 생태적 프로세스에 미치는 영향 등을 들 수 있다. 경관생태학에서 주로 다루는 스케일(scale)은 수백에서 수천 제곱킬로미터 단위의 면적이지만 원칙적으로 어떤 스케일도 가능하다. 경관생태학 연구는 주로 항공사진과 원격탐사(satellite remote sensing), 현장조사 등의 데이터를 활용하여 GIS(Geographic Information System), 공간통계, 컴퓨터 시뮬레이션 모델링 등의 분석을 통해 공간적 이질성(spatial heterogeneity)의 원인과 작동원리, 결과 등을 탐구하는데 초점을 맞추고 있다.

2) 경관생태학의 주요 원칙과 적용

경관생태학에서는 경관을 살아있는 생체조직에 비유하고 있으며 이에 따라 주요 특징으로 구조(structure), 기능(functioning), 변화(change)를 강조한다. 경관의 구조는 경관 요소들의 공간적 패턴과 분포를 의미하며, 기능은 구조를 통한 동·식물, 물, 바람, 물질, 에너지 등의 움직임과 흐름을, 변화는 시간의 흐름에 따른 공간패턴과 기능의 역동성 및 변화를 의미한다(Dramstad et al., 1996). 경관의 구조는 네 가지 요소 즉, 패치(patch), 모자이크(mosaic), 코리더(corridor), 매트릭스(matrix)로 구성되는데, 이들은 경관의 이질성을 평가하고 공간 및 조경계획을 수립하는데 유용하게 활용될 수 있다(Dramstad et al., 1996; FISGRW, 1998). 패치는 크고 작은 면적의 산림이나 농경지, 호수, 개발구역 등 동질성을 가진 일단의 면적 요소를 의미하며 크기, 수, 형태, 거칠기, 분산 등을 통해 그 속성이 결정된다. 모자이크는 이질성을 가진 다양한 패치의 조합을 의미하며 코리더는 하천, 도로 등 경관을 구성하는 선적 요소로서 너비, 직선 또는 곡선화, 연결성 또는 단절성 등을 통해 그 속성이 결정된다. 매트릭스는 산림, 농지 등 패치와 코리도의 바탕을 이루는 집합적 요소로 세분화, 이질성 혹은 동질성, 연속성 등의 속성으로 정의될 수 있다. 이러한 경관구조 요소들은 시간의 흐름에 따른 항공사진의 변화에서 뚜렷하게 관찰될 수 있으며 이를 통해 개발 등 인간의 간섭이 어떠한 패턴으로 생물서식처, 산림, 하천의 훼손을 유도하는지 공간적으로 분석 가능하다.

경관생태학 이론의 정립과 실천을 주도한 미국의 경관생태학자 포먼(Forman)은 오픈스페이스 계획을 위해 다음과 같은 4단계의 계획 프로세스를 제시했다; 1) 공간구성 요소의 확인(큰 패치지역, 주요한 코리더, 특별한 부지 등), 2) 경관의 기능 확인(수계 및 야생동물과 인간의 이동 등), 3) 자연재해 분석, 4) 경관구조와 기능의 상관관계 분석(Forman 1995). 또한 네덜란드의 경관생태학자 존벨트(Zonneveld)는 토지의 다각적 가치를 평가하기 위해 사회·경제적인 분석과 환경영향평가를 활용하였다. 포먼은 생태학에 기반하여 경관의 구조적·기능적 특성 분석에 초점을 두었으며 존벨트는 토양학에 기반하여 모니터링 중심의 프로젝트 사후 평가에 중점을 두었다(Leitão and Ahern, 2002).

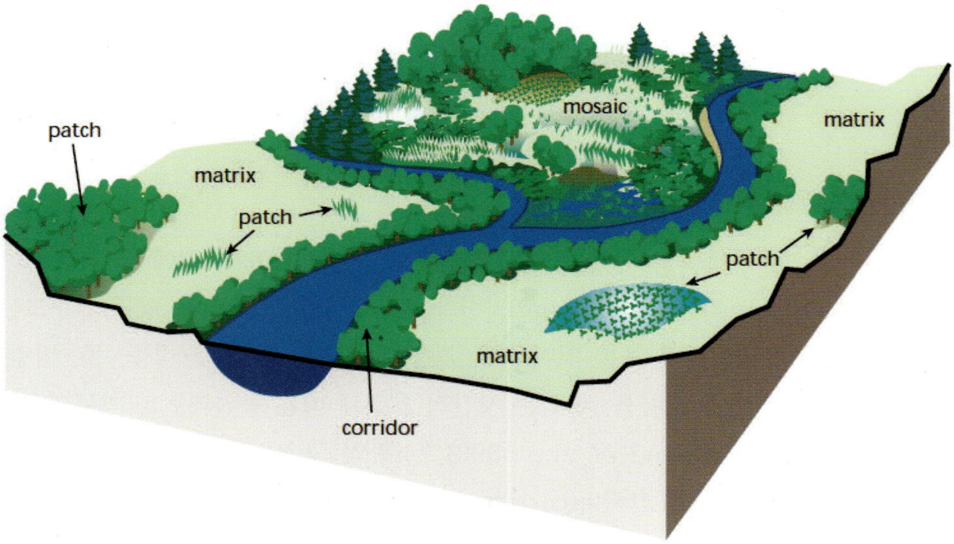

그림 2.5. 패치(patch), 코리도(corridor), 매트릭스(matrix), 모자이크(mosaic)의 개념 (FISGRW, 1998)

3) 경관생태학의 조경계획적 시사점과 과제

경관생태학은 생태적 프로세스에 대한 공간적 측면에 초점을 맞추며 조경 및 도시계획가와 생태학자들의 긴밀한 소통과 협력을 위한 중요한 토대를 제공했다(Forman, 1995). 특히 생태학적 측면에서의 공간의 패턴과 변화 프로세스에 대한 이론과 관찰은 계획이 초래할 수 있는 생태적 영향에 대해 공간적으로 예측하고 설명하는데 유용하게 활용되고 있다. 또한 경관생태학은 자연생태적 측면에 치중했던 기존의 생태적 접근과 달리 인간생태학(human ecology)적 관점 즉, 인간이 생태적 시스템의 일원이라는 점에 초점을 맞추며 도시 및 농촌계획과 조경·경관계획 등의 분야에서 활발하게 연구되고 있다(Leitão and Ahern, 2002).

경관생태학은 토지의 효율적 보전 및 이용을 위한 계획 관리를 위해 중요한 과학적 기반을 제공하고 있으며 이는 드론, 위성사진, 영상분석 등 기술적 영역의 확장과 더불어 조경계획 분야에서의 새로운 가능성과 역할을 제시해주고 있다.

2.4 생태계 및 생태계서비스 관리

1) 생태계 및 생태계서비스의 개념 및 발전

생태계 관리(ecosystem management)는 인간에게 필요한 생태시스템의 생산물과 서비스의 지속가능성을 위해 생태계의 건강과 다양성을 관리하기 위한 통합적 접근방법이다. 생태계서비스(ecosystem service)는 인간이 생태계로부터 직·간접적으로 얻는 편익으로 정의되고 있으며(Costanza et al., 1997), 이러한 편익은 대기, 식량, 물 등 인간에게 필수적인 혜택 뿐만 아니라 쾌적한 환경, 심리적 스트레스 저감, 삶의 질에 대한 만족 등 다양한 종류의 혜택을 포함한다(Yang et al., 2013). 생태계 및 생태계서비스에 대한 관심은 과학과 정책 분야에서 매우 중요한 이슈가 되고 있으며 국제적으로도 밀레니엄생태계평가(Millennium Ecosystem Assessment : MA), 생태계와 생물다양성 경제학(The Economics of Ecosystems and Biodiversity : TEEB), 생물다양성과학기구(Intergovernmental Platform on Biodiversity and Ecosystem Services(IPBES) 등 다양한 기구가 설립되어 범지구적 생태계 관리 및 서비스 증진을 위해 노력하고 있다.

생태계서비스는 생태계 기능으로부터 파생되며 생태계 기능은 인간의 편익과 연계되어 다양한 유형으로 분류될 수 있다(Costanza et al., 1997). 특히 de Groot et al.(2002)은 생태계기능을 생산기능, 조절기능, 서식처기능, 정보기능의 범주로 나누고 이에 따라 23개의 기능을 제시하였다. 또한 Millennium Assessment(2005)는 생태계서비스를 그 역할에 따라 공급서비스, 조절서비스, 지지서비스, 문화서비스로 구분하고 25개의 개별 서비스로 정의하였다. 공급서비스(provisioning services)는 자연의 생산물은 물론 이에 필요한 건조(built), 인력, 사회 공동체 등을 포함하는 서비스를 의미하며 조절서비스(regulating service)는 홍수조절, 질병조절, 대기 및 수질정화, 해충관리, 기후변화 조절 등 개인이 잘 인지하기 어려운 서비스를 의미한다. 문화서비스(cultural services)는 레크레이션은 물론 심미적·과학적·문화적 독자성, 장소성, 혹은 다른 문화적 혜택과 관련된 서비스를 의미하며 지지서비스(supporting services)는 토양형성, 1차생산성, 생화학, 영양순환, 서식처 제공 등 생태계를 유지하기 위한 기초적인 서비스로 정의된다. 지지서비스는 공급조절문화서비스를 제공하는데 필요한 과정과 기능을 간접적으로 제공하고 있다. 안소은(2013)은 선행 연구논문에 대한 분석을 바탕으로 5개의 생태계 기능을 중심으로 이에 상응하는 공급·조절·지지· 문화서비스 등 5개 유형의 생태계서비스를 정리하였다 〈표 2.1〉.

표 2.1 주요 생태계서비스 분류체계 비교

	de Groot et al.(2002)	Costanza et al.(1997)	MA(2005)	
생산기능	식료품	식료품 생산	식료품	공급서비스
	원료	원료공급	연료재	
	장식(ornamental) 자원		식이섬유	
	의약품자원		담수	
			생화학물질	
	유전자원	유전자원	유전자원	
조절기능	가스조절	가스조절	대기정화	조절서비스
	물조절	물조절	물조절	
	물공급	물공급		
	폐기물 처리	폐기물 처리	수질정화 및 폐기물 처리	
	기후조절	기후조절	기후조절	
	수분	수분	수분	
	외부로부터의 교란조절	외부로부터의 교란조절	폭풍으로부터 보호	
	생물학적 조절	생물학적 조절	생물학적 조절	
서식처 기능	동식물 서식처 제공	피난처(서식처)		
	양식(reproduction)기능			
조절기능	토양유지		침식조절	
			(인간)질병 조절	
	토양형성	토양형성	토양형성	지지서비스
		침식방지 침전물 보유		
	영양분 순환	영양분 순환	영양분 순환	
			일차적 생산	
정보기능	문화/예술 정보	문화	문화적 유산	문화서비스
			예술적 영감	
	영적/역사적 정보		영적/종교적 가치	
	과학/교육		교육	
			공간적 안정감	
	휴양	휴양	휴양/생태관광	
	경관미적 정보		경관미	

Costanza et. al.(1997); de Groot et. al.(2002); MA(2005)에서 안소은(2013)이 재구성

2) 생태계서비스 가치 평가

생태계 및 생태계서비스의 관리 및 증진을 위해서는 이들에 대한 가치 평가가 전제되어야 하며 이는 생태적·사회문화적·경제적 가치 측면에서 평가될 수 있다(MA, 2003). 생태적 가치는 생태시스템의 건강성을 대표할 수 있는 다양성(diversity)과 온전성(integrity) 등의 생태적 지표로 평가할 수 있으며, 사회문화적 가치는 생태계서비스가 문화적 정체성과 연계될 때 사람들이 부여하는 중요도로 평가할 수 있다. 경제적 가치는 이용적 가치와 비이용적 가치 측면에서 평가될 수 있는데, 이용적 가치는 목재, 수산물 등에 대한 공급과 레크레이션이나 심미적 감상 등 생태계서비스에 대한 직접적인 이용 가치와 대기, 수질정화, 침식방지, 작물 수분 등의 간접적 이용 가치 측면에서 평가될 수 있다(de Groot et al., 2010). 비이용적 가치는 인간의 이용과는 무관한 자연에서의 존재 가치를 의미한다. 특히, 경제적 가치 평가 시에는 생태계 및 생태계서비스의 가치가 화폐단위로만 환산될 경우 실제적인 가치의 일부만 평가될 뿐만 아니라 생태적 사회문화적 가치가 누락될 수 있음을 인지할 필요가 있다(de Groot et al., 2010).

3) 생태계 및 생태계서비스 증진을 위한 조경계획 접근방안

생태계서비스에 대한 정보와 지식은 계획, 정책, 디자인 등 다양한 분야에서 유용하게 활용되고 있으며 특히 생물종다양성의 혜택이 다양한 이해관계자들에게 어떠한 방식으로 영향을 주는지, 그리고 생물종다양성은 다양한 유형의 계획에 의해 어떤 영향을 받는지에 초점을 두고 있다. 그러나, 정책적 사회·경제적 측면에서의 생태계서비스 관리에 대한 인식은 확대되었으나 도시계획 및 조경 분야에서의 실질적인 적용은 아직 미흡한 수준이다(Daily et al., 2009). 그 이유로는 도시 및 조경계획에서 활용되는 생태계서비스 정보가 사람들의 복지 및 혜택의 측면을 강조하지 못하고 있으며, 생태계서비스 가치를 평가할 수 있는 데이터와 가이드라인, 사례연구가 부족하다는 것이다(Albert et al. 2014). 또한 생태계서비스 가치가 지나치게 경제적 측면에 치우쳐 있는데다 학문적 영역의 논의에만 머무르고 있어 실제 계획 및 의사결정 과정에 적용되는 사례가 매우 드물다(Galler et al., 2016).

2.5 경관회복탄력성 (Landscape Resilience)

1) 리질리언스의 개념과 경관회복탄력성

리질리언스(resilience)는 회복력, 회복탄력성, 복원력 등을 의미하는 개념으로 자연과학, 사회과학, 공학 등 다양한 학문 분야에서 광범위하게 논의되고 있다(White and O'Hare, 2014; Holling, 1978; 2001). 리질리언스 개념은 1978년 홀링(Holling)에 의해 '외적 변화를 흡수하며 지속성을 이어나가는 생태시스템'의 특성 중 하나로 소개되었다. 리질리언스 개념은 생태학과 자연과학에서 시작되어 특히 도시방재 분야에서 활발히 적용되었으며 최근에는 공학, 심리학, 사회학, 정책학, 교육학 등에 이르기까지 다양하게 확대 적용되고 있다(김동현 외, 2015).

도시 및 조경계획 분야에서는 도시회복탄력성(urban resilience), 회복탄력적 도시(resilient city), 경관회복탄력성(landscape resilience) 등의 용어로 논의되며 자연재해, 기후변화 등 도시가 직면하는 다양한 문제들에 스스로 탄력성 있게 대처할 수 있는 시스템의 구축을 목표로 한다. 특히 조경계획 분야에서 주로 논의되는 경관회복탄력성은 경관시스템이 다양한 물리적·사회경제적 변화속에서 생태적, 경제적, 사회적 기능을 유지할 수 있는 수용력(capacity)으로 정의될 수 있다(Beller et al., 2018).

도시 및 조경계획 분야에서 제기되어 온 지속가능성(sustainability)의 개념은 도시의 "이상적이고 지속가능한 형태(form)"에 큰 관심을 두고 있으며 이는 전통적인 생태학에서 제시한 '평형성'(equilibrium)에 기반하고 있어 복잡다양하고 역동적이며 변화예측이 어려운 도시적 스케일에 적용하기 어렵다는 비판을 받아 왔다(Ahern 2013). 예를들어 글로벌 경제위기나 지진, 쓰나미, 질병확산, 홍수, 기후변화 등 위협적인 외부영향들이 도시에서 다양한 공간적 시간적 스케일로 영향을 주고 있으며, 이는 쉽게 예측되거나 이해될 수 없는데다 어떤 특정한 "도시형태"적 대안만으로는 결코 대응할 수 없다는 한계를 안고 있다. 이러한 측면에서 도시 및 조경계획은 이상적 평형성에 기반한 형태중심의(form-based) 대안에서 벗어나 복잡다양한 물리적·사회적 충격에도 쉽게 회복하고 적응할 수 있는 경관회복탄력성(Landscape Resilience) 개념으로의 전환이 시급히 요구되고 있다(Walker and Salt, 2006). 이러한 비평형성(non-equilibrium) 관점으로의 전환은 이미 생태학 분야에서 일부 학자들에 의해 오래전부터 논의되어 왔으며(Holling, 1978), 이에따라 불확실성 및 사회적 시스템과의 탄력적 연결성을 보다 적극적으로 고려한 적응형 계획 관리(adaptive resource planning and management) 개념이 꾸준히 논의되어 오고 있다.

2) 조경계획에서의 경관회복탄력성 접근방안

Ahern(2013)은 도시의 경관회복탄력성을 증진하기 위한 계획적 접근방법으로 5가지 요소 즉, 생물종다양성, 도시생태 네트워크, 토지이용의 다원적 기능, 중복성과 모듈화, 그리고 적응형 디자인을 중요한 실천전략으로 제안했다. 생물종다양성의 가치는 대응다양성(response diversity)의 차원에서 매우 중요한 설득력을 갖는데, 대응다양성은 생물종 및 생태시스템의 다양성이 총합적으로 특정 기능을 발휘하는 한편, 외부로부터의 변화 또는 충격시 각기 다르게 반응한다는 것이다. 예를 들면 도시내 식재된 다양한 종류의 나무들이 상당량의 강우를 흡수하여 통합적으로 홍수를 저감하는 기능을 하지만, 특정 병충해에는 각각의 종류가 다르게 반응함으로써 대규모의 피해를 줄일 수 있는 장점이 있다. 경관탄력성을 구현하는 또다른 전략은 도시생태 네트워크의 강화인데 이는 도시에서 교통과 소통 및 에너지 보급을 위한 네트워크가 상대적으로 잘 발달되어 있으나, 생태적 시스템의 연결성은 부족하다는 한계를 극복하기 위함이다(Ahern, 2013). 도시의 생태적 시스템의 연결성 구축을 위해서는 도시녹도(urban greenway) 확보를 통한 생물다양성 증진과 도시내 하천 수문(hydrology)의 완충작용 및 안정화, 보행로 개선, 선형의 레크레이션 공간, 문화자원의 연결성 등이 고려될 수 있다. 다원적 기능(multifunctionality)의 증진 또한 경관탄력성을 구현하는 중요한 전략이 될 수 있는데 이는 제한적 공간이용이 불가피한 도시의 특성상 토지이용이 특정 이용에만 한정되는 것이 아니라 특정 시간 또는 계절에 따라 야생동물의 보존, 문화활동, 레크레이션 등 다양한 기능을 공유하며 활용될 수 있도록 하는 것이다(Ahern, 2013). 대표적인 예로 그린인프라(Green Infrastructure)를 들 수 있는데, 그린인프라는 도로변 배수 및 우수 정화처리용 습지조성이나 야생동물 보호 및 이동통로 확보를 위한 자전거도로 조성 등 기존의 인프라와 새롭게 조성된 생태시스템의 조화로운 결합을 추구하는데 큰 의미가 있다. 미국 오래건의 포틀랜드시에서 계획한 도로디자인에서는 이러한 다원적 기능에 초점을 두었으며 이를 통해 도시의 도로가 자동차 이동이라는 고유의 기능뿐만 아니라 우수유출 저감, 자전거 및 보행로 확보, 야생동물 서식처 및 기후변화 대응이라는 다원적 기능을 수용하도록 계획했다. 중복성(redundancy)과 모듈화(modularization)는 경관생태학에서 위험의 확산을 방지하기 위한 중요한 생태적 전략으로 이해되고 있으며 이또한 도시의 경관탄력성을 구축하는 환경계획적 수단으로 활용될 수 있다(Ahern, 2013). 이는 도시의 인프라가 주로 중앙집중식이며 중복성을 저감하도록 계획됨으로써 재난 또는 위험에 훨씬 취약할 수 있다는 전제에서 출발한다. 이러한 측면에서 경관탄력성 이론은 도시계획 또는 디자인 분야에서 중복되고 분산화된 모듈의 적용을 제안하는데, 이러한 모듈은 개별적 실패가 전체로 확산되지 않고 지엽적 위험에 그치도록 유도할 수 있다는 측면에서 주목할 만하다. 이러한 모듈의 예로 도시경관 단위의 우수유출 흡수 시스템을 들 수 있는데 이는 미시적 규모의 배수권역을 설정하고 권역별로 불투수층 주변으로 우수유출수를 집수하여 지역적으로 정화, 배출하도록 하는 것이다. 이는 우수배수관이라는 기존 인프라에 대한 지나친 의존에서 벗어나 지표층의 다양한 자연형 배수로 및 집수시스템의 활용을 유도하고 장기적으로 중앙집중식 시스템의 실패에 따른 피해를 최소화하는데 중요한 역할을 할 수 있을 것으로 보인다. 마지막으로 도시의 경관탄력성을 증진하기 위한 적응형 디자인 (Adaptive Design)을 고려할 수 있는데, 이는 도시디자인시 불확실성(uncertainty)과 불완전한 지식(incomplete knowledge)의 한계를 장기적으로 보완함으로써 새로운 계획 및 정책이 발전할 수 있는 기회를 제공할 수 있다. 적응형 디자인은 주어진 불확실성 및 이에 따른 가설(hypothesis)을 테스트하기 위한 실험에 해당하는데, 예를 들면 우수유출을 감소시키기 위한 대안적 포장재료의 흡수성(permeability)이나, 유해물질을 저감하기 위한 특정 식물종의 생물적 환경정화 능력을 테스트하는 것이다. 물론 이러한 실험은 지속적인 모니터링과 분석을 요구하므로 실험의 실행성을 높이고 실패에 대한 리스크를 줄이기 위해 작은 규모 단위에서 구체적인 전략수립을 통해 책임있게 적용할 필요가 있다.

2.6 다기능적 경관 (Multifunctional Landscape)

1) 다기능적 경관의 개념과 발전

다기능적 경관(multifunctional landscape)은 다양한 토지이용과 이와 연계된 복잡한 경관구조, 그리고 여러 이해관계자들의 관심과 이익의 증진에 초점을 두고 있다. O'Farrell and Anderson(2010)에 따르면 다기능적 경관은 인간의 생산활동과 경관의 이용이 생태계의 핵심적 기능과 서비스, 생물종다양성 등을 효과적으로 유지할 수 있도록 통합적으로 연계되어 조성, 관리되는 경관 시스템을 의미한다.

다기능적 경관은 유럽의 농업경관(agricultural landscape) 개념에서 시작되어 사회적·문화적·생태적·미적 측면 등 다양한 관점에서 경관을 이해하고 분석하기 위한 다학제적 이론으로 발전했다(Bolliger et al. 2011). 경관의 변형 및 조성 관리에 관여하는 조경가, 건축가, 도시계획가는 환경의 생태적 기능을 증진하는 동시에 인간의 다양한 요구를 만족시키는 다기능적 경관 창출에 책임을 안고 있으며 이는 계획 및 디자인 과정에서 생태시스템의 대사작용(metabolism)을 얼마나 효과적으로 고려하느냐에 달려 있다(Yang et al., 2013). 다기능적 경관 개념의 기본 전제는 경관의 다기능적 가치에 대한 이해와 이를 기반으로 시장적 혹은 비시장적 재화의 공급이 환경적, 사회적, 경제적인 혜택을 제공한다는 것이다(Hölting et al., 2020). 이는 지역개발을 위한 계획시 경제성 등 하나의 목표에 치우치지 않고 경관이 제공해 줄 수 있는 다양하고 유익한 가치를 발견하고 계획하는데 초점을 두고 있으며, 주요 목표로 에너지 생산과 보존, 식량자원 제공, 수량 및 수질 관리, 오수 저감과 재활용 및 처리, 생물종다양성 보전, 미관 및 레크레이션 기회 제공 등을 포함한다. 또한, 경관의 다기능성을 증진하기 위해서는 다양한 공간스케일과 연계된 이해관계자들과의 협력 및 지속가능한 토지이용 관리의 실천적 변화 유도가 필수적이며, 장기적으로는 시스템의 근본적 변화를 도모해야 할 필요가 있다(Lovell and Johnston, 2008).

2) 다기능적 경관의 분석 및 실천방안

다기능적 경관을 위한 계획 및 디자인을 위해서는 해당 토지가 지니고 있는 다양한 유형의 경관 서비스 기능을 이해하고 고려하는 것이 중요하다. 이러한 서비스의 유형으로는 1) 생물·물리적 서비스(생물종다양성과 수체계 보전 등), 2) 공급서비스(에너지 생산 및 실용적 자원의 이용), 3) 통제서비스(쓰레기 저감 및 재활용), 4) 문화 및 사회적 서비스(미관, 건강, 여가 기회) 등을 포함할 수 있다(Yang et al., 2013).

다기능적 경관의 개념에는 이미 생태계서비스가 내포되어 있으며 최근 많은 연구들이 다기능적 경관의 생태적, 경제적, 사회문화적인 가치에 대한 이해와 평가 및 분석에 초점을 맞추고 있다. 따라서 다기능적 경관에 대한 이해를 위해서는 생물종다양성과 생태계시스템 등 생태적 영역에 대한 분석은 물론 사회적·경제적 영역에 대한 다양한 정보와 지식이 요구된다(O'Farrell and Anderson, 2010). 생태적 영역에 대한 분석은 경관의 공간배치와 크기, 형태, 연결성, 생태적 기능, 그리고 경관의 구조 혹은 다양한 패치(patch)의 조합, 형상, 속성 등에 대한 이해가 중요하다(O'Farrell and Anderson, 2010). 경제적 영역에 대한 분석은 다양한 토지이용의 선택에 따른 생산성과 생태자원을 보전함으로써 얻을 수 있는 가치 및 기회비용, 그리고 서비스제공자에 대한 인센티브 등의 비교분석을 통해 가능하다. 사회적 영역에 대한 분석은 해당 지역 주민들의 비시장적·문화적 가치와 특수한 관점들을 설문, 인터뷰, 워크샵 등 다양한 사회과학적 연구방법을 통해 도출하여 생태적 경제적 가치와 연계 가능하다.

3) 조경계획 분야에서의 다기능적 경관 고려 방안 및 과제

다기능적 경관에 대한 필요성은 특히 토지이용계획에서 그 필요성이 크게 부가되어 왔다. 예를 들어 농촌에서의 토지이용시 생산성을 목표로 특정 단일 농작물의 재배에 집중한 결과 토양침식, 오염, 에너지 낭비, 생물종다양성 및 생태계서비스 감소 등의 위기에 봉착했으며 도시에서는 용도지역의 설정을 통해 토지의 단일 기능과 이용에 충실함으로써 경관이 제공해줄 수 있는 다양한 기능과 가치를 간과하여 왔다. 따라서, 토지이용 계획시 단일 기능보다는 다양한 기능의 부여와 기능간 상호작용 및 시너지 효과를 통해 경관의 다기능적 가치를 확대 증진할 필요가 있다(Selman, 2009). 경관의 다기능적 가치는 특정 공간스케일에 한정되지 않으므로 부지, 마을, 지역 등 여러 공간 스케일에 걸친 분석을 통해 다양한 경관적 가치와 기능을 고려해야 하며, 지역주민을 포함한 이해당사자들과의 논의를 통해 경관의 긍정적 가치(자본, 서비스, 혜택 등)와 부정적 측면(피해, 불이익 등)을 이해함으로써 사회적으로 형성된 경관 가치를 이해하는 것 또한 매우 중요하다(Selman, 2009).

조경계획에서 다기능적 경관의 가치를 도출하는 주요한 방법으로는 다양한 유형의 생태적·사회문화적 지도를 통합적으로 분석할 수 있는 GIS와 시나리오 계획을 들 수 있다. 특히 시나리오 계획은 정량적·정성적 데이터를 활용하여 특정 지역의 개발을 위한 다양한 계획을 수립하고 이에 따른 경관의 다기능적 혜택이 어떻게 달라지는지 예측하는데 활용된다. 다기능적 혜택이 최대화될 수 있는 시나리오의 선정 뒤에는 이를 실천하기 위해 다양한 전략이 적용될 수 있다. 대표적으로는 생태복원(ecological restoration)을 들 수 있는데 이는 생태적, 사회적, 경제적 실행가능성을 전제로 하며 이외에도 그린인프라, 저영향개발(Low Impact Development : LID), 그린웨이(Greenway), 옥상녹화, 농업 등을 통해 경관적 다기능성이 구현될 수 있다. 다기능적 경관 계획 및 디자인을 위해서는 프로젝트의 성공적 실행 여부를 판단하는 체계적 평가시스템의 구축도 필요한데, 건축의 경우 LEED(Leadership in Energy and Environmental Design), 조경의 경우 SITES(Sustainable Sites Initiative) 등을 예로 들 수 있다. 특히 SITES의 경우 수체계와 식재, 재료 선정 등에 대한 다단계의 정량적 평가를 통해 경관 조성의 다기능성을 평가한다. 미국조경재단(Landscape Architecture Foundation)은 범죄예방, 공공복지, 안전 등 30개 이상의 계량적 분석체계를 통해 조경의 성능(performance)을 평가하여 경관의 다기능성 창출을 유도하고 있다.

다기능적 경관의 계획과 창출을 위해서는 무엇보다 경관을 자연 및 문화적 시스템의 상호작용의 산물로 이해하는 과정이 중요하며 이를 위해서는 경관의 다각적 특성과 혜택에 대한 종합적 분석, 그리고 과학과 정책, 계획, 조경 등 다양한 분야와의 협업과 통섭적 접근이 필수적이다. Polasky 등 일부 학자들은 InVEST 등 토지이용계획에서 생태적, 경제적 범주를 아우르는 기술적 방법을 제시하기도 했지만 다기능적 경관조성의 실천을 위한 구체적인 방법론의 개발은 여전히 미흡하다(O'Farrell and Anderson, 2010). 무엇보다 다기능적 경관의 핵심 요소인 사회적, 문화적, 경제적, 그리고 생태적 관점들을 어떻게 도출하고 쟁점사항에 대해 조율할 지에 대한 합의가 부족하다는 한계를 안고 있다. 이러한 통섭적 접근을 위해서는 다양한 이해관계자들이 서로의 생각을 나누고 협력하는 과정이 매우 중요하며 이는 연구자와 토지이용 및 관리자, 공공기관, 산업분야, 의사결정자들간의 상호 이해와 교류, 협력을 통해 가능할 것이다(O'Farrell and Anderson, 2010).

3. 도시형태적 접근

3.1 옴스테드의 도시관

1) 19세기 미국 산업시대의 생활상

산업혁명 이후 시작된 기계문명의 발달은 많은 일자리를 도시에 만들어내며 이민자, 노동자 계층의 급격한 도시인구 유입을 유발하였다. 이는 도시의 중심부를 기점으로 도시 형태와 크기가 점차 확산되는 계기가 된다. 19세기 전반에 걸친 도시로의 급격한 인구 유입 및 산업혁명에 의한 공장생산체계의 출현은 도시의 혼잡함, 높은 범죄율, 인간성 상실, 빈부의 격차 등 다양한 도시문제를 초래하였다. 또한 저소득층이 사는 지역의 거리는 각종 소음이 심하였고, 배수 및 하수 처리 체계가 제대로 구축되지 않아 오수, 오물의 처리가 어려웠으며 거리 어디에나 쓰레기가 넘쳐났다(Larsen, 1969)(그림 2.6). 이러한 비위생적인 주거환경은 각종 질병의 발병을 유발하였고, 당시 수많은 사람들이 폐렴, 결핵, 설사, 장염 등의 전염병으로 사망하는 결과를 만들어낸다(CDC).

19세기 당시 미국의 건축, 조경, 도시 전문가들은 위생과 공중보건의 폐해와 많은 사

그림 2.6. 19세기 비위생적인 산업도시의 중심부 모습(뉴욕, 미국)
(https : //seeoldnyc.com/new-york-city-tenements-life-late-19th-century)

회문제의 원인이 도시의 지리적·형태적 특징과 연관이 있다고 보았다(Frank et al., 2003). 왜냐하면 실제로 저소득층이 많이 사는 산업도시의 중심부에서 오염, 소음, 범죄, 빈곤, 무지, 질병의 문제가 매우 심각하였기 때문이다.

오래된 도시중심부의 형태적 특징을 살펴보면 첫째, 가로의 폭이 좁고 가로체계가 촘촘하게 형성되어 있으며 건물의 높이가 휴먼스케일에 적합하게 되어있다는 점이다. 이러한 특징은 차량의 이동보다는 보행의 움직임과 편안함을 제공하는 역할을 한다. 둘째, 산업시대 이전의 전통적 도시에서는 상업, 주거, 업무, 교육 등 토지용도가 분리되어 있지 않고 혼합되어 있는 점을 들 수 있다. 토지용도 간의 가까운 거리는 보행을 통해 집에서 직장, 학교 혹은 상점까지 편안하게 이동하는 사람들이 많게 하고, 토지용도의 혼합은 적정 수 이상 사람들이 가로변에 있게 하여 도시의 활력 및 안전성을 제공한다. 하지만, 산업혁명으로 인한 도시중심부의 급격한 인구 증가와 그로 인한 혼잡함, 위생문제, 질병, 범죄 등의 폐해로 인해 오래된 산업도시의 형태적 특징은 비판받게 되었고, 도시를 구성하는 방식에 새로운 패러다임이 요구되었다.

2) 옴스테드의 구상안

뉴욕의 센트럴파크를 설계한 프레데릭 로 옴스테드(Frederick Law Olmsted)는 조경가의 역할뿐 아니라 저널리스트이자 공원 감독관으로서 19세기 중후반 미국의 도시조성에 큰 영향을 끼쳤다. 옴스테드는 19세기 후반 미국 도시에 팽배해 있던 위생, 건강의 문제를 도시 형태와 결부지었다. 옴스테드는 가로 폭이 좁고 가로체계가 촘촘하며 서로 다른 토지용도가 혼재되어있는 전통적 도시의 형태가 사람들이 붐비는 혼잡함을 조성하고 질병의 확산뿐 아니라 건강을 악화시킨다고 보았다. 왜냐하면 이러한 환경에서는 가로변과 건물에 신선한 공기와 햇빛의 유입이 어려웠기 때문이다(Frank et al., 2003).

따라서 옴스테드는 오래된 산업도시 중심부의 고밀도 형태가 아닌 넓은 오픈스페이스를 지닌 저밀도 도시의 필요성을 주장한다. 1868년 칼버트 복스와 함께 쓴 에세이에서 그는 “도시 거주민의 건강 증진은 건물을 촘촘히 짓는 낡은 방식의 탈피로부터 가능하며, 건물 배치에 있어 많은 햇빛과 신선한 공기가 들어오도록 설계해야 한다.”라고 주장한다(Nicholson, 2004)(그림 2.7(a)). 더 나아가 저밀도 계획을 기반으로 한 교외(Suburban)의 도시 형태적 특징이 건강과 위생문제의 해결책이라고 여겼다. 이를 바탕으로 옴스테드는 거주민의 건강과 환경의 쾌적성을 높이기 위해 도시공원의 설계개념을 주거지역에 적용한 단지이자 전원생활과 도시문화를 결합시킨 이상적인 단지인 리버사이드(Riverside)를 계획한다(정영선, 2001)(그림 2.7(b)). 이후 그의 견해는 넓은 대로변, 공원, 위성 교외지역으로 둘러싸여진 저밀도 개발, 토지용도의 분리와 그로 인한 이동거리의 증가, 차량 이동중심의 개발을 기반으로 한 21세기 미국의 대규모 교외지역 개발(Suburban development) 방식에 상당한 영향을 미친다.

(a) (b)

그림 2.7 옴스테드의 도시관 : (a) 건강 및 위생을 위한 주거환경요소(햇빛, 공기, 나무 등 자연적 요소), (https : //flowermag.com/olmsted-legacy-garden-krisheim), (b) 옴스테드의 리버사이드 단지계획(일리노이주, 미국) (https: //www.olmstedsociety.org/resources/maps-of-riverside)

3.2 하워드의 전원도시론(Garden City)

1) 전원도시 이론의 배경

전원도시 이론은 19세기 당시 산업도시 노동자들의 주택, 위생, 건강, 가난, 문제 등을 해결하기 위한 실천가능한 방법을 모색하고자 집필활동을 하였던 에베네저 하워드(Ebenezer Howard)에 의해 주창되었다. 하워드는 1902년 발간한 저서 내일의 전원도시(Garden Cities of Tomorrow)에서 전원도시(Garden City)의 개념을 설명하였는데, 이 이론의 이념적 형성은 그가 청년기에 미국에서 거주하였던 경험에서 비롯되었다고 한다(Hall, 2014). 미국 네브라스카에서 개척농부로 일할 당시 등록비만 내면 일정 기간 동안 자작농장을 운영할 수 있었던 홈스테드법(Homestead Act)을 몸소 체험하였고, 이를 통해 도시 자족성의 필요성을 깨닫는다. 또한 그는 조경가 옴스테드가 설계한 리버사이드라는 새로운 전원교외를 경험하며(Osborn, 1950; Stern, 1986; Hall, 2014), 시카고 교외지역의 통근자들이 전원생활과 도시문화가 결합된 최고의 생활조건을 누릴 수 있는 이상적인 도시를 꿈꾸게 된다(정영선, 2001). 이렇듯 미국에서의 체류 경험은 훗날 그의 전원도시에서 자족적이며 공동체적 사회를 실현하는 배경이 된다. 하워드에게 있어 당시 영국 런던은 더 이상 도시로서 기능을 하지 못하는 존재였기에 전원도시라고 하는 혁신적이며 새로운 도시형태를 제시한다.

2) 전원도시의 개념

a. 도시와 농촌의 결합

하워드가 제시한 전원도시의 대표적 개념은 도시와 농촌의 장점을 통합한 새로운 형태의 도시를 계획하는 데 있다. 하워드는 세 개의 자석(Three Magnets)이라는 다이어그램을 보여주며 도시와 농촌의 관계를 자석의 유인력을 이용하여 설명한다(그림 2.8). 세 개의 자석에는 도시(Town)의 장점과 단점을 나타내는 자석, 농촌(Country)의 장점과 단점을 나타내는 자석, 서로의 장점을 끌어들인 도시-농촌(Town-Country) 자석이 있다. 바로 이 도시-농촌 자석의 구성 요소들이 새로운 이상적 도시를 만들어 낼 수 있다고 본 것이다. 도시가 지니고 있는 장점인 높은 임금 수준, 고용 기회, 출세 전망은 대부분 높은 집세와 거주비용으로 상쇄되며, 도시가 제공하는 사회적 기회와 오락 장소는 매우 유혹적이지만 과도한 노동시간과 원거리 통근, 군중 속의 소외감은 이러한 장점들의 가치를 떨어뜨린다. 농촌에는 아름다운 자연과 신선한 공기와 맑은 물이 있지만 장시간의 노동과 위락시설의 미비, 배수시설의 불량 등으로 인해 기분전환을 하기 어렵고, 집세는 낮지만 오히려 낮은 임금을 받고 있으며 외부침입에 대해 경계를 해야한다. 하지만 도시와 농촌이 결합된 환경은 서로의 장점만을 끌어들였기 때문에 흥미거리와 일자리가 있는 인간 사회와 자연의 아름다움을 함께 즐길 수 있는 도시인 것이다.

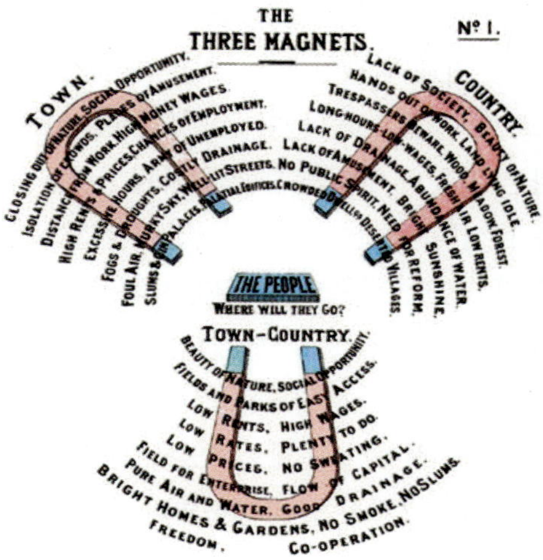

그림 2.8 세 개의 자석(Three Magnets)

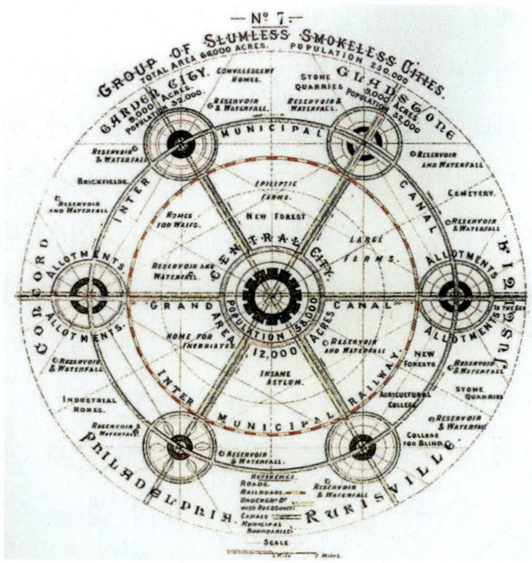

그림 2.9 다핵도시로 구성된 전원도시

b. 자족적 기능을 갖춘 사회적 도시

하워드는 도시와 농촌이 결합된 전원도시를 건설함에 있어 도시의 자족적 기능의 구축이 필수적이라고 보았다. 그는 영국의 산업화와 자본주의를 노동자들의 삶을 빈곤하고 열악하게 만드는 비인간적인 세상을 초래하는 원인으로 보았고, 소수의 사람과 집단에 의한 중앙집중적 관리체계 역시 비효율적인 것으로 여겼다(Hall, 2014). 따라서 그는 시민들이 스스로 지방자치단체를 운영하게 하고, 토지는 사유재산권의 인정이 아닌 공동소유로 하여 임대계약에 의한 사용료만 지불하며, 전원도시 내에서 발생하는 재정과 산업·농업의 생산물을 공유해야 한다고 주장한다(Clark, 2003). 이는 희생을 강요하거나 무조건적인 평등을 강제하는 성격이 아닌 일정한 이윤을 제공하고 생활의 편리와 안녕을 보장하는 보상의 성격이 있는 공동체인 것이다. 즉, 전원도시는 개인주의적 삶과 적절한 공동체 생활이 어우러진 사회적 도시의 특성을 지닌다.

하워드는 자족적 기능을 갖춘 전원도시의 실현을 위해 집중된 대규모 도시형태가 아닌 소규모의 분산화된 다핵도시의 비전을 제시한다. 무슬럼 · 무매연 도시의 그룹이라는 제목으로 표현된 전원도시의 비전은 총면적 66,000에이커, 인구 25만명으로 구성된 다핵도시로써 하나의 중심도시와 여섯 개의 소규모 전원도시가 원형으로 둘러싸인 형태로 나타난다(그림 2.9). 중심도시는 면적 12,000에이커에 인구 58,000명으로 구성하였고, 6개의 소규모 전원도시는 각 6,000에이커의 면적과 인구 32,000명으로 구성하였는데, 이는 전원도시에 면적과 인구의 제한을 두어 급속한 인구의 팽창 및 도시의 물리적인 확장을 제한하기 위함이다. 또한 전원도시가 생기고 더 많은 사람들이 전원도시에 이주하여 계획된 한계인 32,000명에 이르게 될 경우, 다른 전원도시가 근접한 위치에 건설되고 이 전원도시들을 연결하여 최대 25만명의 집단을 형성하게 한다. 점차 시간이 지남에 따라 확장된 전원도시는 광대한 집적체로 발전하게 되고 개별적으로 구성된 자족적인 전원도시가 다양한 일자리와 서비스를 제공하고 개개의 도시가 철도로 연결되게 하여 모든 경제적·사회적 기회를 공유하게 하였다(Hall, 2014). 이처럼 하워드는 전원도시를 통해 근대 산업도시의 폐해를 해결하기 위한 도시의 물리적 청사진을 제공하였을 뿐 아니라 자족적인 기능을 중심으로 공동체적 삶을 지닌 도시의 가능성을 타진하였다.

3) 전원도시의 공간구조

전원도시와 그린벨트라는 다이어그램을 보면 전원도시에 대한 그의 구체적인 계획안을 볼 수 있다(그림 2.10). 전체 6,000에이커의 면적에 32,000명의 인구로 구성되는데, 이

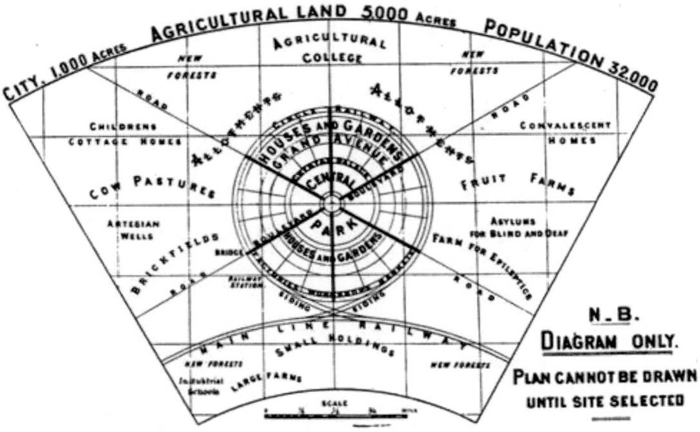

그림 2.10 전원도시의 공간구조 및 규모

중 반지름이 약 0.75마일(약 1.2km)인 1,000에이커인 중심부에는 전원도시를 건설하고 여기에 30,000명이 거주하게 하며, 남은 5,000에이커에 달하는 부채꼴 모양의 농지와 목초지로 구성된 부지에는 2,000명이 거주하게 하였다. 전원도시는 여섯 개의 대로가 도시중심부에서 경계부까지 도시를 가로지르며 방사환상형태로 구획되어있고, 6개의 동일한 크기의 구역으로 분할하면서 뻗어있다. 하워드가 주장한 소규모 공동체는 바로 이 30,000명 정도 규모의 전원도시를 말하는 것이며, 사람들이 대도시에서 전원도시로 이주하게 되면 대도시는 기능을 상실하고 수백 개의 다핵화된 전원도시로 대도시의 인구가 분산화될 것으로 기대하였다.

전원도시의 개념을 설명하기 위해 표현한 여러 다이어그램은 기하학적이고 대칭적인 형태를 보이고 있으나 이를 비인간적이고 물리적인 형태만을 강조한 것으로 받아들여서는 안된다(Hall, 2014). 전원도시의 공간구조는 실제 대상지의 형태적인 모습이 아닌 도시와 농촌의 결합, 공동체적 사회주의 실현을 위한 조화와 균형의 상징적인 모습이다. 이와 관련하여 그는 전원도시와 그린벨트 다이어그램에서 "실제 부지가 선정되기 전까지 구체적인 도면은 그릴 수 없다."라고 표현한다(그림 2.10).

3.3 페리의 근린주구론 (Neighborhood Unit)

1) 근린주구의 개념과 공간구조

근린주구 이론은 1929년 뉴욕지역계획 회의(Regional Plan of New York and Its Environs)에 참여하였던 클라렌스 페리(Clarence Perry)에 의해 제시되었다. 이 이론은 당시 팽배해 있던 일조와 인동간격의 문제 및 사회 일탈 문제를 해결하기 위한 교외지역의 새로운 계획원리였다. 페리가 제안한 근린주구는 아이들이 위험한 도로를 건너지 않고 걸어서 통학하고 도보로 상점이나 공공시설을 이용할 수 있는 생활의 편리성, 주민 간의 사회적 교류 및 여가활동의 증진, 자족적인 생활환경을 도모할 수 있는 하나의 물리적인 계획단위(unit)를 말한다. 페리는 물리적 계획을 통해 사회적·도덕적 가치의 실현을 하고자 하였는데 이는 하워드의 전원도시로부터 영향을 받은 것이라고 볼 수 있다.

페리는 근린주구를 계획하는 데 있어 친밀한 사회적 교류의 시작은 어린이의 친밀감에서부터 시작한다는 것을 전제로 하여 초등학교를 중심으로 근린주구 규모를 설정한다. 따라서 하나의 근린주구는 반경 1/4마일(400m)의 범위 내 인구 5,000명으로서 1개의 초등학교와 놀이터가 중앙에 위치하고, 곡선으로 이루어진 내부도로가 있고 간선도로로 근린주구를 둘러싸고 있는 물리적인 범위를 갖는다(그림 2.11).

페리가 제시한 근린주구의 공간구조의 특징을 6가지 부문별로 정리하면 다음과 같다. 첫째, 근린주구의 규모는 학생 600명 정도의 초등학교를 유지시키기에 필요한 거주인구 5,000명 일단의 지역을 설정한다. 하나의 근린주구의 전체면적은 인구밀도에 의하여 결정되지만 학교를 중심으로 반경 1/4마일(400m)을 기본 보행권역으로 하여 160에이커(65ha)를 기본으로 산정한다. 둘째, 근린주구의 경계는 4면을 폭원이 넓은 간선도로로 둘러싸게 하여 통과교통이 내부를 관통하지 않고 용이하게 우회할 수 있도록 한다. 이는 근린주구에 거주하지 않는 외부 보행자들이 근린주구로 접근하는 것을 막는 효과를 가진다. 셋째, 레크레이션 혹은 여가활동 공간인 오픈스페이스는 전체 근린주구 총 면적의 10%를 차지하도록 한다. 작은 소공원, 운동공간, 놀이터와 같은 오픈스페이스에서 주민들은 건강증진과 더불어 사회적 교류를 형성한다. 넷째, 학교와 기타 다른 공공시설은 근린주구의 중앙부 혹은 공공광장을 중심으로 적절히 한군데 통합 배치한다. 근린주구는 학교를 중심으로 계획되나 기타 다른 공공시설인 교회, 도서관, 커뮤니티센터 등도 주구 중심부에 모여있거나 공공광장 주위에 위치하게 하여 주민들의 이용을 편리하게 한다. 다섯째, 상업시설은 근린주구 외곽 주변에 위치하게 하여 다른 근린주구들의 상점들과 인접하거나 교통의 결절점에 배치한다. 여섯째, 내부도로체계는 폭이 좁은 곡선의 도로와 쿨데삭(cul-de-sac)으로 계획하여 차량이 빠른 속도로 통과하지 못하도록 하고 근린주구 내 보행의 안전성을 높인다.

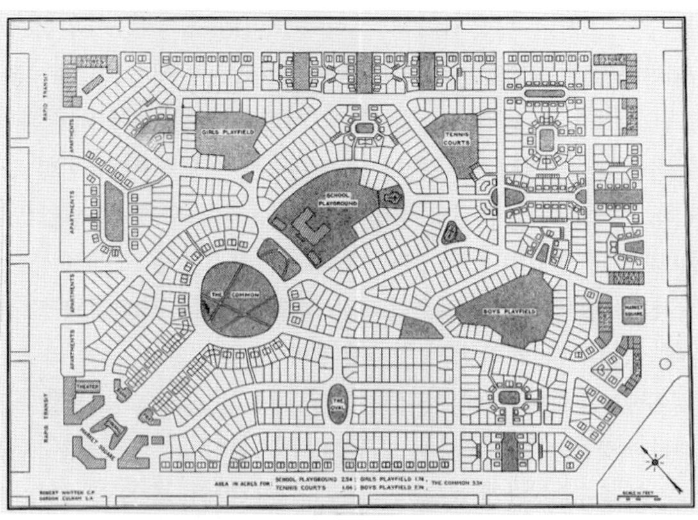

그림 2.11 페리의 근린주구 공간구조 (Frank et al., 2003)

2) 근린주구 이론에 의해 조성된 사례

a. 레드번 (Radburn)

1929년 미국에서는 스타인(Clarance Stein)과 라이트(Henry Wright)에 의해 근린주구 이론이 최초로 구체화된 레드번이 계획되었다. 당시 1920년대 미국은 자동차가 상용화되기 시작하여 교통사고가 증가하고 있었기 때문에 이를 대비하는 것이 계획의 주안점이었다. 레드번은 뉴저지(New Jersey)의 페어론(Fair Lawn)에 건설되었으며, 7,500~10,000명이 거주하는 반경 0.5마일로 계획된 세 개의 근린주구로 이루어져 있다(그림 2.12). 각 근린주구에는 초등학교와 근린상가, 그리고 공업지역을 따라 지역상가가 하나씩 배치되었고 자동차가 단지를 통과하는 것을 배제하기 위해 30-50에이커의 슈퍼블럭으로 구성되었다. 보행자의 안전을 위해 단지 내의 소로는 쿨데삭 구조로 조성하여 보도와 차도를 분리하였고 각종 서비스 기능과 주차가 가능하게 하며, 차량접근은 주택 입구까지만 허용하였다. 주거시설은 쿨데삭을 중심으로 클러스터를 이루어 쿨데삭 사이의 공간이 녹지공간으로 활용될 수 있도록 하였으며 이로 인해 주택의 거실과 침실이 녹지공간을 향하도록 배치되었다. 또한 공원과 녹지로 이루어진 공동의 오픈스페이스들은 직접적으로 공공시설과 연결되어 아이들이 큰 도로를 건너지 않고 안전하게 학교로 갈 수 있는 근린주구를 형성하였다. 이러한 레드번 계획은 쾌적하고 안전한 주거지로서 20세기 현대 도시계획의 사상적 원천으로 평가받고 있다.

b. 할로우 (Harlow)

1947년 프레드릭 기버드(Frederick Gibberd)에 의해 중소규모의 저밀도 전원도시로 계획된 할로우는 런던 북쪽으로 약 48km 떨어진 곳에 위치한다. 전체면적은 2,590ha에 달하며, 철도역을 중심으로 남쪽에 도시 중심지구, 동서로 2개의 공업지구를 설치하고 4개의 주택지로 되어있다. 4개의 주택지 중 3개의 주택지는 근린주구로, 나머지 하나는 도시의 중심지로 계획되었으며 근린주구의 인구는 4,000-7,000명으로 초등학교와 놀이터, 그리고 기타 공공시설들이 배치되었다(그림 2.13).

할로우는 전원도시의 개념을 바탕으로 근린주구 이론을 접목하여 저밀도의 쾌적한 도시로 개발하는 것을 시작으로 이후에는 직장과 주거지 간의 거리를 줄이고 독신자와 노인, 젊은이들을 위한 주택을 보급하는 것을 목표로 주민들의 생애주기에 맞춰 변화하도록 하였다. 이러한 할로우의 변화는 초기 근린주구 이론의 한계와 문제점을 극복하는 예를 보여준다.

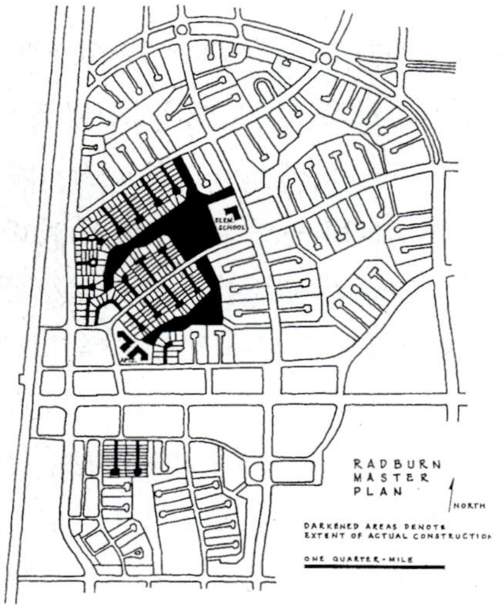

그림 2.12 레드번 계획안
(Martin, 2001)

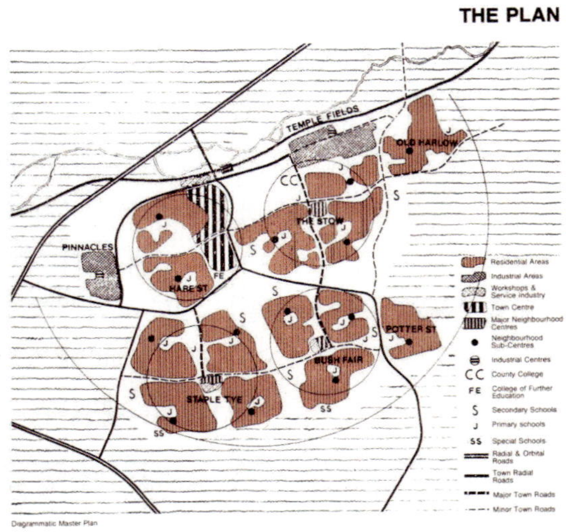

그림 2.13 할로우 계획안
(https : //www.harlowcivicsociety.org.uk)

3.4 모더니즘 계획 (Modernism Planning)

1) 모더니즘 계획의 개념과 배경

모더니즘 계획은 1920년대에 등장하여 1960년대까지 이어지는 진보적인 도시계획의 움직임을 뜻한다. 모더니즘은 여러 분야에서 광범위하게 사용되는 용어이기 때문에 계획에 한정한 엄격한 개념적 정의는 어렵다. 또한, 모더니즘 조경계획은 일반적으로 사용되는 용어는 아니다. 따라서 여기에서 다루는 모더니즘 조경계획은 모더니즘 계획에서 제시된 조경적 개념을 의미한다. 이론의 주창자나 학파가 명확히 존재하는 다른 계획 이론과 달리 모더니즘 계획은 50년 가까운 기간 동안 여러 세대의 전문가들을 거쳐 정립되고 발전했다. 그럼에도 불구하고, 모더니즘 계획의 가장 대표적인 인물은 르 코르뷔지에(Le Corbusier)라고 볼 수 있으며, 대부분의 20세기 모더니즘 건축가와 계획가가 참여했던 근대건축국제회의(CIAM) 중심으로 모더니즘 운동이 전개되었다는 점에는 이견이 없다.

모더니즘 계획은 모더니즘 건축의 연장선에서 이해할 필요가 있다. 20세기 초의 건축가들은 기존의 건축 양식에 반대하여 단순하고 기능적인 건축을 추구하였으며, 당시 새롭게 등장한 콘트리트, 철골, 유리 등의 재료를 저극 활용하고자 하였다(Curtis, 1996).

그림 2.14 르 꼬르뷔지에의 1922년 삼백만을 위한 현대도시안(Ville contemporaine de trois millions d'habitants)

건축의 혁명은 도시로 이어져 공간의 변화를 통해 사회를 바꾸고자 하는 움직임으로 발전한다. 산업혁명 이후 유럽의 도시들은 전례 없는 규모로 성장하였고, 이는 심각한 주거, 환경, 위생, 교통의 문제를 초래하였다. 모더니즘 건축가와 계획가들은 기존의 도시를 개선하는 대신 완전히 새로운 형태의 도시를 건설할 것을 제안한다. 이들은 도시계획에서도 명확한 기능과 효율을 추구하였으며, 자동차, 기차, 비행기 등 당시 새로운 기술에 기반한 도시를 건설하고자 하였다. 그리고 시민들에게 차별 없이 제공되는 공원과 녹지는 새로운 이상 도시의 가장 핵심적인 요소였다(Fisher, 1982). 건축에서 시작되어 도시로 확장된 모더니즘 운동은 1950년대 이후 조경가들에게도 큰 영향을 미쳐 터너드(Christopher Tunnard)나 에크보(Garret Eckbo)와 같은 조경가들은 모더니즘 계획에 적합한 조경계획을 제안하고 실천하게 된다(Eckbo, 1964; Treib, 1991).

2) 모더니즘의 계획 이론

모더니즘 계획에서 조경공간은 건강한 도시 환경을 위한 필수불가결한 위생과 보건의 기반시설로 여겨졌으며, 한편으로 여가와 문화 활동을 통해 새로운 삶의 방식을 제공할 사회적인 매체로 간주되었다. 모더니즘의 원칙은 1933년에 열린 4차 CIAM 회의의 내용을 정리한 아테네 헌장(Athens Cahrter)을 통해 제시된다(Mumford, 2000). CIAM은 주거, 일, 교통, 여가의 네 가지 기능이 근대도시의 기본적인 요소로 보았고, 이 중 여가가 조경에 대한 계획적 내용을 담고 있다. 공원과 녹지를 여가와 보건의 공간으로 제공하려는 계획적 방향은 대부분의 20세기 계획 담론에서 공통적인 것이었다. 모더니즘 조경계획의 특징은 조경의 역할보다는 건축과 기반시설, 그리고 조경공간의 구조적 관계와 형태에서 명확히 드러난다. 르 꼬르뷔지에의 계획안을 중심으로 중요한 특징을 살펴보면 다음과 같다.

첫째, 도시의 밀도를 높여 공원·녹지 면적을 최대한 확보한다. 르 꼬르뷔제에에게 새로운 도시는 "공원 안의 타워(Towers in the Park)"로 부를 수 있을 정도로 고층건물과 공원은 모더니즘 계획의 구조와 형태를 결정하는 핵심 요소였다(Le Corbusier, 1987). 모더니즘 계획은 고층건물을 통해 도시의 수용 인구를 증가시키면서 기존의 도시나 동시대의 계획 이론과 비교할 수 없을 정도로 넓은 공원·녹지를 제공하고자 하였다. 르 꼬르뷔지에의 경우 80%의 전체 면적을 공원에 할애하는 계획을 제시하였는데, 이러한 공원의 비율은 오늘날의 생태 도시에서도 성취하기 힘든 수치이다.

둘째, 조경과 건축의 통합된 체계를 추구하였다. 모더니즘 계획은 도시의 명확한 용도지구를 정해 토지이용 상의 기능을 분리하였지만, 건축과 조경은 분리되지 않은 하나의 구조로 제안하였다. 센트럴 파크가 아무리 크더라도 도시와는 분리된 인공의 자연이다. 모더니즘 계획은 공원을 도시 내의 부분적 공간으로 다루지 않고 모든 지면을 공원으로 전제하였다. 그리고 공원 내부에 주거, 상업, 문화를 담는 건축을 배치하는 구조를 제시한다. 옥상정원이나 발코니정원을 통해 적극적으로 일상적인 삶에서도 건축과 조경을 결합하려 하였다.

셋째, 조경과 도시기반시설을 입체적으로 결합하였다. 모더니즘 계획안들은 공원과 도로의 간섭을 최소화하기 위해 도로, 철도, 설비의 층을 별도로 마련하고 그 위에 공원과 건축물을 입체적으로 배치하였다. 이러한 입체적 계획을 통해 도로에서 자유로워진 도시에는 생활 가로가 없어진다. 전통적인 가로는 사라지고 상업시설은 고층건물 내로 들어가 엘리베이터를 통한 수직동선을 통해 연결된다.

이러한 특징들이 모든 모더니즘 계획안에 원칙으로 적용된 것은 아니며 지역과 시대에 따라서 모더니즘 계획 모델은 상당히 달라지기도 한다. 실제로 기술적인 문제나 현실적인 문제로 변형된 부분이 많다. 예를 들어 알제리나 인도의 계획안들은 지역적 여건을 고려해 고층건물이 아닌 저층건물로 이루어진다. 하지만 앞서 제시된 특징들은 모더니즘 조경계획에서 공통된 방향성을 제시하며 이후 조경계획과 설계에도 많은 영향을 미친다.

3) 모더니즘의 조경계획적 시사점과 한계

모더니즘 계획은 전후 유럽 도시의 복구에 중요한 역할을 하였으며 미국과 영국에서는 도시환경을 개선하기 위한 주요한 수법과 모델로 채택된다. 또한, 전세계적으로 모더니즘 계획에 근거한 신도시들이 나타난다. 그러나 1960년대와 1970년대 재개발 중심의 모더니즘 계획은 멈포드(Lewis Mumford)와 제이콥스(Jane Jacobs)와 같은 이론가들의 거센 비판에 부딪히게 되고 교조화된 계획 모델과 원칙에 CIAM 내부에서도 반발이 생긴다. 정책적으로 도입된 모더니즘 계획의 결과가 긍정적인 평가를 받지 못하자 미국과 유럽에서는 실패한 계획 모델로 낙인이 찍히게 된다.

그림 2.15 모더니즘 계획이 적용된 1966년 미국 브롱스 큪-시티 (Co-op City)

그러나 우리나라의 상황에서 모더니즘 계획이 실패한 모델인지에 대해서는 의문을 제기할 필요가 있다. 우리나라의 도시계획 모델은 지금도 모더니즘 계획의 기본방향과 크게 다르지 않다. 우리나라 신도시에서 나타나는 고밀도 도시의 구조, 명확한 용도지구와 기능 중심의 토지이용 계획, 고층건물을 활용한 공공조경공간의 확보는 모더니즘 계획의 원칙과 일치하는 부분이 많다. 오히려 우리나라의 신도시의 원형은 미국과 유럽에서 많은 영향을 미친 전원도시나 역사도시의 모델보다는 모더니즘 계획 모델에 가깝다. 최근 우리나라에서 새롭게 제시되고 있는 입체도시건축계획의 복합적 건축과 공원, 역이나 공항과 같은 교통거점과 결합된 상업중심지 계획, 도로 지하화를 통한 공원의 입체화의 제안은 20세기 초 모더니즘 계획안에 그대로 담긴 대안들이다. 물론 모더니즘 계획의 개념이 제시된 지는 100년이 지났기 때문에 모더니즘 계획이 우리의 현실에 유효할 수는 없다. 그러나 오늘날 우리의 삶을 규정하는 많은 계획적 개념은 모더니즘 계획의 사고에 근거하고 있으며 조경계획에서도 여전히 영향을 미치고 있다는 사실을 부정할 수는 없다.

3.5 뉴어바니즘 (New Urbanism)

1) 뉴어바니즘의 개념과 배경

뉴어바니즘은 1980년대에 제시된 계획 이론으로써 오늘날에도 도시계획은 물론, 건축과 조경 분야에서 여전히 중요한 이론적, 실천적 틀로서 역할을 하고 있다. 뉴어바니즘은 역사적인 도시형태 유형학에 근거하여 보행친화적인 가로환경과 도시단위, 주거와 상업의 연계성, 공공장소의 접근성을 고려한 인간 중심의 종합적 도시설계를 추구한다(CNU, 2000). 미국에서는 1960년대와 1970년대에 모더니즘 계획 이론을 비판하면서 역사적인 도시의 맥락과 커뮤니티를 존중하는 계획의 필요성을 주장하는 목소리가 높아지게 된다. 크라이어(Leon Krier)와 같은 건축가들은 모더니즘 계획을 대체할 구체적인 대안으로 오래된 도시에서 교훈을 얻어 보행친화적이며 복고적인 도시유형과 건축을 제시한다.

이러한 주장에 공감한 미국의 건축가와 계획가들은 1991년 토지이용계획과 커뮤니티 계획에 대한 실천적인 원칙으로 아와니 원칙(Ahwahnee Principles)을 발표한다. 이후 이들은 1993년 뉴어바니즘 회의(Congress for New Urbanism)을 발족시켜 뉴어바니즘의 이론을 정립하고 실천으로 발전시키게 된다. 당시 학계를 중심으로 논의되던 계획 이론과는 달리, 뉴어바니즘은 실무에 초점을 맞추고 있었으며 공무원들과 시행사들에게 큰 공감을 얻으면서 빠르게 실천적 프로젝트로 이어진다. 뉴어바니즘은 이론적으로 모더니즘에 비판적인 계획 이론의 기본적 철학과 방향을 이어받았지만, 주된 문제의식은 1980년대와 90년대 미국 도시의 중요한 문제로 대두된 교외화(Urban sprawl)에 있었다. 뉴어바니즘은 단순한 도시형태학적 모델을 제시한 것이 아니라 현대 도시의 여러 사회적 문제에 대한 공간적 해결책을 제시하려 한다. 30년이 지난 시점에서도 뉴어바니즘은 미국에서 여전히 가장 영향력 있는 계획 이론이자 기법으로 인정받고 있다.

2) 뉴어바니즘의 계획·설계 이론

1991년 처음 제시된 아와니 원칙은 통합된 커뮤니티, 혼합적 토지이용, 보행성, 자원의 보존의 네 가지였다. 네 가지 원칙은 이후 뉴어바니즘 회의(CNU)에서도 기본적인 뉴어바니즘의 계획적 방향으로 받아들여졌고, 2000년에 헌장의 형태로 이론적 원칙이 정리된다. 지금까지도 뉴어바니즘의 주요한 이론적 개념은 이 헌장에 토대를 두고 있다. 헌장의 원칙은 도시설계의 스케일에 따라 세 가지로 구성이 된다. 첫째는 지역, 대도시권, 도시, 타운이며, 둘째는 근린주구, 지구, 회랑, 셋째는 블록, 가로, 건물과 관련된 원칙들로 이루어진다. 헌장은 27개의 구체적 원칙들을 네 가지로 요약하는데, 용도와 인구의 다양성, 보행자와 대중교통 중심의 설계, 공공공간과 커뮤니티 시설 중심의 형태, 지역성을 존중하는 건축과 조경이 이에 해당된다(CNU, 2000). 뉴어바니즘 헌장과 연구자의 견해를 종합하면 뉴어바니즘의 기본적인 내용은 〈표 2.2〉와 같이 정리될 수 있다.

표 2.2 뉴어바니즘의 주요 주제(김영민, 2017)

<table>
<tr><th rowspan="2">출처</th><th colspan="9">개념</th></tr>
<tr><th colspan="2">커뮤니티</th><th>토지이용</th><th colspan="3">공간디자인</th><th>보행성</th><th colspan="2">환경성</th></tr>
<tr><td>The Ahwahnee Principles (1991)</td><td colspan="2">통합된 커뮤니티</td><td>혼합적 토지이용</td><td colspan="3"></td><td>보행친화</td><td colspan="2">자원의 보존</td></tr>
<tr><td>Charter of the New Urbanism (2000)</td><td colspan="2">용도와 인구의 다양성</td><td></td><td colspan="3">공공공간과 커뮤니티 시설 중심의 형태</td><td>보행자와 대중교통 중심의 설계</td><td colspan="2">역사, 기후, 생태를 존중하는 건축과 조경</td></tr>
<tr><td>Fainstein (2000)</td><td colspan="2">소득 집단에 따른 주거의 혼합</td><td>혼합적 토지이용</td><td>건물 유형의 다양성</td><td colspan="2">공공공간의 강조</td><td>보행 친화적 도시 조직</td><td colspan="2"></td></tr>
<tr><td>Grant (2000)</td><td colspan="2">전통적 근린주구</td><td></td><td colspan="3"></td><td>대중교통 중심</td><td>지속 가능한 도시</td><td>스마트 성장</td></tr>
<tr><td>박영춘과 임경수 (2000)</td><td colspan="2"></td><td>혼합적 토지이용</td><td>중심 상업 지역 개발</td><td>경관적 다양성</td><td>공공 공간 강조</td><td>보행친화적 동선체계</td><td colspan="2"></td></tr>
<tr><td>김흥순 (2006)</td><td>사회적 혼합</td><td>주민 참여</td><td></td><td colspan="3"></td><td>보행중심 교통체계</td><td>친환경적 개발</td><td>자족성 강화</td></tr>
<tr><td>종합적 분석</td><td colspan="2">커뮤니티 통합</td><td>혼합적 토지이용</td><td colspan="3">다양성과 공공성의 강조</td><td>보행 친화적 체계</td><td colspan="2">친환경적 접근</td></tr>
</table>

계획·설계의 실무에서 적용되는 뉴어바니즘의 도시형태적 모델을 가장 잘 설명해주는 도식은 〈그림 2.16〉와 같다. 1930년의 모델은 페리의 근린주구 모델이고, 1980년의 전통적 모델은 뉴어바니즘에서 중요한 비판의 대상인 미국의 교외 주거의 전형적인 모델이

다. 그리고 2008년의 모델이 뉴어바니즘의 모델인데, 이는 페리 근린주구 모델과 구조가 거의 유사하다. 10분의 도보권 거리를 설정하고 3분 이내의 거리에 공원을 배치하는 원칙은 두 모델이 동일하다. 또한, 간선도로를 외각으로 두어 커뮤니티 내부에 최대한 보행환경을 확보하는 구조도 같다. 두 모델의 큰 차이는 밀도가 대폭 증가하였으며 외곽에 배치되었던 상업시설이 보행친화적인 환경을 만들도록 커뮤니티 내부에 있다는 것이다. 또한 뉴어바니즘의 모델에서는 생태적 하천이나 녹지를 보존하고 우수처리가 가능한 녹지를 도입하는 등 친환경적인 계획이 크게 강조된다.

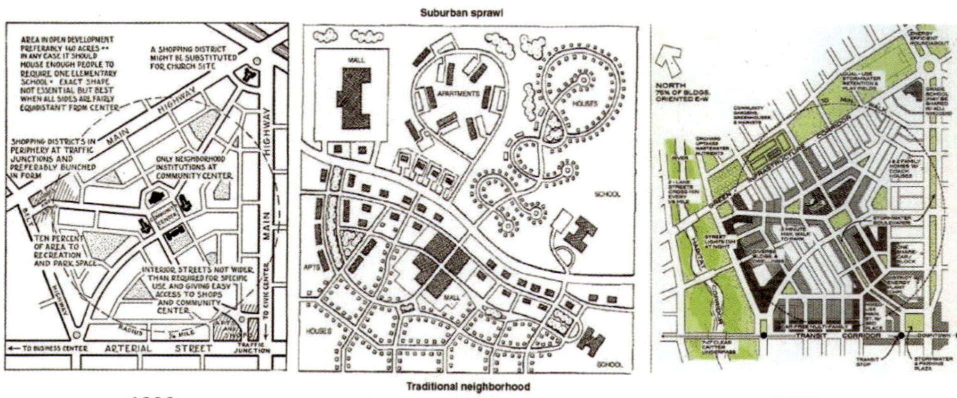

1930 1980 2008

그림 2.16 파(Doug Farr)의 근린주구 모델 비교 (Farr, 2007)

3) 뉴어바니즘의 조경계획적 시사점과 한계

뉴어바니즘은 매년 CNU 정기 회의를 통해 뉴어바니즘 계획·설계의 원칙을 개선하고 발전시켜왔는데, 최근에는 지속가능성의 문제에 초점을 맞추어 교통, 형평성, 건강, 환경, 경제의 다섯 가지 부분의 새로운 원칙들을 제시하고 있다(CNU, 2000). 뉴어바니즘은 종합적인 계획을 추구하며 계획가 뿐 아니라 건축가와 조경가의 협업을 강조하며 조경계획적으로 대형 공원보다는 다양한 소규모의 공원들을 지향한다. 도보권의 커뮤니티 내에 이용가능한 공원을 최대한 많이 계획하면서 배후의 자연은 보존한다는 것이 뉴어바니즘 조경계획의 대원칙이다.

뉴어바니즘은 미국의 특수한 도시적 맥락에서 제시된 개념이기 때문에 우리나라에 그대로 적용하기에는 어려운 부분들이 많다. 그러나 우리나라의 보행친화도시에 대한 이론과 계획적 기법들은 뉴어바니즘의 많은 영향을 받았다. 또한, 새로운 공동주택이나 신도시 계획에서 제시되고 있는 작은 단위 커뮤니티를 기본으로 도시의 지속가능성을 추구하는 방향도 뉴어바니즘의 이론과 연관되어 있다. 최근 우리나라의 도시계획에서 많이 등장하는 TOD(Transit-oriented development)의 개념 역시 뉴어바니즘의 실천을 통해 제시되고 적용된 중요한 개념 중 하나이다(Calthorpe, 2012). 뉴어바니즘은 조경계획이 도시계획과 함께 지속가능한 실천적 대안을 만들 때 유용한 통합적 접근 방식과 전략들을 많이 담고 있다는 점에서 조경계획가들이 주목할 필요가 있다.

3.6 랜드스케이프 어바니즘 (Landscape Urbanism)

1) 랜드스케이프 어바니즘의 개념과 배경

랜드스케이프 어바니즘(Landscape Urbanism)은 1990년대 말에 제안되어 2010년대 초까지 영향력 있는 조경계획과 설계의 실천적 이론으로 주목을 받았다. 랜드스케이프 어바니즘의 등장 배경은 크게 세 가지이다. 첫째, 현대 도시의 성격 변화이다. 20세기 말 산업 구조의 재편으로 인해 미국과 유럽에는 중공업 중심의 산업이 몰락하면서 많은 도시의 공간적 재편이 필요해진다. 이와 함께 환경적 관심이 높아지면서 지속가능한 도시적 접근이 강하게 요구되었고, 조경을 통해 환경 문제와 유휴지 활용의 문제를 동시에 해결하려는 움직임이 나타난다. 둘째, 기존 도시계획 이론에 대한 비판이다. 랜드스케이프 어바니즘은 미국의 가장 영향력 있던 복고주의적인 계획 이론인 뉴어바니즘을 강하게 비판하면서도 그 이전 시대의 모더니즘 계획과도 단절을 선언하고 새로운 길을 모색한다. 셋째, 오랫동안 조경계획의 주류 이론으로 군림하고 있던 생태계획에 대한 대안 모색이다. 1970년대 등장한 맥하그의 생태계획은 과학적인 방법론을 통해 조경계획의 새로운 패러다임을 제시했지만, 전통적인 건축, 도시 분야와 조경을 괴리시키고 규제 중심의 접근방식을 통해 오히려 계획가의 문화적이며 창조적인 역량을 가로막는다는 비판이 대내외적으로 제기되었다. 이에 대해 생태적 원칙을 받아들이면서도 건축과 도시 분야에서도 공감할 수 있는 창의적인 공간을 생성할 수 있는 대안이 필요하다는 목소리가 커져갔다.

이러한 문제의식에 근거하여 젊은 조경가와 이론가들은 당시 유럽에서 등장한 새로운 유형의 조경 프로젝트에 주목하게 된다. 라 빌레뜨 공원과 뒤스버그 노드 파크와 같은 이전적지 공원, 네덜란드의 조경 중심의 도시 프로젝트, 스페인의 교통기반시설과 결합된 공원, 조경과 건축의 경계를 의도적으로 흐리는 현대 건축의 실험에서 도시 문제를 해결할 조경적 해법을 찾기 시작한 노력은 조경을 매체로 도시를 재편하려는 랜드스케이프 어바니즘의 개념으로 발전한다.

2) 랜드스케이프 어바니즘의 계획·설계 이론

표 2.3 랜드스케이프 어바니즘의 이론적 개념 (김영민, 2016)

<table>
<tr><th rowspan="2">출처</th><th colspan="8">개념</th></tr>
<tr><th>수평성</th><th>기반시설</th><th>프로세스</th><th>생태</th><th colspan="2">융합</th><th colspan="2">스케일</th></tr>
<tr><td>Corner (2003)</td><td>수평성</td><td>기반시설</td><td>프로세스의 형태</td><td>생태</td><td colspan="2">테크닉</td><td colspan="2"></td></tr>
<tr><td>Corner (2006)</td><td colspan="2">표면의 각색</td><td colspan="2">시간에 따른 과정</td><td colspan="2">작동적 방법</td><td colspan="2">상상력</td></tr>
<tr><td>김영민·정욱주 (2013)</td><td>수평성</td><td>기반시설</td><td>프로세스</td><td>생태</td><td>혼성</td><td>매체</td><td>부지</td><td>스케일</td></tr>
<tr><td>김영민 (2016)</td><td>수평적 구조</td><td>복합적 기반시설</td><td>프로세스 중심 접근</td><td>생태성 강조</td><td colspan="2">융합과 새로운 기술</td><td colspan="2">다양한 스케일의 고려</td></tr>
</table>

코너(James Corner)가 제시한 개념들은 랜드스케이프 어바니즘의 주요 이론적 토대가 된다(Corner, 2003; 2006). 코너의 개념에 대한 다양한 방식의 해석을 통해 랜드스케이프 어바니즘의 담론은 이론적으로 전개되었다(표 2.3 참조). 조경계획의 관점에서 중요 개념을 설명하자면 다음과 같다. 수평성은 도시의 수평적 구조를 지향하면서 동시에 탈중심적인 계획을 추구한다. 기반시설의 개념은 건축과 공원 외에 도로, 항만, 폐기물 처리장, 산업시설 등의 도시 기반시설에 대한 적극적이며 융합적인 접근을 주장한다. 프로세스는 기존의 형태중심적인 계획 방식에서 벗어나 변화에 적극적으로 대응할 수 있는 유연한 도시 구조를 위한 개념이다. 생태는 경관생태학의 모델을 도시의 영역에 도입함으로써 도시와 자연을 통합적으로 접근할 것을 주장한다. 융합은 다양한 영역의 협력과 새로운 기술의 적극적 활용을 강조한다.

랜드스케이프 어바니즘의 이론적 개념은 추상적이기 때문에 사례로 제시된 프로젝트를 통해 계획적 특징을 더 명확하게 알수 있다. 랜드스케이프 어바니즘의 가장 중요한 계획적 특징은 공원녹지를 도시의 골격을 구성하는 가장 중요한 체계로 본다는 것이다. 일반적으로 토지이용과 도로체계, 혹은 주요 건물을 중심에 두는 기존의 계획 방식과는 달리 랜드스케이프 어바니즘은 생태학적 이론에 근거하여 공원·녹지를 도시의 생태적 환경을 조성하기 위한 핵심적 매체로 활용한다. 도시형태적으로는 기존의 수계와 지형을 최대한 보존하여 도시 체계로 수용하기 때문에 유기적인 형태를 주로 활용한다. 또한, 기존의 건축과 도시계획적 접근과는 달리 생태적 시스템의 비물리적 작동 방식을 물리적 공간 계획과 결합한다(김영민, 2014). 건조 환경과 관련해서 명확히 구분된 용도지구와 토지이용에서 벗어나 다양한 스케일에서 자연, 조경, 건축, 도시를 결합시키는 융합적 프로젝트

그림 2.17 Qianhai Water City 계획안

를 통해 도시의 구조를 변화시키고자 한다. 대표적인 랜드스케이프 어바니즘의 사례로는 뉴욕의 하이라인(High Line), 센젠의 퀴안하이(Qianhai) 계획안, 상하이의 하우탄 공원(Houtan Park)를 들 수 있다.

3) 랜드스케이프 어바니즘의 조경계획적 시사점과 한계

오늘날 랜드스케이프 어바니즘의 개념이 이론과 실천에서 유효한 담론을 지속적으로 생산하고 있는 상황이라고 보기는 어렵다. 하지만 랜드스케이프 어바니즘의 주창자들이 조경계획과 설계의 실무를 이끄는 조경가들이 되었으며, 랜드스케이프 어바니즘의 접근방식이 대형 설계사무소나 계획회사들의 프로젝트에 큰 영향을 미쳤다는 점에서 랜드스케이프 어바니즘의 영향력은 여전히 유효하다고 할 수 있다.

이론적으로 랜드스케이프 어바니즘의 개념이 난해하고 모호하며, 명확한 과학적인 근거를 제시하지 못한다는 한계를 갖는다. 이러한 한계 때문에 학계 일부에서는 계획 이론이라기보다는 선언에 가깝다는 평가도 내리기도 한다(김영민, 2015). 그러나 대부분의 조경계획 이론이 조경의 독립적인 이론이라기보다는 생태학, 사회학에서 빌려 온 이론이라는 점을 고려할 때 랜드스케이프 어바니즘은 조경의 실천에 근거를 두고 발전한 이론이라는 점에서 중요한 의의가 있다.

랜드스케이프 어바니즘은 이론보다는 실천적 사례로 더 많은 주목을 받았다. 그러나 명

그림 2.18 The High Line

확한 이론적 틀에 따라 실천이 전개되었다기보다 사례를 중심으로 이론적 내용을 구성했기 때문에 실천을 규정할 틀이 명확하지 않다는 한계도 갖는다(김영민과 정욱주, 2014). 이러한 한계에도 불구하고 랜드스케이프 어바니즘은 건축을 중심으로 제시되던 기존의 공간적 실천과 달리 조경을 주요한 매체로 도시를 조직하는 개념을 제시했다는 점에서 조경계획의 실천에 큰 기여를 했다.

랜드스케이프 어바니즘은 우리나라의 조경계획에도 많은 영향을 미쳤다. 랜드스케이프 어바니즘의 틀을 통해 2000년대 산업시설이나 기반시설 이전적지에 계획되던 프로젝트들을 이론적으로 새롭게 해석할 수 있었다. 또한, 랜드스케이프 어바니즘의 영향을 받은 2010년대의 2기 신도시와 지방 혁신도시의 공원녹지 계획에서는 기반시설적 기능을 강조하고 공원을 다른 건축·도시의 체계와 통합적으로 접근하는 경향이 나타났다. 하지만 랜드스케이프 어바니즘이 조경계획의 구체적인 전략의 내용을 제시했다기보다는 공원·녹지를 매체로 도시의 지속가능성을 위한 다양한 실천적 대안들을 조경의 담론으로 포섭하는 틀로서 역할을 했다는 점을 유념할 필요가 있다.

4. 경관미학적 접근

조경계획에서 시각미학적 접근의 역사는 매우 오랜 전통을 가지고 있다. 조경(造景)을 '경치(景)를 만들다(造)'라고 해석할 수 있을 만큼 경관에 대한 관심은 오래되었다고 할 수 있다. 그러나 전문용어로서의 경관과 일상생활에서 사용하고 있는 의미는 큰 차이가 있다. 본 절에서는 경관의 개념과 관련 연구의 흐름 등을 살피고 최근 우리나라에서 도입된 경관법과 경관계획에 대해서 알아보고자 한다.

4.1 경관의 개념

'경치'나 '풍경'이란 의미로 널리 사용하고 있는 '경관'은 매우 다양한 의미를 포함하고 있다(황기원, 1989). 사전적 의미로는 '산이나 들, 강, 바다 따위의 자연이나 지역의 풍경으로 자연적 요소에 대하여 인간의 활동이 작용하여 만들어 낸 지역의 통일된 특성'으로 정의하고 있고, 이를 좀 더 세분화면 자연경관과 문화경관으로 구분할 수 있다(국립국어원 표준국어대사전). 문화경관은 지리학에서 출발한 개념으로 지표상의 어떤 물리적, 문화적 특성과 연관시킨 확장된 경관 개념이다.

영어권에서는 시대적 흐름에 따라 그 의미가 변화해 왔다. 'landscape'이라고 표현되는 경관은 'landscipe'라는 고어에서 나온 말이다. 'landscipe'는 중세시대에 쓰이던 단어로 일정 지주 또는 특정 집단에서 의하여 소유된 지역(district)을 뜻했다고 한다(International Encyclopedia of the Social Science, 1974; 임승빈, 2009에서 재인용). 지금처럼 아름다운 풍경이라는 의미보다는 농경지나 생산 공간이라는 뜻이 더 강했다고 볼 수 있다. 16세기

그림 2.19 경관의 개념 (임승빈과 주신하, 2019)

말 또는 17세기 초부터 북유럽의 풍경화가 유행하기 시작하면서 단어의 형태도 'landscape'로 바뀌고 의미도 풍경(scenery), 특히 전원풍경(rural scenery)을 뜻하는 말로 사용하기 시작했다. 이후 'landscape'은 점차 일반적인 풍경을 의미하는 현대적 개념의 경관으로 변모되었다(임승빈, 2009). 범지구적인 환경문제가 심각해지고 그 문제해결의 처방으로 '생태학적 조경'이라는 새로운 접근방법이 등장함에 따라 'landscape'은 인간을 포함한 모든 생물의 생활장소이자 조건인 '環境(environment)'의 개념과 상호 통용되는 데까지 이르고 있다(Meinig, 1979).

따라서 현대적 의미에서 경관은 일차적으로는 '보이는 풍경'을 뜻하겠으나, 이차적으로는 보이는 풍경에 내재되어 있는 자연 생태계의 작용, 인간의 활동 등과 관련된 의미를 함축하는 것이다. 또한 경관분석이라고 할 때는 보이는 풍경의 물리적 구성 뿐만 아니라 경관형성과 관련된 자연생태계의 역할, 인간 활동의 영향 등을 종합적으로 분석하는 것을 의미한다(임승빈, 2009).

한자어 구성으로 경관의 의미를 분석해 보면, 바라보는 대상으로서 '경(景)'과 바라보는 주체를 의미하는 '관(觀)'이 합쳐진 형태이다. 즉, 자연, 도시, 농촌 등의 객체로서의 경치를 특정한 지점에서 경관 경험의 주체인 인간이 바라보는 상태라고 볼 수 있다. 즉, 경관은 단순히 아름다운 경치만으로 충족되는 개념이 아니라 그 대상을 바라보는 주체와 함께 상호작용하는 상황을 의미하는 것이다(그림 2.19). 우리나라 경관법에서도 이러한 개념을 바탕으로 경관을 '자연, 인공요소 및 주민의 생활상 등으로 이루어진 일단의 지역환경적 특징'이라고 정의하고 있다.

4.2 경관분석 접근방법

경관 분석에 관한 관심은 1960년대 이후 경관자원의 보존과 개발에 따른 시각적 영향의 최소화, 레크리에이션 기회의 증대, 도시경관의 향상 등 여러 측면과 관련되어 지속적으로 높아졌으며, 각각의 측면에서 다양한 분석방법들이 개발되었다. 임승빈(2009)은 다양한 선행 연구자들의 경관분석 구분방법을 종합하여 7개의 유형으로 구분한 바 있다(그림 2.20).

'생태학적 접근'은 경관의 질을 분석할 때 자연성(naturalness)을 우선적으로 고려하는 방법으로 생태적 건강이 경과의 질을 좌우한다고 보는 입장이다. '형식미학적 접근'은 경관의 미적 질은 경관이 지닌 물리적 속성에 따른다고 보는 입장으로 경관을 구성하는 형

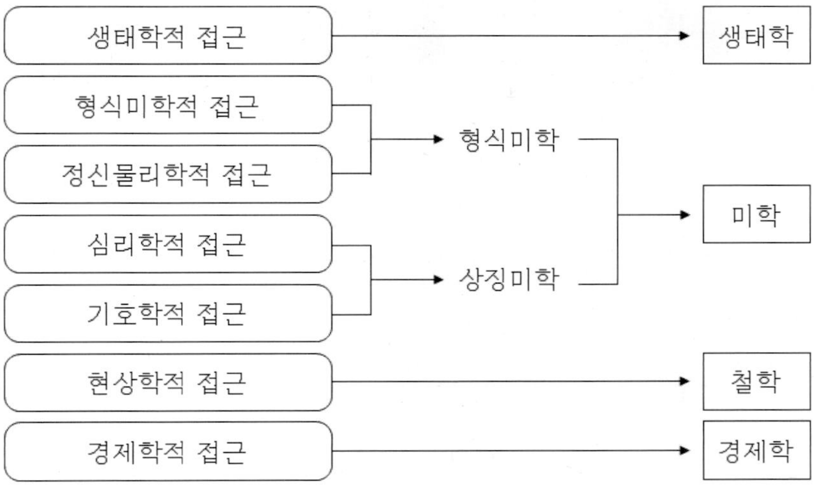

그림 2.20 경관 분석 방법의 대분류 (임승빈, 2009)

태, 선, 색채, 질감과 이들 요소들의 상관관계에 의해 경관을 평가한다. '정신물리학적 접근'은 경관의 지형, 식생, 물 등의 물리적 속성과 선호도, 만족도, 경관미 등의 인간의 반응 사이의 계량적 관계성을 수립하고자 하는 접근방법이며, '심리학적 접근'은 정신물리학적 접근과 유사하게 인간의 반응에 주목하되, 경관의 물리적 대상보다는 인간이 느끼는 느낌, 감정 등과의 관계를 분석하는 입장이다. '기호학적 접근'은 경관을 의미전달체계로 보고 경관이 지닌 사회적, 문화적 의미를 분석하는 방법이며, '현상학적 접근'은 개인의 느낌이나 경험을 중요하게 보고 경관의 역사, 개인의 경험, 경관에 대한 의도 등을 종합하여 경관을 분석하는 방식이다. '경제학적 접근'은 경관의 속성을 금전적 가치로 환산하여 상호 비교가 가능하도록 하는 계량적인 방식이다.

대상의 물리적 특성, 경험하는 인간의 느낌, 사회문화적인 영향을 기준으로 경관분석 유형을 보다 단순하게 구분한 연구도 있다. 주신하(2003)는 도시경관을 공간, 환경, 경관, 장소로 구분한 황기원(1993)의 연구결과를 토대로 경관분석의 틀을 제시하였는데, 경관의 물리적 특성과 인간의 반응에 주목하는 '정신물리학적 접근', 경관으로 인해 형성되는 인간의 감정을 중요하게 보는 '인지적 접근', 경관 경험에 영향을 주는 사회, 역사, 문화적인 특성을 중요하게 다루는 '문화학습적 접근'으로 구분하였다(그림 2.21). 이 책에서는 경관분석의 접근 방법을 이 틀에 따라 설명한다.

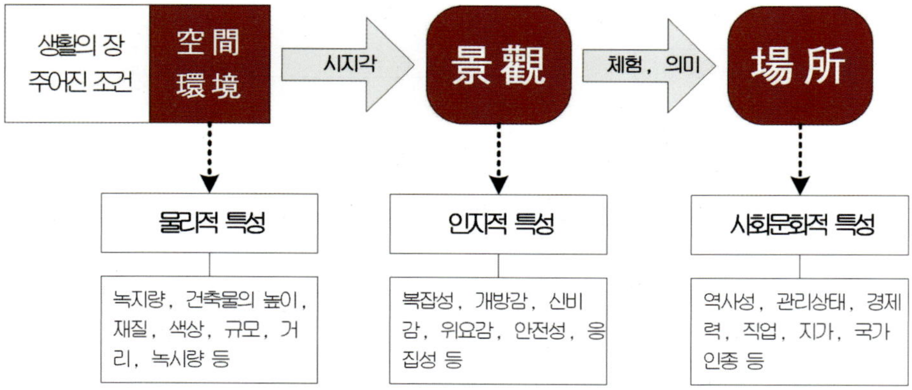

그림 2.21 경관개념과 관련 변수와의 관계 (주신하, 2003)

4.3 정신물리학적 경관분석

초기의 경관평가연구들은 주로 정신물리학적인 접근방법을 취한 연구들이었다. 식생지역의 면적, 비례 등과 같은 경관의 물리적인 속성과 경관선호와의 관계를 통계적인 방법을 통해서 모형화하려는 노력이 주류를 이루었다. 이러한 연구의 대표적인 예로는 병충해지역의 면적과 경관선호도의 관계에 대한 연구(Peterson, 1967), 식생지역의 면적 및 경계의 길이와 경관선호도에 대한 연구(Shafer, 1969), 중정의 비례변수들과 경관선호도의 관계에 관한 연구(Im, 1984), 농촌지역에서의 경관요소에 따른 선호도 변화 연구(Häfner et al., 2018) 등을 들 수 있다.

정신물리학적 접근에서는 주로 경관 구성요소의 높이, 재질, 색상, 규모, 거리, 면적 등의 물리적인 속성과 시각적 선호도와의 관계에 대한 설문조사를 하고 이를 통계적으로 분석하는 과정으로 진행된다. 이러한 정신물리학적 측면의 연구 중에는 조경계획에서 참고할 개념으로 발전한 것도 많다. 대표적으로 시각적 흡수력과 경관훼손 가능성을 들 수 있다.

제이콥스와 웨이(Jacobs and Way, 1968)가 제시한 시각적 흡수력은 새로운 개발사업과 같은 경관요소가 추가될 때 기존 경관의 특성에 따라서 영향력이 달라진다는 개념이다. 시각적 투과성이 높고 시각적 복잡성이 낮을수록 시각적 흡수력이 낮다는 것이다(그림 2.23). 예를 들어 가시거리가 멀어서 시각적 투과성이 높고 시각적 요소가 적어서 시각적 복잡성이 낮은 경우에 새로운 개발로 인한 영향이 크다는 내용이다. 이는 복잡한 무늬의 옷보다 흰색 셔츠에 국물이 튀었을 때 훨씬 더 눈에 잘 띈다는 것을 생각해 보면 쉽게 이해할 수 있다.

그림 2.22 농촌지역에서 경관요소 변화에 따른 선호도 연구

(Häfner et al., 2018)

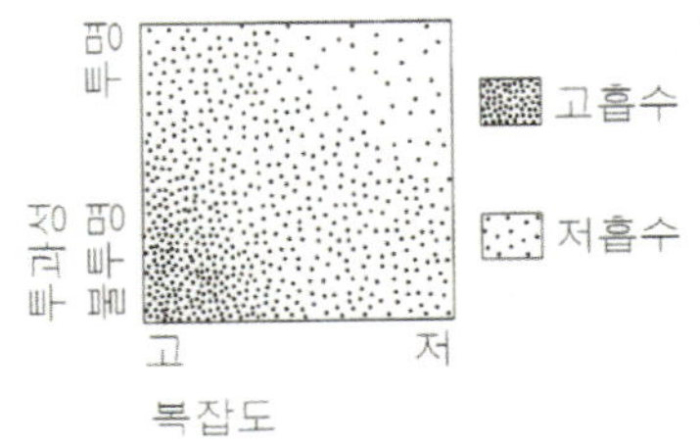

그림 2.23 시각적 흡수력

(Jacobs and Way, 1968)

그림 2.24 훼손가능성이 높은 경관유형

(Litton, 1974)

리튼(Litton, 1974)은 자연경관에서의 경관훼손의 가능성을 연구하였다. 이 개념은 도로의 개설 혹은 벌목에 대한 자연경관의 민감성에 관한 것이다. 리튼은 경관을 독특한 지형(높은 산, 폭포 등)을 지닌 경관(feature landscape), 위요된 경관(enclosed landscape), 구심적 경관(focal landscape)으로 나누고, 유형별 경관에서 경관훼손 가능성이 높은 부분을 연구하였다. 예를 들어 구심적 경관에서는 주의집중이 이루어지는 중심부분이 가장 높다고 보았다.

a) 점적요소/선적요소 (송해공원)

b) 선적요소/수평적 요소 (서해대교)

c) 열린경관 (청계산에서 본 서울)

그림 2.25 형태적 기준에 따른 경관요소의 구분 예시 (임승빈과 주신하, 2019)

연구분야 뿐만 아니라 조경계획의 실무 진행과정에서도 경관의 물리적인 특성에 대해 조사한다. 실무에서는 경관구성 요소의 형태적인 특징을 기준으로 구분하고 각 경관요소의 분포를 파악하고 평가를 진행하는 방식을 사용한다. 일반적으로는 점/선/면적인 요소, 수평/수직적 요소, 닫힌공간/열린공간 등의 형태적 특징을 기준으로 경관요소를 구분하는 방법이 사용된다(그림 2.25).

4.4 인지적 경관분석

정신물리학적 접근방법을 통해 경관의 물리적 특성과 경관선호에 대한 많은 연구결과를 얻을 수 있었다. 그러나 이러한 귀납적 접근으로는 경관선호에 대한 근본적인 원인을 밝혀내는 데에는 한계가 있다. 예를 들어 녹지가 많은 경관을 선호한다는 사실은 알 수 있었으나, 왜 녹지가 많은 경관을 선호하는지에 대한 답을 찾기는 어렵다는 것이다. 이러한 가운데 조경학과 지리학 분야에서 관심을 가지기 시작한 '경관미학(landscape aesthetics)'은 경관선호에 대한 이론적인 배경을 마련해 줄 수 있는 연구분야로 주목받게 되었다. 특히, 생물학적인 진화의 차원에서 경관선호 과정을 설명하려는 진화이론적 입장(Appleton, 1975; Kaplan and Kaplan, 1982, 1989)은 인간의 경관선호를 진화적인 환경적응의 결과물로 설명하며 이는 모든 인간들에게 공통적으로 나타나는 특성이라고 주장한다.

대표적인 진화이론으로는 애플턴의 '조망-은신이론'을 들 수 있다. 이 이론은 경관에 대한 우리의 유쾌한 미적 경험을 '조망(prospect)'과 '은신(refuge)'이라는 개념으로 설명한다. '조망'은 보는 행위(to see)를 방해하지 않는 기회를 제공하며, '은신'은 보이지 않게 하는(not being seen) 수단을 제공한다. 즉, 자신은 숨기고 외부 경관을 볼 수 있는 상황이 생존에 유리한 조건으로 인지되었는데, 이러한 상황에 대한 선호가 진화의 긴 세월을 통해서 유전자의 형태로 현대 인간에게까지 전달되었다는 것이다. 따라서 현대에서도 경관을 경험하고 감상할 때에 관자 자신은 숨기고 경관을 관조하려는 입장을 선호하게 된다는 설명이다(Appleton, 1975). 아늑한 곳에서 주변을 보는 경험, 어렸을 적 한번쯤 해 보았을 숨바꼭질 놀이 등을 떠올려 보면 수긍이 가는 주장이다.

'조망-은신이론'과 함께 생물학적 진화론에 기반을 둔 대표적인 연구로 카플란 부부의 '정보처리모형'을 들 수 있다(Kaplan and Kaplan, 1982; 1989). 이들은 환경선호에 대한 기존의 연구 성과를 토대로 하여 환경선호에 영향을 주는 주요 요소들을 '이해-탐험의 차원'과 '즉각적-예측된'의 차원으로 구조화하였다. 즉, 경관을 대할 때에는 주어진 경관을 이해하려는 욕구와 더 많은 정보를 얻기 위해서 경관 속으로 깊이 탐험하고자 하는 상반되는 욕구가 생기게 되는데, 이러한 현상을 인간의 생존과 관련된 본능으로 파악하였다. 또한, 경관 정보의 파악이 즉각적인가, 아니면 예측하고 추론된 것인가에 따라 경관에 대한 정보처리 방식을 구분하였다. 이러한 구분을 통해서 경관선호에 영향을 주는 인지적 요인들을 복잡성(complexity), 신비감(mystery), 응집성(coherence), 가독성(legibility)으로 요약하였다(표 2.4).

표 2.4 선호도에 영향을 주는 인지적 요인 구조

구분	이해(making sense)	참여(involvement)
즉각적인 (present or immediate)	응집성(Coherence)	복잡성(Complexity)
예측된 (future or promised)	가독성(Legibility)	신비감(Mystery)

출처 : Kaplan and Kaplan, 1982

이러한 생물학적 진화론 기반의 연구들은 선호도 외에 다양한 변수들을 통해서 경관선호 과정을 이해하려고 시도하였다. 특히 애플턴과 카플란 부부의 이론은 많은 후속 연구들을 통해서 검증받고 응용되어 조망, 은신, 복잡성, 신비감, 응집성, 가독성 등의 변수들 이외에도 많은 인지적 요인들이 경관선호에 관련이 있다는 것을 밝혀냈다. 자연성, 개방감, 위요감, 안전성, 친근성, 정연성 등은 이러한 후속 연구들을 통해 경관선호에 영향을 주는 인지적 변수인 것으로 연구되었다(그림 2.26).

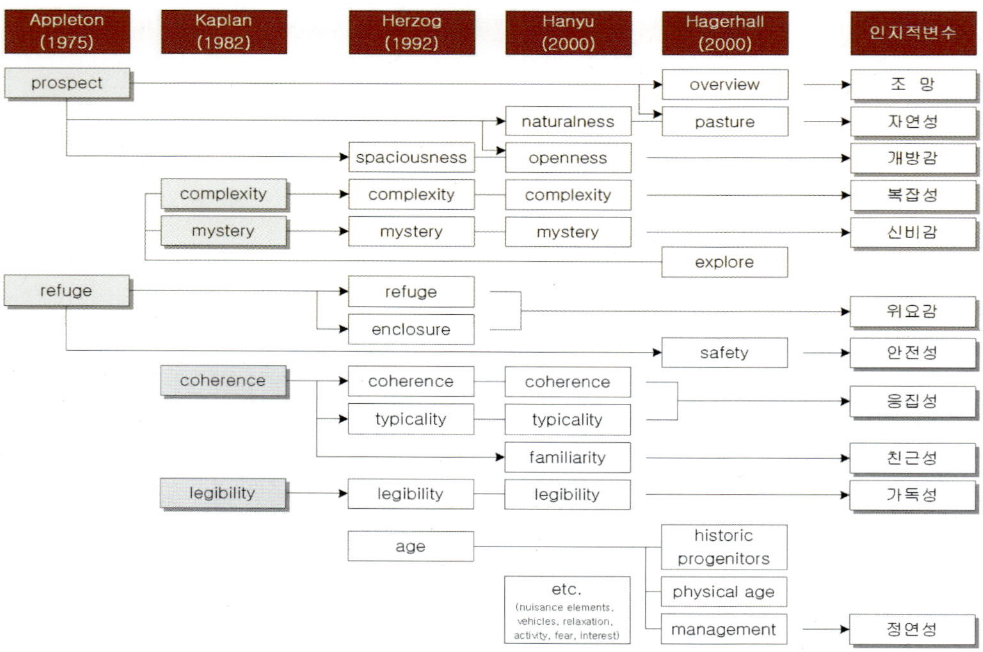

그림 2.26 경관 관련 연구에 적용된 인지적 변수 (주신하, 2003)

그림 2.27 마을 입구에 랜드마크 역할을 하는 정자목 (전라남도 신안군, ©주신하)

인지적 측면의 연구를 통해서 조경계획에서 활용할 수 있는 실용적인 개념을 제시하고 있다. 대표적인 것으로는 랜드마크, 복잡성 등이 있다.

랜드마크는 식별성이 높은 지형, 지물을 말하는 것으로서 지역적 규모에서는 산봉우리, 절벽, 탑 등을 들 수 있으며 규모가 작은 공간에서는 고층건물, 정자목, 교량 등을 들 수 있다. 일반적으로 랜드마크는 그 지점에서 직접 조망할 수 있는 대상이 되지만, 직접 조망되지 않더라도 그 지역을 상징하는 경우 랜드마크가 될 수도 있다(변재상, 2005; 임승빈과 주신하, 2019). 시각적 복잡성은 일반적으로 얼마나 시계 내의 구성요소가 많고 적은가로 정의된다. 시각적 선호는 이러한 복잡성의 정도에 따라 결정되는데(그림 2.28), 일반적으로 중간 정도의 복잡성에서 선호가 가장 높고 복잡성이 아주 낮거나 높은 경우에는 오히려 시각적 선호가 낮아진다. (Vitz, 1966; Wohlwill, 1976).

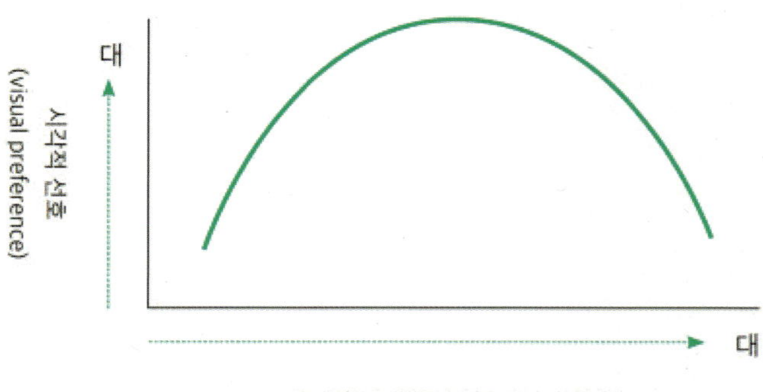

그림 2.28 시각적 복잡성과 시각적 선호의 관계

(임승빈과 주신하, 2019)

a) 산과 농경지 자연경관 (전라남도 부안군, ©주신하)

b) 복잡한 도시경관 (미국 시카고, ©주신하)

그림 2.29 자연경관과 도시경관의 비교

도시 내에서는 이질적인 인공요소가 많으므로 복잡성이 높으며, 자연경관에서는 비교적 동질적인 요소들이 많으므로 상대적으로 복잡성이 낮다. 시각적 선호의 측면에서 보면 일반적으로 중간 정도의 복잡성일 경우에 높은 선호도를 나타내므로 복잡성이 높은 도시경관보다는 중간 정도의 복잡성을 갖게 되는 자연경관에 대한 선호도가 높은 경우가 많다.

4.5 문화학습적 경관분석

진화론적 입장의 인지적 접근의 연구들은 경관선호의 원인에 대한 설명을 가능하게 했다는 점에서 의의가 있으나, 경관 경험 과정을 생물학적 요인에 한정하여 다양한 문화적 다양성을 반영하지 못한다는 한계가 있다. 일상적인 우리의 경관경험에서 알 수 있듯이 미적경험은 반드시 생물학적 토대만을 가지고 있는 것이 아니라, 거기에는 분명히 개인의 경험이나 교육의 효과 같은 문화적인 요인들이 개입될 수 있기 때문이다. 그러한 측면에서 문화학습이론은 인간의 경관선호나 평가는 인간이 성장하고 생활해 오는 환경의 영향으로 형성된다고 주장한다(주신하, 2003).

문화학습이론에 관한 초기 이론으로 사회-문화적 경험을 중요시하는 '구념이론(construct theory)'을 들 수 있다(Kelly, 1955). 이 이론에 의하면 사람들은 과거의 경험을 이용하여 현재의 환경정보를 해석하고 이해하는 기준, 즉 구념(構念, construct)을 설정하게 되고 개인들은 사실적인 외부의 요소에 의해서가 아니라 이 구념에 의해서 행동한다는 것이다. 이러한 구념이론은 Brunswick(1956)의 소위 '렌즈모형(Lens Model)'

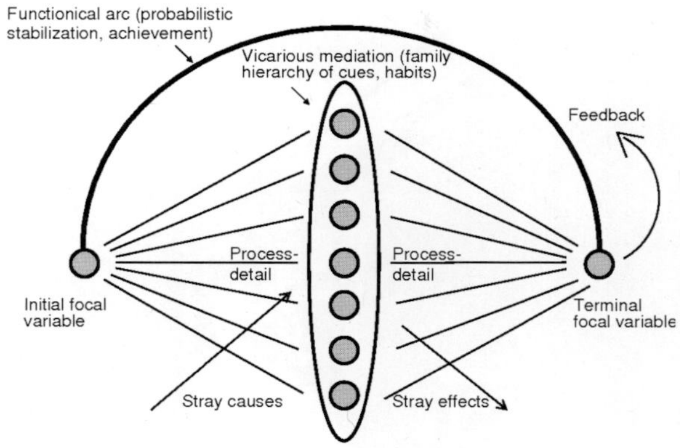

그림 2.30 렌즈모형 (Brunswick, 1956)

과 일맥상통한다고 볼 수 있다. 렌즈모형에 의하면 환경정보는 자체적으로 결정된 의미를 갖는 것이 아니라 지각하는 사람에 의해 개연적인 의미를 부여받게 된다고 주장한다(그림 2.30). Purcell(1986)의 '도식불일치모형(Schema discrepancy model)'도 개인의 선험적인 기억의 체계가 경관지각에 영향을 주는 과정을 설명하고 있다. 이 이론에 의하면, 경관을 경험한다는 것은 과거에 비슷한 경관경험을 통해 축적된 기억과 현재 경험하는 경관과의 비교를 통해서 이루어지는 것이라고 파악한다.

이러한 문화학습이론의 특징은 경관의 물리적 특징 외에 경관을 경험하는 사람의 문화나 경험 같은 개인적 요소가 경관경험에 큰 영향을 준다는 것이다. 따라서 문화학습이론적 연구에서는 민족이나 국가별 선호도의 차이, 교육수준에 따른 선호도의 차이, 직업에 따른 선호도의 차이 등과 같은 사회문화적인 특성으로 인한 차이점에 관심을 가진다.

민족이나 국가별 경관선호도의 차이에 대한 연구의 예로는 "일본과 미국의 가로경관선호도에 대한 연구"(Nasar, 1984), "흑인과 백인 간의 경관선호도 차이에 대한 연구"(Kaplan and Talbot, 1988), "한국인과 서양인의 경관의 종류에 따른 선호도 차이에 관한 연구"(Yang and Kaplan, 1990), "발리(Bali) 섬의 원주민과 비원주민들에 대한 발리섬의 경관평가의 차이점과 유사성에 대한 연구"(Hull and Revell, 1989) 등을 들 수 있다.

문화학습적 연구성과 중 가장 대표적인 것으로는 장소성(placeness)을 들 수 있다. 장소성은 장소의 본질, 구체적으로는 장소가 지니는 의미이며, 인간의 체험을 통하여 나타나는 물리적 환경에 대한 의식 또는 인식이라 할 수 있으며, 도시환경에 대한 개인 또는 집단적 인식, 그리고 특수성과 공통성을 동시에 내재하는 것을 의미한다. 장소 그 자체의 특성으로 기억할 수 있는, 독특한, 매우 높은 심상성을 가진 장소의 특성을 말하며, 사람

그림 2.31 오래된 옛 골목시장의 모습을 간직한 교동도 대룡시장 (©주신하)

들이 장소에 대해 가지는 자각이나 의식으로 어떠한 장소에 대해 개인적 혹은 공유된 중요성이 있는 것을 말한다(Johnston et al., 1986). 이용자의 체험을 통하여 생성되거나 획득되는 장소와 관련된 의미로 다른 장소와는 달리 가지는 특유한 분위기와 장소가 지닌 정체성 및 특성을 의미한다고 볼 수 있다(권윤구, 2013). 장소성은 시간이나 경험이 쌓여서 만들어지기 때문에 현장에서 조사를 통해 쉽게 파악이 어렵고, 그 지역에 오랫동안 거주하거나 이용하고 있는 사람들을 대상으로 조사를 진행하여야 한다(임승빈과 주신하, 2019).

4.6 조경계획과 경관

1) 조경계획과 경관계획

앞에서 경관과 관련한 이론적 접근방법을 살펴보았다. 실무적인 측면에서 경관계획은 아름다운 경치를 잘 발굴하고 관리하여 여러 사람들이 잘 감상하고 향유할 수 있도록 하는 목적으로 진행된다. 경관계획은 개별적인 사업 차원에서도 진행되지만[1], 우리나라에서는 경관법에서 규정하고 있는 지방자치단체 전역에 대한 경관계획이 가장 일반적으로 진행되는 형태이다. 현행 경관법에서는 인구 10만 초과의 지방자치단체에서는 5년마다 경관계획을 의무적으로 수립하도록 하고 있다.

1) 개별사업에 대해서는 사전경관계획이나 경관심의를 위한 자료 작성 등의 형태로 진행된다.

구체적인 경관계획의 내용과 진행과정은 〈그림 2.32〉와 같다. 우선 경관계획에 대한 전반적인 개요를 설정한 후에 경관현황조사를 진행하게 된다. 이후에는 기본구상, 기본계획, 부문별계획 단계를 거쳐 마지막에는 실행계획을 작성하는 순서로 진행된다. 도 경관계획과 시군경관계획으로 구분되어 있으나 전체적인 계획의 과정은 유사하다고 할 수 있다. 이러한 과정은 기본전제, 현황분석(자연, 사회, 시각구조), 기본구상, 기본계획, 부문별계획, 기본 및 실시설계, 시공 및 감리 등의 순서로 진행되는 조경계획의 과정과 매우 유사하다는 것을 알 수 있다(그림 2.33).이러한 과정상의 유사성은 조경전공자가 경관계획에 쉽게 적응할 수 있는 특징이 되기도 한다.

다만, 조경계획이 주거단지, 캠퍼스, 리조트, 산업단지 등 개별사업에 대해 진행되는 것이라면, 경관계획은 시, 군, 도 등 지방자치단체 전역에 걸쳐 계획을 작성한다는 점에서 차이가 있다. 경관계획은 넓은 지역에 대한 조사를 진행해야 하며, 계획내용도 스카이라인, 경관축 등과 같은 도시적 스케일에서 가로시설물이나 옥외광고물에 관한 미시적인 내용까지 다루고 있다. 또한, 계획내용의 실행방식에서 공공부문 외에 다양한 민간부문의 내용을 다루는 경관계획에서는 직접 시공을 하는 것이 아니라 실행계획을 수립하여 간접적으로 실행하는 방식을 취하는 점이 다르다고 할 수 있다. 이렇듯 계획대상지가 광역적이고 민간부문에 대해 지침 형태의 실행계획을 작성하는 과정에서 본다면 경관계획은 도시계획과 공통점이 있다. 따라서 조경전공자가 경관분야로 진출하기 위해서는 관련 분야, 특히 도시계획이나 도시설계에 대한 이해가 매우 중요한 조건이라고 볼 수 있다.

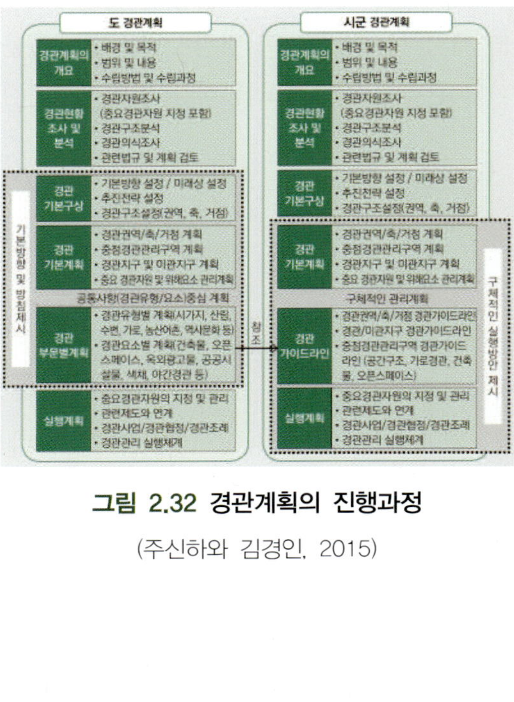

그림 2.32 경관계획의 진행과정

(주신하와 김경인, 2015)

그림 2.33 조경계획설계 과정

(임승빈과 주신하, 2019)

2) 경관자원조사와 조경

경관계획 내용 중에서 조경전공자에게 가장 익숙한 단계는 경관현황조사 단계이다. 대상지의 전반적인 경관 현황을 객관적으로 조사하는 것으로 조경계획을 경험해 본 사람들에게는 매우 익숙한 내용일 것이다. 이 중 경관적으로 우수한 자원을 발굴하고 세부조사를 진행하는 경관자원조사는 특히 조경분야와 관련성이 높다. 주로 유형별 경관자원의 분포, 가치, 활용가능성 등에 대해 문헌조사와 현장조사를 병행해서 진행하는데, 자연조사, 사회조사, 시각구조조사 등으로 진행되는 조경계획의 현황분석단계와 매우 유사하다. 이러한 특성 때문에 전체 경관계획 과정 중에서 조경전공자가 가장 좋은 성과를 낼 수 있는 단계라고 할 수 있다.

현재 경관자원조사는 경관계획을 수립하면서 경관현황조사 단계로 진행하고 있는데, 점차 경관자원의 중요성에 대한 인식이 커지면서 경관계획과 분리하여 별도의 경관자원조사를 진행해야 한다는 주장에 설득력이 실리고 있다. 경관계획 내용을 내실화하고 경관자원의 활용도를 높이기 위해서 경관자원조사를 강화하고 하자는 것이다. 실제 일부 지자체에서는 이미 경관계획과 분리한 경관자원조사를 진행하여 좋은 평가를 받은 바가 있다(당진시, 2019). 이러한 상황을 반영하여 경관자원조사와 관련한 사항을 포함한 경관법 개정도 이루어질 것으로 예상되고 있다.

현재 경관자원조사에 대해서는 공식화된 기준은 마련되어 있지 않으나, 관련 연구를 통해서 조사방법이나 조사양식이 제시되고 있다(국토교통부, 2018; 김다영 외, 2018; 당진시, 2019; 신윤지 외, 2020). 경관자원조사를 위한 과정을 체계화한다거나 경관자원조사를 위한 표준양식을 작성하는 방식 등을 제시하는 방식으로 경관자원조사 내용을 객관화하고 조사결과를 DB로 축적하여 지속적인 관리가 가능하도록 하는 방안 등을 검토하고 있다(그림 2.34 및 2.35).

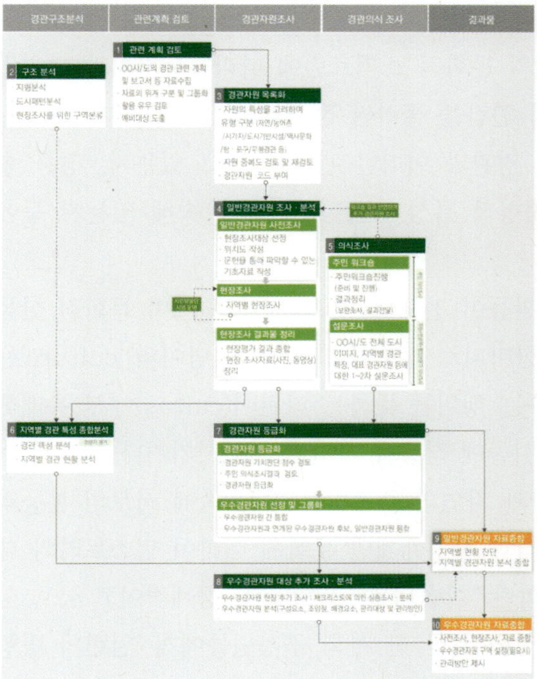

그림 2.34 경관현황조사 체계(안)

(신윤지 외, 2020)

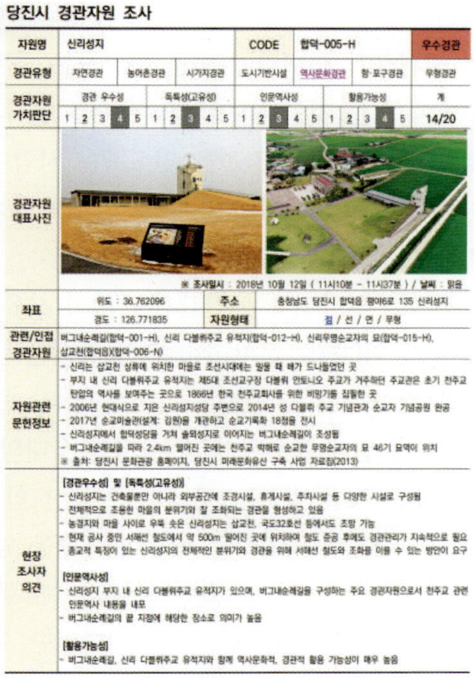

그림 2.35 경관자원 조사 결과 예시

(당진시 경관자원조사, 2019)

5. 사회문화적 접근

5.1 문화경관 (Cultural Landscape)의 배경

‘경관’이라는 용어는 우리 일상생활에서도 흔히 쓰이는 말이지만 이를 명확히 정의하기는 쉽지 않다. 경관을 시각적·문화적 차원에서 볼 때 ‘보이는 대상’과 ‘보는 주체’의 양자 간의 관계 속에서 성립한다. 즉, 경관은 산이나 바다 그 자체와 같이 저 혼자 존재하는 물리적 대상 그 자체만으로 성립할 수 있는 것은 아니며, 언제나 주체로서의 사람의 보는 행위 및 그에 대한 인식(認識, perception)을 전제로 성립하는 것이다. 이렇듯 ‘경관’은 보는 주체의 주관적 심상이 담긴 것으로, 보는 사람의 심성에 배여 있는 역사와 문화를 대변하는 것으로 그들이 속한 사회적 가치를 나타낸다. 따라서 똑같이 보이는 자연도 자연 그대로가 아니라 자연을 바라보는 주체의 문화적 스펙트럼에 따라 그 가치가 달라질 수밖에 없는 것이다. 이렇게 경관은 인간과 인간을 둘러싼 장소와의 상호작용 때문에 발생하는 개념으로, 경관을 인식하는 사람이 경관과 어떠한 관계를 맺고 있는지, 경관 속 거주자인지, 외부자인지, 경관이 어떠한 지형적 특성, 혹은 문화권에 속해 있는지 등에 의해 다양한 의미로 해석된다.

경관은 인식이라는 인간의 문화적 사유 활동이 전제되는, 그 자체로 이미 문화적 산물이다. 문화(文化, culture) 또한 경관만큼 한마디로 정의하기 어렵다. 영어의 'culture'는 땅을 갈아 농지를 만들고 작물을 심고 가꾸는 행위를 뜻하는 라틴어(cultus)에서 유래했다. 다시 말해 문화란 인간이 자연 상태의 사물에 작용을 가하여 변화시키거나 새롭게 창조해내는 것을 말하는 것이다. 이러한 인간과 자연의 주고받는 작용 속에 서로의 본능과 한계에 적응의 과정으로 만들어온 행동 양식과 상징체계인 문화에 대하여 텁스트라와 데이비드(Terpstra and David, 1991)는 문화란 "학습되고, 공유되며, 강제적이고 상호 연관된 상징들의 집합체"로 보고, 이러한 상징들이 곧 한 사회 구성원들에게 '일련의 방향성'을 제공한다고 하였다. 더 나아가 방향성은 한데 어우러져서 "모든 사회가 생존하기 위해 해결해야 할 문제들에 대한 답을 제공"해주는 실마리가 된다고 하였다.

문화는 경관에 대한 인식에 있어 여과 장치로 작동한다. 경관은 그 모습 그대로 묘사할 수도 있지만, 대개 사람들은 같은 경관이라도 문화를 배경으로 다른 방식으로 보고 이해한다. 그렇기에 경관은 문화적 가치에 대한 구체적이고 공적인 표현이라 할 수 있다. 이에 케빈 린치(Kevin Lynch)와 게리 해크(Gary Hack)는 경관을 '거대한 의사소통 장치(enormous communication device)'라 하였다. 오랜 세월 사람들이 경관에 공유된 가치관을 투영하고, 그 물질적 증거인 경관이 다시 사람들에게 인식되면 문화 또한 변화한다. 경관은 이렇게 자연과 문화의 힘 사이의 역동적인 소통과 상호작용의 표현으로 항상 변화해왔다. 문화경관은 변화하는 사회적 요구에 더 잘 대응하기 위해 토지의 이용과 공간 구조를 지속적으로 재구성한 결과이며, 이 과정에서 문화경관은 인간과 자연환경 사이 상호작용의 다양성으로 나타난 것이다.

문화경관은 아직 잘 알려지지 않은 서민들의 역사와 토지 관리 전통에 대한 풍부한 정보를 담고 있다. 문화경관은 자연환경의 특성과 한계, 그리고 자연과의 특수한 영적 관계가 복합적으로 고려되어 지속가능한 토지이용의 특정 기술을 담고 있다. 이러한 지역 지식(local knowledge)은 오랜 시간동안 변화하는 환경을 관찰하고 그에 대응하여 문화적으로 적응하는 등 세대에 걸쳐 축적되었을 때 가장 풍부해지기 마련이다.

2001년 유네스코(UNESCO)에서는 세계문화다양성선언(Universal Declaration on Cultural Diversity)을 통해 문화를 "한 사회 또는 사회적 집단에서 나타나는 예술, 문학, 생활양식, 더부살이, 가치관, 전통, 신념 등의 독특한 정신적, 물질적, 지적 특징"으로 정의하며, 인간과 자연이 상호작용을 통해 축적해온 문화의 다양성을 보전하는 것이야말로 인류의 지속가능한 삶의 전제조건이라는 시각을 제시하였다. 굳이 충분히 문화적인 경관 앞에, 또다시 '문화'를 붙인 '문화경관(文化景觀, cultural landscape)'이라는 용어는 경관의 다양한 문화적 속성을 강조하기 위한 것이다. 문화경관은 그 다양한 속성을 이해하고서 경관에 내재한 유무형의 사회문화적 가치를 미래세대에 온전히 전달하는 것이야말로 지속가능성의 필수조건이라는 공감대를 담고 있다. 이러한 맥락에서, 지속가능성에 있어 문화경관은 더 이상 역사, 지리, 고고학 등의 제한된 분야의 전문용어가 아니다. 자연과 인간 사회 사이의 끊임없는 상호작용의 결과인 경관이 반드시 기념비적이거나 희귀할 필요도 없다. 오히려 생활환경 속 문화경관, 즉 '일상의 경관'은 우리의 생활환경을 다양하게 하는 방법으로 재평가되고 복원되어야 할 뿐만 아니라 새로운 것을 창조하기 위해서도 필요하다.

5.2 문화경관의 기원과 학술적 담론

1) 문화경관의 기원

예술, 철학, 지리학에서 주로 언급되던 '문화경관'은 조경 이론과 실무, 관련 연구와 정책에 있어 중요한 용어로 자리 잡았다. 문화경관의 기원은 동아시아와 유럽의 풍경화(風景畫, Landscape Painting) 전통에서 찾을 수 있다. 동아시아의 대표적인 풍경화는 동양의 자연관이 투영된 산수화(山水畫)라 할 수 있다. 산수화는 중국 한대(漢代)에 산악을 신선과 진귀한 동식물이 사는 영적 세계로 보는 신선사상(神仙思想)을 바탕으로 이를 시와 그림으로 표현하던 것에서 시작하여, 황하의 황야에서 산수가 풍부한 남방으로 사회문화적 세력이 확장한 이후 송나라 때인 10세기에 완전한 예술사조로 자리잡게 되었다. 이후 이웃 나라인 한국과 일본으로 전해져 그들의 국토와 고유문화에 대한 관심이 반영된 진경산수(眞景山水), 유키요에(浮世絵) 등으로 각각 발전하였다. 근대적 개념의 '문화경관'은 15~16세기 플랑드르 지역과 이탈리아, 17세기 네덜란드, 18~19세기에는 영국

그림 2.36 (좌)윌리엄 터너, 달링턴 백작의 자리인 잉글래비성, 1817년, (우)정선, 삼승조망도(三勝眺望圖), 1740년 (출처 : 개인소장)

과 프랑스, 독일 등 서유럽의 풍경예술에 뿌리를 두고 있다. 낭만주의 운동에 의한 이상향이 투영된 비현실적인 전원 풍경이든, 아니면 매우 현실적인 인간사 그대로를 묘사한 그림의 배경이든, 이러한 풍경화에 투영된 생각들은 서양의 경관에 대한 관념 형성에 영향을 미쳤다(그림 2.36).

2) 문화경관의 학술적 담론

'문화경관'이라는 학술 용어의 기본 개념은 19세기 중엽 독일과 프랑스 지리학자들의 연구에서 비롯되었다. 폴 비달 드 라 블라쉬(Paul Vidal de la Blache, 1845-1918)로 대표되는 프랑스 지리학자들은 'pays'(페이)를, 리히트호펜(Ferdinand von Richthofen, 1833-1905)이 이끄는 독일 지리학자들은 'landschaften'(란트샤프텐)이라는 용어를 내세우며 초기 담론을 이끌어 갔다. 프랑스 지리학파는 특정 지역의 생활방식이 경관에 내재된 경제, 사회, 이념, 심리적 정체성을 반영한다는 'gener de vie'(장르 드 비) 개념을 고안했다. 1899년 폴 비달 드 라 블라쉬는 지리학을 프랑스어로 '페이'라고 하며 일반적으로 인식되는 작은 단일 지역에 대해 연구했으며, 이 지역은 인간의 영향에 의한 결과로 독특한 특징과 개성을 갖는다고 하였다. 또한, 그는 '페이'는 일반적으로 다른 지역과 구별되는 일련의 자연적, 문화적 작용과 과정에 의해 특정된다고 주장하였다. 반면 1883년부터 독일학파는 지역학 연구에 중점을 두고 있었다. 프리드리히 라첼(Friedrich Ratzel, 1844-1904)은 원시 자연경관과 완전히 대조적인, 인간 활동으로 수정된 영역을 가리키는 'Kulturlandschaft'(쿨툴란차프트) 연구로 초기 경관 학술 담론에 크게 이바지하였다. 이 개념은 이후 물리적 결정론에 반대하는 슐뤼터, 라첼, 보아스와 같이 인간에 의한 문화적 작용에 주목했던 독일의 사회 지리학자들을 통해 확산되었다.

'문화경관'이라는 용어를 학술적으로 처음 사용한 독일의 지리학자 오토 슐뤼터(Otto Schlütter, 1872-1959)는 지리를 자연환경이 아닌 문화적 산물로 보았다. 그는 역사-지리학적(historic-geographical) 관점에서 거주민들의 삶의 방식에 따라 경관의 패턴이 드러난다는 지역적 맥락을 주장하였고, 현대 인류학의 아버지라고도 불리는 프란츠 보아스(Franz Boas, 1858-1942)는 지역 경관을 분석하는데 있어 사회의 문화적 특성, 행동, 신념, 상징에 대한 이해를 바탕으로 지역적 맥락에서 검토할 필요가 있다는 역사-특별주의(historical-particularism) 관점을 강조했다. 문화 상대주의 관점에서 인류학과 지리학에 대한 그들의 선구적인 연구는 '경관은 문화의 실마리'라는 문화경관의 중심 개념으로 오늘날까지 이어져 오고 있다. 이러한 기초 연구로부터, 문화경관 담론은 이후 '형태로서 경관, 상징으로서 경관, 장소로서 경관'의 세 가지 학문적 관점으로 확장되었다.

가. 경관의 형태학 : 보이는 경관과 경험

'문화경관'이라는 용어는 독일계 미국의 지리학자인 칼 사우어(Carl O. Sauer, 1889-1975)에 의해 미국에 처음 소개되고, 버클리 대학의 인문지리학자들을 통해 본격적으로 언급되기 시작하였다. 사우어는 1925년 발표한 「경관의 형태학(The Morphology of Landscape)」이라는 논문에서 문화경관이란 천천히 변화하는 자연경관이 인간 활동, 즉 문화적 과정(cultural process)으로 변화되어 그 결과가 가시적으로 나타나는 형태라고 정의하였다. 문화경관을 자연환경에 가해진 인간의 활동, 다시 말해 문화적 동인(agent)이 자연이라는 매개물(medium)에 가해져 가옥, 경작지, 도로와 같은 요소들이 경관이라는 공간적 틀 속에서 유기체적 총합(organic whole)의 결과(result)로 나타난 것으로 본 것이다. '인간과 자연의 합작품'인 경관은 지역이나 시간에 따라, 동인으로서나, 문화와 매개로서나 자연이 서로 다르기에 다양하게 나타난다는 것이다.

이러한 접근법은 경관을 '구성된 이미지(a composed image)'가 아니라 '장소 그 자체(the place itself)', '인류 역사의 문서(a document of human history)'로서 이해되고 판단할 것을 주장한다. 사우어와 버클리 학파는 지구 표면의 가시적인 형태가 문화적 힘을 매개체로 독특한 시간 감각을 통해 작동하여 나타난다는 점을 강조했다. 그들의 정의에서 자연경관이라는 물리적 환경은 인간 문화가 작용하는 매체로서 의미를 얻었다(그림 2.37). 사우어의 이론은 물리적 환경이 문화와 사회를 결정짓는다는 전통적인 환경 결정

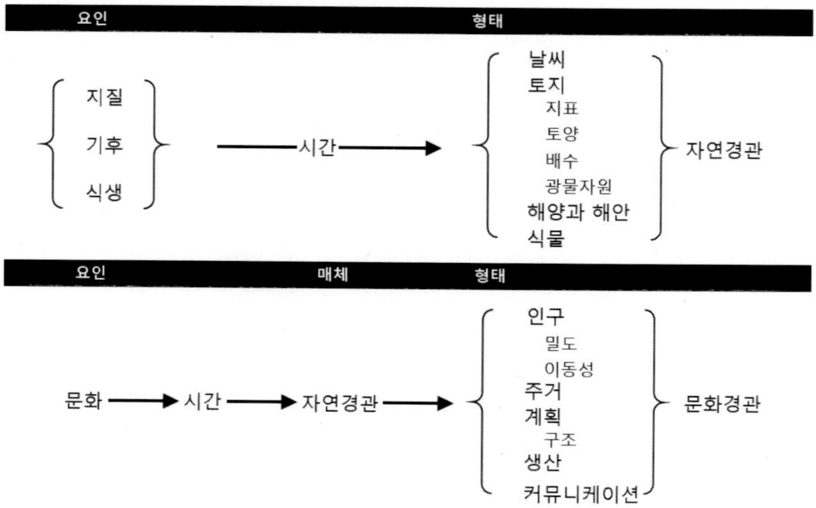

그림 2.37 칼 사우어의 문화경관 개념도

(Sauer, 1925; 전종한 외, 2017)

론(environmental determinism)과 대척점에 서 있다. 대신, 가시적 형태의 물질적 경관은 환경과 사회 사이의 끊임없는 상호작용에 의해 변화하며, 인간 문화가 그 핵심 동인으로 작동한다고 본 것이다.

그러나 사우어의 '형태학적 방법(the morphological method)'으로 경관을 보는 방식은 지난 세기 동안 다양한 변화를 겪었으며, 그 중 '경관의 경험(the experience of landscape)'에 대한 학문적 담론이 설득력을 얻었다. 그 중심에 대서양을 사이에 두고 영국의 호스킨스(W.G. Hoskins)와 잭슨(J.B. Jackson) 두 명의 학자가 있었다. 20세기 중반의 역사학자 호스킨스는 영국 농촌 경관의 풍부한 역사적, 문화적 층위에 대한 고고학적 접근을 바탕으로 한 『영국 경관의 형성(The Making of the English Landscape)』이라는 저서에서 '경관사(landscape history)' 연구의 새로운 지평을 열었다. 그는 현장에서의 경험과 역사적 증거를 통한 객관적인 접근으로, 현재 경관의 물리적 모습을 통해 과거 경관을 유추했다. 그러나 경관사에 있어 주관성은 개입될 수밖에 없는 바, 특정 경관을 '읽기(read)'위해 한 문화권의 경관에 대한 상징적인 접근을 개입시킨다. 사우어와 호스킨스 모두 경관의 물리적 형태에서 실마리를 찾고 있으나, 호스킨스의 관점은 현재의 모습을 설명하는 데 더 관심이 있었던 사우어의 생각과 구별된다.

잭슨은 미국의 일상적 경관을 대상으로, 경관의 형태 안에 켜켜이 쌓인 문화의 상징적 단서들을 찾아내는 과정에 주목하였다. 그는 『Landscape』라는 학술지에서 경관의 시각적, 물질적 측면을 강조하는 사우어의 관점에 반대 견해를 내놓았다. 그는 일상적이거나 '토착(vernacular)' 경관에서 감각적인 경험을 통해 경관에 내재된 상상적 의미와 집단적 믿음과 가치 찾기에 몰두하였다. 이들은 경관을 특정 지역에서 일정 기간 행해진 문화적 가치와 사회적 규범, 개인행동의 표현과 상징으로 바라봄으로써 경관의 복잡한 가치를 더 깊게 이해할 수 있다고 보았다. 경관을 단순히 정적인 예쁜 그림이 아닌, 문화 과정의 표현으로 경험하고 분석하며, 이해하는 방식으로 확장시킨 것이다.

나. 상징으로서의 경관 : 문화적 과정으로 경관 읽기

문화경관 연구는 경관의 해석에 있어 '읽기(reading)'를 강조함으로, 문화적 과정(cultural processes)으로 경관에 관한 생각을 더욱 확장시켰다. 경관 읽기는 경관에 대해 인간이 부여하는 다양한 의미와 가치가 오랜 시간에 걸쳐 인간의 작용 때문에 만들어져 왔음을 전제한다. 이에 일상적 경관은 문화와 정체성을 재구성하는 데 사용된다. 이러한 문화적 과정에 의한 다양한 의미와 가치는 관찰자에 의해 읽히며 이해되는 것이다. 메이닝(Donald W. Meinig)(1979)은 경관을 "우리 눈앞에 놓여있는 것 뿐만 아니라 머릿속에 놓여있는 것들로 구성되어 있다"라고 보았다. 다시 말해, 개인들은 같은 경관을 다른 여러 의미로 '읽을' 수 있는 것이다. 메이닝은 연구를 통해 같은 장면이 사람에 따라 다양한 가치로 인식됨을 증명하였는데, 특정 경관이 숨이 막히는 자유로운 광야(자연), 인간의 안식처(서식지), 인류 진화와 번영의 단계(예술과 부), 과학의 스승이자 병폐의 은신처(시스템과 문제), 우리의 근본적인 철학(이념)을 구현하는 과거(역사)의 물리적 기록, 시각적이고 본능의 정수(미학)를 가진 특수성(장소) 등으로 다양하게 해석된다는 것이다. 그러므로 경관은 결코 단일한 것이 아니며, 이러한 중첩된 가치에 내재된 의미의 복잡성을 이해하는 것이 경관을 이해하는 데 중요하다는 것이다.

1980년대 후반부터 문화경관의 다원적 의미와 가치 읽기 담론은 경관을 '문화적 구성(a cultural construct)'으로 보는 인문학적 접근으로 발전하였다. 이러한 개념은 문화경관의 다양한 의미와 인간 가치, 사회적으로 조직된 문화의 특성, 경관 해석의 경쟁적 성격을 연구하는 '신문화지리학(New Cultural Geography)'이라는 새로운 학문적 흐름으로 등장하였다. 이러한 접근법은 '텍스트(text)', '상징적 형태(symbolic form)' 또는 '보는 방식(way of seeing)'의 경관 해석 방법으로 재개념화되었다. 신문화지리학자들은 경관의 물질적 측면에 더 많은 관심을 기울인 전통적 문화지리학에 비판적인 태도를 보였다. 그들은 그동안 전통적인 지리학자들의 연구가 사회 조직과 경관 사이에 어중간하게 머물렀고, 지형 위의 인공물과 같은 단지 가시적이고 계량화하기 쉬운 측면만을 다루었다고 비판했다.

신문화지리학자들은 '읽는' 과정의 대상으로 경관을 '텍스트(text)'로 비유했다. 경관을 해석할 때, 엄격한 형태론적 방법보다는 철학 텍스트를 해석하는 이론이자 방법론인 해석학(hermeneutics)과 같이 경관을 텍스트로 읽고 해석하는 정성적인 방법을 도입한 것이다. 던컨과 던컨(Duncan and Duncan)(1988)은 '텍스트'를 '이데올로기의 구체적인 형태로의 변형'으로 보았다. 이는 경관과 이데올로기 사이의 중요한 관계를 규명하기 위해 텍스트적 메타포(textual metaphors)를 추구함으로, 어떻게 경관이 사회 집단의 사상과 의식 체계를 구체적이고 가시적인 형태로 변형시킬 수 있는지 알 수 있다는 것이다. 따라서 문화적 관점에서 경관 속에 새겨진 이데올로기를 해석하기 위해서는 “보이는 본문 너머에 있는 하위 텍스트를 읽기 위해 보이는 것의 많은 부분을 채우는” 개념화 과정이 요구된다. 이러한 개념화에는 물리적 특성 뿐만 아니라 경관 해석에 있어서 '상징적 형태'로 이해되는 '문화적 구조'로서 경관을 더 잘 해석하기 위한 보다 질적이고 주관적인 접근법이 요구되는 것이다.

메이닝은 문화적 가치, 사회적 행동, 특정 지역에 대한 개인의 행동 표현으로서, 모든 경관을 '상징적(symbolic)'으로 간주하였다. 경관은 코드(code)로 이루어져 있기에, 경관의 '상징적 형태'는 이러한 코드를 문화적, 사회적 중요성의 관점에서 해석해야 한다는 것이다. 이를 통해 과거와 현재 경관 사이의 유형과 무형의 중요한 연결 고리를 찾음으로 일상의 경관을 효과적으로 읽을 수 있다고 보았다. 신문화지리학자들에게 경관은 단순히 물리적 요소와 자연적 요소의 집합체가 아니라, 문화적 과정에 의해 건설되고 발전된 문화적 구조에 대한 비판적인 해석을 가능하게 하는 시각적인 매체가 된 것이다.

신문화지리학자들은 또한 경관을 '산물(product)'로 취급하는 견해를 비판해왔다. 이는 경관 내부에서 경관과 상호작용하던 사람들을 제외한 채, 오직 시각적 관심에만 집중된 '바라보기(gaze)'와 같은 개인의 편견과 근시안적 해석이 투영되기 쉬운 외부적 접근을 취하는 바람직하지 않은 결과를 낳을 수 있다고 보았다. 이에 문화경관을 지속적으로 재정의하는 사회적, 역사적, 문화적, 정치적 과정, 즉 경관을 '보는 방식(ways of seeing)'에 대한 통합적 담론으로 진전되었다. 코스그로브(Denis Cosgrove)는 이탈리아 르네상스 풍경화의 연구를 통해, 경관을 '보는 방식' 그 자체가 사회적, 경제적, 정치적 이데올로기를 '재현'(representation)하고 있음을 밝혔다. 그는 경관을 해석하는 데 있어 경관의 인식, 즉 보는 방식에 내재된 사회적, 경제적, 정치적 권력의 지형도를 읽어내는 과정의 중요성을 강조하였다. '재현된 경관'은 특정 집단이 외부 세계를 바라보는 방식을 재현한 결과로서의 상징물인 동시에 인간의 외부 세계에 대한 사회적 소통·재생산·경험되는 일종의 의미체계가 되고 있음을 밝히면서, 이는 특히 사회의 권력 관계와 밀접하게 관련된다고 보았다. 여기에는 '사람과 땅의 특별한 역사 문화적 관계', '세계를 상상하고 표현하는 방식', '세련된 문화 구성', '그림과 시에서 정원과 도시에 이르기까지 다양한 예술에서 표현을 찾는 미적 시각 방식'을 예로 들고 있다. 이는 경관의 사회적 맥락을 강조하는 것으로, 경관이 특정 집단이 그들 자신과 세계를 의미화하는 방식이다. 이러한 방식으로, 고유의 문화적, 역사적 맥락 안에서 '상징적 경관'의 개념을 통해 '재현된 경관'을 연구하는 것은 특정 문화에 의해 조성된 특정한 경관에서 다양한 의미와 인간의 가치를 읽고 드러내는 데 중요한 단서가 될 수 있다.

다. 장소로서의 경관 : 문화적 정체성을 고취하는 경관

경관을 장소로서 이해하는 것은 경관 속 다양한 의미 층위를 조사하는 방법이다. 역사지리학자들, 특히 영국의 학자들은 경관과 그 요소들이 인류 역사와 문화의 축적을 나타내므로 경관이나 경관 요소들은 지역 역사의 해석에 일종의 암호(code)가 된다고 보았다. 이 코드의 해석을 통해 우리는 그것이 텍스트인 것처럼 장소를 읽을 수 있는 것이다. 장소는 우리의 사회적 기억을 증진시키거나 재생산하는 수단으로, 과거에 새로운 생명을 불어넣어 현재에도 유효하도록 하는 능력이 있다. 모든 기억은 '장소 지향적(place-oriented)'이거나, 적어도 '장소 지지적(place-supported)' 성격을 갖는 경향이 있다. 장소 자체의 물질성, 혹은 그 주변의 풍경에서 오는 현재 장소의 특성은 사람들의 기억으로 인식되는 것이다.

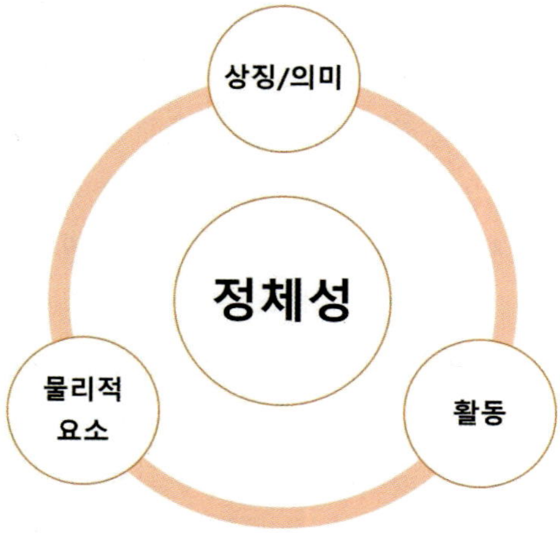

그림 2.38 경관의 정체성 요소

(Relph, 1976)

따라서 경관 속에 드러나는 특성은 그것을 형성하고, 그 속에서 계속 살아가고 있는 사람들의 가치를 반영한다. 경관에 새겨진 이러한 가치들은 '장소의 정체성(identity of place)'을 고취시킨다. 정체성은 경관 안에 살고 있거나 경관을 즐기거나 사랑하는 사람들에게 '장소성'(sense of place)을 부여한다. 렐프(Edward Relph)는 장소의 정체성이 세 가지 상호 연관된 요소로 구성된다고 보았다(물리적 특징이나 외형, 관찰 가능한 활동과 기능, 서로 환원할 수 없는 의미나 상징)(그림 2.38). 인간의 창조물이든, 자연과의 상호작용이든, 물리적인 특성이든, 우리의 마음속의 것이든, 경관의 특성은 문화적 정체성을 재구성하는 데 이용된다. 그렇기에 오래된 경관을 인식함으로써 우리는 장소성을 부여한다. 문화경관은 정체성을 가진 경관이고, 그 문화경관 자체가 매우 다양하기에, 문화경관이 문화적 다양성을 반영한다고 할 수 있다. 이러한 문화적 다양성은 경관에 대해 다양한 인식을 부여하고, 이에 경관은 단순히 경치가 아닌 우리와 상호 관계에 있는 것이라는 관념을 준다. 세대를 거쳐 정체성이 투영된 장소를 만들어감으로써, 그에 대한 반응으로 경관은 우리에게 영감을 주고 정체성을 더해줌으로써, 우리의 가치를 더욱 고양시킨다. 이에 대해 필립스(Adrian Phillips)는 경관이 다음 두 가지 요소들의 '만남의 장(meeting ground)'이 되어야 한다고 주장했다.

- 자연과 사람 : 이들이 어떻게 상호작용하여 특성 있는 장소(place)를 만들어 왔는가?
- 과거와 현재 : 경관은 우리의 자연과 문화 역사에 대한 기록(record)을 어떻게 제공하는가?
- 유형과 무형의 가치 : 이것들이 어떻게 우리에게 정체성(identity)을 부여하기 위해 경관 속에서 결합되는가?

이렇게 인문지리학에서 시작되어 다양한 분야로 확장되고 있는 문화경관에 대한 이론적, 실천적 담론은 환경의 변화와 사회적 요구에 따라 계급·인종·젠더 등에 따라 형성되는 차별적 정체성과 경관의 관련성, 특정 정체성의 구성과 관련된 경관의 재생산 효과 등의 연구로 더욱 그 지평이 확대되고 있다.

5.3 문화경관과 조경계획

1) 계획용어로서의 경관

경관에 대한 사회과학적 개념 정립과 중요성에 대한 인식은 20세기 초 서유럽의 자연보존 운동에서 기원한다. 산업혁명 이후 무분별한 자원개발과 도시화로 환경 문제를 어느 지역보다 일찍 고민하기 시작한 서구권에서는, 1970년대부터 생태적으로 우수하고 민감한 지역에 대한 개발 속도를 조절하기 위해 환경영향평가를 도입하는데, 이때 '경관'이 개발에 대응한 정책 개념으로 자리잡게 된다. 지속가능 담론에서 인간이 제외된 생태주의에 대한 반성으로 1980년대 인간 생태학적 접근이 대두되면서, 경관은 자연적 요인과 더불어 인간적 요인의 존재에 대한 인식, 그리고 자연과 인간의 상호작용을 총체적으로 인지하고 이를 공간화하는 개념으로 자리잡게 되었다. 오늘날 경관은 눈에 보이는 자연 및 인공 풍경 모두를 포함하며 토지, 자연 생태계는 물론, 인간의 사회적, 문화적 활동을 내포하는 포괄적이고 유연성 있는 개념으로 확대되었다.

전 지구적인 지속가능한발전에 대한 국제적 논의 속에서도 생태적 다양성과 문화적 다양성을 위한 경관자원의 계획·이용·보전에서도 '경관의 다양성'에 대한 증진이 주요 의제로 다루어졌으며, 이는 세계유산문화경관(World Heritage Cultural Landscape, UNESCO) 등 국제기구 차원의 움직임에서도 확인할 수 있다. 무엇보다 국제화와 환경파괴로 인한 경관의 급격한 변화와 몰개성화를 전 세계적 문제로 인식하였던 UNESCO에서는 유구한 세월 속에서 인류가 주변 환경에 적응하며 만들어낸 '자연과 인간의 복합체'

인 문화경관의 가치를 발굴하고, 경관 단위로 보전, 계획 및 관리하는 것이야말로 중요한 해답이라고 보았다. 1992년 UNESCO에서는 기존 유산 개념을 확장하여 살아있는 유산(living heritage), 즉 인류의 일상 영역을 다루기 위해, 문화경관 개념을 도입하게 되었다. 문화경관 개념으로 인해 생태적 건전성과 문화적 다양성의 증거라는 측면에서 '일상적 경관'이 정책의 대상이 되었고, 최근에는 이들 개념이 도시 공간 및 소규모 공간에까지 확장되어 논의되고 있다.

세계유산 문화경관의 위계는 '세계유산-세계문화유산-유적지(site)-문화경관'으로 구성된다. 문화경관은 '인간과 자연의 합작품'으로 정의된다. 다시 말해 자연환경으로부터 주어지는 물리적 제약 또는 기회와 사회·경제·문화적 차원에서 연속적으로 가해지는 외부 및 내부 힘의 영향을 받으면서 오랜 세월에 걸쳐 진행된 인간 사회의 진화과정을 잘 보여 주는 경관 유산을 말한다. 문화경관을 세계유산목록에 지정할 때 적용하는 근거는 탁월한 보편적 가치(OUV : Outstanding Universal Values), 즉 명확하게 규정된 지리적·문화적 범위와 관련된 대표성, 그리고 그러한 지역의 본질적이고 독특한 문화적 요소를 예증할 수 있는 능력이다. 여기서 문화경관은 자연환경의 특징과 제한을 고려하여 지속 가능한 토지이용의 특수한 기법, 그리고 자연과의 특수한 정신적 관계를 반영해야 한다. 문화경관의 보호는 지속 가능한 토지이용의 현대적 기법 확립에 이바지할 수 있으며, 전통적 토지이용 방법의 지속적인 보전을 포함하는 전통적 문화경관의 보호는 생물(학)적 다양성을 유지하는데 기여한다.

현재 전 세계에 총 121개소(2023년 기준)가 세계유산 문화경관으로 지정되었으며, UNESCO에서 정의하는 문화경관 유형은 3가지 즉, 1) 인간이 의도적으로 설계, 조성한 경관(landscape designed and created intentionally by man), 2) 유기적으로 진화한 경관(organically evolved landscapes), 3) 연상적 경관(associative landscapes)으로 분류된다. 첫 번째 '인간이 의도적으로 설계, 조성한 경관'은 정원이나 공원과 같이 심미적 이유로 인간에 의해 의도적으로 계획되고 디자인된 경관이며, 주로 조경가의 계획 및 설계로 창조된 정원이나 공원, 도시 가로와 같은 경관을 말한다. 18~20세기 영국 풍경식 정원(landscape garden)으로, 개원 이래 식물 다양성과 실용 식물학 연구에 끊임없이 공헌해온 '큐 왕립 식물원(Royal Botanic Gardens, Kew)'이 그 예라 할 수 있다. 문화경관의 두 번째 유형인 '유기적으로 진화한 경관'은 사회, 경제, 행정, 종교 등 다양한 배경과 목적으로 생성되어, 시간이 흐르면서 함께 변화, 적응되면서 형성된 경관을 말한다. 이 유형은 현재의 진화 상태에 따라 '잔여(또는 화석)형 경관(relict or fossil landscape)'과 '지속형 경관(continuing landscape)'으로 다시 구분된다. '잔여(또는 화석)형 경관'은 과거의 어느 특정 시점에서 진화과정이 정지되어 중요한 부분의 물리적 형태를 눈으로 식별 가능한 경관이다. 그중 영국의 '블래나번 산업 경관(Blaenavon Industrial Landscape)'은 최초로 세계유산목록에 등재된 잔여(또는 화석)형 경관인 동시에, 근대 산업혁명 이후의 유산 중 최초로 등재된 문화경관이다. 이 유산은 19세기 영국 사우스 웨일스 지방의 철과 석탄의 주요 산지였으나, 1930년 철강 생산이 중단되고, 1980년 석탄 생산까지 중단되면서 폐허로 남아 있는 곳이다. 이는 석탄과 광석 광산, 채석장, 초기의 철도 체계, 용광로, 광부들의 숙소 및 사회 기반시설 등 모든 요소가 광물 생산 중단과 함께 정지된 모습으로 남아, 19세기 산업의 사회·경제적 구조를 구체적으로 보여 주는 산업유산 문화경관이다. '지속형 경관'은 경관과 관계하는 주민의 전통적 생활방식과 밀접한 관계를 맺으면서 현재도 능동적인 사회적 역할을 유지하고 있는 경관을 말한다. 이는 경관 변화가 여전히 진행되는 가운데 과거로부터 장기간 진화해왔다는 사실을 입증하는 중요한 물질적 증거라 할 수 있다. 필리핀 루손(Luzon) 섬 고지대의 소수 공동체 이푸가오 족이 2천년이 넘는 시간 동안 자연환경과 공존해오며 전수해온 지역 지식의 결과물인 '코르딜레라스의 계단식 논(Rice Terraces of the Philippine Cordilleras)'은 지속되는 경관의 대표 사례로 손꼽히고 있다. 코르딜레라스의 계단식 논은 이 지역 공동체의 공동의 쌀 생산 방식을 훌륭하게 보여 주는 가운데, 인간과 자연환경 사이의 조화로운 상호작용에서 발달한 음력 주기의 농업계획, 농지 구획, 대규모 토양 보전을 비롯한 종교의식 등 지속가능한 토지 이용의 우수성을 나타내는 문화경관 유적이다. 세 번째 유형 '연상적 경관'은 물질문화가 거의 없거나 전혀 없는 상태에서 자연 요소에 대하여 종교적·예술적 또는 문화적 관련성을 강하게 가지는 경관을 대상으로 한다. 원주민이나 지역 토착민의 문화경관이 대표 사례로 그에 내재된 무형적 가치를 중요하게 다룬다. 연상적 경관의 대표 사례로 호주 중부의 광활한 붉은 모래 평원에 형성된 웅장한 지질 구조가 특징인 '울루루-카타 추타 국립공원(Uluru Kata Tjuta National Park)'을 들 수 있다. 이곳은 아난구(Anangu) 원주민들이 예부터 소유해 온 곳으로, 그들의 종교 및 문화적 전통과 직접 연관이 있는 원주민 문화(Aboriginal culture)의 탁월한 사례로 평가받는 연상적 경관 유산이다(그림 2.39).

그림 2.39 유네스코 세계유산 문화경관 유형과 사례

(i) 의도적으로 설계, 조성한 경관

a. 큐 왕립 식물원(영국)

(iii) 연상적 경관

b. 울루루-카타 추타 국립공원(호주)

(ii) 유기적으로 진화한 경관

잔여(또는 화석)형 경관

c. 블래나번 산업 경관(영국)

지속형 경관

d. 코트딜레라스의 계단식 논(필리핀)

(출처 : [a, b and d] Peter Langer, Associated Media Group (http : //www.peterlanger.com/heritage.htm); [c] extracted from Michel Brodovitch. (http : //whc.unesco.org/en/list/1348)

문화경관의 3가지 유형과 사례에서 살펴볼 수 있듯이, 문화경관의 보전 방식은 일반적인 문화재의 역사적, 고고학적, 문화예술적 접근과 달리, 장소 지향적이며 보이는 것은 물론 보이지 않는 차원까지를 통합적으로 다루고 있다. 이렇게 '경관'을 단위로 하여 경관의 물리적 요소와 경관 속 인간의 행태와 그 관계까지 다루는 포괄적 접근법을 바탕으로 UNESCO의 세계유산 문화경관 보전과 관리를 위한 지침서에서 제안한 문화경관의 보전 원칙은 〈표 2.5〉와 같다.

표 2.5 문화경관의 보전원칙

원칙	내용
원칙 1	문화경관과 연관된 사람들이 관리에 있어 주된 해당 당사자들일 것
원칙 2	성공적인 관리는 포괄적이고 투명해야 하며, 주요 이해당사자들 사이에서 대화와 동의를 통한 거버넌스를 형성할 것
원칙 3	문화경관의 가치는 사람과 그들의 환경 사이의 상호작용에 기반하며, 관리의 초점을 그 관계성에 맞출 것
원칙 4	관리의 초점은 문화경관의 가치를 유지하기 위해 변화를 지도(guiding)할 것
원칙 5	문화경관의 관리는 더 넓은 경관의 맥락에 통합될 것
원칙 6	성공적인 관리는 지속가능한 사회에 기여할 것

(Mitchell et al., 2009 ; 채혜인과 박소현, 2015)

지역 환경과 사회문화적 특성에 부합하고 경관의 지속가능한 이용에 목표를 둔 문화경관의 보전은 생태환경은 물론 다양한 사회문화적인 가시적, 비가시적 가치를 양산한다. 이를 정리하면 〈표 2.6〉과 같다.

표 2.6 문화경관 보전으로 인한 보이는 가치와 보이지 않는 가치

가치	내용
환경적 가치 (Environmental values)	– 생물 다양성 보호 및 향상 – 주요 환경 서비스 보호, 예) 깨끗한 물과 공기, 비옥한 토양 – 유익한 개발 유도 및 장려 – 유해한 개발 감소, 혹은 제거 – 시각적 경관의 다양성 및 가치 유지 – 광범위한 농촌 지역에 지속가능한 발전모델 제공
문화적 가치 (Cultural values)	– 문화유산과 정체성에 대한 의식 고취 – 전통문화 자원과 관습의 보호와 제고 – 독특한 경관과 유물 보호 – 예술과 문학적 영감 고취 – 높은 수준의 장소성 개발 및 적합한 여가활동 발전 도모 – 자연과 문화의 상호작용 유지
정신적 가치 (Spiritual values)	– 지역사회와 국민적 장소/지역의 정신적, 신성한 가치 보호 – 이러한 장소의 향유를 위한 접근성 및 시설 확보 및 개선
교육적 가치 (Educational values)	– 인식을 높이고 이해를 돕기 위한 정보 및 해설 시설 제공 – 인간과 자연의 관계에 대한 더 깊은 이해 촉진 – 지역의 이해도를 높이기 위한 학습 및 연구 시설 제공 – 환경의 지속가능한 활용을 위한 폭넓은 지원시설 건설
과학적 가치 (Scientific values)	– 과학적 연구 고양 – 인간 활동에 의한 변화상에 대한 관찰과 평가 지표 개발
여가적 가치 (Recreational values)	– 지역의 본질적 특성에 대한 유형과 스케일에 적합한 여가 및 관광을 통해 대중에게 폭넓은 향유 기회 제공

(Mitchell et al., 2009)

2) 문화경관 기반의 조경계획

경관(景觀, landscape)은 경치(景致, scenery)와 다르다. 그러나 대중 언어에서 이들 둘은 거의 구별되지 않고, 심지어 정책 및 기술 언어에서조차 혼동되고 있다. 경치는 본질적으로 시각적이다. 경치는 단순히 전원 지역을 휙 둘러보는 방법으로 즐길 수 있으며, 한편으로는 그 특성을 파악하여 상대적인 중요성을 정량화하는 방법으로 지도를 만들 수 있을 것이다. '그림엽서 마을' 속 매력적이거나 극적인 경치와 같은 경관의 시각적 특성은 그동안 공간 계획과 환경관리정책을 사실상 지배해 왔다. 이-푸 투안(Yi-Fu Tuan) 역시 '경치'는 마치 드라마 속 무대공연처럼, 다소 상상과 상상을 초월한 환상에 의해 좌우될 수 있다고 보았다.

회화적 작품이든, 디자인된 공공영역이든 간에 경관은 시각적인 것보다 훨씬 더 많은 것들로 구성된다. 비록 인간 감각 중 시각이 가장 우선시된다는 점을 고려할지라도, 경관은 사람들에 의해 대개 직관적으로 '인식'되는 것이다. 그러나 이러한 인식의 특성 외에도, 경관에는 역사와 문화, 관습, 생태계의 영양 순환, 탄소 흐름, 경제 활동은 물론 가지각색의 신비로운 현상들까지 서로 얽혀있다. 관광지 엽서 속의 특별한 경관이든, 과학적 탐구 대상으로서의 경관이든, 공공정책 대상으로서의 경관이든, 일상의 경관이든, 경관이 가진 가치와 잠재력을 단지 시각적 측면만으로는 모두 이해할 수 없다. 경관은 반드시 '시각 너머(beyond the view)'까지 이해되어야 한다. 셀만(Paul Selman)에 따르면 문화경관 요소들의 보이는 가치와 보이지 않는 가치들은 상호간의 작용(practices), 과정(processes), 그리고 관계(relationships)의 스펙트럼으로 연결되고 이를 통해 다양한 특성이 나타난다고 보았다(표 2.7)(그림 2.40).

표 2.7 문화경관 : 보이는 것과 보이지 않는 것

	Practices (작용)	Processes (과정)	Relationships (관계)
Experience (경험)	• 건강과 행복의 경험 • 의미와 정체성 있는 장소 창출 • 오르기와 종단하기	• 문화의 지역화 • 문화의 세계화 • 장소 만들기	• 의미, 기억, 스토리, 상징 • 미적 & 정신적 특성 • 소속감 • 내재성
History (역사)	• 과거 활동과 구조물 흔적	• 쇠퇴와 개선	• 계통적 유대 • 법과 관습
Land use (토지이용)	• 건설 • 농업, 임업 및 다른 토지 관리 • 에너지 생산과 전송 • 커뮤니케이션 네트워크	• 대기, 물, 토질 역학에 대한 인간의 영향	• 과거 토지 소유 및 권리 • 토지 전반에 걸친 현명한 활용과 관리에 관한 문화적 기대
Natural form (자연형태)	• 지면 배수와 경사 완화 • 복원과 개간	• 지형 진화 • 토양 발달과 퇴화 • 연안 처리	• 신성한 장소 • 언덕, 해안선 등 영감을 주는 특성
Wildlife (야생동식물)	• 야생동식물 관리 • 종다양성에 영향을 미치는 토지이용 • 재도입과 재야생화	• 야생 생물종의 생애주기	• 자연에 대한 윤리적 태도 • '잡초'와 '유해'종에 대한 문화적 인식

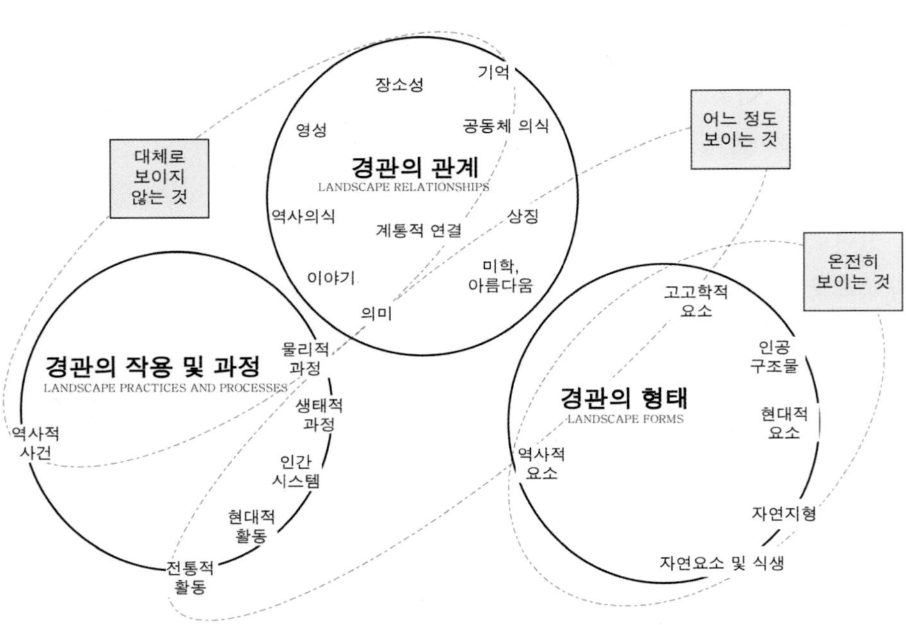

그림 2.40 문화경관 : 보이는 것과 보이지 않는 것의 형태, 관계, 작용, 과정

(Countryside Agency, 2006 ; Stephenson, 2007 ; Selman, 2012)

문화경관은 자연과 사회의 여러 요소가 복잡하게 구성된 체계를 이룬다. 이러한 경관의 특성은 요소 간의 활발한 관계와 조합에서 나오며, 부분의 합보다 더 큰 전체를 형성한다. 그러나 지난 반세기 동안의 세계화, 산업화, 도시화의 급격한 변화는 경관의 시각적 조화는 물론 눈에 보이지 않는 관계를 단절시키며 경관의 특성과 지속가능성, 그리고 회복력을 쇠퇴시켰다. 문화경관이 분열되고 단순해졌으며, 빈곤해졌다는 것은 이미 널리 알려진 사실이다. 물리적 경관을 구성하는 시스템의 붕괴와 인간과 장소 간 유대감의 상실은 환경과 사회적 불화의 근본 원인이 되고 있으며 지속가능성의 목표에 큰 장해가 되고 있다. 이러한 문제를 초래하고 있는 문화경관 요소 간의 '단절'에 대한 유형은 다음과 같다.

- 사람들과 삶의 장소 사이의 애착심 상실
- 인간과 자연 사이의 연결성 상실
- 과거와 현재 사이의 연결 단절, 경관에 대한 기억과 의미의 상실
- 생태서식지 사이의 연결성 상실
- 지하수와 지표수 사이의 연결 상실

- 경관과 동떨어진 엇갈린 경제 활동
- 저탄소 교통망의 효과적 연결성 결여
- 도시와 농촌 간의 연결성 상실

따라서 조경계획은 다양한 과학적, 사회적 방법을 통해 손상된 문화경관의 여러 요소들을 다시 연결시켜야 한다(그림 2.41). 물리적인 연결은 생태서식지 매트릭스 안에서 동식물 간의 네트워크를 결합하거나, 사회적 측면에서는 인간과 장소 사이의 연결 고리를 회복하여 장소성을 되찾는 과정을 예로 들 수 있다. 문화경관은 예술과 철학, 사회 및 행동 과학, 자연 과학 및 정책, 디자인 등 여러 분야를 포괄하는 통합적 접근이 요구된다.

사람들은 경관 인식의 과정을 통해 가치를 부여하며, 이러한 가치는 다시 사람들을 특정 장소와 연결한다. 또한 경관의 연결성을 회복함으로써 환경, 건강 및 문화적 혜택을 기대할 수 있다. 연결성을 복원하려면 자연 및 사회 시스템에 내재된 역학관계를 아우를 수 있는 '경관 단위'의 접근이 필요하다. 특정 자연 기능은 충분한 공간이 주어지면 다시 연결되는 반면, 특정 사회 기능은 오직 특유의 장소가 마련될 때 다시 연결될 수 있다. 주요한 연결성이 복원되면 경관은 더욱 다기능성(multi-function)을 가지게 되는데 이를 통해 개별 기능이 더 쉽게 유지되며, 부분의 합보다 더 큰 전체를 만드는 시너지 효과를 발휘할 수 있다. 연결성을 복구하는 것은 문화경관의 회복 탄력성(resilience)을 높이

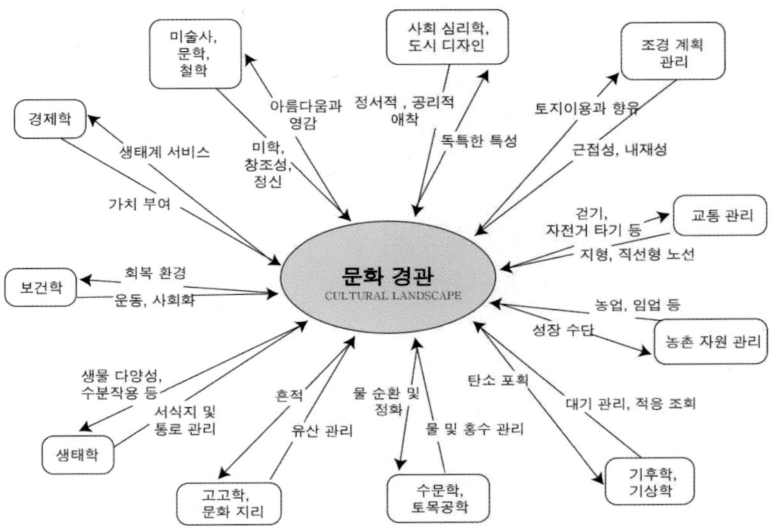

그림 2.41 다양한 요소를 연결하는 매체로서의 문화경관의 역할

(출처 : Selman, 2012)

고 더 지속가능하게 만들며 사람들이 경관 자체와 더 긴밀한 관계를 맺도록 유도한다. 이러한 계획에 의한 거버넌스는 다양한 이해당사자의 건전한 참여가 바탕이 되어야 한다.

6. 경제적 접근

6.1 경제학의 목적과 한계

1) 합리적 선택과 시장균형

경제학을 흔히 선택에 대한 학문이라고 한다. 인간의 욕망에 비해 그것을 충족시킬 수 있는 자원은 부족한데, 그 희소한 자원을 어디에 사용할지 선택하는 일을 연구하는 학문이 경제학이기 때문이다. 전통적인 경제학은 시장기구를 통해 합리적 선택을 할 수 있다고 믿는다. 다수의 수요자와 공급자가 효율적인 시장에서 경쟁적으로 거래하면 수요곡선과 공급곡선이 만나는 점에서 균형가격과 균형수량이 결정된다는 것이다. 경제학의 아버지라 불리는 애덤 스미스(Adam Smith)는 시장기구의 이러한 메커니즘을 '보이지 않는 손'이라고 표현했다.

소비자와 생산자는 각각 효용과 이윤이라는 욕망을 달성하기 위해 시장에 참가한다. 소비자가 어떤 재화나 서비스를 한 단위 더 소비해서 얻는 추가적인 효용을 한계효용이라고 하는데, 한계효용은 소비량이 늘어날수록 감소한다. 반대로 생산자가 어떤 재화나 서비스를 한 단위 더 생산할 때 드는 추가적인 비용을 한계비용이라고 하는데, 한계비용은 생산량이 늘어날수록 증가한다. 이 때문에 〈그림 2.61〉에서 보는 바와 같이 수요곡선은 소비자의 한계효용 즉 지불의사 가격을 따라 우하향하고, 공급곡선은 생산자의 한계비용 즉 판매의사 가격을 따라 우상향하는 것이다.

시장균형이 중요한 이유는 그것이 가장 효율적인 자원배분을 달성하는 상태이기 때문이다. 이는 소비자잉여와 생산자잉여라는 개념을 통해 설명할 수 있다. 소비자잉여는 소비자의 지불의사 가격과 시장가격의 차이를 말한다. 〈그림 2.61〉에서 수요곡선과 시장가격선의 높이 차이가 바로 소비자잉여다. 지불의사 가격보다 시장가격이 낮을 경우 소비자는 양(+)의 잉여를 누리게 되는데, 이는 시장균형의 좌측에서 달성된다. 만약 소비자가 어떤 재화나 서비스를 균형수량 만큼 소비한다면, 삼각형 ①의 면적에 해당하는 소비자

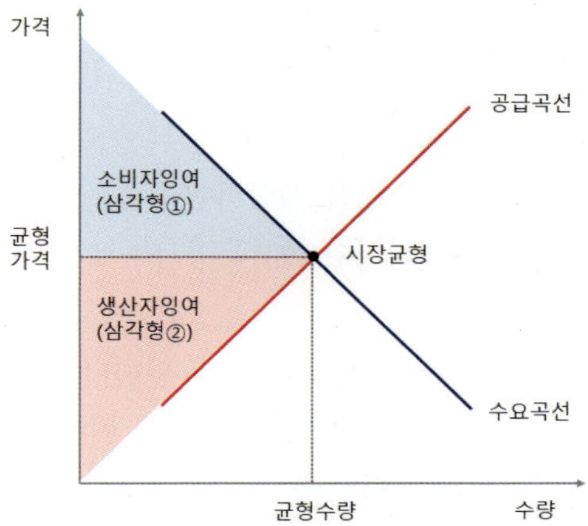

그림 2.42 시장균형과 잉여

잉여를 누리게 되는 것이다. 이러한 논리는 삼각형 ②의 면적인 생산자잉여에도 동일하게 적용된다. 중요한 점은 소비자잉여와 생산자잉여의 합, 즉 두 삼각형 면적의 합이 최대가 되는 상태가 시장균형에서 달성된다는 사실이다. 경제학이 시장균형을 중요하게 여기는 이유가 여기에 있다.

지금까지 설명한 내용은 조경이 생산하는 재화나 서비스에도 동일하게 적용된다. 정원과 같은 재화나 디자인과 같은 서비스는 소비자에게 효용을, 생산자에게 이윤을 주기 때문이다. 조경계획과 관련해서는 그 대상이 되는 재화 즉 조경공간의 경제적 특성을 이해하는 것이 중요하다. 조경공간의 적정 규모(수량)와 조성비(가격)도 시장균형에 의해 달성할 수 있을 것이기 때문이다. 한가지 유념할 점은 시장균형에 대한 이론이 언제나 들어맞지는 않는다는 사실이다.

2) 시장실패와 정부의 역할

보이지 않는 손이 제 할 일을 제대로 못 하는 현상, 즉 시장기구가 스스로 균형상태를 찾아가지 못하는 현상을 시장실패라고 한다. 시장실패는 특별한 사정 때문에 발생하는 일시적인 문제가 아닌, 재화나 용역의 특성이나 시장기구의 불완전성에 의해 발생하는 본질적인 문제를 일컫는 용어다. 대표적인 원인으로 외부효과, 공공재, 불완전 경쟁, 정보 비대칭 등이 있는데, 그 중 자주 거론되면서 조경공간과 관련이 큰 것은 외부효과와 공공재다.

시장실패는 효율적인 자원배분을 방해하기 때문에 경제학에서 중요한 문제가 아닐 수 없다. 또한, 그 원인에 대해서 다양한 설명이 이루어지고 있지만, 뾰족한 해법을 찾지 못했기 때문에 시장기구의 한계를 이야기할 때 항상 언급되는 문제이기도 하다. 시장실패에 대한 대응으로 거의 유일하게 사용되는 수단은 공공부문 즉 정부의 개입이다. 정부가 특정한 재화나 서비스의 가격 또는 수량을 제한하거나, 조세·부담금·보조금 등의 방법으로 간접적인 규제 또는 지원을 하거나, 수요자나 공급자로서 시장에 직접 참가하여 영향을 미치는 것이 대표적인 사례다.

한 가지 아쉬운 점은 정부의 시장개입이 언제나 원했던 결과를 초래하지는 않는다는 사실이다. 때로는 시장실패를 더 악화시키기도 하는데, 이를 정부실패라고 부른다. 정부실패는 정부의 미숙함보다는 시장실패의 상황에서 바람직한 균형상태가 어디인지 알기 어렵고, 또 안다 할지라도 아무런 부작용 없이 가격과 수량을 그 쪽으로 이동시키는 방법을 찾지 못한 현실에 기인한다. 결국, 시장기구는 우리가 가진 희소한 자원을 효율적으로 배분할 수 있는 수단을 제공함과 동시에 시장실패에서 정부실패로 이어지는 한계도 제공하는 것이다.

시장기구의 한계는 조경공간에도 동일하게 적용된다. 또한, 조경공간은 경제적 특성에 따라 시장실패가 발생하는 주요 원인도 달라진다. 경제학의 관점에서 볼 때 조경공간은 개인이 소유하고 자유롭게 거래할 수 있는 사적 재화로서의 조경공간과 공공부문이 조성하여 개인에게 제공하는 공공재로서의 조경공간으로 나눌 수 있다. 두 가지 공간 모두 시장실패가 발생할 가능성이 높은 특성을 가지고 있는데, 전자의 경우 외부효과, 후자의 경우 공공재라는 원인에 특히 노출되어 있다.

6.2 사적 재화로서의 조경공간

1) 사적 재화의 경제적 특성

사람들이 날마다 소비하는 것은 대부분 사적 재화다. 앞에서 언급했듯이 사적 재화란 개인이 소유하고 자유롭게 거래할 수 있는 것을 말하는데, 이러한 특성을 가진 재화라야 시장을 형성하고, 시장균형 또한 달성할 수 있다. 사적 재화의 가격에는 그것으로부터 소비자가 얻는 효용과 그것을 만드는데 드는 생산자의 비용이 반영되어 있다.

단독주택이나 아파트에 조성된 정원을 생각해 보자. 그것은 아름다운 볼거리를 제공한다. 꽃 피고 열매 맺는 계절이 되면 향긋한 내음도 풍기고, 곤충과 새를 불러 모아 색다른 재미도 준다. 또한, 깨끗한 공기와 심신의 휴식을 통해 건강도 선사한다. 거주자는 이러한 효용을 위해 기꺼이 비용을 지불하고, 주택업자는 고객의 요구를 맞춰주고 이윤을 획득한다. 그 과정에서 시장균형이 이루어져 정원의 가격과 수량도 결정된다.

정원을 자급자족해야 한다면 사정이 크게 달라진다. 아마도 사람들은 양질의 정원을 지금과 같은 비용으로 누리지 못할 것이다. 스마트폰을 자급자족해야 하는 상황을 상상하면 쉽게 이해할 수 있다. 수요가 공급을 낳고, 시장을 형성하여 균형까지 달성하는 것, 그것이 사적 재화가 가지고 있는 경제적 매력이다.

2) 외부효과와 시장실패

생산과 소비의 과정에서 의도치 않게 발생하는 긍정적, 부정적 영향을 외부효과라고 한다. 외부효과의 대표적인 사례로는 공장에서 발생하는 공해가 자주 언급되는데, 이는 생산의 부정적 외부효과에 해당한다. 그 공장에서 스마트폰을 만든다고 가정하자. 생산자는 한계비용을 고려하여 생산량을 결정하는데, 만약 마음껏 공해를 배출할 수 있다면 그것으로 인해 발생하는 사회적 비용은 생산자의 사적 비용에 포함되지 않는다. 따라서 공해를 치유하기 위한 비용은 사회 전체가 나누어 부담하고, 생산자는 스마트폰을 적정 수량보다 많이 만드는 결과가 초래된다. 시장실패가 발생하는 것이다. 정부는 이러한 생산자에게 벌금이나 부담금을 부과하는데, 이는 단지 징벌적 의미만 가지는 것이 아니다. 벌금이나 부담금을 통해 공해에 의한 사회적 비용을 생산자의 사적 비용으로 내재화하여 스마트폰 시장이 바람직한 균형상태를 찾을 수 있도록 유도하는 것이다.

이와 반대되는 상황이 사적 재화로서의 조경공간에서 발생한다. 단독주택이나 아파트에 조성된 정원이 주는 효용은 그 소유자에게만 머무르지 않기 때문이다. 정원이 도시의 경관, 생태, 건강에 미치는 영향은 담장을 넘어간다. 소비의 긍정적 외부효과가 발생하는 것이다. 문제는 이 경우에도 시장균형이 달성되지 않는다는 사실이다. 정원이 주는 사회적 효용이 큼에도 불구하고, 소유자는 자기 담장 안에서의 효용만큼만 비용을 지불하려고 할 것이기 때문이다.

〈그림 2.62〉에서 실선의 수요곡선은 소유자의 효용만 반영한 사적 수요를, 점선의 수요곡선은 주변 지역의 효용까지 반영한 사회적 수요를 각각 나타내고 있다. 여기서 주변의 주민은 자신이 누리는 효용에 대해 비용을 지불하지 않기 때문에 실제 균형은 점 E(P, Q)에서 이루어진다. 결과적으로 바람직한 균형인 E'(P', Q')보다 정원이 적게 공급되는 것이다. 이는 토지, 식물 등 희소한 자원을 소비자잉여와 생산자잉여를 극대화하는 상태로 배분하지 못했다는 것을 의미한다.

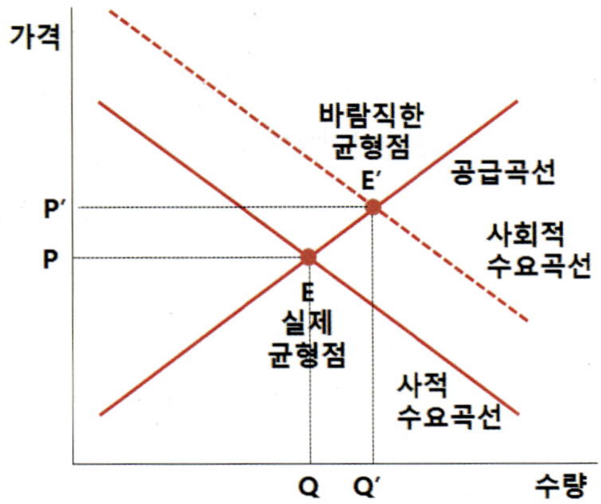

그림 2.43 긍정적 외부효과와 시장실패

3) 적정 공급을 위한 조경계획

앞에서 정부가 공해를 배출하는 생산자에게 벌금이나 부담금을 부과한다고 했는데, 긍정적 외부효과를 발생시키는 조경공간에 대해서는 소비자에게 반대의 정책을 사용해야 한다. 여기에는 양적 규제를 하는 직접적 수단과 외부효과를 내재화하는 간접적 수단이 모두 포함된다. 조경계획가는 도시계획의 수립과 관련 법령의 제·개정을 통해 이러한 정책에 관여할 수 있다.

먼저 조경계획가는 도시계획의 수립 과정에서 긍정적 외부효과를 고려할 수 있다. 지구단위계획과 같은 작업에서 개별 대지의 조경공간 조성 의무를 강화하거나, 최소기준 이상의 조경공간을 조성할 경우 용적률 인센티브를 부여하는 것 등이 대표적인 사례다. 전자는 양적 규제에 해당하고, 후자는 사회적 효용의 내재화에 해당한다.

조경계획가는 관련 법령의 제·개정을 통해서도 긍정적 외부효과를 고려할 수 있다. 사적 재화로서의 조경공간을 규정하는 대표적인 법령은 건축법 내의 '대지 안의 조경'이다. 이는 양적 규제에 해당하는데, 그 내용과 기준이 적정한지 검토하고 개선을 요구하는 것은 조경계획가가 할 일이다. 또한, 조경공간을 생태적으로 우수하게 조성하거나 일반에게 공개할 경우 보조금과 같은 인센티브를 부여하는 제도를 도입하는 것도 고려할 수 있다.

6.3 공공재로서의 조경공간

1) 공공재의 경제적 특성

개인이 소유하고 자유롭게 거래할 수 있다고 해서 모두 사적 재화인 것은 아니다. 사실 경제학은 사적 재화에 대해서 중요한 두 가지 조건을 부여하고 있는데, 바로 경합성과 배제성이다. 경합성이란 한 사람이 어떤 재화나 서비스를 사용하면 다른 사람이 그 재화나 서비스를 사용할 수 없는 성질을 말한다. 만약 내가 스마트폰을 사용하고 있다면 다른 사람은 그것을 사용할 수 없다. 이것을 경제학은 '스마트폰에 경합성이 있다'라고 표현한다. 배제성이란 어떤 재화나 서비스를 특정한 사람만 사용하도록 통제할 수 있는 성질을 말한다. 우리는 통신요금을 지불하지 않고서는 스마트폰을 사용할 수 없다. 이것을 경제학은 '스마트폰에 배제성이 있다'고 표현한다. 사적 재화는 두 가지 성질을 모두 가지고 있기 때문에 시장에서 활발하게 거래되는 것이다.

경합성은 있지만, 배제성이 없는 것을 공유자원이라고 한다. 가로수 아래의 그늘이 그 사례다. 만약 내가 자리를 차지하면 당신은 그늘을 즐길 수 없다. 하지만 가로수 아래에 사람을 골라서 앉히는 것은 생각하기 어렵다. 반대로 배제성은 있지만, 경합성이 없는 것을 클럽재라고 한다. 유료의 자연공원이 그 사례다. 내가 공원을 거닐고 조망한다고 해서 당신이 공원을 즐길 수 없는 것은 아니다. 하지만 공원관리청은 길을 막고 표를 판매함으로써 입장객을 관리할 수 있다. 공유자원과 클럽재는 사적 재화처럼 시장에서 활발하게 거래되기 어렵다. 하지만 그보다 더 심각한 경우는 경합성과 배제성이 모두 없는 것이다. 경제학에서는 이러한 것을 공공재라고 부른다.

국방과 치안이 대표적인 사례다. 만약 누군가가 우리나라에 국방과 치안을 공급한다고 가정해보자. 당신이 우리 영토 안에 있는 한 내가 보호받는다고 해서 당신이 보호받지 못하거나, 대가를 지불하지 않았다고 해서 당신만 선별적으로 보호받지 못하는 일은 있을 수 없다. 이러한 비경합성과 비배제성 때문에 국방과 치안은 시장기구에 의해 공급되기

표 2.8 재화와 서비스의 분류

구분	배제성 있음	배제성 없음
경합성 있음	사적재화 Private Goods 사례) 단독주택이나 아파트의 정원	공유자원 Common Resources 사례) 길가의 가로수
경합성 없음	클럽재 Club Goods 사례) 유료의 자연공원	공공재 Public Goods 사례) 도시의 공원이나 녹지

어렵고, 따라서 대부분 국가에서 정부가 생산자 역할을 담당하고 있다. 조경공간 중에서는 도시의 공원이나 녹지가 대표적인 공공재다.

2) 무임승차와 시장실패

공원이나 녹지와 같은 공공재가 시장기구에 의해 공급되기 어려운 이유는 소비자가 대가를 지불하지 않고도 남에게 방해받지 않고 이용할 수 있기 때문이다. 이러한 무임승차는 도덕이나 양심의 문제를 넘어 시장실패를 초래하는 원인이 되기 때문에 경제학에서 중요하게 취급된다. 특히 시장에서 거래되지만 외부효과에 의해 바람직한 균형상태를 찾기 어려운 재화와 달리 공공재는 시장에서 거래조차 잘 되지 않기 때문에 효율적인 자원배분을 달성하기가 더욱 어렵다.

결과적으로 공공재의 공급은 정부가 전적으로 담당하고 있다. 우리나라의 공원이나 녹지가 대부분 중앙정부나 지자체에 의해 조성되는 것을 보면 쉽게 이해할 수 있다. 문제는 정부도 국민이 원하는 적정량을 알기 어렵다는 것이다. 그 이유는 다음과 같다. 첫째, 국민은 공공재에 대해서 자신의 선호를 정직하게 밝히지 않는 경향이 있다. 자신이 강한 선호를 가지고 있다는 것을 정부가 알게 될 경우 더 많은 세금이 부과될 것을 염려하기 때문이다. 이를 선호현시의 문제라고 한다. 둘째, 국민이 정직하다 할지라도 대가를 지불하고 사본 적이 없는 재화에 대해서 선호를 숫자로 표현하는 것은 어려운 일이다. 이를 선호지식의 문제라고 한다. 셋째, 어렵게 국민의 선호를 조사했다 할지라도 정부가 그것을 의미있게 통합하는 것 또한 쉽지 않은 일이다. 이를 선호통합의 문제라고 한다.

3) 적정공급을 위한 조경계획

그렇다면 조경계획가는 공공재로서의 조경공간을 적정하게 공급할 수 있을까? 비록 완전한 해법은 없지만 여러 가지 방법이 시도되고 있다. 가장 초보적인 방법은 주민 한 사람당 필요한 공원이나 녹지의 면적 즉 원단위를 적용하는 것이다. 하지만 이 방법에는 원단위가 적정한지, 지역이나 시기와 무관하게 일률적인 원 단위를 적용하는 것이 바람직한지 등에 대한 의문이 존재한다.

그보다 좀 더 계량적인 방법은 비용편익분석을 하는 것이다. 도로, 철도, 발전소 등 많은 공공사업에서 비용편익분석은 유용하게 활용되고 있다. 이들 시설이 주민에게 주는 추가적인 편익이 추가적인 비용을 상회하는 한 공급을 하는 것이다. 하지만 비용편익분석이 제대로 작동하기 위해서는 말 그대로 비용과 편익이 금액의 형태로 정확하게 측정되어야 하는데, 물리적 기능이 중요한 시설들과 달리 심리적, 생태적 기능도 중요한 공원이나 녹지의 경우 그것이 쉽지 않다는 문제를 가진다.

주민의 편익을 측정하는 간접적인 방법으로 공원이나 녹지가 토지나 주택의 가격에 미치는 영향을 분석하는 방법도 시도되고 있다. 만약 공원이나 녹지가 주민에게 편익을 준다면 시장에서 거래되는 토지나 주택의 가격에 반영된다는 것이 이러한 분석의 근거다. 회귀분석을 사용하는 특성가격모형(Hedonic Pricing Model)이 대표적인 사례인데, 이 모형은 공원이나 녹지의 추가적인 공급에 의한 특성가격의 상승이 멈추는 지점을 최적의 공급량이라고 판단한다.

지금까지 조경계획가가 고려해야 할 기본적인 경제학 이론을 살펴보았다. 그 결과 조경공간은 긍정적 외부효과를 가지는 사적 재화이거나 시장에서 거래되기 어려운 공공재이기 때문에 시장기구를 통해 효율적인 자산배분을 달성하기 어렵다는 것을 알 수 있었다. 또한, 조경공간의 공급에서는 정부와 조경계획가의 역할이 중요하다는 것도 확인할 수 있었다. 한 가지 더 유념할 점은 지금까지의 논의가 자원배분의 효율성에만 초점을 맞추었다는 사실이다. 하지만 우리가 추구해야 할 가치에는 효율성만 있는 것이 아니다. 조경공간과 관련해서는 형평성, 기능성, 심미성, 생태적 건강성 등도 중요하게 대두된다. 이러한 가치들도 다른 접근방법과의 조화를 통해 함께 추구해야 할 것이다.

7. 환경정의와 시민참여

시민참여는 공공의 의사결정 과정에서 일반 시민들에게 참여의 기회를 주는 것으로 민주적 의사결정과정에서 중요한 요소로 인식되어 왔다. 시민참여를 통해 얻을 수 있는 혜택은 1) 공공 측면에서의 정보와 아이디어 공유, 2) 계획 결정에 대한 시민들의 지지 확보, 3) 의견대립과 갈등으로 인한 시간 및 비용의 사전 예방, 4) 사업주체와 공공의 협력 및 신뢰 강화 등을 들 수 있다.

조경계획은 사람들이 이용하는 다양한 유형의 경관에 매우 중대한 영향을 미치므로 많은 주체들의 이해관계가 개입된다. 따라서, 조경계획에서의 시민참여는 지속가능한 경관 조성을 위해 필수적이며 공정하고 성공적인 계획실행을 위한 전제 조건으로 여겨지고 있다. 유럽경관협약(European Landscape Convention)에서는 '경관'을 자연과 인간의 상호작용 결과로서 시민들이 인지하는 대상으로 규정하며 경관 관련 정책의 입안 및 실행 시 일반 시민을 포함한 다양한 이해당사자들의 참여를 위한 명확한 절차 수립을 강조하고 있다. 이는 경관에 대한 관점과 이해가 다양하고, 특정 계획으로 인한 주체별 혜택과 손해가 달라질 수 있는 만큼, 사회공동체의 참여를 통한 이해와 조정 및 합의가 중요함을 시사하고 있다.

7.1 시민참여의 주요 원칙

1) 조경계획과 시민참여

조경계획에서의 시민참여는 조경계획이 다루는 '경관'(landscape)에 대한 복합적이고 다양한 인식을 이해하고 적용하는데 매우 중요하다. 도시계획 분야에서는 미국과 유럽을 중심으로 시민참여의 정당성을 뒷받침하기 위한 이론 정립과 효과적 적용을 위한 방법론 개발을 위해 오랫동안 노력해 왔다. 그러나, 조경계획 분야에서는 전문가 주도의 객관적·물리적·시각적 대상으로서의 경관 이해를 위한 전통적 방식의 시민참여에 머무르고 있어 경관에 대한 다양한 시각과 관점을 수용하지 못한다는 비판을 받고 있다(Butler, 2014). 이러한 문제점은 조경계획이 특정 전문가 지식에만 지나치게 의존함으로써 이해당사자 및 시민참여를 통한 의사결정 과정에서 대립적이거나 다양한 가치와 관점들을 배제시키는 결과를 양산하게 된다.

2) 시민참여의 주요 원칙

진정한 의미의 시민참여를 위해서는 직접민주제(direct democracy)와 의사소통합리성(communicative rationality) 이론에 기반한 다음의 세가지 원칙이 요구된다 : 1) 모든 이해당사자가 참여할 수 있는 포괄성(inclusiveness), 2) 참여자들이 동등하게 말하고 영향력을 발휘할 수 있는 힘의 균형, 3) 숙의와 소통을 통한 합의 도출(Calderon, 2013). 그러나 실제 계획과정에서는 다양한 이해관계자를 참여시키지 못하거나 의미있는 소통이 이루어지지 않으며 시민들의 참여를 의도적으로 제한함으로써 힘있는 이해당사자의 관심과 가치를 일방적으로 강요하는 경우가 많다.

7.2 계획에서의 시민참여 이론

1) 안스타인(Arnstein)의 주민참여 사다리 이론

미국 시민참여 이론의 고전으로 인용되는 세리 안스타인(Sherry Arnstein)의 시민참여 사다리 이론은 공공정책 및 계획의 의사결정 과정에 참여하는 시민들의 권한의 정도에 따라 참여방식을 분류하였다는데 의의가 있다. 안스타인은 시민에게 아무런 권한이 없는 단계(non participation), 명목적인 또는 형식적인 단계(degree of tokenism), 그리고 시민에게 실질적인 권한이 주어지는 단계(degree of citizen power) 등 세가지 범주 아래 시민참여 정도의 개념을 8개 가로대의 사다리 형태로 표현했다. 시민에게 아무런 권한이 없는 단계는 다시 계도(혹은 조작, manipulation)와 교정(또는 지도, therapy)으로 나누어지는데, 이때 계도는 이미 정해진 계획을 시민들에게 교육하여 받아들이게 하는 방식이며 교정은 시민들의 부정적 인식과 관점을 교정하여 받아들이게 하는 방식이다. 명목적 또는 형식적인 단계는 정보 고지(informing), 상담(consultation), 회유(placation)로 세분화되는데, 이때 정보 고지는 계획내용에 대한 설명과 시민들의 권

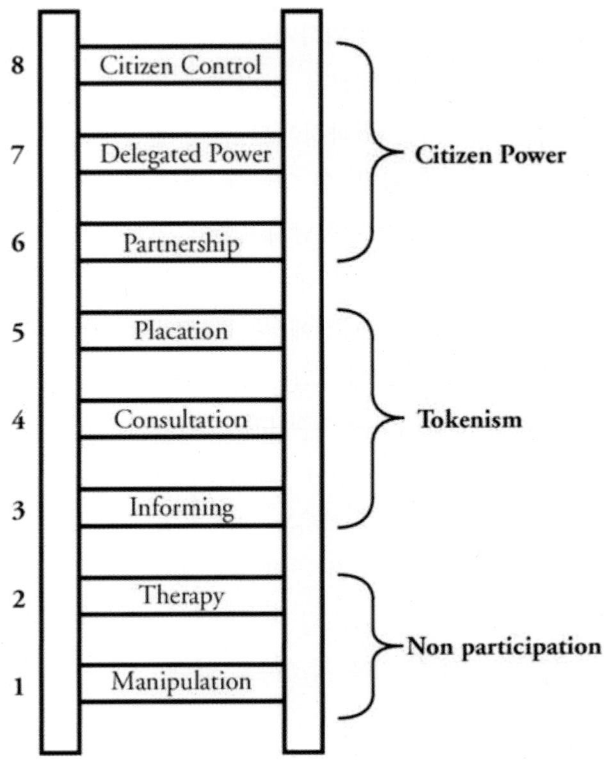

그림 2.44 안스타인(Arnstein, 1969)의 시민참여 사다리 모형

리, 책임, 선택 등에 대한 정보제공을 의미하며 상담은 설문 등을 통해 시민들의 의견을 수렴하는 정도를 의미한다. 시민에게 실질적 권한이 주어지는 단계는 공동협력(partnership), 시민 위임(delegated power), 주민자치(citizen control)로 분류되는데, 이때 공동협력은 계획수립자와 시민이 동등한 입장에서의 협력을 통한 의사결정을 의미하며 시민 위임은 시민들이 결정권을 가지는 강력한 권한 부여를, 주민자치는 주민들이 스스로 입안, 결정, 집행하고 통제하는 것을 의미한다. 안스타인의 주민참여 사다리 이론은 요식적이고 형식적인 시민참여에 대한 문제의식을 바탕으로, 시민참여의 다양한 수준을 단계적으로 분류함으로써 정치·사회문화적 특성에 따라 보다 개선된 형태의 시민참여가 가능함을 제시했다는데 의의가 있다.

2) 의사소통행위 이론(communicative action theory)

독일의 철학자 하버마스(Jürgen Habermas)가 제안한 의사소통행위이론은 도시계획 분야에서 활발히 논의되어 왔다. 특히 미국의 도시계획학자 존 포레스트(John Forester)(1989)는 하버마스의 이론을 기반으로 계획과정을 '소통' 행위로 간주하고 이러한 소통이 이해당사자들의 정치·경제적 힘의 불균형으로 인해 왜곡될 수 있음을 지적했다. 이러한 논의는 미국의 도시계획학계에서도 큰 반향을 불러 일으켰고, 계획행위의 목적과 정당성에 대해 근본적 질문을 던지게 했다. 특히 객관적 과학지식에 기반한 도구적 합리성에 대한 의존이 계획과정에서 힘의 불균형과 소통의 방해, 그리고 이를 통한 다양한 유형의 지식을 억압할 수 있음에 주목하게 되었다. 하버마스는 소통을 위해 계획의 공동의사결정 과정에서 이해당사자들이 아무런 숨김없이 자유롭게 토론할 수 있는 "담론"(discourse)의 장이 전제되어야 하며 이를 통해 진정한 합의(concensus)가 가능함을 역설한다. 특히, 이러한 과정에서는 공정(fairness)과 유능(competence)이 강조되는데, 공정은 계획 과정에서 모든 참여자들에게 합리적 역할 수행이 가능하도록 동등한 기회가 주어지는 것이며, 유능은 주어진 상황에서 최선의 결정을 도출할 수 있는 프로세스의 질을 의미한다(Webler and Tuler, 2000). 하버마스의 의사소통행위 이론은 객관성과 중립성(neutrality)을 자처하는 계획가의 오만함을 지적하며 자신만의 지식을 우월적으로 강요하기 보다는 다양한 주체들이 참여할 수 있는 민주적 계획 프로세스의 개발과 구성원들간의 합의를 유도할 수 있는 소통 방법론의 개발 등 조정자(facilitator)로서의 역할과 책임을 더욱 강조하고 있다.

3) 힘(power)의 이해를 통한 참여 이론

계획과정에서 힘(power)의 논리에 대한 관심은 날로 높아지고 있으며 특히 조경계획에서는 경관을 만들어가는 과정의 이면에 있는 힘의 작용 및 대립의 이해에 초점을 두고 있다(Gailing and Leibenath, 2015). 프랑스의 철학자 미셸 푸코(Michel Foucault)에 따르면 힘(power)은 사회구조적으로 형성된 것으로 그 사회의 일상속 어디에나 항상 존재하며, 이러한 구조적 시스템은 사회적으로 받아들여지는 사실 또는 진실들이 지속적으로 생산되도록 작동한다(Calderon and Butler, 2020). 조경계획에서는 목표나 방향 설정 등 계획과정의 중요한 의사결정 단계에서 힘있는 주체(actors)가 정보 및 가이드라인 등을 통해 원하는 결과물을 유도하기도 한다. 덴마크의 경제지리학자 플리버그(Bent Flyvbjerg)(2002)에 따르면 지식은 힘이고, 힘은 특정 주체의 목적을 지원하기 위해 지식의 우선순위를 결정하며 이는 대립적인 정보와 지식을 무시하거나 억압하는 결과를 가져올 수 있다. 조경계획 과정 또한 힘을 가진 주체에 의해 지식의 유형이 편향적으로 결정되고 문제점이 정의되며 이를 바탕으로 분석과 대안 및 결과 평가 방식이 결정될 수 있다는 문제점이 제기되고 있다(Calderon and Butler, 2020). 이는 계획과정에서 특정한 관심이나 가치를 배제함으로써 사회적 갈등을 야기하게 되는 것이다. 계획과정에서 이해당사자들의 다른 생각과 이해충돌, 그리고 이들간의 힘의 관계를 이해하는 것은 경관의 정치적 본성을 파악하는데 매우 중요하며 진정한 시민참여를 실행하기 위한 중요한 전제조건이 될 수 있음을 의미한다(Calderon and Butler, 2020). 따라서, 계획과정에서 참여하는 모든 이해당사자들은 누가 배제되는지, 참여자들의 힘의 역학 관계는 어떻게 되는지, 계획실행을 통해 누가 이득을 보고 손해를 보는지, 왜 이런 결정이 나올 수밖에 없고 이를 개선하기 위해서는 앞으로 어떤 정책과 계획이 보완되어야 하는지 명확하게 인지하는 것이 무엇보다 중요하다. 이러한 과정은 사회구조적으로 이미 스며들어 있는 힘의 논리속에서 특정 그룹의 도구적 수단으로 이루어지는 습관적이고 수동적인 형태의 시민참여 보다는, 그 힘의 역학 관계가 어떻게 의사결정에 작용하는지를 명확히 이해하는 것이 향후 계획을 더욱 발전시키는 중요한 가치임을 시사하고 있다.

참고문헌

국토교통부 (2018) 국토 경관자원 조사체계 구축 및 활용방안 연구. 국토교통부 보고서.

권윤구 (2013) 도시 가로의 장소성 형성 구조와 의미 - 혼합연구방법을 통한 인사동과 대학로 연구. 서울대학교 대학원 박사학위논문.

김다영, 신윤지, 장혜원, 이송희, 위재송, 주신하 (2018) 경관자원 조사체계 구축에 관한 기초연구– 당진시 경관자원조사 사례를 중심으로. 한국경관학회지 10(2) : 67–81.

김동현, 전대욱, 하수정, 김태현, 김진오, 신진동, 한우석, 정승현, 강상준 (2015) 도시의 새로운 패러다임 가능성–리질리언스. 도시정보 12월호 (No. 405).

김영민 (2014) 랜드스케이프 어바니즘의 도시설계안에서 나타나는 개념과 전략. 도시설계 15(4) : 204–221.

김영민, 정욱주 (2014) 랜드스케이프 어바니즘의 실천적 전개 양상. 한국조경학회지 42(1) : 1–17.

김영민 (2015) 랜드스케이프 어바니즘의 비판적 견해에 대한 고찰 : 담론의 내재적 체계를 중심으로. 한국조경학회지 43(2) : 87–104.

김영민 (2017) 뉴어바니즘과 랜드스케이프 어바니즘의 쟁점– 도시설계적 요소의 상충성과 상호보완적 가능성을 중심으로. 도시설계 18(4) : 75–92.

김영민 (2021) 르 코르뷔지에의 자연관에 대한 비판의 전개 양상. 대학건축학회논문집–계획계 37(6) : 77–86.

김태현, 김현주, 이계준 (2011) 재난관리를 위한 도시 방재력(Urban Resilience) 개념 및 기능적 목표 설정. 한국안전학회지 26(1) : 127–136.

김홍순 (2006) 뉴어바니즘의 실제 : 미국 켄틀랜즈의 사례. 국토연구 51 : 109–130.

당진시 (2019) 당진시 경관자원 조사. 당진시.

박영춘, 류중석 (2000) 뉴어바니즘 도시설계의 가능성과 한계성에 관한 연구. 대학건축학회논문집–계획계 16(5) : 77–86.

박진빈 (2019) 정원도시의 탄생. 서양사론 141 : 78–108.

변재상 (2005) 도시 경관 및 이미지향상을 위한 랜드마크 형성 모델. 서울대학교 대학원 박사학위논문.

손세호 (2008) 뒤를 돌아보면서 : 2000–1887. 에드워드 벨라미(Edward Bellamy) 지음

신윤지, 정필립, 주신하 (2020) 기초 지방자치단체 경관현황조사 매뉴얼 작성을 위한 연구–당진시 경관자원조사 적용사례를 중심으로. 한국경관학회지 12(1) : 57–70.

안소은 (2013) 의사결정지원을 위한 생태계서비스의 정의와 분류. 환경정책연구 12(2) : 3–16.

이주형 (2001) 도시형태론. 보성각.

임승빈 (2009) 경관분석론. 서울대학교출판부.

임승빈, 주신하 (2019) 조경계획·설계(개정신판). 보문당.

임창호 (2000) 내일의 도시 : 20세기 도시계획지성사. 피터 홀(Peter Hall) 지음

전종한, 서민철, 장의선, 박승규 (2017) 인문지리학의 시선(개정 3판). 서울 : 사회평론아카데미. pp. 215–237

정영선 (2001). 서양조경사. 서울 : 누리에

정해준 (2021) 문화경관 : 인간 문화와 자연 환경의 상호작용. in 한국 조경의 새로운 지평. ed. by 성종상. 서울 : 한숲. pp. 196–209.

주신하 (2003) 도시경관 분석을 위한 경관형용사 선정 및 적용 연구 – 과천, 약수 지구단위계획구역을 중심으로. 서울대학교 대학원 박사학위논문.

주신하, 김경인 (2015) 알기쉬운 경관법 해설. 보문당.

채혜인, 박소현 (2015). 문화유산 국제보존원칙에서 나타난 역사도시경관의 보존개념. 대한건축학회 논문집 – 계획계 31(2) : 253–260.

황기원 (1989) 경관의 다의성에 관한 고찰. 한국조경학회지 17(1) : 55–68.

황기원 (1993) 우리나라 도시경관의 과제 – 도시경관과 도시계획. 한국조경학회지 21(3) : 117–121.

황기원 (2011) 경관의 해석 : 그 아름다움의 앎. 서울 : 서울대학교출판문화원.

Ahern, J. (2013) Urban landscape sustainability and resilience : the promise and challenges of integrating ecology with urban planning and design. Landscape Ecology 28 : 1203–1212.

Albert, C., Aronson, J., Furst, C., Opdam, P. (2014) Integrating ecosystem services in landscape planning : requirements, approaches, and impacts. Landscape Ecology 29 : 1277–1285.

Appleton, J. (1975) Experience of Landscape, London, John Wiley.

Arnstein, S.R. (1969) A ladder of citizen participation. Journal of the American Institute of Planners 35(4) : 216–224.

Beller, E., Spotswood, E., Robinson, A. (2018) Building ecological resilience in highly modified landscapes. Bioscience 69(1) : 80–92.

Bolliger, J., Battig, M., Gallati, J., Klay, A., Stauffacher, M., Kienast, F. (2011) Landscape multifunctionality : a powerfu; concept to identify effects of environmental change. Reg Environ Change 11(1) : 203–206.

Booth, A.G. (1984) Ecology and Planning: The Planning Component. In: Roberts, R.D., Roberts, T.M.(Eds.). Ecology and Planning. Chapman & Hall, London.

Brunswick, E. (1956) Perception and the Representative Design of Psychological Experiment, Berkeley : University of California.

Butler, A. (2014) Developing theory of public involvement in landscape planning : Democratising landscape. Uppsala : Swedish University of Agricultural Sciences.

Calderon, C. (2013) Politicising participation : Towards a new theoretical approach to participation in the planning and design of publuc space. Uppsala : Swedish University of Agricultural Sciences.

Calderon, C., Butler, A. (2020) Policising the landscape : a theoretical contribution towards the development of participation in landscape planning. Landscape Research 45(2) : 152–163.

Calthorpe, P. (2012) Urbanism in the Age of Climate Change, Island Press, Washington D.C.

Clark, B. (2003). Ebenezer Howard and the Marriage of Town and Country. Archives of Organizational and Environmental Literature 16(1) : 87–97.

CNU(Congress for the New Urbanism) (2000) Charter of the New Urbanism, McGraw-Hill, New York.

Corner, J. (2003) Landscape Urbanism, In Mostafavi, M. and Najile, C. (eds.) Landscape Urbanism : A Manual for the Machinic Landscape, AA Publications, London, 58–63.

Corner, J. (2006) Terra fluxus. In : Waldheim, C.(ed) The landscape urbanism reader. Princeton University Press, Princeton, 13–33.

Costanza, R., d'Arge, R., Groot, R., Grasso, F., Hannon, B., Limburg, K., Naeem, S., O'neill, R., Paruelo, J., Raskin, R., Sutton, P., van den Belt, M. (1997). The value of the world's ecosystem services and natural capital. Nature 387 : 253–260.

Curtis, W. (1996) Modern Architecture Since 1900, Phaidon, New York.

Darwin, C. (1859) The Origin of Species. New York: D. Appleton.

Daily, G.C., Polasky, S., Goldstein, J., Kareiva, P.M., Mooney, H.A., Pejchar, L., Ricketts, T.H., Salzman, J., Shallenberger, R. (2009) Ecosystem services for decision : time to deliver. Frontiers in Ecology and the Environment 7(1) : 21–28.

Darwin, C. (1859) On the Origin of Species by Means of Natural Selection, or the Preservation of Favoured Races in the Struggle for Life. London : Murray.

de Groot, R.S., Alkemade, R., Braat, L., Hein, L., Willemen, L. (2010) Challenges in integrating the concept of ecosystem services and values in landscape planning, management and decision making. Ecological Complexity 7(3) : 260–272.

de Groot, R.S., Wilson, M.A., Boumans, M.J. (2002) A typology for the classification, description and valuation of ecosystem functions, goods and services. Ecological Economics 41 : 393–408.

Dramstad, W., Olson, J., Forman, R., (1996) Landscape Ecology Principles in Landscape Architecture and Land–Use Planning. Island Press.

Duncan, J., Duncan, N. (1988) (Re)Reading the Landscape, Environment and Planning D 6(2) : 117–126.

Eckbo, G. (1964) Urban Landscape Design, McGraw–Hill Book Company, New York.

Fainstein, S. (2000) The new directions in planning theory, Urban Affairs Review 35(4) : 451–478.

Faludi, A. (1973) The Rationale of Planning Theory. Oxford: Pergamon Press.

Farr, D. (2007) Sustainable Urbanism : design with nature, John Wiley & Sons, New York.

FISGRW (1998) Stream Corridor Restoration : Principles, Processes and Practices. The Federal Interagency Stream Restoration Working Group.

Fisher, R. (1982) Urban Utopias in the Twentieth Century : Ebenezer Howard, Frank Lloyd Wright, Le Corbusier, MIT Press, Cambridge, MA.

Flyvbjerg, B. (2002) Bridging power to planning research : One researcher's praxis story. Journal of Planning Education and Research 21(4) : 352–366.

Forester, J. (1989) Planning in the face of power. University of California Press.

Folke, C., Carpenter, S., Elmqvist, T., Gunderson, L., Holling, C., Walker, B. (2002) Resilience and Sustainable Development : Building Adaptive Capacity in a World of Transformations.

Forman, R.T.T. (1995) Land Mosaics : The ecology of Landscapes and Regions, 2nd Edition. Cambridge University Press.

Frank, L., Engelke, P., Schmid, T. (2003). Health and community design : The impact of the built environment on physical activity. Island Press.

Gailing, L., Leibenath, M. (2015) The social construction of landscapes : two theoretical lenses and their empirical applications. Landscape Research 40(2) : 123–138.

Galler, C., Albert, C., Haaren, C. (2016) From regional environmental planning to implementation : Paths and challenges of integrating ecosystem services 18 : 118–129.

Grant, J. (2006) Planning the good community : New Urbanism in Theory and Practice, Routledge, New York.

Hagerhall, C.M. (2000) Clustering predictors of landscape preference in the traditional swedish culturing landscape : prospect–refuge, mystery, age and management. Journal of Environmental Psychology 20 : 83–90.

Hall, P. (2014). Cities of tomorrow : An intellectual history of urban planning and design since 1880. John Wiley & Sons.

Hanyu, K. (2000) Visual properties and affective appraisals in residential areas in daylight. Journal of Environmental Psychology 20 : 273–284.

Häfner, K.., Zasada, I., van Zanten, B.T., Ungaro, F., Koetse, M., Piorr, A. (2018) Assessing landscape preferences : a visual choice experiment in the agricultural region of Märkische Schweiz, Germany, Landscape Research 43(6) : 846–861.

Henderson, L.J. (1913) The Fitness of the Environment. New York : The Macmillan Company.

Herzog, T. R. (1992) A cognitive analysis of preference for urban spaces. Journal of Environmental Psychology 12 : 237–248.

Holling, C. (1978) Adaptive environmental assessment and management. Wiley international series on applied systems analysis, Wiley, Chischester.

Holling, C. (2001) Understanding the Complexity of Economic, Ecological, and Social Systems. Ecosystems 4 : 390–405.

Hölting, L., Felipe–Lucia, M., Cord, A. (2020) Multifunctional Landscapes 128–134. Encyclopedia of the World's Biomes.

Hull, R.B., Revell, G.R.B. (1989) Issues in sampling landscapes for visual quality assessments. Landscape and Urban Planning 17, 323–330.

Im, Seung–Bin (1984) "Visual preferences in enclosed urban spaces." Environment and Behavior 16(2) : 235–262.

International Encyclopedia of the Social Science (1974) USA : Crowell Collier and McMillan, Inc.

Jacobs, A. B. (1993). Great streets. ACCESS Magazine 1(3) : 23–27.

Jacobs, J. (1962) The Death and Life of Great American Cities, Vintage Books, New York.

Jacobs, P., Way, D. (1968) Visual Analysis and Landscape Development, Dept. of Landscape Architecture, Harvard Graduate School of Design.

Johnston, R.J., Gregory, D., Smith, D.M.(Eds.) (1986). The Dictionary of Human Geography. 2nd Ed. Oxford : Blackwell.

Kaplan, R., Kaplan, S. (1989) The Experience of Nature : A Psychological Perspective. New York, U.S.A. : Cambridge University Press.

Kaplan, S., Kaplan, R. (1982) Cognition and Environment : Functioning in an uncertain world, New York, Praeger Publishers.

Kaplan. R., Talbot, J.F. (1988) Ethnicity and preference for natural settings : a review and recent findings, Landscape and Urban Planning 15 : 107–117.

Kelly, G. (1955) The Psychology of personal construct, Vol. 1 and 2. New York : Norton.

Larsen, H. (1969) Low Cost Housing, Royal Society of Health Journal 89(2) : 75–78.

Le Corbusier (1987) The City of Tomorrow and Its Planning, (F. Etchells, Trans.) MIT Press, Cambridge, MA.(Original work published 1925)

Leitão, A., Ahern, J. (2002) Applying landscape ecological concepts and metrics in sustainable landscape planning. Landscape and Urban Planning 59(2) : 65–93.

Litton, R.B. Jr. (1974) Visual vulnerability of forest landscapes, Journal of Forestry 72 : 392–397.

Lovell, S.T, Johnston, D.M. (2008) Creating multifunctional landscapes : how can the field of ecology inform the design of the landscape? Frontiers in Ecology and the Environment 7(4) : 212–220.

MA (2005) Millennium Ecosystem Assessment : ecosystems and human well-being : synthesis. Island Press, Washington, D.C.

Martin, M.D. (2001) Returning to Radburn. Landscape Journal 20(2) : 156–175.

McHarg, I. (1969) Design with Nature. Garden City, N.Y : Published for the American Museum of Natural History [by] the Natural History Press.

McHarg, I., Steiner, F. (1998) To Heal the Earth. Island Press, Washington D.C., Covelo, California.

Meinig, D.W. (1979) The Interpretation od Ordinary Landscapes, New York : Oxford University Press.

Mitchell, N., Rossler, M., Tricaud, P. (2009) World Heritage cultural landscapes: a handbook for conservation and management, World Heritage Center, UNESCO.

Mumford, E. (2000) The CIAM Discourse on Urbanism, 1928–1960, MIT Press, Cambridge, MA.

Nasar, J.L. (1984) Visual preference in urban street scenes : A cross-cultural comparison between Japan and the United States. In J. L. Nasar (Ed.), Environmental Aesthetics : Research, Theory, and Applications, New York, U.S.A. : Cambridge Press, pp. 260–274

Ndubisi, F. (2002) Ecological Planning: A Historical and Comparative Synthesis. The Johns Hopkins University Press.

Nicholson, C.J. (2004). Elegance and grass roots : The neglected philosophy of Frederick Law Olmsted. Transactions of the Charles S. Peirce Society 40(2), 335–348.

O'Farrell, P., Anderson, P. (2010) Sustainable multifunctional landscapes : a review to implementation. Current Opinion in Environmental Sustainability 2(1–2) : 59–65.

Osborn, F.J. (1950). Sir Ebenezer Howard : the evolution of his ideas. The Town Planning Review 21(3) : 226–227.

Peterson, G.L. (1967) "A model of preference : quantitative analysis of the perception of the visual appearance of residential neighborhoods." Journal of Regional Science 7(2) : 19–31.

Purcell, A.T. (1986) "Environmental perception and affect : a schema discrepancy model", Environment and Behavior 18(1) : 3–30.

Relph, E. (1976) Place and Placelessness. Pion, London.

Sauer, C. (1925) The Morphology of Landscape, University of California Publications in Geography 2(2) : 19–54.

Selman, P. (2009) Planning for landscape multifunctionality. Sustainability : Science, Practice and Policy 5(2) : 45–52.

Shafer, E.L., Hamilton, J.F., Schmidt, E.A. (1969) "Natural landscape preference : predictive model." Journal of Leisure Research 1(1) : 1–19.

Steiner, F. (2000) The Living Landscape : An Ecological Approach to Landscape Planning. McGraw Hill.

Stern, R.A. (1986). Pride of place : Building the American dream. Houghton Mifflin. pp.133–134.

Terpstra, V., David, K. (1991) The Cultural Environment of International Business. Cincinnati: South-Western.

Thompson, I.H. (2012) Ten Tenets and Six Questions for Landscape Urbanism. Landscape Research 37(1) : 7–26.

Treib, M. (1991) Introduction, In: Treib(Eds.), Modern Landscape Architecture : A Critical Review. MIT Press, Cambridge, MA.

Turner, M.G. (1989) Landscape Ecology : The Effect of Pattern on Process. Annual Review of Ecology and Systematics 20 : 171–197.

Vitz, P.C. (1966) "Preference for different amounts of visual complexity", Behavior Science 11 : 105–114.

Waldheim, C. (2010) On Landscape, Ecology and other Modifiers to Urbanism, Topos 71 : 20–24.

Walker, B., Salt, D. (2006) Resilience thinking : sustaining ecosystems and people in a changing world. Island Press, Washington, DC.

Webler, T., Tuler, S. (2000) Fairness and Competence in Citizen Participation : Theoretical Reflections from a Case Study. Administration & Society 32(5) : 566–595.

White, I., O'Hare, P. (2014) From rhetoric to reality : which resilience, why resilience, and whose resilience in spatial planning? Environmental Planning C : Government and Policy 32 : 934–950.

Wohlwill, J. F. (1976) Environmental aesthetics : environment as a source of affect. In: Altman, I., Wohlwill, J.F. (Eds.) Human Behavior and Environment : Advances in Theory and Research. Vol 1, New York : Plenum : 37–82.

Yang, B.E., Kaplan, R. (1990) The perception of landscape style : a cross–cultural comparison, Landscape and Urban Planning 19 : 251–262.

Yang, B., Li, M–H, Li, S. (2013) Design–with–Nature for Multifunctional Landscapes : Environmental Benefits and Social Barriers in Community Development. International Journal of Environmental Research and Public Health 10(11) : 5433–5458.

◎ 웹사이트

CNU(2021) https : //www.cnu.org (2021.12.31.)

https : //www.cdc.gov/nchs/nvss/leading–causes–of–death.htm

https : //www.census.gov/history

https : //flowermag.com/olmsted–legacy–garden–krisheim

https : //www.harlowcivicsociety.org.uk

https : //www.olmstedsociety.org/resources/maps–of–riverside

https : //seeoldnyc.com/new–york–city–tenements–life–late–19th–century

국립국어원 표준국어대사전,
https : //stdict.korean.go.kr/search/searchView.do?word_no=392858&searchKeywordTo=3

PART 3

조경계획 방법론

1. 조경계획 프로세스

조경계획은 미래에 발생할 수 있는 사회·생태적 문제를 해결하기 위한 의사결정 과정이라고 할 수 있다. 오늘날 기후변화에 의해 새롭게 등장한 다양한 사회·생태적 문제들은 점차 그 빈도와 강도가 증가하고 있으며, 이에 따른 피해 규모와 투입되는 사회적 비용 또한 증가하고 있는 실정이다. 특히, 우리 일상 공간이 복잡한 사회-생태-기술 시스템으로 변모하면서, 현재 직면하고 있는 사회·생태적 문제들을 정확하게 예측하는 것은 매우 어렵다. 따라서 기존의 조경계획론에서 다루었던 공간별 조경계획 방법들 뿐만 아니라, 사회·생태적 문제 중심으로 수행될 수 있는 새로운 자료수집 및 분석 과정에 대한 논의가 필요하다. 2010년 후반 이후 본격적인 4차 산업 기술 발전과 함께 조경계획 자료수집 및 분석 방법들도 제시되었다. 예를 들어 GIS (Geographic Information Systems), BIM (Building Information Modeling), 가상현실 (Virtual reality), 증강현실 (Augmented reality), 시스템 모델링 (System modeling), 어반 리빙랩 (Urban livinglab) 등이 조경계획 과정에 적극적으로 활용되기 시작했다. 더불어 최근 빅데이터 데이터베이스 구축 및 인접분야 연계 덕분에 기존의 조경계획의 인문사회적 자료와 환경생태적 자료 조사 기법이 체계화되고 확장되었다. 특히 지금까지 각 부처별로 분산되어 있던 엄청난 양의 자료가 지도 형태로 데이터베이스화 되면서, 조경계획 대상지에 대한 정확하고 의미 있는 정보를 수집할 수 있게 되었다. 또한 에너지, 경관, 생태계서비스 정량화, 환경경제, 환경심리 등 인접 분야와의 연계를 통해 조경계획 방법론이 보다 체계화 되었다.

본 장에서는 이러한 환경생태적 및 인문사회적 정보를 수집하고 분석하는 방법 뿐만 아니라, 4차 산업 기술을 활용한 새로운 조경계획 방법들의 개념, 방법, 사례 등을 다루게 될 것이다. 더불어 조경설계와 조경계획의 차이를 규모 및 정보, 단계 및 절차, 목적 및 성격 등에 따라 나누어 논의한다.

제3.1장 조경계획 프로세스에서는 조경계획 방법론의 필요성과 중요성에 대한 내용을 다루며, 제3.2장 조사분석 방법에서는 환경생태적 정보수집 및 분석방법, 인문사회적 정보수집 및 분석 방법, 정보의 통합적 분석, 소통 및 활용에 대한 내용을 소개한다. 환경생태적 정보수집 및 분석 방법에서는 기후, 지질, 지형, 물, 토양, 식생, 야생동물 등 생물·물리적 요소의 정보의 수집과 분석, 그리고 생태계서비스 및 환경영향평가 방법에 대한 내용을 다루었다. 둘째, 인문사회적 정보수집 및 분석 방법에서는 (1) 인구, 교통 및 토지이용, 시설물과 (2) 이용행태와 환경심리로 구분하여 전반적인 조사 분석 방법을 다루었다. 셋째, 정보의 통합적 분석, 소통 및 활용에서는 4차 산업 기술을 활용한 새로운 조경계획 방법들 (GIS, BIM, 가상현실, 증강현실, 시스템 모델링, 어반 리빙랩)에 대한 내용을 다루었다.

제3.3장 조경계획과 조경설계에서는 계획과 설계에 대한 제도적인 근거와 구체적인 사례를 통해 차이를 설명하였다.

2. 조사분석 방법

2.1. 환경생태적 정보수집 및 분석 방법

2.1.1. 자연환경 요소의 정보 수집 및 분석

| 엄정희

조경의 역할이 지속가능한 도시환경을 조성하고 기후변화에 적응하는 도시를 만드는 일로 확대되면서, 조경계획에서 환경생태적 요소에 관한 정보를 조사하고 분석하는 과정이 더욱 중요해지고 있다. 이러한 관점에서 본 장에서는 조경계획에서 많이 요구되는 환경생태적 요소에 관한 정보를 획득할 수 있는 주요 공공데이터를 소개하고, 환경생태적 요소의 특징 및 활용에 대해 설명하고자 한다. 본 서에서는 다양한 환경생태적 요소 중 최근 조경계획에서 많이 활용되고 있는 기후, 기상 및 대기, 토양 및 지질, 물, 동물 및 식물, 지형 및 토지피복, 에너지를 선정하였으며, 개별 요소에 대한 정보수집 및 분석방법, 주요 활용사례를 포함하고 있다.

a. 기후, 기상 및 대기

최근 극심해지는 기후변화로 인해 도시의 열환경 및 대기환경이 악화되어 사회적 문제가 되고 있어, 조경계획에서도 기후, 기상 및 대기환경이 중요한 요소로 인식되고 있다. 대상지의 기후, 기상 및 대기 환경을 파악하기 위해서는 해당 지역을 대상으로 측정된 기상정보와 대기오염정보의 수집이 중요하다.

조경계획을 위해서는 매일 변화하는 '날씨정보' 보다는 일정 기간동안 나타나는 대상지역의 평균적인 기상상태인 '기후정보'가 필요하다. 기상청에서 운영하는 '기상자료개방포

표 3.1 기후(기상) 및 대기 정보 수집 관련 주요 웹사이트

구분	관련 시스템		제공 정보
기후 기상	기상자료개방포털	data.kma.go.kr	기상관측값, 기후평년값, 수치모델자료, 기후통계분석 등
	산악기상관측시스템	mw.nifos.go.kr	시계열 기상현황, 요소별 기상현황, 바람장미 등
대기	에어코리아	airkorea.or.kr	실시간·시도별 대기정보 등
	국가미세먼지 정보센터	air.go.kr	대기오염물질별· 연도별·부문별·시도별 배출량 등
	환경공간정보서비스	egis.me.go.kr	환경주제도(대기환경 보전을 위한 규제지역, 오존주의보 발령일수 등)
	환경영향평가 지리정보서비스	eiass.go.kr	측정소별 실시간 측정정보조회 등

털'과 산림청에서 운영하는 '산악기상관측시스템'을 통해 기온, 강수량, 습도, 풍속, 풍향, 일조시간, 일사량 등 대상지역의 기상 및 기후정보를 획득할 수 있다. 대기오염의 경우 한국환경공단에서 운영하는 '에어코리아'와 환경부에서 운영하는 '국가미세먼지정보센터'를 통해 대표적인 대기오염물질인 미세먼지(PM-10), 초미세먼지(PM-2.5), 오존(O_3), 이산화질소(NO_2), 일산화탄소(CO), 아황산가스(SO_2)에 기반한 지역의 대기질 현황, 대기오염 관측지점 분포 등을 파악할 수 있다. 국가기관에서 제공하는 관측자료 이외에도 최근에는 민간기업에서 제공하는 관측자료도 활용할 수 있다. 하지만, 여전히 조경계획의 목적에 부합하는 관측정보가 부족하기 때문에 대상지에 직접 관측기구를 설치하여 기상 및 대기정보를 수집하기도 한다.

최근에는 지역의 미기후와 대기질의 관점에서 국지적인 바람순환 체계에 대한 현황 분석이 중요하게 대두되고 있다. 특히, 야간에 산림 등에서 생성되는 차고 신선한 공기의 생성, 흐름, 정체에 대한 분석을 통해 지역의 바람길을 파악함으로써 친환경 도시계획의 요소로 고려하고 있다.

인간 활동에 의해 토지이용 및 지표면 특성 변화가 많은 도시지역에서는 주변과 다른 미기후 특성이 나타나며, 이러한 특성분석이 계획수립에 중요하다. 특히, 지구온난화에 따른 도시열섬 악화, 폭염 및 열대야 일수 증가 등 도시의 열쾌적성에 대한 정보수집 및 분석은 기후변화 시대에 조경계획의 역할이 확대되고 있는 만큼 그 중요성이 높아지고 있다. 도시 미기후를 분석·평가하는 방법에는 크게 정성적 평가·등급화 방법과 수치모형

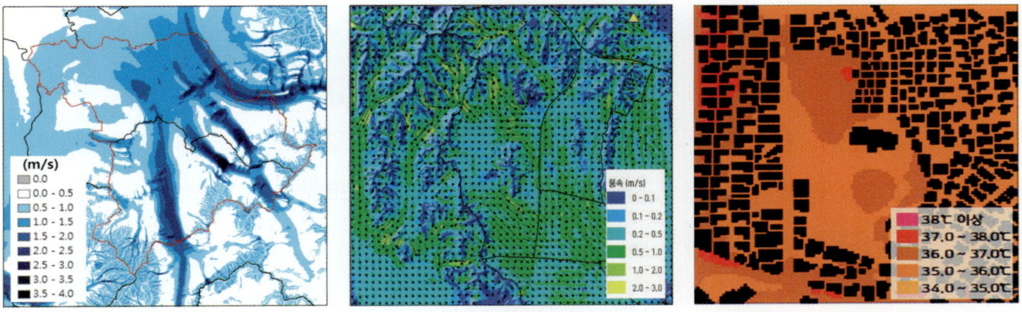

전주시 일대 찬공기 풍속 분석(KALM)
출처 : 엄정희(2019)

세종시 일대 찬공기 풍속 분석(KLAM_21)
출처 : 엄정희 외(2021)

대구광역시 기상대기념공원 기온 분석(ENVI-met)
출처 : 엄정희 외(2020)

그림 3.1 수치모형을 활용한 도시 미기후 분석 사례

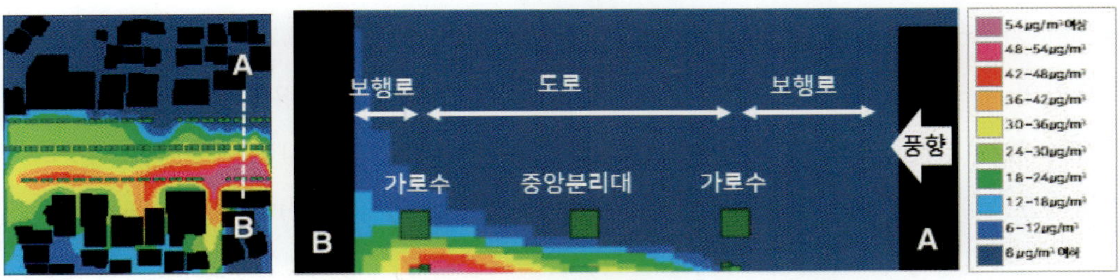

대구광역시 화랑로 일대 미세먼지 농도 평면 및 측면분석(ENVI-met)
출처 : 백준범(2020)

그림 3.2 수치모형을 활용한 미세먼지 농도 분석 사례

을 활용한 복합적 분석·평가 방법이 있다(엄정희, 2010). 정성적 평가·등급화 방법은 기후 정보를 직접 활용하는 대신에 토지이용이나 지형 등 기후에 영향을 미치는 정보를 활용해서 도시기후정보를 간단히 등급화하고 지도화하는 방법으로, GIS 등을 이용해서 도시 미기후 특성을 간단히 분석하고 평가할 수 있는 장점이 있다. 반면, 복합적 분석·평가 방법은 수치모형(Numerical Model)에 대한 전문적인 지식이 필요하고 상대적으로 분석 및 평가과정이 복잡하지만, 국지적인 바람의 흐름 등 지역의 기후정보를 보다 상세하게 분석할 수 있어서 많이 이용되고 있다(대한국토·도시계획학회, 2010).

b. 토양 및 토질

토양은 동 · 식물에게 삶의 터전을 제공하고 영양분을 공급하는 동시에 식물을 지지하는 역할을 한다. 특히, 대상지에 식재된 조경식물의 생육은 토양수분, 토양경도 및 양분에 직접적인 영향을 받는다. 그러므로, 조경계획 대상지에 대한 토양의 분류, 물리적·화학적 특징 및 기능에 대한 현황 파악이 필요하다.

토양은 표토를 제외한 심토의 특성이 비슷한 토양끼리 분류한다. 일반적으로 토양통, 토양구, 토양상으로 분류되는데, 토양통(soil series)은 가장 기본이 되는 토양의 분류단위이며, 이 후 토양구, 토양상으로 상세하게 분류된다. 토양통은 심토의 단면형태가 토양생성학적으로 비슷한 토양들을 말하며, 토양구는 토양통을 토성, 경사, 침식정도 등에 의해서 구분한 것이며, 토양상은 토양구를 논, 밭, 과수, 도시 및 촌락 등 농업적 이용목적으로 재분류한 것이다(토양환경정보시스템 홈페이지 참고).

토양의 물리적 특징은 토성, 통기 및 투수성, 토양온도, 구조 용적밀도 등을 포함하는 토양의 입자 성분과 관련한 기본적 성질이라 할 수 있다. 토성(soil texture)은 토양의 무기입자를 모래, 미사 및 점토로 구분하고 이들의 함량비(입경 조성)에 따라 결정되는 토양의 종류를 말하는데, 토양이 지닌 양분을 식물에 공급하는 능력뿐만 아니라 보수성(물을 함유하는 능력), 배수성(물 빠짐), 통기성(공기가 통할 수 있는 성질이나 정도) 등 식물생육과 밀접하게 관계되는 매우 중요한 토양의 기본적인 성질이다. 점토의 함량이 많은 토양을 식토, 모래의 함량이 많은 토양을 사토, 입자군의 성질이 뚜렷하지 않은 중간 성질의 토양을 양토라고 하며, 이들 중간에 속하는 토양을 각각 사양토나 식양토 등으로 구분한다. 화학적 특징은 양이온 교환 용량(CEC)과 관련이 있는데, 이는 토양에 전기적 인력으로 인해 다른 양이온과 교환이 가능한 형태로 흡착된 양이온의 총량을 말한다. 양이온은 칼슘, 마그네슘, 칼륨, 나트륨 등을 말하며, 용량이 클수록 토양의 양분을 유지하는 힘(보비능)이 크다고 본다(경기도농업기술원 홈페이지 참고).

토양에 관한 정보를 획득하는 기초적인 자료는 토양도이다. 토양도는 국토 토양조사 자료를 토대로 토양조사 결과를 알기 쉽게 분류하여 이용자가 편리하게 활용할 수 있도록 제작한 지도를 말하는데, 제작 목적 및 정밀도에 따라 개략토양도, 정밀토양도, 세부정밀토양도 등으로 구분한다. 도 단위 이상의 비교적 넓은 지역의 토양조사를 통해 구축되는 개략토양도의 축척은 1 : 50,000으로, 국토종합개발 계획 등 정책적인 목적에 주로 활용되고 있다. 군사지역, 간척지, 섬 등 일부 지역을 제외한 전국을 대상으로 1 : 25,000으로 제작되는 정밀토양도는 단면특성, 토양지형, 토양분류, 토양해설 등 30종의 토양특성 정보를 포함하고 있으며, 이보다 상세하게 구축되는 세부정밀토양도(1 : 5,000)가 있다. 이러한 토양도는 작물재배 관리와 작물생산량 등 농업분야에서 활용될 뿐만 아니라, 토양환경 변화 예측, 자연재해 영향분석, 생태가치 평가 등 환경분야에서도 활용된다.

표 3.2 정밀토양도에 포함된 토양특성 30종

항목	토양특성
단면특성(12종)	구조, 경사, 모암(모재), 배수등급, 심토토성, 심토토색, 심토주토색, 심토자갈함량, 유효토심, 침식등급, 표토토성, 표토자갈함량
토양지형(1종)	분포지형
토양분류(4종)	토양통, 토양목, 토양아목, 토양대군
토양해설(13종)	주토지이용, 토지이용추천, 토양유형, 논 적성등급, 논 저해요인, 밭 적성등급, 밭 저해요인, 과수/상전 적성등급, 과수/상전 저해요인, 초지 적성등급, 초지 저해요인, 임지적성등급, 임지저해요인

산림청 주관으로 구축되는 산림입지토양도는 산림경영, 산지관리, 환경영향평가 등에 필요한 입지·토양환경에 대해 작도단위인 토양형을 구획단위로 조사 및 분석한 정보를 대축척화 하여 수치지도로 나타낸 산림주제도이다(산림공간정보서비스 홈페이지 참조). 산림 자원의 체계적인 조성 및 관리를 목적으로 전국 산림을 대상으로 한 토양조사를 통해 1 : 25,000 산림입지토양도가 구축되었으며, 2021년까지 진행된 산림입지토양도의 고도화 사업을 통해 수요자 중심의 필지단위 입지토양정보 제공을 목적으로 1 : 5,000 산림입지토양도가 제작되었다. 산림입지토양도는 산림재해 방지 및 예측, 환경영향평가 등에 활용된다.

지질도는 암석분포, 지질구조, 지층상태 등을 지형도 위에 나타낸 도면으로, 국토개발, 환경, 자원, 재해, 관광 등 공공 활용가치가 높은 지질정보를 확보하는데 필수적인 자료이며, 토양환경관리 및 보전, 산사태 예방과 토양분포 연구 등에도 응용된다. 지질도는 용도에 따라 1 : 25,000(정밀지질도), 1 : 50,000(국토기본지질도), 1 : 250,000(광역지질도), 1 : 1,000,000(한국지질도)으로 제작된다. '지오빅데이터 오픈플랫폼'에서는 다양한 지질자원주제도 및 지질환경정보를 획득할 수 있다.

표 3.3 토양 및 지질 정보 수집 관련 주요 웹사이트

구분	관련 시스템		제공 정보
토양	토양환경정보시스템 (흙토람)	soil.rda.go.kr	토양특성, 농경지 화학성, 작물별 토양적성도 등
	산림공간정보서비스	map.forst.go.kr	산림입지토양도
	토양지하수정보시스템	sgis.nier.go.kr	토양오염정보, 토양측정망 정보 등
지질	한국지질자원연구원 지오빅데이터 오픈플랫폼	data.kigam.re.kr	정밀지질도, 국토기본지질도, 광역지질도, 한국지질도 등

토양도(농림축산부 토양환경정보시스템)
출처 : 흙토람

토양도(산림청 산림공간정보서비스)
출처 : 산림공간정보서비스

그림 3.3 토양 분야 정보서비스 사례

c. 물

삼면이 바다인 한반도의 특성상 물과 관련한 생태계와 경관을 보존·활용하여 조경공간으로 많이 활용하고 있다. 특히 하천은 도시민들에게 휴식을 제공할 뿐만 아니라 동 · 식물의 서식처, 미기후 개선 등 도시 내에서 다양한 긍정적인 역할을 한다. 하지만 급속한 도시화가 진행되면서 하천생태계는 인위적 개발 및 정비사업으로 인해 하천기능이 훼손됨에 따라 조경계획에서는 생태하천복원사업을 통해 훼손 이전의 하천 모습대로 회복시키고자 하는 노력도 진행되어 왔다. 이러한 하천 복원을 위해 조경계획뿐만 아니라 연안, 해양환경 등을 계획할 때 수생태계 및 수변공간의 현황을 파악하는 것이 중요하다.

유역, 수계, 수문, 수질 및 수생태계, 연안 및 해양환경 등의 분야에 따라 다양한 정보를 획득하여 수생태계 및 수변공간 현황을 파악할 수 있다. 유역(流域)이란 하천의 어느 일정지점을 동일한 유출점으로 갖는 지표면의 범위를 말하는데, 빗물이나 눈 등의 강수가 수계에 유입하는 범위를 일컫는다. 수계(水系)란 본류하천의 종점을 기준으로 동일 유역에 속하는 하천 전체를 말하는데, 지표의 물이 모여서 같은 물줄기를 이루는 계통으로

표 3.4 물 정보 수집 관련 주요 웹사이트

구분	관련 시스템		제공 정보
하천	국가수자원관리종합정보시스템	wamis.go.kr	유량 측정, 하천 형상, 하천 현황, 지하수 이용 정보, 생태환경 등
	수문기상가뭄정보시스템	hydro.kma.go.kr	유역별 강수량, 가뭄지수 현황 등
	하천관리지리정보시스템	river.go.kr	하천 현황, 지리정보 등
	물환경정보시스템	water.nier.go.kr	수질측정망, 녹조현황 등
	환경공간정보서비스	egis.me.go.kr	수생태계 정보
해양	연안포털	coast.kr	해양생태계 우수지역 현황, 연안정보도, 연안주제도 등
	해양환경정보포털	meis.go.kr	해양환경측정망, 해양생태도, 해양보호구역 등

써 하천과 그 하천에 합류하는 다른 하천 및 내수면(호소·연못)을 총칭한다. 수문(水文)과 관련한 정보로는 하천유역의 면적, 길이 및 평균폭 뿐만 아니라, 하천·호수·늪의 수위, 유량(취수량, 방류수량을 포함), 유사량(流砂量) 및 하천유역의 강수량, 증발산량, 토양수분 함유량 등이 있으며, 지하수에 대한 정보도 포함된다. 이러한 정보를 종합적으로 획득할 수 있는 대표적인 곳은 '국가수자원관리종합정보시스템' 및 '하천관리지리정보시스템'으로, 우리나라 국가하천 및 지방하천의 현황, 유역정보 등을 파악할 수 있다. 수질 및 수생태계에 관해서는 하천의 용존산소량과 생물학적 산소요구량 등의 수질오염 정보 및 하천에 서식하는 생물에 대한 정보 등이 필요하며, '물환경정보시스템'에서 전국 하천 및 호소 등 수질보전대상 공공수역에 대한 수질현황 측정결과 등을, '환경공간정보서비스'를 통해서 수생태계 등에 대한 정보를 획득할 수 있다. 연안 및 해양환경의 경우 갯벌, 해안선, 연안습지, 해안보호구역, 해양보호생물, 해양수질 등에 대한 정보가 해당되는데, '연안포털' 및 '해양환경정보포털'을 통해 우리나라 연안 및 해안에 대한 각종 정보를 수집할 수 있다.

한편, 급격한 경제 개발과 도시화 등으로 인해 많은 하천들이 교란되고 훼손됨에 따라 생태하천복원에 대한 관심이 증가하고 있다. 생태하천복원은 오염된 하천의 수질을 개선하고 하천정비로 훼손된 생물 서식처를 복원하여 수생태계 건강성을 도모하는 것으로, 크게 물리적 하천환경의 복원, 생물서식환경의 복원, 하천경관 및 문화적 공간복원으로 구분할 수 있다(한국환경공단 홈페이지 참조). 하천복원계획은 하천에 대한 일반적인 현황정보 뿐만 아니라, 하천 수계가 지녔던 자연적인 지리적 특성과 고유한 유역 특성을 고려해야 하기 때문에 하천이 위치한 고도, 하천차수, 수폭, 수심, 하상계수 등의 정보 및 하천 전체의 유역 특성에 관한 기초자료가 조사되어야 한다. 현장조사 및 측정을 통해 정보를 획득할 수도 있으나, 물 관련 자료들을 수집하여 기초적인 조사를 실시할 수 있다. 기초조사 내용을 바탕으로 계획수립, 설계·시공 단계를 거쳐 모니터링 후 생태계 훼손지역을 파악하고, 사업을 추진하는 순으로 진행된다(환경부, 2011). 수생태계의 지속적인 유지와 관리를 위해 수질, 생물서식처, 생태유량시설 등에 대하여 정기적인 모니터링을 수행하여 자료를 축적하는 것이 중요하다.

연안 및 해양에 관한 조경분야의 역할도 최근 확대되고 있다. 지금까지 국가차원에서 해양권역에 조성하는 해상국립공원계획 수립 등 연안과 해양에 대한 조경의 역할은 제한적이었다. 하지만, 최근 가로림만 해양정원의 조성이 추진되고 어촌뉴딜 등 생활 SOC 사업에서 조경분야가 강화되는 등 연안과 해양에서 조경의 역할이 확대되고 있다. 이에 따라, 해양환경과 해양생태계의 생태적·경제적·문화적 가치를 보전하고 지속가능한 이용을 위한 조경계획이 필요한 시점이다. 연안지역에 대한 조경계획 시 대상지의 공간특성을 고려한 경관 조성을 위해서 연안정보도 및 연안주제도를 확보해야 하고, 조성 대상지의 주변 생태계 보호를 위해 해양생태도 및 해양보호구역을 확인해야 한다.

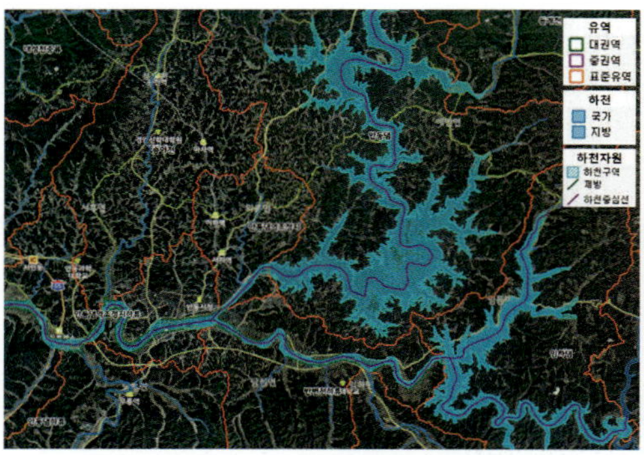

국가하천전자지도
출처 : 하천관리지리정보시스템

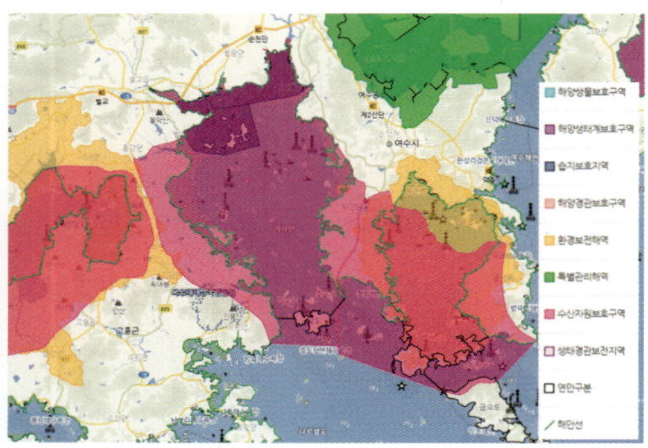

해양환경정보지도
출처 : 해양환경정보포털

그림 3.4 물 분야 정보서비스 사례

d. 동물 및 식물

개발중심의 도시계획이 이루어졌던 과거와 달리 최근에는 점차 자연의 생태적 가치가 높게 평가됨에 따라 자연의 훼손을 최소화하는 방향으로 계획이 수립되고 있다. 따라서 개발로 인한 생태계 훼손을 줄이고, 도시생태를 고려한 조경계획을 수립하기 위해서는 계획 대상지의 동 · 식물 현황 및 서식처에 대한 조사가 필요하다.

식물자원 분포를 위한 조사·분석 항목은 임상분포, 영급, 경급, 수관밀도, 식생군락분포, 식생보전등급 등이며, 임상도는 이러한 정보들을 포함하고 있는 기본 자료이다. 임상도는 우리나라 국토의 산림이 어떻게 분포하고 있는가를 보여주는 대표적인 산림지도로 임종·임상·수종·경급·영급·수관밀도 등 다양한 속성정보를 포함하고 있으며, 지형도, 토양도, 지질도 등과 더불어 국가기관에서 전국적 규모로 제작하는 주요 주제도 중 하나이다. 1972년 전국 산림 자원 조사와 연계하여 현재까지 총 5회에 걸쳐 1 : 25,000 축척으로 제작되었으며, 디지털 항공사진 판독과 현지 임상 조사를 통해서 상세한 산림정보를 포함하는 1 : 5,000 축척의 임상도가 확대 제작되었다(산림공간정보서비스 홈페이지 참조). 한편, 환경부에서 국토의 식생자원을 효율적으로 관리하기 위해 기존의 녹지자연도를 바탕으로 만든 식생보전등급은 6개 항목(분포 희귀성, 식생복원 잠재성, 구성식물종의 온전성, 중요종의 서식, 식재림의 흉고직경)에 따라 식생을 평가하여 식재림의 보전등급을 5등급으로 구분한 것이다.

동물 및 생물 자원 분포를 위한 조사·분석 항목은 포유류, 양서류, 어류, 조류 등의 분포와 서식처분포 현황 등이며, 환경부 '환경공간정보서비스'에서 제공하는 멸종위기종 발견빈도, 야생동물특별보호구역 등 다양한 환경주제도 및 각 지자체에서 구축하고 있는

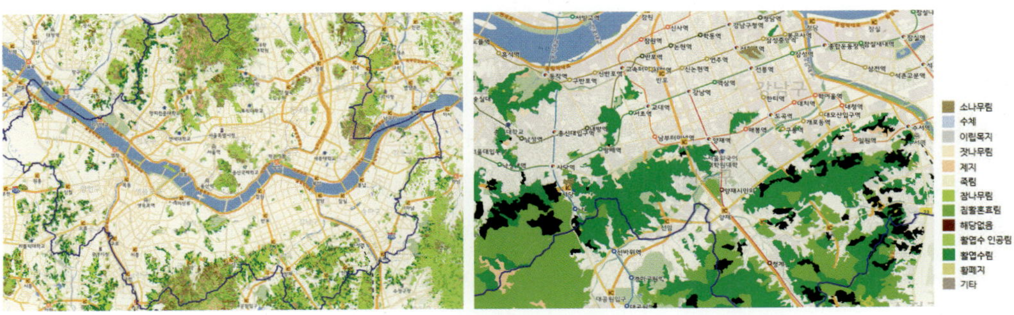

그림 3.5 식물 분야 정보서비스 사례 (임상도)

출처 : 산림공간정보서비스

생태통로 지도
출처 : 생태통로 네트워크

비오톱지도(서울특별시)
출처 : 국토환경정보센터

그림 3.6 동물 및 식물 분야 정보서비스 사례

'도시생태현황지도'를 통해 관련 정보를 획득할 수 있다. 또한, 국립생물자원관에서 제공하는 '국가생물종목록'은 우리나라가 관리하고 있거나 관리가 필요한 모든 생물종의 정확한 데이터를 획득할 수 있다. 그 중에서도 '생물지리정보서비스'는 포유류, 조류 등 분류군에 따른 기후변화지표종, 생태계교란종 사례와 같이 우리나라 자생생물 분포 정보를 지도로 제공하고 있다. 이 외에도 '철새정보서비스'를 통해 우리나라 철새의 분포 및 이동경로 등 한반도 생물에 대한 목록 및 분포, 특징 등을 파악할 수 있다. 또한 국립생태원에서 제공하는 '멸종위기 야생생물 포털'에서는 각 지역의 멸종위기 야생생물 분포현황을 확인할 수 있다.

이러한 기존 자료는 현장조사를 통해 야생동물의 이동이 예상되는 지점과 생태적으로 연결이 필요한 지점에 생태통로를 계획하는데 활용된다. 생태통로는 도로·댐·수중보·하구언 등으로 인하여 야생동·식물의 서식지가 단절되거나 훼손 또는 파괴되는 것을 방지하고, 야생동·식물의 이동을 돕기 위하여 설치되는 인공구조물·식생 등의 생태적 공간을 말한다(자연환경보전법 제2조). 일반적으로 야생동물이 노면을 거치지 않고 도로를 건널 수 있도록 조성하며 육교형(overpass)과 터널형(underpass)으로 구분된다. 또한, 야생동물이 도로로 침입하여 발생하는 로드킬을 방지하고 생태통로까지 안전하게 유도하기 위해 설치하는 유도울타리가 있으며, 이외의 생태축 연결 또는 야생동물 보호 등을 위한 대책으로 배수로 탈출시설, 암거수로 보완시설, 도로횡단 보완시설 등이 있다(환경부, 2010).

식물자원, 동물자원, 생물자원 및 이들의 서식공간을 포함한 생태계기능의 조사·분석·평가는 생태자연도, 도시생태현황지도, 국토환경성평가지도, 토지적성평가 등을 활용한다. 생태·자연도는 산, 하천, 내륙습지, 호소(湖沼), 농지, 도시 등에 대하여 자연환경을 생태적 가치, 자연성, 경관적 가치 등에 따라 등급화(1~3등급 및 별도관리지역)하여 자연환경보전법 제34조에 따라 작성된 지도를 말하며(자연환경보전법 제2조), 1 : 25,000 이상의 지도에 실선으로 표시하도록 한다(자연환경보전법 제34조).

'비오톱지도'라고도 일컫는 도시생태현황지도는 생태·자연도를 기초로 작성하는 관할 도시지역의 상세한 생태·자연도를 말하며, 도시환경의 변화를 반영하여 5년마다 재작성하여야 한다. 이 경우 도시생태현황지도는 1 : 5,000 이상의 지도에 표시하여야 한다(자연환경보전법 제34조의2). 도시생태현황지도 작성을 위해 기본주제도와 기타주제도를 작성할 수 있으며, 기본주제도를 비롯하여 기본주제도의 속성자료를 종합하여 유형화한 비오톱유형도, 각 유형별 평가를 통한 등급을 도면으로 제시한 비오톱평가도로 제시한다(도시생태현황지도의 작성방법에 관한 지침 제2장). 작성된 지도는 각 지역의 자연환경 보전 및 복원, 생태적 네트워크의 형성뿐만 아니라 생태적인 토지이용 및 환경관리를 통해 환경친화적이고 지속가능한 도시관리의 기초자료로 활용할 수 있다.

국토환경성평가지도는 국토를 친환경적·계획적으로 보전하고 이용하기 위하여 환경적 가치를 종합적으로 평가하여 환경적 중요도에 따라 5개의 등급으로 구분한 것으로, 62개의 법제적 평가항목(생태경관보전지역, 야생동물특별 보호구역 등)과 8개의 환경·생태적 평가항목(생물종 다양성, 식생의 자연성 등)을 기반으로 하여 구축되었다. 국토계획 수립 및 개발사업 추진 단계에서 쉽게 연계하여 활용가능하도록 1 : 25,000 국토환경성평가지도의 법제적 평가항목을 1 : 5,000 축척으로 고도화한 자료와 각 지자체별 정밀임상도, 세분류토지피복지도 등을 바탕으로 구축한 환경·생태적 평가항목을 활용해서 2021년까지 1 : 5,000 국토환경성평가지도의 전국 구축 및 정밀도 개선을 완료하였다. 구축된 정보는 국토-환경계획 통합관리를 위한 자료제공 뿐만 아니라, 대상지의 환경적 특성 파악, 자연환경계획, 도시관리계획 등 도시계획 수립 시 판단의 기초자료로 활용된다(국토환경성평가지도 홈페이지 참고).

토지적성평가는 토지의 토양, 입지, 활용가능성 등 토지의 적성에 대해 평가하는 것으로, 토지의 환경생태적·물리적·공간적 특성을 종합적으로 고려하여 개별토지가 갖는 환경적·사회적 가치를 과학적으로 평가함으로써, 도시·군기본계획을 수립·변경하거나 도시·군관리계획을 입안하는 경우에 정량적·체계적인 판단 근거를 제공하기 위하여 실시하는 기초조사이다(토지의 적성평가에 관한 지침 제2절). 개발적성 지표 및 보전적성 지표를 활용하여 평가하며, 도시·군관리계획을 입안하고자 하는 경우에 평가 결과에 따라 가등급·나등급·다등급·라등급 및 마등급의 5개 등급으로 구분하여 도시·군관리계획 입안구역의 적성등급을 부여한다. 이 때, 보전적성이 강한 가등급은 입안이 제한되고, 나등급 및 다등급은 도시계획위원회 심의를 통해 입안여부를 결정하게 된다. 토지적성평가는 도시·군관리계획의 입안 여부를 판단하는 기초자료로 활용되며, 토지적성평가가 시행된 지역에 대하여 환경성검토를 실시하는 경우 토지적성평가 결과를 반영하여 활용하는 등 환경친화적이고 지속가능한 공간계획을 위한 자료로 사용된다.

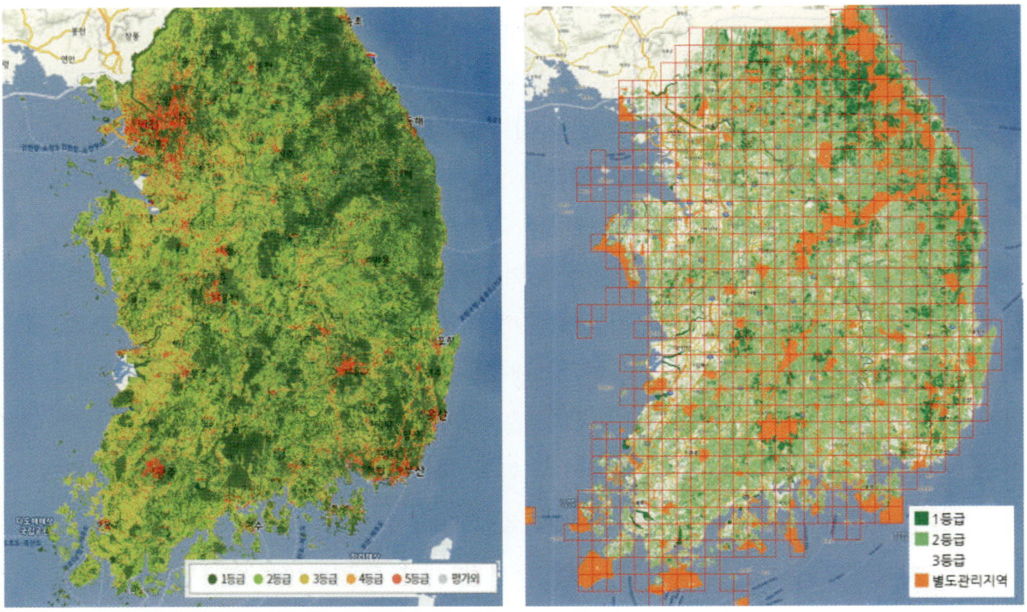

국토환경성평가지도(2021년)
출처 : 국토환경성평가지도

생태자연도(2022년)
출처 : 환경공간정보서비스

그림 3.7 동물 및 식물 분야 환경평가지도 구축 사례

표 3.5 생태·자연도의 등급 (자연환경보전법 제34조)

등급	설명
1등급	가. 「야생생물 보호 및 관리에 관한 법률」 제2조제2호에 따른 멸종위기 야생생물(이하 "멸종위기야생생물"이라 한다)의 주된 서식지·도래지 및 주요 생태축 또는 주요 생태 통로가 되는 지역 나. 생태계가 특히 우수하거나 경관이 특히 수려한 지역 다. 생물의 지리적 분포한계에 위치하는 생태계 지역 또는 주요 식생의 유형을 대표하는 지역 라. 생물다양성이 특히 풍부하고 보전가치가 큰 생물자원이 존재·분포하고 있는 지역 마. 그 밖에 가목부터 라목까지의 지역에 준하는 생태적 가치가 있는 지역으로서 대통령령으로 정하는 기준에 해당하는 지역
2등급	제1호 각목에 준하는 지역으로서 장차 보전의 가치가 있는 지역 또는 1등급 권역의 외부지역으로서 1등급 권역의 보호를 위하여 필요한 지역
3등급	1등급 권역, 2등급 권역 및 별도관리지역으로 분류된 지역외의 지역으로서 개발 또는 이용의 대상이 되는 지역
별도관리지역	다른 법률에 따라 보전되는 지역중 역사적·문화적·경관적 가치가 있는 지역이거나 도시의 녹지보전 등을 위하여 관리되고 있는 지역으로서 대통령령으로 정하는 지역

표 3.6 도시생태현황도 구성 (도시생태현황지도의 작성방법에 관한 지침 제2장 제1절)

주제도	구성요소	
기본주제도	토지이용현황도 토지피복현황도 지형주제도 : 경사분석도, 표고분석도, 향분석도 등 식생도 동·식물상주제도 : 식물상, 야생조류, 양서·파충류, 포유류, 곤충류, 어류, 저서무척추동물	
기타 주제도*	유역권 분석도 큰나무 분포도 대경목 군락지 분포도	대표비오톱 현황도 우수비오톱 현황도 철새류 주요 도래지 및 이동현황 분석도 CO_2 배출 및 흡수 분석도 등

* 지역의 특성 및 향후 활용을 고려한 주제도를 작성할 수 있음

표 3.7 동물 및 식물 정보 수집 관련 주요 웹사이트

구분	관련 시스템		제공 정보
동물 및 식물	환경부 환경공간정보서비스	egis.me.go.kr	환경주제도 (멸종위기종 발견 빈도, 야생동물특별보호구역 등)
	국립생태원 생태통로 네트워크	nie-ecobank.kr	생태통로 지도서비스(시설정보, 모니터링 결과 등), 야생동물 이용통계 등
	국토환경정보센터 (국토환경성평가지도)	neins.go.kr (ecvam.neins.go.kr)	국토환경성평가지도, 야생생물(특별) 보호구역, 생태경관보전지역, 습지보호지역, 녹지지역 등
	국가공간정보포털	data.nsdi.go.kr	야생생물보호/용도구역 등
	산림공간정보서비스	forest.go.kr	임상도, 산림기능구분도 등
	환경영향평가 지리정보서비스	eiass.go.kr	생태자연도 등
	서울도시계획포털	urban.seoul.go.kr	서울특별시 도시생태현황도 (현존식생도, 비오톱유형평가도, 비오톱유형도 등)
	대구 지도포털 (대구시 도시생태현황지도)	gis.go.kr	대구광역시 비오톱 주제도(현존식생도, 토지이용현황도, 비오톱유형도 등), 자연생태 현황도(야생식물현황도, 식물보호자원도 등),
	국립생물자원관 생물지리정보서비스	species.nibr.go.kr	기후변화지표종, 생태계교란종 등
	국가 생물다양성 정보공유체계	www.kbr.go.kr	국가생물종목록, 국가지정관리종, 야생생물보호구역 등
	국립생태원 멸종위기 야생생물 포털	www.nie.re.kr	멸종위기 야생생물 등

e. 지형 및 토지피복

지형과 토지피복은 조경계획을 위해서 우선적으로 파악해야 할 기본적인 정보로서, 공간분석을 위한 중요한 자료이다. 현장조사를 통해 대상지의 지리 및 토지, 지형적 특징을 파악할 수 있으나, 대상지의 규모에 따라 시간적·비용적 한계가 존재하기 때문에 관련 자료를 입수하여 현장조사를 대신할 수 있다. 지형 및 토지피복 관련 자료를 수집하여 대상지의 규모 및 경사도 등 현황을 파악하고, 주변과의 관계를 분석하여 조경계획을 위한 기초정보로 활용한다.

지형도는 지구 표면의 자연 및 인공지물을 답사·항공촬영 등의 방법으로 실측하여 약속된 기호와 색채, 필요한 축척을 사용하여 국토지리정보원에서 제작한 지도이다(국가공간정보포털 참조). 지형도는 축척별로 제작되기 때문에 용도에 맞는 축척의 지형도를 선택해서 사용해야 한다. 우리나라의 경우 국토지리정보원에서 3가지 축척(1 : 5,000, 1 : 25,000, 1 : 50,000)의 지형도를 제작하여 왔다. 우리나라는 국토의 약 63%가 산지로 이루어져 있으며, 이들은 백두대간, 정맥, 기맥, 지맥과 같은 산줄기로 연결되어 있다. 백두대간은 백두산에서 시작하여 금강산, 설악산을 거쳐 지리산까지 이어지는 가장 중심이 되는 산줄기이며, 정맥은 백두대간에서 분기하여 주요 하천의 분수계를 이루는 산줄기를 말한다. 한반도의 산줄기는 1대간(백두대간) 1정간(장백정간) 13정맥으로 나눌 수 있는데, 13정맥 중 남한에 존재하는 정맥은 9개로 한북정맥, 한남정맥, 한남금북정맥, 금북정맥, 금남정맥, 금남호남정맥, 호남정맥, 낙동정맥, 낙남정맥이 이에 해당된다. 산줄기의 지형분석, 분수계 확인 등 현황을 파악할 때 지형도를 활용할 수 있으며, 광역적 규모의 산림 현황 파악을 위해서는 1 : 25,000 이상 축척의 지형도를 이용하면 된다.

지표면·지하·수중 및 공간의 위치와 지형·지물 및 지명 등의 각종 지형공간정보를 전산시스템을 이용하여 일정한 축척에 의하여 디지털형태로 나타낸 것을 수치지도라고 한다(수치지도 작성 작업규칙 제2조제1항). 현재 우리나라에서 제작되고 있는 수치지도는

표 3.8 지형 및 토지피복 정보 수집 관련 주요 웹사이트

구분	관련 시스템		제공 정보
지형	국토지리정보원	ngii.go.kr	수치지도, 표고자료(DEM) 등
	국가공간정보포털	nsdi.go.kr	수치지형도
	환경영향평가지리정보	eiagis.eiass.go.kr	경사도, 표고 분석
토지피복	환경공간정보서비스	egis.me.go.kr	토지피복지도
	국토환경성평가지도	ecvam.neins.go.kr	토지이용평가

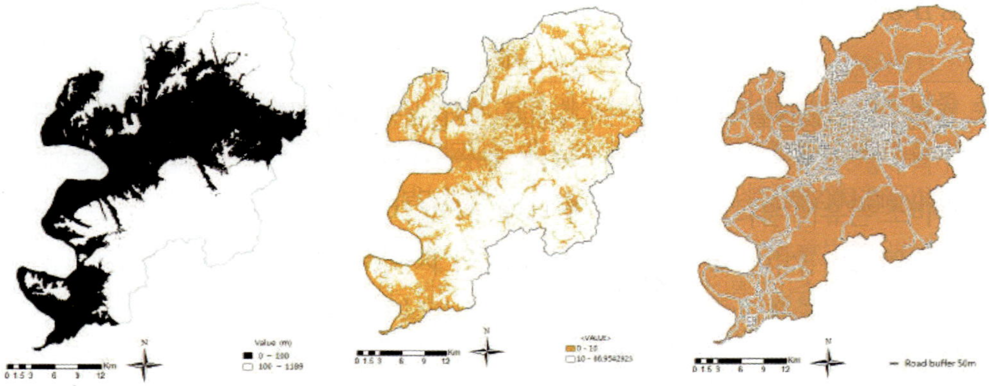

대구광역시 표고 　　대구광역시 경사 　　대구광역시 사면향

출처 : 손정민, 엄정희(2017)

그림 3.8 수치지도를 활용한 지형자료 분석 사례

축척에 따라 1 : 1,000, 1 : 2,500, 1 : 5,000의 대축척 지도와 1 : 25,000, 1 : 50,000 및 이하 소축척 지도가 있다. 수치지형도는 주곡선, 간곡선, 조곡선, 계곡선 등으로 이루어진 지형정보 뿐만 아니라 행정구역, 토지피복 등도 표현되어 있다. 1 : 1,000 수치지형도는 우리나라 수치지형도 중 가장 축척이 큰 지도로서 지형·지물이 가장 자세하게 묘사되어 있다.

수치지도를 이용해서 다양한 지형분석을 수행할 수 있는데, 등고선 및 수치표고모델(DEM; digital elevation model; 공간상에 나타나는 연속적인 기복의 변화를 수치적으로 표현하는 방법) 등을 활용하여 표고, 경사, 사면향 등을 분석하여 계획대상지의 지형을 파악할 수 있다. 이러한 지형분석을 통해 지형의 경사를 완만하게 조정하는 절·성토 작업을 진행하거나 지형의 굴곡을 그대로 활용하는 자연스러운 대상지 조성을 계획할 수 있다. 또한, 지형의 파악은 기상·기후정보와 융합하여 자연지형을 최대한 활용한 친환경 단지계획이나 에너지 절감형 계획을 수립하는데 활용할 수 있다.

지표면의 현 상태와 변화를 파악하기 위해서는 토지피복지도가 활용될 수 있다. 토지피복지도는 지구표면 지형지물의 형태를 일정한 과학적 기준에 따라 분류하여 동질의 특성을 지닌 구역을 구분한 후 지도의 형태로 표현한 공간정보 DB를 말한다(환경공간정보서비스 홈페이지 참조). 토지피복지도는 해상도에 따라 대분류(해상도 30m급), 중분류(해상도 5m급), 세분류(해상도 1m급) 토지피복지도로 구분할 수 있다. 대분류 토지피복지도는 시가화·건조지역, 농업지역, 산림지역, 초지, 습지, 나지, 수역의 7개 분류항목으로 구분하며, 중분류 토지피복지도는 22개 항목, 세분류 토지피복지도는 41개 항목으로 분류하여 세분화된다. 토지피복지도는 계획대상지 주변의 토지환경을 파악하여 주변과 어울릴 수 있는 대상지 조성 계획에 활용할 수 있으며, 토지피복 유형에 따라 다른 기후적 특성을 고려하여 다양한 미기후 분석에 활용할 수 있다.

대분류 (7개 항목) 중분류 (22개 항목) 소분류 (41개 항목)

출처 : 환경공간정보서비스

그림 3.9 해상도별 토지피복지도 비교

표 3.9 토지피복지도 분류체계

대분류 (7개 항목)		중분류 (22개 항목)		소분류 (41개 항목)	
시가화 건조지역	100	주거지역	110	단독주거시설	111
				공동주거시설	112
		공업지역	120	공업시설	121
		상업지역	130	상업·업무시설	131
				혼합지역	132
		문화·체육·휴양지역	140	문화체육휴양시설	141
		교통지역	150	공항	151
				항만	152
				철도	153
				도로	154
				기타 교통·통신시설	155
		공공시설지역	160	환경기초시설	161
				교육·행정시설	162
				기타 공공시설	163
농업지역	200	논	210	경지정리가 된 논	211
				경지정리가 안 된 논	212
		밭	220	경지정리가 된 밭	221
				경지정리가 안 된 밭	222
		시설재배지	230	시설재배지	231
		과수원	240	과수원	241
		기타재배지	250	목장·양식장	251
				기타재배지	252
산림지역	300	활엽수림	310	활엽수림	311
		침엽수림	320	침엽수림	321
		혼효림	330	혼효림	331
초지	400	자연초지	410	자연초지	411
		인공초지	420	골프장	421
				묘지	422
				기타초지	423
습지	500	내륙습지	510	내륙습지	511
		연안습지	520	갯벌	521
				염전	522

나지	600	자연나지	610	해변	611
				강기슭	612
				암벽·바위	613
		인공나지	620	채광지역	621
				운동장	622
				기타나지	623
수역	700	내륙수	710	하천	711
				호소	712
		해양수	720	해양수	721

f. 에너지

지속가능한 에너지 전환을 위한 사회적 대전환을 맞아 탄소중립을 달성하기 위한 에너지 활용의 중요성이 조경계획에서도 확대되고 있다. 에너지 절약형 주거단지 조성, 녹색도시 조성 등 조경계획에서도 에너지를 고려한 계획이 오래전부터 논의되어 왔다. 에너지 절약을 위한 분석요소에는 지역기후와 미기후뿐만 아니라 인접 대지의 상황, 지형, 배수, 토질, 식생 등이 포함되는데, 개별 요소의 현황을 파악하고 이를 에너지 절약 계획에 포함시켜야 한다. 예를 들어, 겨울철에 일사획득을 방해하는 수목, 지형, 인공구조물과 차가운 북서풍을 유도하는 구조물 및 대지의 형상을 배제해야 한다. 반면 겨울철 일사획득에 도움이 되는 식재 계획, 여름철 일사차단과 통풍을 활용하는데 유리한 수목 및 지형 요소는 적극 활용되어야 한다.

에너지 친화적인 조경계획을 위해서는 신·재생에너지에 대한 공간정보가 필요하다. 신에너지란 기존의 화석연료를 변환시켜 이용하거나 수소·산소 등의 화학 반응을 통하여 전기 또는 열을 이용하는 에너지로서, 수소에너지, 연료전지 등이 신에너지에 포함된다. 재생에너지란 햇빛·물·지열(地熱)·강수·생물유기체 등을 포함하는 재생가능한 에너지를 변환시켜 이용하는 에너지로서, 태양에너지, 풍력, 수력, 해양에너지, 지열에너지 등이 이에 해당된다(신에너지 및 재생에너지 개발·이용·보급 촉진법 제2조). 신·재생에너지에 관한 정보는 '신재생에너지 데이터센터'를 통해 획득할 수 있는데, 태양광 및 태양열, 수력, 해양, 풍력, 지열, 바이오매스, 폐기물, 수소 등 다양한 신·재생에너지원을 자원지도로 제작하여 제공하고 있다. 또한, 신·재생에너지를 생산할 수 있는 기후 자원의 분포나 자원 상황에 대한 정보는 '기상자료개방포털'과 '고해상도 기상·기후정보'에서 획득할 수 있다.

표 3.10 에너지 정보 수집 관련 주요 웹사이트

구분	관련 시스템		제공 정보
신재생에너지	신재생에너지 데이터센터	kier-solar.org	신재생에너지(태양, 풍력, 수력, 해양 등) 자원지도 분석 시스템, 신재생에너지 잠재량 등
	기상자료개방포털	data.kma.go.kr	풍력기상자원지도, 태양광기상자원지도 등
	고해상도 기상·기후정보	greenmap.go.kr	기상자원지도, 미래기상자원지도 등
	공공데이터포털	data.go.kr	풍력발전시설현황(예 : 제주특별자치도), 신재생에너지현황(예 : 경상북도 의성군), 풍력발전단지 위치정보 등
	재생에너지 클라우드플랫폼	recloud.energy.go.kr	태양광발전소 설치현황 등

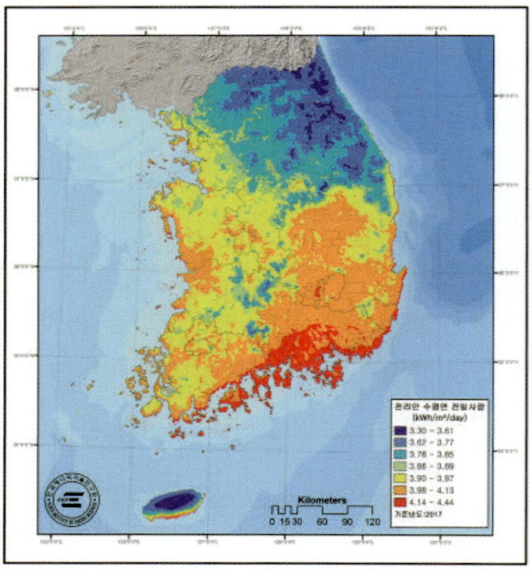

태양기상자원지도

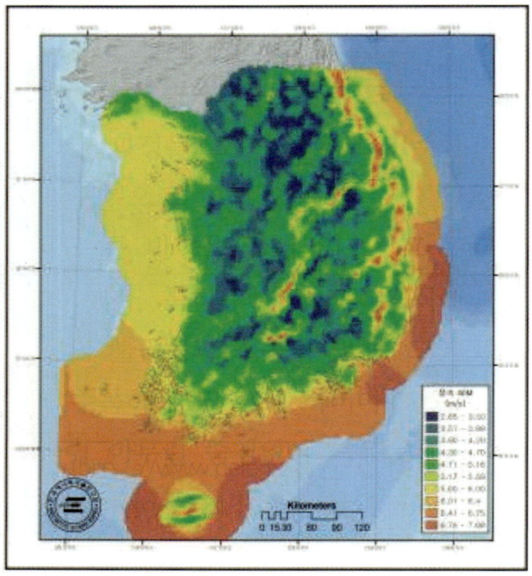

풍력기상자원지도

출처 : 신 · 재생에너지 데이터센터

그림 3.10 에너지 관련 기상자원지도 구축 사례

2.1.2. 자연환경 요소의 평가 방법

I 김건우

최근 생태적 환경평가에 대한 중요성을 인식하여 계획과정에서도 생태적 환경평가가 매우 중요하게 다루어지고 있다. 이러한 관점에서 자연환경요소의 평가방법은 생태계서비스평가 및 환경평가로 설명한다. 생태계서비스를 수량으로 계측하고 평가하는 일은 복잡하지만, 생태계서비스 유형(공급 및 조절서비스) 및 생태계서비스평가 지표를 통해 생태계서비스의 포괄적인 생·물리학적 관계를 이해할 수 있다. 환경평가는 개발에 따른 환경에 영향을 미칠 것으로 예상되는 지역(평가대상지역)을 평가항목별(대기환경, 수환경, 토지환경, 자연생태환경, 생활환경)로 직간접적으로 환경에 미치는 영향이 많을 것으로 예상되는 평가항목을 선정 및 조사, 예측함으로써 지역특성 파악 및 평가를 위한 기초자료로 활용한다.

a. 생태계서비스평가

자연이 다양한 생태계서비스를 제공한다는 점은 일반적으로 받아들여지는 사실이지만, 생태계서비스의 수량을 계측하고 미래 세대를 유지하기 위한 관리를 유도하기 위해서는 도시생태계 구조나 구성을 분석하고 평가해야 한다. 도시 생태계서비스를 계측하고 평가하기 위한 수단으로 생태계서비스 유형(공급서비스, 조절서비스, 문화서비스, 부양서비스) 및 생태계서비스 모델링을 통해서 도시생태계 구조, 기능, 생태계서비스의 포괄적인 생 · 물리학적 관계를 이해할 수 있다. 생태계서비스에 대한 개념은 1970년대부터 시작되었으나 1990년대에 과학적 문헌을 통해서 생태계서비스에 대한 이해가 확대되었으며, 특히 Millennium Ecosystem Assessment를 통해 생태계 서비스에 대한 개념이 확산되고 이러한 개념을 실무에서 활용하고자 많은 노력이 진행되었다.

하지만 생태계서비스에 대한 이해와 정량화 및 생태계 기능 및 서비스에 대한 분류 및 평가를 위해 최적화되고 일관된 방법으로 평가하는 방법에 대한 논의는 계속되어 왔으나, 종다양성, 생태계 구성요소, 과정 및 서비스간의 정량적 관계에 대한 이해는 아직도 매우 낮은 수준이다. 특히 생물군집의 구조 및 다양성과 그에 따른 생태계 기능과의 상호의존관계에 대한 생태학적 질문들은 여전히 궁금한 부분이다. 이러한 문제를 해결하기 위해, 생태학적 과정 및 생태계 구성요소 그리고 생태계서비스 사이의 상호작용에 대한 종합적인 설명을 할 수 있는 기준과 지표가 필요하다. 지표란 절대값(numerical values)으로 현존하는 상태와 자연환경을 기술하며 생태계 상태를 요약적으로 기술할 수 있는 도구로 사용된다. 그러므로 지표들은 생태계 구조, 기능 및 서비스를 평가하는 중요한 계량적 분석기법으로 이용될 수 있다. 현재 국내 도시생태계 통합지표는 국립생태원 등에 의해 개발되었다. 주요 연구 내용은 생태계서비스 평가항목 및 지표 후보군을 선정하여 잠재지표를 제시하고 이를 반영하여 평가 항목 및 잠재지표의 시범평가를 시행하는데 중점을 둔다. 생태계서비스 유형별로 특징을 파악하기 위해 각 유형에 따른 공간 자료를 파악하고 특징을 설명한다. 생태계서비스 평가 항목으로는 공급서비스, 조절서비스, 문화서비스를 정하였고 각 서비스별도 다양한 지표를 수립했다. 또한 도시 녹지 생태계의 경제적 가치를 헤도닉가격접근법과 선택실험법을 활용하여 평가한다.

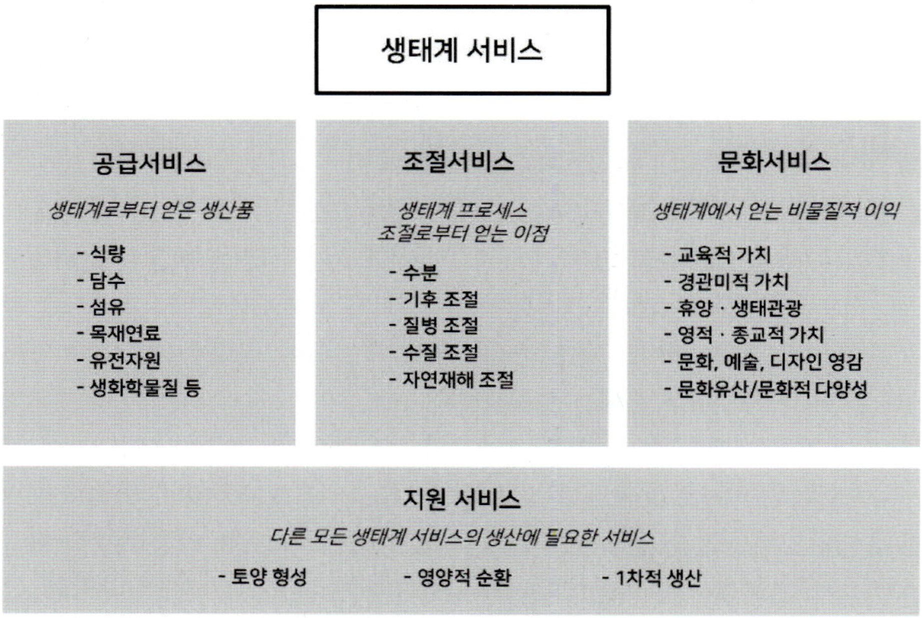

그림 3.11 생태계서비스 유형

(출처 : Millennium Ecosystem Assessment, 2003, p.57)

표 3.11 공급서비스평가 잠재 지표 (출처 : 국립생태원, 2014, p.76)

항목(Group)	번호	평가지표	단위
작물	P1-1	작물생산	작물수확량(t/ha, kJ/ha), 순일차생산(tC/ha, kJ/ha), 총수익(원/ha)
	P1-2	작물생산 부문 고용	사람(명)

가축	P2-1	가축생산	가축의수(#/ha, kJ/ha), 축산물(t/ha), 동물생산(tC/ha, J/ha)
	P2-2	축산물 생산가치	총수익(원/ha)
수산업(어로)	P3-1	수산물 부문 고용	사람(명
	P3-2	해양생산(어류, 해산물, 식용조류)/ 해양 생산의 가치	어획량(t/ha, kJ/ha), 동물생산(tC/ha, kJ/ha), 총수익(원/ha)
	P3-3	어업부문의 GDP성장	%
	P3-4	식단의 동물성 단백질 중 어류 비율	%
양식업	P4-1	양식업 생산	수확량(t/ha, kJ/ha), 동물생산(tC/ha, kJ/ha), 총수익(€/ha)
야생 동·식물	P5-1	식용 야생종 수	종(수)
	P5-2	수렵에 의한 이익	수렵면허 취득비, 수렵장 이용료, 수렵 위한 총기 판매액(원) 등
임산물	P6-1	임산물(목재 제외) 가치	통화
	P6-2	지역공예에 사용된 임산물 부피	t
	P6-3	목재	목재 수확량(m^2), 순일차생산(tC/ha, kJ/ha), 총수익(원/ha)
바이오 매스연료	P7-1	산림바이오매스 생산	m^2/(ton)
	P7-2	연료생산 금전적 가치	테라와트, 통화(원)
담수	P8-1	재생가능한 물 공급/인구	km^2/년
	P8-2	물저장 능력	하천방류(일수)
	P8-3	수력발전	KW
	P8-4	담수생산 (염수의 담수화)	담수채취량(l/ha, m^2/ha)
천연자원	P9-1	천연자원 탐사를 위한 투자	통화(원)
	P9-2	투자의 대상이거나 상업화 된 종의 수	종(수)
	P9-3	유전자원 가치	통화(원)
생화학물질/ 의료·의약자원	P10-1	의약품 생산에 기반이 된 생물의 수	생산물의 양과 수, 순일차생산, 총수익(원)
	P10-2	의약품 수출	ton(통화)
	P10-3	식물이 제공하는 생리활성 물질의 수	수

표 3.12 조절서비스평가 잠재 지표 (출처 : 국립생태원, 2014, p77)

항목(Group)	번호	평가지표	단위
대기조절	R1-1	대기오염부하 저감기능 평가	kg/ha, g/biomass(ton)
	R1-2	수분저장기능평가	ton/ha
온실가스조절	R2-1	온실가스 흡수/축적량 평가	ton/ha
자연재해조절	R3-1	산사태 조절기능 평가	m^2/ha, mm/h(강수강도)
	R3-2	범람원의 완충능력	m^2/ha
	R3-3	산불발생 조절	m^2/ha
수질조절	R4-1	산림의 수질정화기능	ton/ha
	R4-2	습지의 수질정화기능	ton/ha
	R4-3	오염부하량의 발생/배출량 평가	kg/DAY
	R4-4	오염부하량 저감 및 수질 예측	kg/DAY
침식조절	R5-1	토양침식조절기능평가	ton/ha
	R5-2	연안침식조절평가	m/s, 조위, 강수량
	R5-3	산림의 토사유출 저감 기능	ton/ha 및 원/ha
생물학적 환경조절	R6-1	외래종의 침입 저감기능	m^2/ha
	R6-2	위해생물의 확산 저감기능	m^2/ha
	R6-3	모기밀도 조절	모기밀도/m^2/day
수분	R7-1	수분기능의 가치 평가	m^2/ha

표 3.13 문화서비스평가 잠재 지표 (출처 : 국립생태원, 2014, p.78)

항목(Group)	번호	평가지표	단위
휴양/생태관광	C1-1	방문객수, 관광 고용/지출	사람(명), 관광수익액(원)
	C1-2	등산, 트레킹을 즐기는 사람의 수/가치	사람(명)
	C1-3	레저(낚시, 사냥 등)를 즐기는 사람 수/가치	사람(명)
	C1-4	생태계와 연관된 지역축제, 행사 등	축제행사의 수(명), 방문자 수(명), 행사비용액 대비 수익액(원)
경관미/어메니티/영감	C2-1	경관미/어메니티/영감	선호도 설문조사, 경관 매트릭스르 통한 경치의 아름다움 추정, 경관/생테계를 묘사한 예술작품의 수(#/경관유형), 여행비용 추정, 지불의 사액(원)
	C2-2	자연가까이 위치한 부동산의 비교가치	통화
	C2-3	생태·문화·예술적가치–생태적/경제적/공동체의지속가능성	개인주의(작가적 성향)
	C2-4	생태디자인–역사적맥락/문화적맥략/생태적맥락/환경적맥락	디자인의 구성요소, 디자인의 제도환경, 디자인 환경체계, 법체계
교육적가치	C3-1	환경교육과 연관된 시설/ 행사의 수와 이용자 수	(#/ha), 교육적 효과설문조사
영적/종교적가치	C4-1	영적/종교적 가치	종교적/영적 시설의 수와 방문자수(#/ha, #/시설)
문화유산/문화적다양성	C5-1	문화유산/문화적다양성–문화유산의 종류와 유형의 다양성	지역주민 선호도 설문조사, 전통적 토지이용형태를 유지하는 사람의수(#/ha)–유형·무형문화유산의수와이용양상, 홍보및연구성과등
자연유산/자연적 다양성	C6-1	자연유산/자연적 다양성	멸종위기종, 보호종, 희귀종(수)
			서식처의수(#/ha) →보호지역의 면적으로 대체, 또는 지형 및 지질
	C6-2	국가중요농업유산	지정건수

❶ 공급서비스 평가

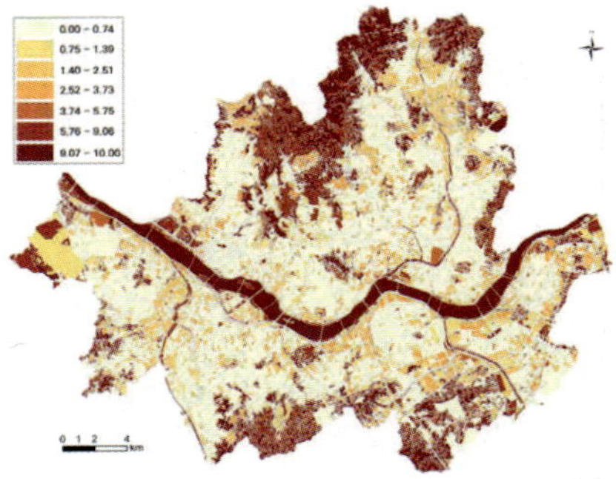

[그림 5-3] 수원함양 평가 지도(표준화 지수)

[표 5-2] 비오톱 유형별 수원함양 평가 결과(표준화 지수)

유형	결과	유형	결과	유형	결과	유형	결과	유형	결과
A1	0.61	B4	0.55	C13	1.66	E5	8.67	G5	9.05

❷ 조절서비스 평가

탄소흡수 효과는 하천 및 습지 비오톱에서 가장 크며, 활엽수이면서도 녹지율이 높은 산림지 비오톱이 분포하는 시 외곽지역의 흡수량이 높은 것으로 평가되었다. 도시녹지의 경우 녹지율이 상대적으로 큰 조경녹지 비오톱(공원녹지 등)의 탄소흡수 효과가 높다.

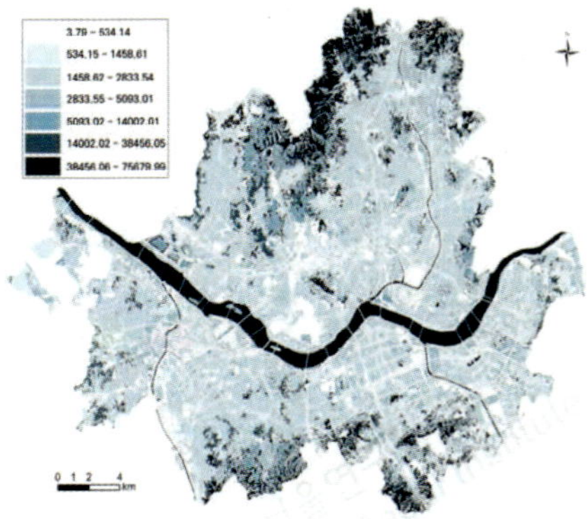

❸ 문화서비스 평가

여가·관광 항목은 서울시 둘레길, 한양도성길, 생태문화길, 한양지천길 설치 길이를 바탕으로 평가한 것으로서, 결과는 [그림 5-22]와 같다. 자치구 중 송파구에서 여가·관광 서비스가 상대적으로 높은 것으로 나타났으며, 종로구, 노원구 등도 높은 서비스를 보이는 것으로 평가되었다.

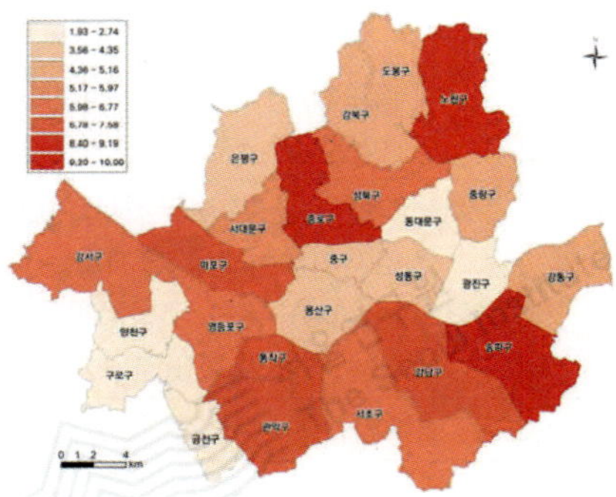

❹ 지원서비스 평가

강동구	4.18	구로구	2.85	동작구	2.32	성북구	4.49	은평구	6.73
강북구	6.45	금천구	1.92	마포구	4.02	송파구	4.80	종로구	5.75
강서구	6.33	노원구	8.24	서대문구	3.10	양천구	2.12	중구	1.23
관악구	6.63	도봉구	5.13	서초구	10.00	영등포구	4.01	중랑구	2.89

주) 각 항목의 비오톱별 점수를 자치구로 합쳐 표준화한 값으로 상대적 지수임

인구 대비 서식지 및 지원서비스 결과를 살펴보면 종로구에서 가장 높고, 서초구, 강북구 등도 높게 나타난다.

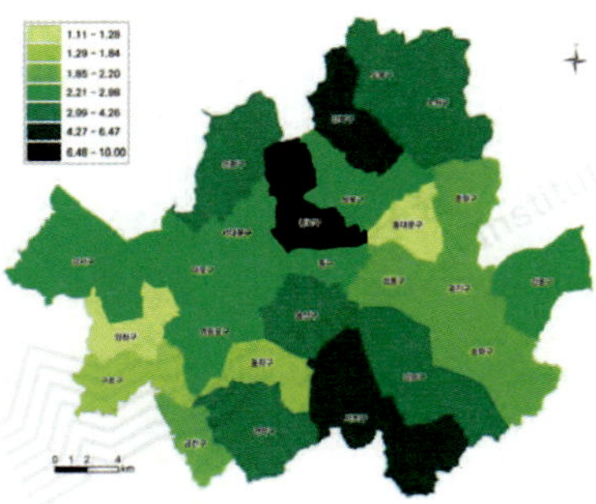

그림 3.12 서울시 생태계서비스 평가 사례

(출처 : 서울연구원, 송인주, 2019년, 서울시 생태계서비스 평가체계 구축과 활용방안)

도시민은 숲과 산림, 하천 등의 다양한 생태자원을 통해 생태계서비스를 제공받고 있으며 이외에도 인위적으로 조성된 공원과 각종 녹지공간을 통해서도 직·간접적인 서비스를 제공받고 있다.

기본적으로, 이러한 생태계서비스는 생태적, 문화적, 경제적 가치를 기반으로 평가한다 : (1) 생태적 가치는 생태적 지표(다양성, 통합)를 통한 건강한 상태의 생태적 시스템

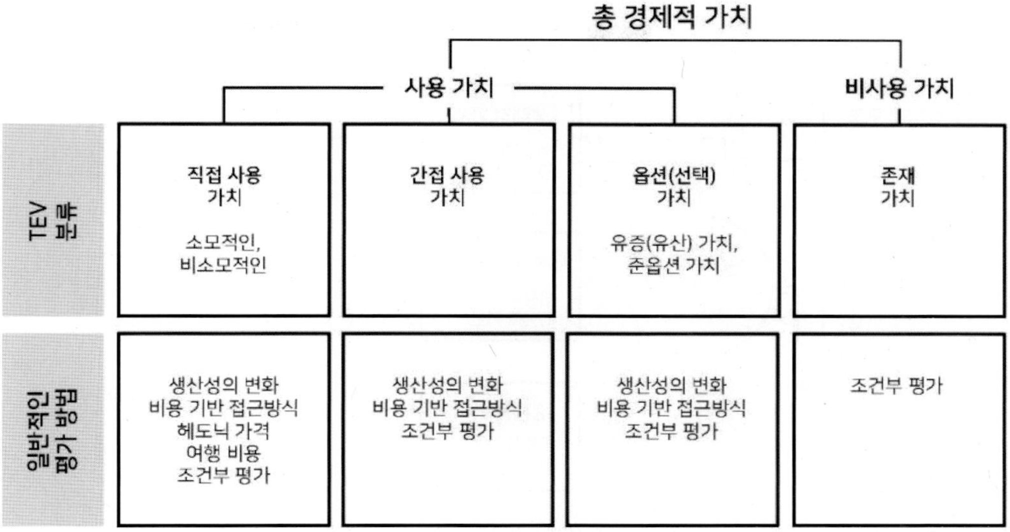

그림 3.13 총 경제적 가치 프레임워크

(출처 : Millennium Ecosystem Assessment, 2003, p.132)

을 평가하는 것이며 (2) 문화적 가치는 문화수준 및 문화적 정체성과 관련된 생태계서비스를 의미한다. (3) 마지막으로 경제적 가치는 사용가치(use value)와 비사용가치(non-use value)로 나누어질 수 있다.

사용가치는 직접사용 가치(direct use value)와 간접사용가치(indirect use value)로 나누어진다 : (1) 직접사용 가치는 직접 소비재(consumptive use)인 목재, 어류 또는 생태계에서 공급하는 다른 자원들을 말하고 간접 소비재(non-consumptive use)인 여가와 예술적, 심미적 가치를 뜻하며 (2) 간접사용가치는 자연이 공급하는 산소, 정수, 침식방지 및 농작물 수분작용을 의미한다. 비사용가치는 사용가치에 더하거나 또는 사용 가치에 관계없이 환경적인 측면에서 중요한 가치를 의미한다. 본질적으로 그것은 존재가치에 기인한 값으로 때때로 보험가치 또는 접착가치라고도 한다. 사용가치와 비사용가치를 합친 개념을 총경제 가치(Total Economic Value)라고 한다.

생태계서비스평가 정보는 도시생태계를 보전 및 개발, 관리하는데 있어 중요한 평가수단으로 활용될 수 있다. 이러한 데이터는 도시생태계 구조 및 기능을 파악하여 도시생태계 서비스 통합 유지·관리 개선을 위한 평가지표로 활용되고, 도시의 장 · 단기적 재건과 재생을 위해 도시생태계 건강성 증진 대안 전략과 지속가능한 도시개발을 위한 정책적 기반을 마련하는데 활용될 수 있다.

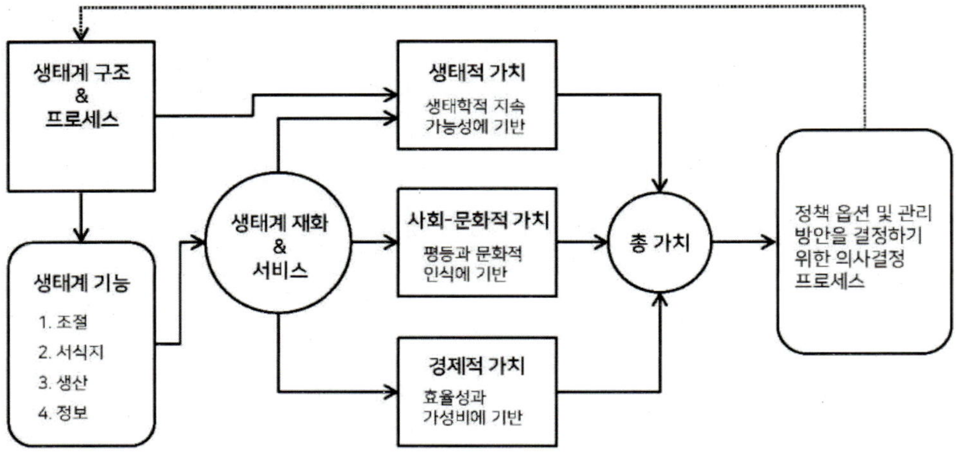

그림 3.14 도시생태계 서비스 통합 평가 및 관리 지표 프레임워크

(출처 : De Groot et al., 2002, p.394)

b. 환경평가

환경평가(EA : Environmental Assessment)란 전략환경평가, 환경영향평가 등 정책 계층구조와 관계있는 Policy, Plan, Program, Project가 환경에 미칠 영향을 종합적으로 예측하고 분석·평가하는 과정이다. 환경평가는 궁극적으로 환경파괴와 환경오염을 사전에 방지하기 위한 정책수단으로서 환경적으로 건전하고 지속가능한 개발(Environmentally

표 3.14 환경영향평가의 종류 (환경영향평가법 제2조, 제36조)

종류	정의
전략환경영향평가	환경에 영향을 미치는 계획을 수립할 때에 환경보전계획과의 부합 여부 확인 및 대안의 설정·분석 등을 통하여 환경적 측면에서 해당 계획의 적정성 및 입지의 타당성 등을 검토하여 국토의 지속가능한 발전을 도모하는 것
환경영향평가	환경에 영향을 미치는 실시계획·시행계획 등의 허가·인가·승인·면허 또는 결정 등(이하 "승인등"이라 한다)을 할 때에 해당 사업이 환경에 미치는 영향을 미리 조사·예측·평가하여 해로운 환경영향을 피하거나 제거 또는 감소시킬 수 있는 방안을 마련하는 것
소규모 환경영향평가	환경보전이 필요한 지역이나 난개발(亂開發)이 우려되어 계획적 개발이 필요한 지역에서 개발사업을 시행할 때에 입지의 타당성과 환경에 미치는 영향을 미리 조사·예측·평가하여 환경보전방안을 마련하는 것
사후환경영향조사	해당 사업을 착공한 후에 그 사업이 주변 환경에 미치는 영향을 조사

표 3.15 환경영향평가와 전략환경영향평가 비교

환경영향평가(EIA)	전략환경영향평가(SEA)
• 의사결정 마지막 단계에서 실시 • 제안된 개발계획에 대한 수동적 접근 • 환경상 영향에 관한 구체적 규명 • 대안검토 곤란 • 누적영향에 대한 검토 곤란 • 환경영향 최소화 방안에 중점 • 좁은 범위에서 매우 상세한 검토	• 의사결정 초기단계에서 실시 • 제안된 개발계획에 대한 능동적 접근 • 지속가능 발전, 환경적 연관성 규명 • 광범위한잠재적 대안 고려 가능 • 누적영향에 대한 조기 경고 • 환경적 합목적성충족 및 자연환경 시스템의 유지에 중점 • 덜 상세하지만 넓은 안목에서 비전과 포괄적 프레임웍 제시 가능

Sound & Sustainable Development, ESSD)을 유도하여 쾌적한 환경을 유지·조성하는 것을 목적으로 한다.

이 중 환경영향평가는 환경에 미치는 영향이 큰 사업에 대한 계획을 수립·시행함에 있어서 해당 사업이 환경에 미칠 영향을 미리 평가·검토하여 건전하고 지속가능한 개발이 되도록 유도하는데 목적을 두고 있다. 또한, 환경에 미치는 영향이 큰 법률, 행정계획 등 국가정책을 수립하거나 개발사업을 시행하기에 앞서 그와 같은 행위가 환경에 미치는 영향을 미리 예측· 평가하고 영향저감방안을 강구함으로써 환경에 미치는 부정적인 영향을 최소화하려는 일련의 행정 절차이다.

우리나라는 1977년 환경보전법에 '사전협의' 형식으로 환경영향평가제도를 도입한 이후, 1981년 '환경영향평가 및 협의'의 형식으로 동법을 개정하고 시행령을 제정함으로써 비로소 실제적으로 운용할 수 있게 되었다. 그 후 동 제도를 정착시키기 위하여 수차례에 걸쳐 법규정을 개정하였으며, 1993년 6월 환경영향평가법을 제정하여 단일법으로 환경영향평가 부문을 독립시킨 후 현재 운용하고 있다. 미국에서는 '국가환경정책법(National Environmental Policy Act : NEPA)'에 따라 환경영향평가를 실시하며, 일본의 경우 '환경기본법', 독일의 경우는 EU의 지침에 따라 '환경영향심사법'을 준용한다.

우리나라의 '환경영향평가법'에 따르면 환경영향평가는 "환경에 영향을 미치는 실시계획·시행계획 등의 허가·인가·승인·면허 또는 결정 등(이하 "승인등"이라 한다)을 할 때에 해당 사업이 환경에 미치는 영향을 미리 조사·예측·평가하여 해로운 환경영향을 피하거나 제거 또는 감소시킬 수 있는 방안을 마련하는 것" 이라고 정의(환경영향평가법 제2조)하고 있으며 미국, 일본 등 여러나라에서 채택하고 있는 환경 평가제도는 각각의 차이가 있으나 공통적 기능은 다음과 같다.

첫째, 개발에 따른 환경영향의 사전예방적 기능
둘째, 개발에 따른 정보공개와 이해관계자의 참여 독려 기능
셋째, 사업추진에 따른 사회적 합의와 갈등 예방기능(환경부, 2017)이다.

환경영향평가 대상사업은 도시의 개발사업, 산업입지 및 산업단지 조성사업을 비롯하여 관광단지의 개발사업 등 총 17개 분야로 구분되며, 관광진흥법에 따른 사업면적이 30만 m^2 이상인 관광지 및 관광단지, 자연공원법에 따른 사업 면적이 10만 m^2 이상인 공원사업, 도시공원 및 녹지 등에 관한 법률에 따른 공원시설면적의 합계가 10만 m^2 이상인 사업 등의 계획을 대상계획으로 한다.

환경영향평가의 세부평가항목은 대상사업의 시행으로 영향을 받게 되는 환경인자를 말하며 자연상태 환경분야의 동·식물상, 자연환경자산과 대기환경분야의 기상, 대기질, 악취, 온실 가스 항목 등 6개 분야 21개 항목이 있다.

표 3.16 환경영향평가의 대상(환경영향평가법 제22조)

환경영향평가의 대상	
– 도시의 개발사업	– 산업입지 및 산업단지의 조성사업
– 에너지 개발사업	– 항만의 건설사업
– 도로의 건설사업	– 수자원의 개발사업
– 철도(도시철도를 포함한다)의 건설사업	– 공항의 건설사업
– 하천의 이용 및 개발 사업	– 개간 및 공유수면의 매립사업
– 관광단지의 개발사업	– 산지의 개발사업
– 특정 지역의 개발사업	– 체육시설의 설치사업
– 폐기물 처리시설의 설치사업	– 국방·군사 시설의 설치사업
– 토석·모래·자갈·광물 등의 채취사업	– 환경에 영향을 미치는 시설로서 대통령령으로 정하는 시설의 설치사업

표 3.17 환경영향평가 세부 평가항목

자연생태환경	대기환경	수환경	토지환경	생활환경	사회경제환경
• 동·식물상 • 자연환경자산	• 기상 • 대기질 • 악취 • 온실가스	• 수질 (지표, 지하) • 수리·수문 • 해양 환경	• 토지 이용 • 토양 • 지형·지질	• 친환경적 자원 순환 • 소음·진동 • 위락·경관 • 위생·공중 보건 • 전파 장해 • 일조 장해	• 인구 • 주거 (이주 포함) • 산업

이 중 사업으로 영향을 받게 되는 모든 환경인자를 평가하는 것은 사실상 불가능하므로 현실적인 여건을 고려하여 스코핑(Scoping) 절차를 거쳐 결정하게 되는데, 스코핑 제도는 환경영향평가서를 작성할 때 선택과 집중 차원에서 반드시 평가해야 하는 항목과 범위를 미리 정하는 것을 말한다. 21개 평가항목 중 사업과 지역의 특성에 따라 영향이 크지 않는 일부 항목을 제외하여 평가의 질적 향상과 사업자의 시간적, 경제적 부담을 줄이는 장점이 있다.

평가항목 및 범위를 결정하기 위해서는 ① 사업의 개요 및 계획안의 특성으로부터 영향요소를 정리하고, ② 지역특성의 파악을 통하여 지역 주요이슈 및 영향대상을 확인하며, ③ 전략환경영향평가서에서의 주요 논의사항을 확인하고, 계획안에 반영되었는지의 여부와 반영되지 않은 경우에는 그 이유를 확인하며, ④ 위 세 항목의 내용을 토대로 영향요소, 요인, 항목과의 관계를 설정하고, ⑤ 환경영향의 중요도에 따라 해당 사업에 적용할 평가항목을 정하며, ⑥ 평가항목별로 조사·예측·평가방법 및 범위를 정한다.

환경영향평가제도가 본격적으로 시행된 1980년대부터 경제성과 환경성을 동시에 고려한 터널과 교량의 설치 비율이 증가하는 등 사전 예방적 환경정책수단으로 정착하였고, 환경영향평가제도를 통해 각종 개발사업계획 수립 단계에서 입지의 적정성부터 추진 과정 중 환경에 미칠 영향을 고려해 자연훼손과 환경오염을 최소화하는 사전 예방적 환경정책으로 자리 잡았으며 또한 배출허용기준보다 강화된 협의기준을 도입하여 다양한 환경기술의 발전과 활용에 기여하였다. 뿐만 아니라 공원녹지율과 1인당 공원녹지면적이 증가하는 등 친환경적이고 지속가능한 개발을 유도하며, 자연환경 훼손과 오염에 대한 대책 비용을 개발사업자에게 부담하도록 하는 오염 원인자 부담 원칙 확립에 기여하며, 사회적 합의 형성과 갈등을 예방하는 중요한 역할을 한다.

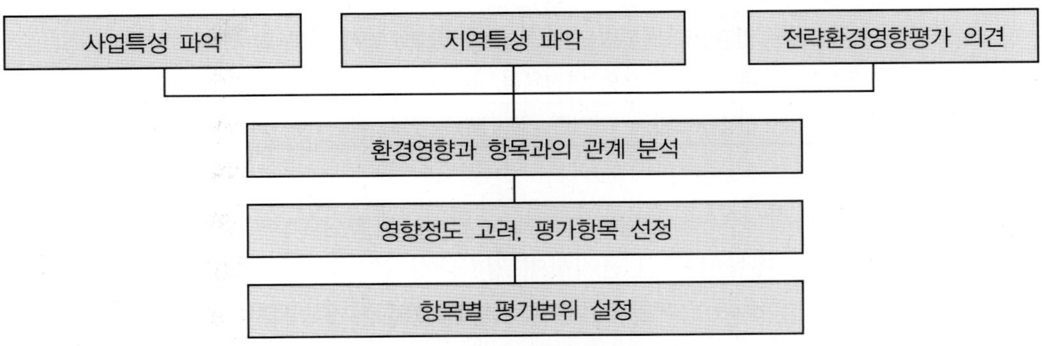

그림 3.15 환경영향 평가항목·범위결정 절차

표 3.18 환경영향평가 항목별 주요 평가내용

구분	항목	평가 내용
자연생태 환경	동·식물상	동 · 식물상의 변화, 종의 분포상황 및 다양도, 이동로·서식지 차단 또는 훼손 여부, 생태자연도 1등급지역 보전대책
	자연환경 자산	생태경관보전지역, 습지보전지역, 야생동식물보호지역, 자연환경자산, 역사적·경관적·학술적 가치가 큰 지역 보전대책
대기 환경	기상	기온, 증발량, 일조시간, 안개일수, 수림대제거, 열 방출 등 기상변화 예측 및 대책
	대기질	배출원별 오염물질의 특성 분석 및 저감방안, 연료사용계획, 비산먼지로 인한 영향 예측 및 대책
	악취	악취발생원, 악취영향범위, 농도 및 저감대책
	온실가스	온실가스 발생에 대한 영향예측 및 저감대책
수환경	수질	오 · 폐수처리대책, 용수공급계획, 하천 및 지하수 오염방지대책
	수리 · 수문	수자원 이용현황 및 수급계획, 유출계수, 유지용수량 예측
	해양환경	해양수질, 부유물질 확산, 농도예측 및 저감대책, 해저지형
토지 환경	토지이용	주변토지이용상황을 고려한 입지분석, 완충녹지 설치계획
	토양	기름, 독극물, 슬러지 , 대기오염물질, 오·폐수의 토양에 대한 영향 및 대책
	지형/지질	표토·비옥토 유실방지, 지형·지질조사, 지형변화, 특이지형 훼손대책, 법면처리계획
생활 환경	친환경 자원순환	폐기물 발생량 예측 및 처리대책, 처리시설 입지의 대안검토 및 확보계획
	소음 · 진동	소음원 조사, 변화량 예측 및 대책
	위락 · 경관	지역경관을 고려한 계획, 조망경관 변화 영향 및 대책
	위생공중 보건	질병유발요인 및 보건위생대책, 공중위생시설의 배치 및 관리
	전파장해	전파장해요인, 전파장해정도와 대책
	일조장해	일조의 영향을 고려한 건물, 시설물 등의 배치계획
사회 경제	인구	인구밀집의 유발 정도 및 인구밀집에 따른 영향 및 대책
	주거	주거지역 도로망 연결계획, 주거지역에 미치는 영향 및 대책
	산업	산업구조변화, 어업권, 양식장, 농작물 등에 대한 피해예측

환경영향평가서의 작성은『환경영향평가법』, 『환경영향평가서 작성 등에 관한 규정』, 『환경영향평가서 작성 매뉴얼』등에 근거하여 평가대상 분야 전문가들에 의한 조사결과를 바탕으로 작성한다. 평가서의 구성은 요약문, 평가항목 결정 내용, 주민 및 관계기관의 의견 수렴 내용, 평가항목별 환경 현황 조사, 환경영향예측 결과, 저감 방안, 대안 설정

및 평가, 종합평가 및 결론 등으로 구성하고 사업의 시행으로 환경에 미칠 각 영향의 중요도를 규명하며 중요한 사항을 집중적으로 고찰하여 작성한다.

❶ 자연생태환경 분야

■ 사업시행으로 인하여 사업시행 전 V등급지 일부가 조경녹지 등 IV등급지로 변경됨에 따라 식생보전등급 IV등급지가 2,833.37㎡(14.58%)로 증가되며, V등급지가 16,605.63㎡(85.42%)로 감소될 것으로 예상됨

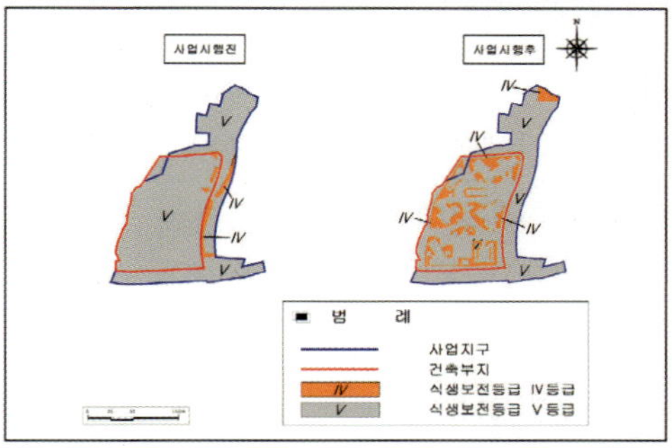

❷ 대기환경 분야

■ 운영 시 발생하는 대기오염물질의 영향을 최소화하며, 주변지역과의 완충기능을 위해 녹지계획을 수립하여 주변영향을 최소화 하도록 계획하였음

< 표 6.2.2-42 > 환경수종 선정표(대기오염 정화수종)

구 분	수 종 명	비고
SO_2에 대한 내성이 강한 수종	벽오동, 오과나무, 병꽃나무, 대추나무, 산사나무, 미선나무, 조팝나무, 마가목, 아왜나무, 무궁화	
대기중 활축적이 높은 수종	가중나무, 양버즘나무, 은단풍나무, 산철쭉, 느티나무, 개나리, 벽오동, 자작나무, 조팝나무, 층층나무, 낙상홍, 산사나무	
대기오염 정화수종	자작나무, 가중나무, 양버즘나무, 수원포플러, 두충나무, 느티나무, 박태기나무, 광나무	

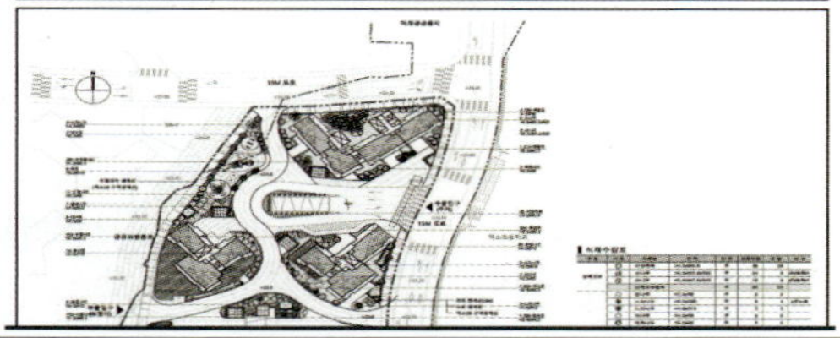

❸ 수환경 분야

다) 지하수 유출 방지대책

(1) 차수공법 선정

■ 사업지구 내 지하수위는 G.L(-)3.80~7.80m로 분포함

■ 사업지구의 차수공법은 지하수위 저하를 방지하기 위해 필요하며, 안정된 구조물 및 지하매설물을 고려해 겔타임 조절이 가능하며 지하수에 의한 용탈이 적은 A.S.G공법을 적용하였음

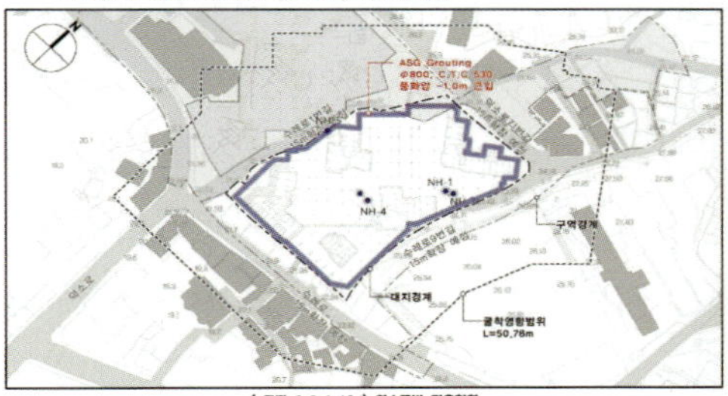

❹ 토지환경 분야

■ 사업지구는 표고 21.76m ~ 25.14m 범위 내에 있으며, 평균 표고는 24.65m이고 표고 차가 3.38m인 비교적 완만한 지형으로 분석됨

■ 사업지구의 최고 경사는 5.9˚이며, 대부분 경사 5˚이하의 완만한 지형으로 분석됨

< 표 6.4.3-2 > 사업지구 경사분석

경사 \ 구분	면 적 (㎡)	구 성 비 (%)	비 고
5˚ 이하	18,939.3	97.4	본 표고분석은 ArcGIS tools를 이용하여 격자 5m×5m로 산정한 것임
5 ~ 10˚	499.7	2.6	
합 계	19,439.0	100.0	

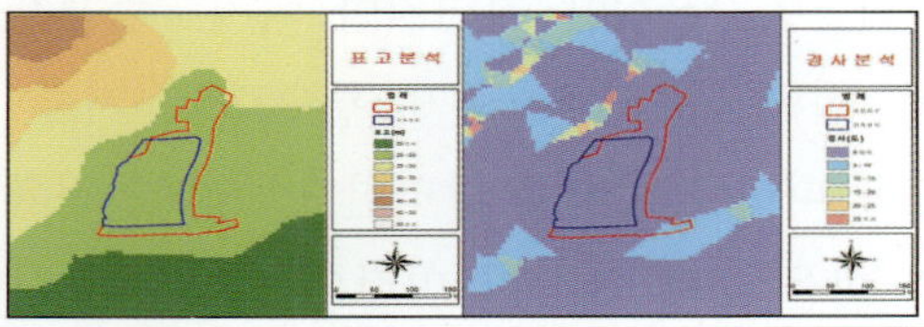

❺ 생활환경 분야

< 표 6.5.4-32 > 00초등학교 및 병설유치원에 대한 시간대별 일영도

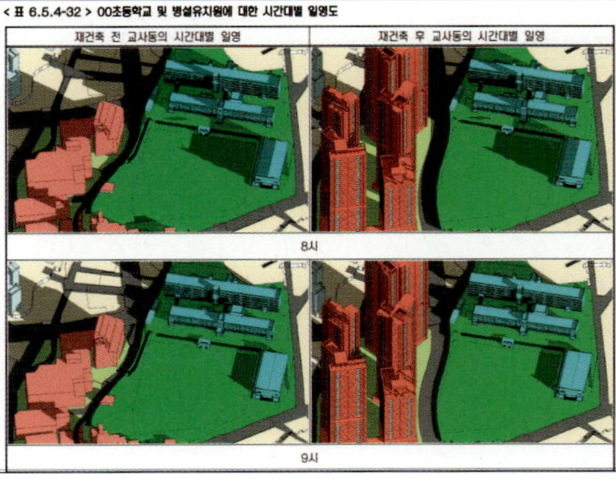

❻ 사회·경제환경 분야

나. 사업시행으로 인한 영향예측

1) 공사 시

■ 공사 기간 중 현장 투입인력으로 인한 증가요소를 고려할 수 있으나, 이는 일시적이고 소폭의 인구변화로 남양주시의 인구변화에 미미한 영향일 것으로 예상됨

■ 공사 시 투입인력은 비상근 158명, 상주 49명으로 총 207명으로 계획하였음[투입인력 산정은 6.3.1 수질 참조]

< 표 6.6.1-6 > 공사 시 투입 인력

구 분	총계	비상근	상주
투입인력(인)	207	158	49

2) 운영 시

■ 운영 시 사업지구 내 건축물 중 아파트는 세대당 인구 2.6인을 적용하여 1,367인, 업무시설(오피스텔)과 판매시설은 건축물의 용도별 오수발생량 및 정화조 처리대상 인원 산정기준을 적용하여 각각 918, 790인으로 산정되었으며 총 3,075인으로 산정되었음

< 표 6.6.1-7 > 계획인구 산정

구 분	세대수	연 면 적(㎡)	계획인구(인)	비 고
아파트	506	80,046.5982	1,367	506세대•2.6[주1)]
업무시설(오피스텔)	-	18,340.0234	918	N=0.050A[주2)]
판매시설	-	10,528.9081	790	N=0.075A[주2)]
합계	506	108,915.5297	3,075	

그림 3.16 평가 항목별 환경영향평가서 작성 사례

(출처 : https://www.gg.go.kr(경기도청) 환경정책과 공람 자료)

환경부는 도시의 개발과 함께 불투수 표면이 증가함으로써 도시 열섬현상과 홍수 등의 자연재해 심화, 생물서식 공간의 급격한 감소 등의 문제가 대두됨에 따라 도시공간의 생태적 문제 해결을 위한 자연의 순환기능(증발산 기능, 미세분진 흡착기능, 우수투수 및 저장기능, 토양기능, 동·식물서식처 기능)의 유지 및 개선을 유도하여 도시의 기후변화 적응성을 높이고 생태적 건전성을 향상시키기 위해 생태면적률 제도를 도입하였다.

"생태면적률"이란 전체 개발면적 중 생태적 기능 및 자연순환기능이 있는 토양 면적이 차지하는 비율을 의미한다. 생태면적률은 ① 현재상태 생태면적률, ② 목표생태면적률, ③ 계획생태면적률로 구분되며 이는 환경영향평가의 협의단계별 절차에 따라 적용된다.

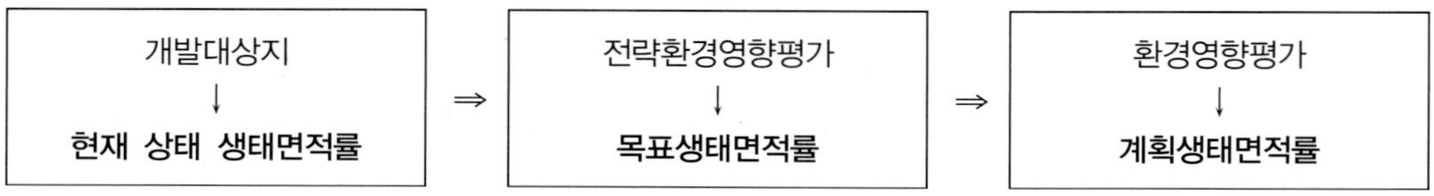

그림 3.17 **환경영향평가 협의단계별 절차**

생태면적률의 산정을 위해 개발 대상지를 자연지반녹지와 인공화 지역으로 구분하며 인공화 지역의 공간유형별 면적에 정해진 가중치를 곱하여 공간유형별 생태면적을 산출한다. 공간유형은 자연지반 녹지, 수공간, 인공지반 녹지, 옥상녹화, 벽면녹화, 부분포장, 전면 투수포장, 틈새 투수포장, 저류·침투시설 연계면, 포장면으로 구분하며 공간유형에 따라 가중치를 달리한다. 생태면적률 산출은 자연지반녹지와 인구화 지역 생태면적의 합을 전체 대상지 면적으로 나누어 산출한다.

$$\text{생태면적률} = \frac{\text{자연지반녹지 면적} + \Sigma(\text{인공화 지역 공간유형별 면적} \times \text{가중치})}{\text{전체 대상지 면적}} \times 100(\%)$$

그림 3.18 **생태면적률 산정식**

따라서 관계행정기관 및 사업시행자는 환경영향평가과정에서 생태면적률 적용범위 및 목표설정 협의를 원활히 하고, 협의 결과를 분명히 하기 위해 생태면적률 산정도 및 산정표를 작성하여 평가서에 포함하여야 한다.

1. 환경영향평가 준비서 작성
· 실시계획단계

⬇

2. 평가항목 범위결정(스코핑)
· 환경영향평가협의회

⬇

3. 환경영향평가 초안 작성

⬇

4. 관계부처 및 주민의견수렴(지자체)
· 주민공람, 설명회, 공청회

⬇

5. 평가서 작성

⬇

6. 평가서 제출
· 사업자 → 협의기관

⬇

7. 평가서 협의요청
· 사업자 → 협의기관

⬇

8. 평가서 검토
· 주요 검토기관, 전문가 등

⬇

9. 보완요청, 추가자료 제출
· 미흡시

⬇

10. 협의내용 통보
· 협의 → 승인기관

⬇

11. 협의내용 반영 확인 통보
· 승인 → 협의기관

⬇

12. 협의내용 이행

그림 3.19 환경영향평가 협의절차

2.2. 인문사회적 정보수집 및 분석 방법

2.2.1. 문헌 및 제도 검토

I 김 현

조경은 과학적이고 철학적이며 예술적 성격을 가지고 있지만 분석단계에서는 보다 과학적인 접근이 요구된다. 문헌조사는 서적이나 문서, 온라인 자료 등을 수집하고 분석하는 과정이다. 시간, 예산 등의 문제로 직접 조사가 어려운 사회·경제적 자료와 통계는 물론 시간의 흐름에 따른 대상지의 변화를 파악하기 위한 자료, 국내외 우수사례, 관련 연구 등을 대상으로 하되, 신뢰성이 높은 기관의 최신 자료를 수집하여야 한다.

수집한 자료만 가지고도 충분한 정보를 찾을 수 있는 여러 가지 탐색적 자료 분석 방법과 컴퓨터를 이용한 수리 분석, 확률·통계분석 등을 실시하여 그 특징을 정확하고 간결한 형식으로 기술하여야 한다.

법·제도의 경우 조경의 영역이 광대하고 복합적임에 따라 관련 법규는 매우 광범위하고 각 분야별로 산재되어 있다. 따라서 대상지가 입지하고 있는 토지의 형질과 추진하고자 하는 사업 유형에 따라 관련법을 검토해야 한다.

조경 분야의 계획은 법정계획과 비법정계획으로 구분되는데, 그중 공원녹지기본계획은 법정계획으로「도시공원 및 녹지 등에 관한 법률」에 의해 10년 단위로 계획수립을 의무화하고 있으며 특별(자치)시, 광역시, 특별자치도, 시·군은 도시지역 공원녹지의 확충, 관리, 이용 방향을 종합적으로 제시하기 위해 반드시 수립해야 한다. 공원녹지기본계획 수립시 검토해야 하는 계획은 도시군기본계획, 도시관리계획, 자연공원계획, 자연환경보전기본계획, 도시림 기본계획 등이다.

이러한 관련 계획 검토에서 가장 중요한 내용은 정합성과 연계성이다. 공원녹지기본계획은 상위계획인 도시기본계획과의 정합성을 고려해 목표연도를 맞추어야 하며, 1인당 도시공원면적과 같은 지표를 동일하게 설정하여 정합성을 유지하여야 한다. 이와 함께 도시기본계획에서 설정한 녹지축, 용도지역·용도지구를 통해 도출된 녹지지역, 경관지구 등에 대한 지역·지구 지정 및 관리지침 등의 내용을 반영하여 해당 지자체가 지향하는 공원녹지의 미래상을 제시하고 이를 달성하기 위한 장기적인 발전전략을 수립해야 한다. 이와 함께 자연공원법에 의한 자연공원계획, 자연환경보전법에 따른 자연환경보전기본계획, 산림자원의 조성 및 관리에 관한 법률에 따른 도시림 등 기본계획 등과 같이 공원녹지기본계획과 밀접한 관계가 있는 타 법령에 따른 계획이 있는 경우에는 이를 반영하여 도시녹화계획, 공원조성계획 등의 하위 계획을 수립하여야 한다.

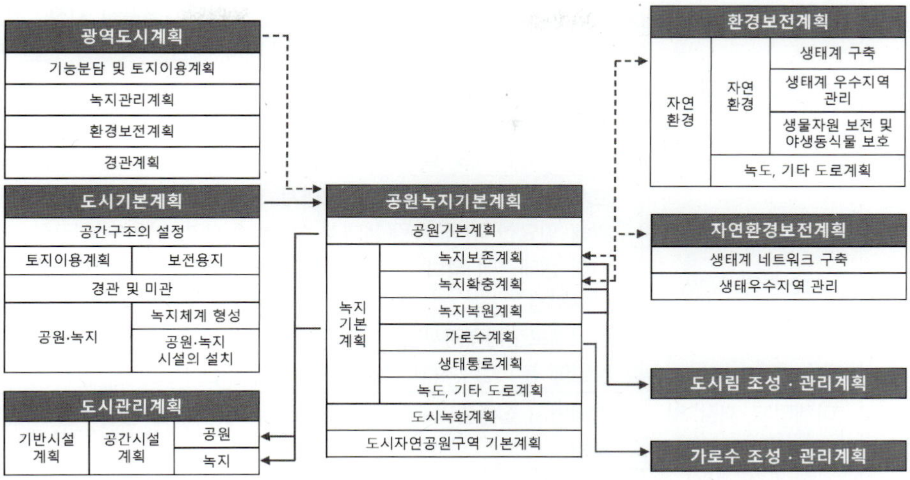

그림 3.20 관련 계획과의 상호연계 (공원녹지기본계획을 사례로)

표 3.19 공원녹지 관련 계획

부처	관련법	공원녹지 관련 계획
국토 교통부	국토의 계획 및 이용에 관한 법률	– 도시기반시설(공간시설), 공공시설로 규정 – 기반시설부담구역에서의 개발시 도로, 공원, 녹지 등 기반시설 설치토록 규정 – 도시자연공원구역의 지정 : 도시의 자연환경 및 경관 보호, 여가 휴식 공간 제공을 위한 식생이 양호한 산지 개발 제한 목적 – 『도시·군기본계획』상에 '공원녹지에 관한 사항' 계획수립
	도시공원 및 녹지에 관한 법률	– 도시녹화사업 시범사업 지정 및 지원 – 『공원녹지기본계획』 10년 단위 수립 – 도시녹화계획 수립 : 산림기본법에서 도시지역의 산림과 녹지에 대한 지자체 시책 수립하고, 이를 반영하여 계획수립토록 규정 – 일정 규모이상 개발계획 시 도시공원 및 녹지 확보 포함 – 자연적 녹지 보전 조치 : 개발행위허가 제한, 건축물 철거 등 – 국가도시공원 지정 및 지원 : 관련시설 소요비용 지원
	개발제한구역의 지정 및 관리에 관한 특별 조치법	– 훼손지 복구계획에 따라 도시공원 조성 – 훼손지 정비사업시 구역 100분의 30이상 해당부지에 도시공원 및 녹지를 조성하여 공원관리청에 기부채납 등
	건축법	– 면적 200m^2 이상 대지에 건축물 조성하는 경우, 용도지역과 건축물의 규모에 따라 조례에 정하는 기준에 따라 대지안의 조경 및 식재 – 공개 공지 등의 확보 : "지역의 환경을 쾌적하게 조성하기 위해 적용

환경부	자연공원법	– 국립, 도립(광역시립), 군립(시립, 구립공원), 지질공원 지정 : 시립공원과 구립공원은 시, 자치구 자연생태계나 경관을 대표할 만한 지역 –『공원기본계획』 10년 단위 수립 – 관리청은 공원사업을 위해 토지 및 토지의 물건 소유권, 그 밖의 권리 수용하거나 사용 할 수 있다.
	자연환경보전법	– 도시생태복원사업 : 지역의 생태계 연속성 유지, 생태적 기능향상을 위해 필요한 지역 복원(생태축 단절훼손지역, 복원이 시급한 지역, 도시내 생태면적 확보 지역, 도시공원녹지 등), 정부 및 시도지사 사업비 일부지원 – 생태계보전협력금사업 : 생태계 영향 현저하거나 생물다양성 감소초래 사업에 부과징수하고, 생태복원 사업 추진
	미세먼지 저감 및 관리에 관한 특별법	– 미세먼지 집중관리구역을 대상으로 수목식재 및 공원조성 우선적으로 지원
산림청	산림자원의 조성 및 관리에 관한 법률	–『도시림 등에 관한 기본계획』 수립 시행(10년 마다) 가로수의 조성
농림축산식품부	도시농업의 육성 및 지원에 관한 법률	–『도시농업 종합계획』 수립

2.2.2. 수요예측, 공급규모 산정, 타당성 분석

I 김 현

수요예측은 조경계획에서 공간과 시설의 규모를 산정하는 중요한 기준이 된다. 예측된 수요는 계획 및 사업의 방향설정과 예산의 투입규모 결정의 근거가 되며, 사업 시행의 타당성 및 경제적 파급효과의 산정 기초자료가 되는 등 의사결정의 주요한 수단으로 활용되므로 신중하게 분석되어야 한다.

수요예측방법은 정성적 방법과 정량적 방법으로 구분될 수 있다. 정성적 방법은 수요예측을 위하여 특정 집단이나 전문가의 축적된 경험에 의존하며 명확한 수치적인 기술을 문제 삼지 않고 주관적인 관점을 주로 이용하는 반면 정량적 방법은 시계열 자료를 활용하거나 예측을 위한 인과변수를 이용한다.

일반적으로는 과거의 통계자료 및 유사시설의 사례를 바탕으로 관련된 변수 간의 통계적 관계를 찾아낸 후 이를 미래로 연장시키는 방법을 사용하고 있다. 이러한 방법은 단기예측과 현재 존재하는 목적지의 수요 예측에는 유리하지만 새로운 프로젝트에 적용하는 데는 한계점을 가진다. 예를 들면 강원도에 민속촌을 만들고자 하였을 때 가장 쉽게 떠오르는 곳이 용인 민속촌이지만 수도권의 막대한 인구를 가진 이 곳을 사례로 분석한다면

과다추정 가능성이 매우 높아지므로 주의해야 한다. 또한 기존 통계자료가 없을 경우에는 계절성, 변동성, 지역성, 시장점유율을 고려하여 거시적 데이터의 배분 과정을 거친다.

대상지의 수요와 도입 활동이 선정되면 각 도입 활동을 계획 대상지에 어떤 규모로 조성할 것인가를 결정한다. 시설 규모는 수요를 추정하여 수요에 맞는 적정한 개발규모를 결정하는 방법과 공급에 의해 수요를 창출하는 방법으로 구분된다. 관광 조경계획에서는 공급에 의해 수요를 창출하는 방법을 사용하지만, 공공시설로 조성되는 공원의 경우에는 수요추정에 맞는 적정 개발규모를 결정하는 것이 타당할 것이다.

수요예측에 따른 시설 규모 산정은 계획일 집중률, 동시체재율, 원단위를 적용하여 아래와 같이 산정한다.

규모 산정 = 목표연도 연간 총 이용객 수 × 계획일 집중률 × 동시체재율 × 원단위

계획일 집중률은 계획일률이라고도 칭하며, 1년 중 이용자가 가장 많은 최대일의 이용자 수와 연간 총 이용자 수의 비율로서, 공급규모 산정이 필요한 1일에 시설을 이용하는 이용객 수를 산정하는 지표로 1계절형, 2계절형, 3계절형, 4계절형으로 분류된다(〈표 3.20〉 참조).

동시체재율은 그 날의 전체 방문객에 대한 가장 방문객이 많은 시점의 방문객수의 비율을 말하는 것으로 회전율, 시간집중율이라고도 한다(〈표 3.21〉 참조).

동시체재율 = [(체재시간 × 당일관광객 수 비율) + (숙박객 수 비율 × 숙박 동시체재율)]

원단위는 이용객 1인당 활동에 필요한 적정 면적을 의미하며, 자원유형, 입지특성에 따라 공간 원단위, 시설 원단위, 단위시설 원단위로 구분된다. 여기서 공간 원단위는 옥외공간에 조성된 자원의 원단위로서 1인당 요구되는 개발면적을 말하며, 시설 원단위는 건축물 및 구조물로 이루어진 자원의 원단위로서 1인당 요구되는 건축물의 면적을 의미한다. 또한 단위시설 원단위는 도입되는 단위시설별 원단위로서 1인당 요구되는 단위시설의 면적을 말한다. 사회적 변화에 따라 가장 많은 변화를 가진 지표가 원단위이다. 토지이용계획이 고밀형 또는 자연지향형인지, 공간 또는 시설이 대중형인지 고급형인지, 그리고 입지가 소도시인지 대도시인지에 따라 가감 적용하는 것도 필요하다.

표 3.20 최대일률

구분	1계절형	2계절형	3계절형	4계절형
최대일률3)	0.034	0.017	0.012	0.010

표 3.21 체재시간별 동시체재율

체재시간	1시간	2시간	3시간	4시간	5시간	6시간
동시체재율	0.61	0.31	0.47	0.62	0.77	0.92

주 : 1시간형 – 동굴관람형
2시간형 – 해안관람형, 문화유적관람형, 문화유적체험형, 단일공간관람형, 단일시설관람형
3시간형 – 산악관람형, 산악체험형, 내수면관람형, 내수면체험형
4시간형 – 단일공간체험형

위와 같이 공급지표를 활용한 산정 방법 이외에도 유사사례 분석을 통한 산정 방법, 제반 평가방법을 통한 산정 방법, 생태적 수용력을 고려한 산정 방법이 있다.

유사사례 비교에 따른 규모 산정 방법은 개발대상 지역 및 개발사업의 특성과 성격에 가장 유사한 사례를 분석하여 공급 규모를 결정하는 기법이다. 국내에서는 관광자원 중 박물관, 미술관, 식물원과 같은 건축물 및 구조물을 개발할 때 주로 활용된다.

제반 평가방법을 통한 규모 산정 방법 중 현장에서 가장 많이 활용되는 것은 환경영향평가(Environmental Impact Assessment)로 환경보전과 경제적 타당성을 함께 고려하여 의사결정을 내리는데 유효한 수단이라 하겠다.

생태적 수용력(ecological carrying capacity)은 방문객 수와 이용 특성으로 인하여 생태시스템이 파괴되기 시작하는 시점의 수용능력으로, 개발로 인하여 대상지 환경의 질이 저하되지 않고 식생, 토양, 수자원, 야생동물 등 자연자원이 자기치료 능력이나 자기정화 능력을 상실하기 이전의 이용 수준을 일컫는다. 지속가능한 개발을 위해 자연 자원을 이용한 조경계획의 개발 규모는 생태적 수용력을 중심으로 산정하는 것이 가장 바람직하다. 그러나 우리나라의 경우 생태수용력을 감안한 시설 기준에 관련된 연구가 매우 부족한 상황이며 이에 따라 자연을 활용하여 개발하는 시설 중 개발면적이 가장 넓은 자연학습원, 해외사례, 전문가의 경험치를 기준으로 공급규모를 산출하고 있다.

표 3.22 공급규모 산정방식별 특징 비교

구 분	특 징	비 고
공급지표를 활용한 규모 산정 방법	– 공급규모를 산출하기 위해 개발계획 및 개발범위에 따라 개발된 지표를 활용하여 적정 면적을 도출 – 세부시설별로 공급규모 산정식이 다르게 적용 – 개발하고자 하는 대상에 대한 공급규모를 직접적으로 산출할 수 있으므로 신뢰성이 높음	– 연간총이용객수, 계획일 집중률, 동시체재율, 원단위를 활용
기존 개발 유사사례 비교에 따른 규모 산정 방법	– 현황분석, 수요예측, 사례분석 등을 통해 수요를 도출하고 원단위를 활용하여 공급규모를 산정하는 방법	– 박물관, 미술관, 식물원과 같은 건축물 및 구조물을 개발할 때 주로 활용
제반 평가방법을 통한 규모 산정 방법	– 환경영향평가, 수용능력평가, 비용편익 분석, 계획대차대조표, 목표성취행렬의 평가방법을 비교·분석하여 산정하는 방법	– 수용능력 평가는 다양하게 구분되며 평가방법 중 수용능력 평가와 환경영향평가의 중요도가 높아지고 있음
생태적 수용력을 고려한 규모 산정 방법	– 생태적 수용능력을 중심으로 원단위를 추정함 – 공급규모를 산정할 때는 위험요소를 고려하며 수자원과 쓰레기 대처능력에 대한 평가가 이루어짐 – 우리나라의 기준은 미흡하여 자연학습원을 기준으로 산출	

공급규모 산정과 예산 투입계획이 수립되면 타당성에 대한 면밀한 검토가 필요하다. 일반적으로 타당성조사 분야는 경제성 분석, 정책적 분석, 기술적 타당성 분석을 거치며, 최종적으로 다중기준분석 등을 활용한 종합평가를 거쳐 완성된다(그림 3.21 참조).

타당성분석에서 가장 많이 사용되는 경제성 분석은 수요와 건설비, 보상비 등의 조성비 그리고 유지관리비, 시설개량비 등의 시설운영비를 산출한 후 이를 근간으로 도출된다. 대표적인 산출법은 편익–비용 비율(B/C ratio), 순현재가치(NPV), 내부수익률(IRR)이며, 이 중 모호한 계산 방법으로 지적받고 있는 편익–비용 비율(B/C ratio)보다는 순현재가치와 내부수익률 두 방법을 함께 사용하여 예상수익이 추정비용 이상으로 나타나는 시기를 추정하고 이를 기준으로 사업 추진 여부에 대해 결정하기도 한다. 정확도를 높이기 위하여 수요, 비용 단가, 할인율 등 주요 변수의 변화가 경제성에 미치는 영향에 대한 민감도 분석도 수행하여 경제성 분석에 사용된 각종 추정치의 오차를 보완하는 것이 바람직하다.

이렇듯 경제성 분석을 통하여 사업의 경제적 가치를 파악할 수 있지만 공원, 도로, 관광지 등과 같이 공공재적 성격이 강한 사업은 경제성 만으로 사업 추진 여부를 판단할 수 없는 것이 현실이다. 유동인구가 적은 산간벽지의 도로는 영원히 비포장도로로 남아 국토의 '부익부 빈익빈' 현상이 심화될 수밖에 없으며 통행의 자유를 누리지 못하게 된다. 따라서 경제성 분석과는 별도로 정책적 차원에서의 검토 또한 필요하다. 정책적 분석은 지역경제 파급효과 분석, 지역균형개발을 위한 지역낙후도 평가, 재원조달 가능성 평가, 국고지원의 적합성 및 민자유치 가능성 검토, 환경·국방·문화 등의 고려사항 평가, 지역의 이해도 및 추진의지 평가 등을 통해 논의된다.

기술적 타당성 분석은 추진하고자 하는 사업에서 필요한 기술을 추진 기간 내에 확보 가능한지를 판단하는 부문과 기존 개발계획의 추진이 기술적으로 타당한지를 검토하는 부문으로 구분된다. 기술적인 문제가 사업의 추진 여부를 가늠하는 중요한 쟁점이 되는 분야는 첨단기술이 요구되는 스마트시티, 연구센터 등이다.

사업의 추진 여부를 최종적으로 판단하기 위해서는 경제성 분석, 정책적 분석, 기술적 분석결과를 종합하는 과정을 거치지만, 실제 하나의 결론을 도출하는 것은 매우 어렵다. 경제성 분석은 효율성에 입각한 정량적 데이터가 대부분인 반면 정책적 분석은 형평성 등 다른 잣대가 적용된 정성적 데이터인 경우가 많기 때문이다. 특히 경제성 분석의 결과와 정책적 분석의 결과가 상반되게 도출될 시에는 더욱 그러하다. 따라서 다양한 평가기준들을 하나로 묶는 체계적인 방안으로 다중기준분석(Multi-Criteria Analysis)을 실시한다. 단, 다중기준분석의 평가지표 선정, 지표간의 중요도 평가, 비계량지표의 등급판정 방안, 사업평가의 모집단 선정방안 등에 관해서는 폭넓은 합의가 요구된다. 현 단계에서는 모든 사업의 타당성분석을 단일 점수화하는 것은 어려움에 따라 다중기준으로 평가된 결과들을 보고서에 나열한 후 종합의견을 주관적으로 개진하는 방향으로 진행되고 있다.

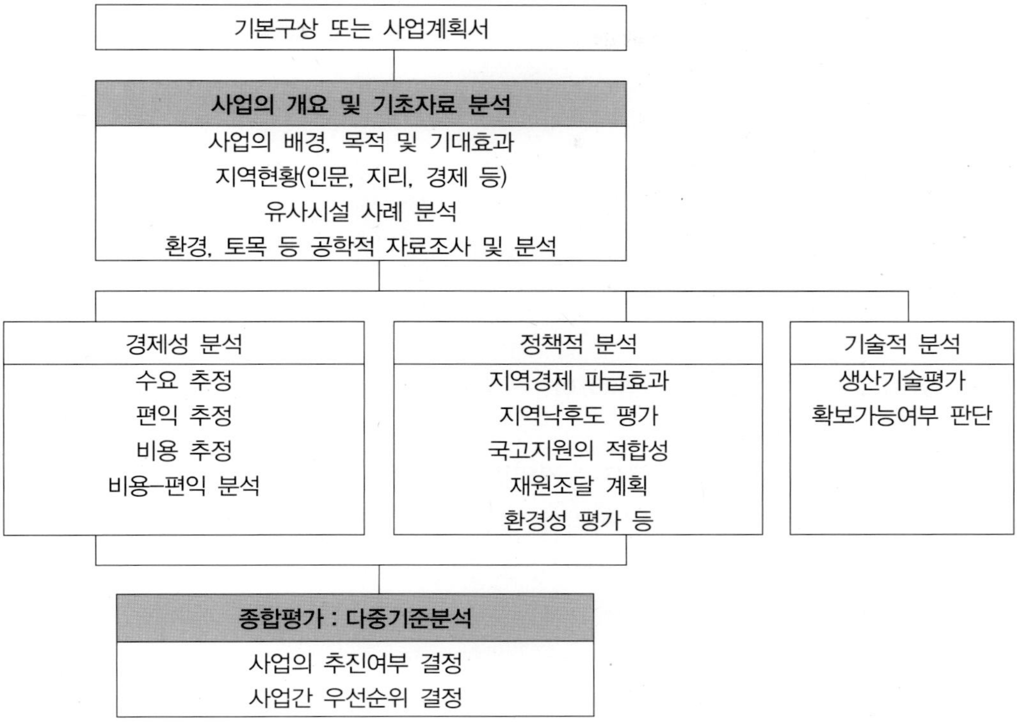

그림 3.21 타당성분석의 수행체계

2.2.3. 인구, 교통 및 토지이용, 시설물의 조사

ㅣ김영재

조경계획에서는 환경에 대한 분류 개념을 자연, 인문·사회, 시각 환경으로 구분하며, 대상지 및 주변 환경에 대한 적절한 현황 분석을 통해 합리적 결정에 도달할 수 있다. 특히, 인문·사회환경이란 인간의 활동에 의해 대상지에 나타나는 특성으로 분석 대상 항목은 인구, 토지이용, 교통, 시설물 및 역사적 유물, 인간행태 등이 있다.

1) 인구조사

인구조사는 인구구성의 현황, 인구밀도, 인구 변화의 추이를 파악할 수 있는 기초조사이며, 대상지뿐만 아니라 대상지를 포함한 광역범위의 일정한 범위 내 인구수를 집계하여 이를 성별, 연령, 학력, 직업, 소득, 종교, 취미 등의 인구 특성으로 세분화하여 살펴볼 수 있다.

인구조사는 통계청에서 1925년부터 매 5년마다 시행 및 관리하는 '인구주택총조사' 자료가 대표적이다. 인구주택총조사 통계자료는 읍·면·동 단위까지 작성 및 제공되는 조사

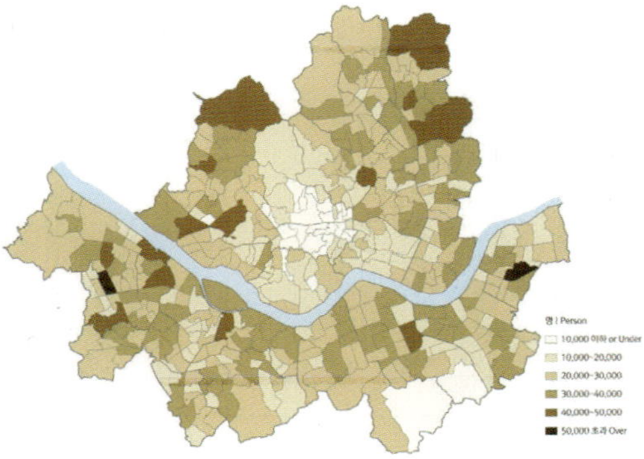

그림 3.22 서울시 동별 인구현황(2010)

그림 3.23 서울 개포2동 65세 이상 고령자 인구수

이며 지리정보시스템(GIS)과 연계한 소지역별 정보 제공으로 각종 공간 분석에 대한 시각적인 데이터로 활용할 수 있다. 이러한 인구조사 통계자료를 활용하면 조경계획 과정에서 인구조사를 통해 이용객 및 시설물 수요 추정, 지역사회 변화 예측, 대상지 규모 및 밀도를 합리적으로 결정할 수 있다.

2) 토지이용 및 교통환경 조사

토지이용에 대한 조사는 조경계획을 포함한 다른 모든 공간 계획의 시작 단계에서 진행된다. 토지이용에 대한 조사는 현재 토지가 어떻게 이용되고 있는지에 대한 상태를 확인하는 것으로 행태별로는 법정 지목인 밭, 논, 대지, 임야 등으로 조사하되 등기부상의 법정 지목과 실제 이용 상태가 일치하는지에 대해서도 확인해야 한다. 그 외 아래의 4가지 항목에 대한 사항을 확인하고 토지이용에 영향을 끼칠 수 있는 법률적인 제한까지도 반드시 확인하여야 한다.

① 토지 : 지목, 용도, 소유현황, 필지규모 형상, 방위(향), 토지등급, 지가 등
② 건물 : 대지면적, 건물면적(연면적, 건축면적, 층별 면적 등), 층수, 구조, 건폐율, 용적률, 건축연도, 노후도, 용도, 증·개축 사항 등
③ 구조물 : 용도, 기능, 점유면적, 설치형태, 높이, 설치년도, 구조 등
④ 기타 환경 : 자연환경, 사회·경제·산업환경, 자원조사, 환경조건(자연재해, 교통조건, 도시경관, 등)

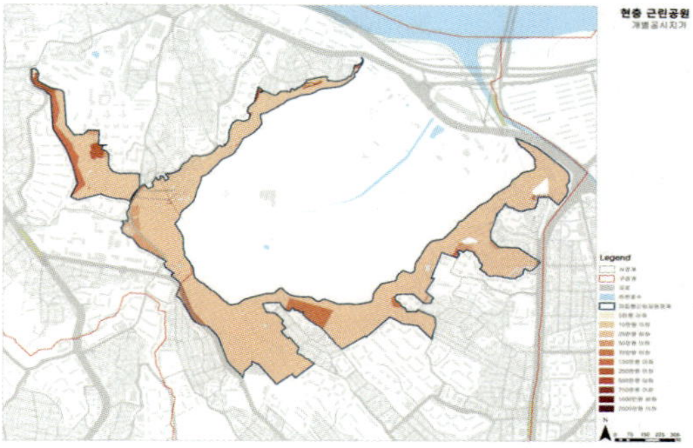
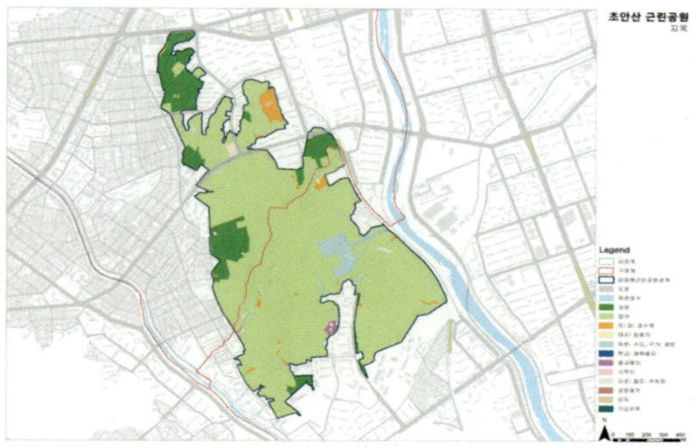

그림 3.24 GIS를 활용한 토지이용 조사 시각화 분석 사례 (좌: 공시지가 / 우: 지목)

토지이용에 대한 상태를 확인하기 위해서는 다양한 자료를 수집하여 조사를 진행하게 된다. 토지이용조사는 현장조사, 면접조사, 설문조사를 통한 1차 조사와 기록자료에 대한 2차 조사로 나뉘어진다. 특히 2차 조사는 대부분 정부기관에서 제공하는 자료를 활용하며 크게는 도면자료 조사, 문헌자료 조사, 통계자료 조사, 국가통계포털 활용조사로 나눌 수 있으며 해당 조사내용 및 이용가능 자료는 〈표 3.23〉과 같다. 토지이용계획이 토지 자체에서 발생하는 다양한 활동에 관한 계획이라고 볼 때, 교통계획은 이러한 활동을 연결하는 수단이라고 할 수 있다. 즉, 토지이용의 변화에 따라 교통체계가 적절히 변화되어야 하며 반대로 원활하고 효율적인 교통체계를 구축하기 위해 토지이용계획이 변화하여야 한다.

조경계획 대상지에 대한 토지이용, 동선, 주출입구, 부출입구, 주차장, 주변 도로망 계획 등 적절한 교통환경을 계획하기 위해서는 반드시 교통조사를 수행하여야 한다.

표 3.23 토지이용 2차 조사 활용자료

구분	항목	활용 자료
2차 조사	도면자료 조사	지형도, 항측도, 지번도, 행정규제관련지도, 토지이용관련지도(토지특성도, 교통노선도, 도로안내지도, 관광지도, 녹지계획도 등), 항공사진, 위성사진 등
	문헌자료 조사	토지이용계획확인원, 토지대장, 임야대장, 건축물관리대장, 토지특성조사표, 재산세 과세대장 등
	통계자료 조사	인구주택총조사, 산업총조사, 광업·제조업조사, 사업체기초통계조사 등
	국가통계포털 활용	국가통계포털 홈페이지(KOIS)를 통해 인구주택총조사, 국토, 인구, 노동, 임금, 재정, 보건 등 20여개 분야의 통계자료 열람 가능 / 통계별 수치와 도표 및 통계지리정보(SGIS) 서비스를 제공하며 시각화 지도로 열람 가능

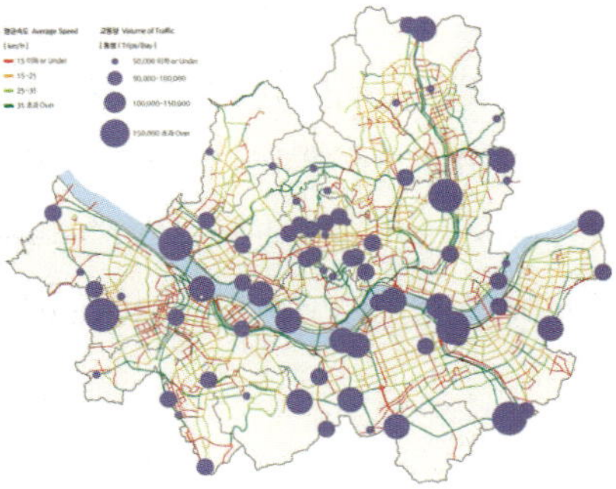

그림 3.25 서울시 교통량 및 통행속도(2012)

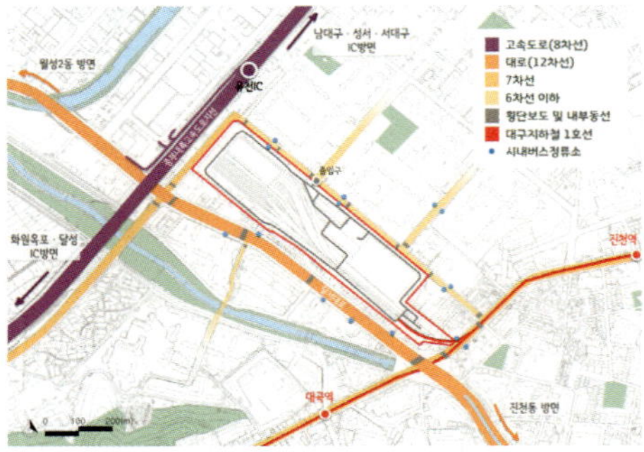

그림 3.26 교통 및 동선 현황 분석 사례

교통조사 시에는 대상지 및 대상지 주변의 광역적 범위까지 조사가 이루어져야 하며 현재의 교통체계뿐만 아니라 장래의 계획까지 아울러 조사하여야 한다. 관련 조사항목은 개인교통과 대중교통으로 구분하여 조사할 수 있으며, 세부항목으로는 접근 가능한 교통수단의 종류, 교통수단별 이동시간, 이동거리, 이용요금, 교통수단과의 연계성(환승), 교통량, 보행밀도, 보행자 접근성, 보행환경, 교통환경, 주차장 위치 등이 있다.

교통조사방법은 현장답사를 통한 사진 및 동영상 촬영, 현장도면 작성과 필지단위 GIS 데이터 활용, 수치지형도, 도시도로망자료, 통계청 또는 토지이음 등에서 제공하는 도시계획시설과 같은 자료를 통하여 수집하며 도시공간정보로 시각화하여 분석할 수 있다.

3) 시설물 현황 분석

시설물 조사는 계획 대상지의 성격 및 프로그램 구성에 도움을 주기 위해 실시하며, 대상지 및 주변에 존재하는 문화, 교육, 복지, 공원녹지 등의 기존 시설 현황과 지역의 역사성을 대표하는 유·무형적인 문화재 자원 및 국가유산 보호구역에 대해 조사한다.

먼저, 대상지에 대한 시설물 조사는 대상지를 기준으로 광역적 범위, 대상지 인근, 대상지 내로 분석 범위를 나누어 조사를 진행하여야 하며, 대상지의 규모와 형태에 따라 광역적 범위와 대상지 인근의 조사 범위를 결정하도록 한다. 시설물 조사 시 확인해야 할 항목은 공원 및 녹지, 산업단지, 체험장, 유수지, 관공서 등이 있으며, 대상지에 계획하고자 하는 시설과 연관성이 있는 시설물에 대하여 위치, 출입구, 규모 등도 파악한다.

대상지 주변에 설치된 시설물에 대한 조사는 대상지에 긍정적인 영향을 주는 요소를 부각시키고 부정적 요소는 제거 또는 축소시키며 기존의 대상지 조건에 알맞은 설계가 이루어지도록 하는 작업이다. 예를 들어 어린이 공원을 계획하는 경우 인근에 아파트, 유치원, 초등학교 등의 유아 시설이 위치해 있는 지역인지를 확인하여 프로그램 계획의 타

그림 3.27 대상지 주변 시설물 현황 분석 사례 (좌부터 광역적, 대상지 인근, 대상지 내 분석)

당성을 확인할 수 있으며, 반대로 이미 어린이 공원이 계획되어 있는 지역 또는 산업시설이 많은 지역 등 연관성이 낮은 지역은 피할 수 있다. 또한 대상지 주변에 이용률이 높은 시설물이 있다면 해당 시설물의 위치 및 출입구의 위치를 고려하여 본인이 계획하는 대상지의 출입구 및 동선 등을 더욱 효율적으로 계획할 수 있을 것이다.

문화재 자원 조사는 각종 행사, 예능 및 공예기술 등의 무형유산과 사적지, 문화재 건조물, 기념비, 기념탑 등의 유형 유상으로 나누어 조사할 수 있으며 위치, 내역, 지정번호, 문화재 종류별 분포 수, 관리자 현황, 이용시간, 개방유무, 이용료 등에 대해 조사하여야 한다. 또한 국가유산보호구역은 훼손 및 개발을 방지하기 위한 지역으로 지정된 곳이므로 '토지이용계획'을 열람하거나 '문화재공간정보서비스(http : //gis-heritage.go.kr/)'에 접속하여 GIS 데이터, 건축 허용기준 고시문 및 도면 등을 통해 확인이 가능하다. 대상지 계획 시 주변에 위치하는 국가유산에 대한 보존 및 활용 계획을 진행하면 대상지의 고유한 특색을 살리고 역사성을 알릴 수 있다.

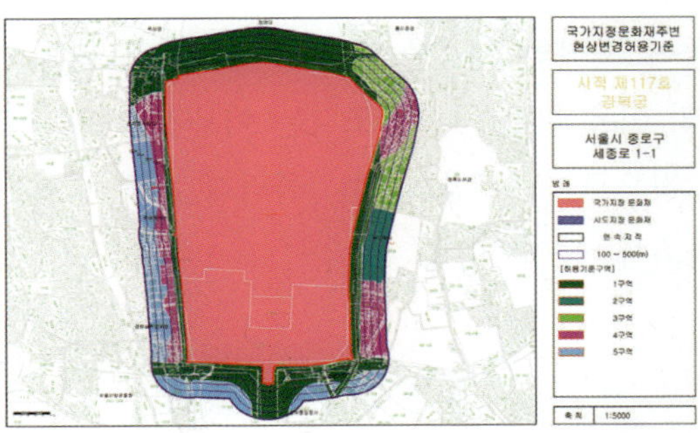

그림 3.28 건축행위허용기준 고시도면
(경복궁)

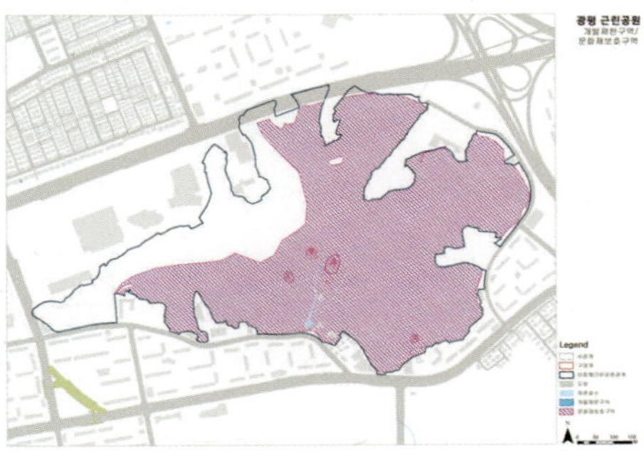

그림 3.29 문화유산보호구역 지정 현황
(광평근린공원)

2.2.4. 인간행태 조사 및 분석

| 김영재

1) 환경심리와 이용행태

인간의 행동은 물리적 또는 환경적 자극을 통해 주변의 환경을 지각하고 인지하며 형성된 태도를 바탕으로 나타난다. 따라서 물리적 환경이 어떻게 구축되어 있는지에 따라 인간의 행태는 달라질 수 있으며, 이러한 관계성에 따라 조경계획 및 설계에서는 이용자의 행태에 대한 기초조사를 시행한다. 이를 통해 계획 및 설계자의 주관 및 직관에 의해 발생하는 오류를 최소화하고 사람들의 행태를 기초로 한 설계를 수행할 수 있다.

인간의 행태는 환경지각, 인지, 태도와 밀접한 관련이 있다. 먼저, 지각은 일상 환경의 주요한 정보를 받아들일 수 있게 해주는 것으로 환경설계에 있어서 가장 근거가 되는 요소이다. 즉, 환경지각은 보고, 듣고, 냄새를 맡고, 촉감을 느끼는 감각기관의 생리적 자극을 통해 외부의 환경적 사물을 받아들이는 과정 혹은 행위를 의미한다. 인지는 지각한 사물에 대해 과거 또는 현재의 경험을 바탕으로 알게 되는 과정이며 여기서 자신의 경험에 따라 사물의 인지가 개인에 따라 다를 수 있다. 마지막으로 태도는 인간이 특정 사물 혹은 사건에 대한 지각과 인지에 대한 학습의 결과이며 시간에 따라 변화하는 것이다. 특히 환경에 대한 만족도, 선호도는 환경에 대한 태도와 관련성이 높으며 이는 이용후평가, 시각적 선호 등이 포함된다. 종합하여 볼 때, 환경설계가는 적절한 지각과 인지환경을 만들어 이용객의 태도 형성을 유도하여야 한다.

2) 자료수집의 방법

인간행태 분석은 여가 활동을 하는 행위에 대한 분석을 의미하며 대상지에 계획된 주 이용층을 대상으로 조사를 실시하여 사람들이 자신의 환경을 어떻게 인지하고 행동하는지를 확인하는 것을 말한다. 즉, 환경심리 및 이용행태에 대한 조사는 이용자의 요구조건을 파악하여 계획 대상지에 반영하기 위한 것으로 조사 방법에는 '물리적 흔적 관찰, 행태 도면화 기법, 면접조사, 설문조사, 문헌조사' 등이 있다.

a. 물리적 흔적 관찰

물리적 흔적 관찰은 인간의 주변 환경 또는 행위의 결과로 남은 흔적들을 부호 및 시각적인 자료를 활용하여 체계적으로 조사하는 방법으로 연구 초기단계에 대상지에 대한 이해를 돕고 계획방향을 설정하기에 유용하다. 물리적 흔적 관찰을 통해 현재의 환경조성에 대한 원인, 설계자의 설계 의도와 목적, 이용 현황, 이용객의 만족도와 요구사항 등을 추론할 수 있으며, 관찰의 기록은 다이어그램, 스케치, 사진 등을 활용한다.

우리 주변의 공원 보행로나 가로변 인도를 보면 해당길이 아닌 실제 보행자들이 만들어 낸 대각선을 가로지르는 지름길을 흔히 볼 수 있다. 이는 외부공간의 설계 의도대로 공간을 이용하지 않는 이용자의 요구사항을 간접적으로 보여주는 것이다. 설계 의도와 다른 이용행태의 결과를 개선하기 위해 물리적 흔적의 관찰을 통해 외부공간을 설계한 사례가 있다. 미국 미시간 주립대학(Michigan State University)의 캠퍼스 내 보행로는 새로운 건물이 들어서기 이전에 계획된 것이 아닌 학생들과 교직원들이 실제로 밟고 다닌 길을 관찰하여 추후에 계획되었다(그림 3.30).

그림 3.30 물리적 흔적 관찰을 통한 미시간 주립대학교 캠퍼스 내 보행로 계획

(Google Earth Pro, Timeline: 2007.04)

b. 행태 도면화 기법

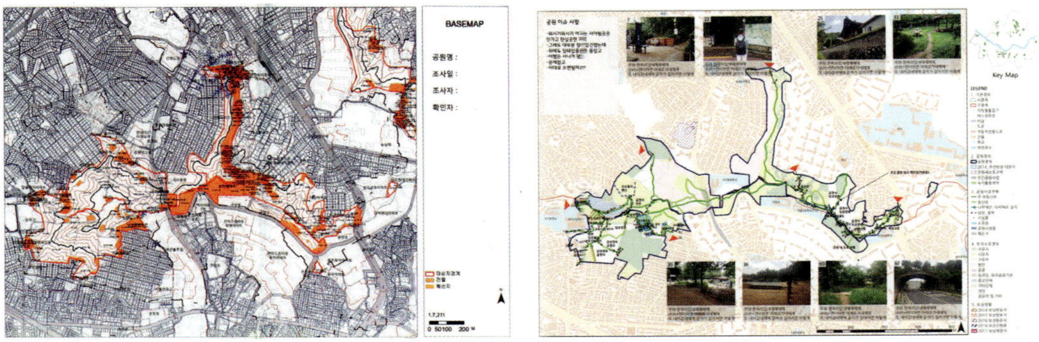

그림 3.31 대상지 답사를 통한 행태 도면화

(좌: 답사도면 및 현장 행태기술, 우: 답사 후 도면 및 사진정리)

일정 장소에서 일어나는 행태를 기술, 조사표, 지도, 사진, 비디오 촬영 등을 이용하여 미리 준비한 평면도에 기록하는 방법으로 조사한 내용에 대하여 지리적 · 평면적 시각화가 가능하고 이를 통해 공간적 형태로 조사내용을 분석할 수 있다.

c. 면접조사(인터뷰)

일정 장소의 이용자들을 대상으로 특정 상황에 대한 태도와 반응을 조사하고 감정의 강도를 기록하는 방법으로 응답자가 자유롭게 답변할 수 있어 표면적인 정보 뿐 아니라 심층적인 정보까지 얻을 수 있다. 또한, 응답 내용과 함께 응답자의 표정, 태도, 몸짓 등을 파악할 수 있기에 이에 대한 추가적인 정보수집이 가능하다. 그러나 이러한 특징으로 인해 인터뷰는 질문자와 면접자의 역량에 따라 정보의 질이 달라질 수 있으므로 질문자는 인터뷰 전 인터뷰 주제에 대한 사전내용과 질문 등을 작성하여 응답자에게 미리 공유하도록 한다. 면접조사의 방법은 방문 또는 전화를 통한 인터뷰 등이 있으며 조사집단의 규모에 따라 1 : 1, 집단인터뷰, 전문가그룹 인터뷰로 구분할 수 있다.

d. 설문조사

설문조사는 다수의 사람들에게 정보를 얻음으로써 신뢰성이 높은 계량화된 정보를 얻을 수 있을 수 있고 인터뷰에 비해 짧은 시간에 많은 정보를 얻을 수 있는 장점이 있다. 그러나 설문지의 해석이 개인마다 다르고 설문 작성자의 경향에 따라 답이 유도될 수 있으므로 설문 항목 간에는 내용과 개념이 확실하게 구분되도록 하고 설문지 작성 전에 반드시 예비조사(pilot survey)를 실시하여 타당성과 신뢰성을 검증하여야 한다. 설문조사의 진행 순서는 먼저 설문지 작성에 필요한 정보를 추출하고 분석한 다음 설문지 작성 양식을 참고하여 설문지를 구성하고, 이를 배포하여 수집한 데이터를 바탕으로 분석 결과를 도출한다. 분석 결과는 일반적으로 기술통계를 활용하여 수집한 자료의 현황 및 특징을 파악하고 이후 연구목적에 맞는 추리통계 분석을 통해 이루어진다. 설문지는 응답방식 및 대상에 따라 자유개방형 설문, 제한응답설문, 시각적 응답 등으로 구분되며, 필요에 따라 혼합설문지를 구성한다.

e. 문헌조사

문헌조사는 분석하고자 하는 대상의 문제를 파악하고 가설을 설정하기에 가장 빠른 방법으로 주로 2차 자료인 신문, 잡지, 기사, 논문, 보고서, 도면 등의 내용을 검토하여 정보를 수집하는 것이다. 문헌조사는 자료수집의 가장 기초적인 방법으로 인터뷰, 설문 등의 조사를 시행하기 어려운 상황이나 내용에 대해 분석하기에 적합하다. 수집된 문헌조사 자료들은 주제별로 문헌들을 그룹화하여 정리하거나 체계성을 가지고 유기적으로 통합·정리하도록 하고, 비판적인 시각을 통해 자료의 정확성을 판단하여야 한다.

3) 인간행태와 공간구성 변화의 사례

앞서 살펴본 각종 자료를 통해 수집한 정보와 이용자들의 행태적 분석 결과를 직접적 혹은 간접적으로 응용하여 대상지 외부 공간계획에 적용한 몇몇 사례를 살펴보자.

a. 이용자 요구 충족을 위한 세 번의 변신

미국 뉴욕 맨하튼 연방정부 건물 앞의 제이콥 자비츠 플라자(Jacob Javits Plaza)는 이용자의 요구에 의해 그 모습이 세 번이나 바뀌었다. 1981년 최초 조성 당시에는 예술가 리차드 세라(Richard Serra)의 '기울어진 호(Tilted Arc)'가 설치되었다. 기울어진 호는 연방정부 건물 앞 중앙을 가로지르는 길이 37m, 높이 3.7m, 두께 6.4cm의 거대한 철 덩어리 벽 형태의 설치 작품이었다(그림 3.32(a)). 이 작품은 광장 중앙에 비스듬히 놓여진 긴 선형의 형태였기 때문에 당시 사람들은 건물을 진입하기 위해 광장을 둘러가야 했고, 철벽에 의해 시야를 차단하여 답답함과 불쾌감을 주었다[2]. 결국 시민들의 반대로 1989년 기울어진 호는 철거되었고, 1997년 마샤 슈왈츠(Martha Schwartz)에 의해

---

2) 당시 리차드 세라는 연방정부의 권력과 이데올로기를 이용자가 작품을 통해 경험시키고자 광장을 지나가는 사람을 억압하고 차단의 감정을 느끼도록 설계하였다(심지수, 배정한 (2012)).

밝은 녹색의 긴 곡선형 의자와 원형 마운딩이 설치된 광장인 제이콥 자비츠 플라자가 조성되었다(그림 3.32(b)). 하지만 해당 광장의 큰 비중을 차지했던 밝은 분위기의 곡선 의자는 이용자들의 사용이 극히 적었고 오히려 광장의 풍경을 황량하게 만들었다는 비판도 받았다(Marcus, 2000; 심지수와 배정한, 2012). 이후 광장은 2013년 마이클 반 발켄버그(Michael Van Valkenburgh)에 의해 재조성되었다(그림 3.32(c)). 다시 조성된 제이콥 자비츠 플라자는 주변 건물 입구와 광장의 동선을 부드럽게 연결하도록 설계되었고 목련이 식재된 곡선 형태의 마운딩을 통해 아늑하게 위요된 휴게 공간을 갖추게 되었다. 또한 바닥 분수와 대리석을 이용한 바닥 포장 및 의자를 설치하여 광장에 생동감과 시원함을 불어 넣으며 이용자로 하여금 공감각적 경험이 가능하게 하였다.

(a) (b) (c)

그림 3.32 제이콥 자비츠 플라자의 변화 : (a) 1981년, (b) 1997년, (c) 2013년

b. 이용행태를 뒤바꾼 광장의 변화

미국 뉴욕 브루클린의 한 지구인 덤보(Dumbo)에 위치한 삼각형 모양의 펄 스트릿트 트라이앵글(Pearl Street Triangle) 광장은 과거 공영주차장이었으며 사람들의 이용이 없는 삭막하고 안전하지 못한 곳이었다. 2007년 미국 뉴욕시 교통국은 해당 지구에 위치한 건물소유주의 특별세를 활용하여 기존 노상 주차장을 보행자를 위한 광장으로 개선하였다(그림 3.33). 주차장을 없애는 대신 그 위에 식재, 파라솔을 이용한 그늘막 쉼터, 벤치, 밝은 색의 포장 등을 조성하여 광장으로 개선하자 점심시간에 푸드트럭을 이용하는 사람들, 담소 및 휴식을 취하는 사람들이 생겨났다. 기존의 삭막하고 위험했던 공영주차장이 사람들의 활발한 교류가 이루어지는 안전한 휴식처로 탈바꿈한 것이다. 2012년 이 광장은 브루클린의 한 예술가의 바닥화가 그려져 그 모습을 유지하고 있다.

그림 3.33 뉴욕 브루클린 덤보(Dumbo) 지구에 위치한 Pearl Street Triangle 광장
(좌: 노상 주차장으로 활용되었던 공공공간, 우: 보행자를 위한 광장으로 개선)
(https : //nytimes.com/2013/06/02/arts/design/a-prescription-for-plazas-and-public-spaces.html)

2.2.5. 시각환경 조사 및 경관분석

| 신지훈

1) 경관 현황 조사

a. 경관구조 현황 분석

경관구조 분석을 위해 계획 대상지를 포함한 주변 지역의 지형·지세와 주요 기반시설 및 구조물 등으로 이루어지는 경관적 특성을 파악할 필요가 있다. 경관적 특성은 경관축의 형태로 표현될 수 있는데, 경관축은 조망경관의 보존 및 개방감 확보를 위해 공원녹지, 하천, 도로, 광장, 공개대지, 농경지, 건물사이 개방공간 등에 의해 설정된 일정 폭을 지닌 선형의 공간축을 말한다. 일반적으로 경관축은 자연과 도시의 주요 경관요소를 개념적인 패턴으로 나타내며, 이를 통해 지역의 경관을 형성하는 주요 경관요소의 흐름과 다양한 경관요소들과의 관계를 파악할 수 있다.

① 자연경관축

자연경관축은 계획 대상지를 포함한 주변 경관을 구성하는 주요 자연경관 요소를 구분하여 나타낼 수 있으며, 이를 종합하여 각 경관요소들의 관계를 파악할 수 있다. 자연경관축에 포함되는 자연경관 요소로는 산림경관, 하천경관, 해안경관 등이 있다. 또한 도시 내 공원·녹지, 마을 숲이나 보전대상 산림, 저수지 등도 자연경관축을 구성하는 요소에 포함할 수 있다.

② 인공(문화)경관축

인공(문화)경관축은 계획 대상지를 포함한 주변 경관을 구성하는 주요 기반시설과 구조물 등을 구분하여 나타낼 수 있으며, 이를 종합하여 각 경관요소들의 관계를 파악할 수 있다. 인공(문화)경관축에 포함되는 경관 요소로는 시가화 지역의 개발 패턴을 보여주는 시가지경관, 도로, 철도 등을 포함하는 도로기반시설, 지역의 문화재나 고유한 경관을 나타내는 역사문화경관, 경작지, 농업시설, 취락지, 마을 공동시설 등을 포함하는 농산어촌 경관 등이 있다.

③ 통경축과 조망축

통경축은 일반적으로 인공시설이 밀집되어 일정 거리의 개방 가시권 확보가 어려운 지역에서 개방감을 높이기 위해 설정한 선형의 개방공간을 말하며, 조망축은 산림, 하천, 특이지형, 역사건조물, 랜드마크, 조형적 건축·구조물 등 조망가치가 있는 특정 경관에 대한 가시권을 보호하기 위해 설정한 직선형태의 개방공간을 말한다.

b. 경관자원 현황 조사

경관자원은 경관을 구성하는 물리적 요소 중 심미성, 역사성, 향토성, 특이성, 자연성 등에 의해 보존 혹은 이용할 가치가 있는 시각대상을 말한다. 최근에는 경관자원이 도시와 지역의 각종 계획에서 필수적으로 고려되어야 할 사항으로 인식되고 있어 그 중요성과 활용가치가 매우 높다.

① 자연경관자원

자연경관자원은 자연적인 요소가 주를 이루는 경관자원으로 대규모의 산림, 하천, 호소, 공원, 녹지 등에서부터 보호수, 연못 등과 같이 단일 자연요소와 이를 조망할 수 있는 지점 등을 포괄적으로 조사하고 경관적 측면에서의 활용방안을 모색한다.

그림 3.34 경관단위도 작성 사례

② 문화경관자원

문화경관자원은 계획대상지를 포함한 주변지역의 형성과정에서 만들어진 사회·문화적 산물이다. 자원으로 활용가치가 있는 건축물, 구조물, 그리고 이들의 집합을 통해 지역의 정체성과 독특함 등을 파악하고 이를 조망할 수 있는 지점 등을 포괄적으로 조사하여 경관적 측면에서의 활용방안을 모색한다. 지역의 고유한 문화를 담고 있는 축제, 생활문화 등 무형의 자원도 지역의 경관적 이미지를 형성하는 중요한 자원이 될 수 있다.

2) 경관의 특성 분석

a. 경관단위의 설정

계획대상지를 포함한 주변 지역 경관의 특성을 분석하기 위해서는 경관의 유형, 규모 등을 고려한 분석 단위를 설정할 필요가 있다. 경관단위(landscape units)는 경관을 구성하는 지형, 토질, 토양, 식생, 동물, 기후와 같은 요소가 유기적인 관계를 통하여 수직적, 수평적으로 또는 규모 있게 배치된 상태를 말하며, 이러한 유기적인 관계를 통해 형성된 동질적인 성격을 가진 비교적 큰 규모의 경관을 구분하는 것이다. 경관단위는 주로 지형 및 지표 상태에 의하여 좌우된다. 지형에 따라 계곡, 경사지, 평탄지, 고원, 구릉지 등으로 경관단위가 구분될 수 있으나, 여기에 지표 상태가 동시에 고려되어야 한다. 경관단위가 구분되면 경관단위별 경관특성을 고려하여 경관자원의 개발, 관리, 보존의 방침을 설정하여 계획안 작성에 기초가 되도록 한다.

b. 경관 요소 분석

① 주요 조망점 선정

경관요소 분석을 위한 주요 조망점은 분석하고자 하는 경관단위의 경관적 특성을 가장 잘 파악할 수 있는 곳으로, 조망대상의 거리와 조망장소의 위치를 고려하여 선정한다. 일반적으로 주요 조망점은 주통행로, 이용도가 높은 장소, 독특한 경관을 조망하는 장소, 다양한 전망 기회를 제공하는 장소 등으로 선정한다.

계획대상지의 가시지역은 지형의 변화에 영향을 받게 되며, 이 경우 일반적인 기준에 따라 선정된 조망점은 다양한 개발계획이 포함되는 사업의 경관적 영향 범위를 제대로 파악하기 어려울 수 있다. 따라서 개발사업의 경우에는 지형의 변화뿐만 아니라 계획된 건축물과 구조물의 가시범위를 고려한 조망점이 선정되어야 한다.

② 주요 경관요소 분석

경관요소(visual elements)들은 여러 가지의 개념이 복합적으로 사용되고 있으므로 계획구역의 특성에 맞는 개념들을 선택적으로 이용하여야 한다. 관찰자의 위치, 움직임, 조망거리 등에 따라 파악되는 경관요소가 다르므로, 주변 경관의 특성을 잘 관찰할 수 있는 주요 조망점을 선정하고, 여기서 관찰되는 주요 경관요소를 파악하는 것이 바람직하다.

ⅰ. 점·선·면적 요소

정자목, 홀로 서있는 건축물 혹은 조각 등은 점적 요소에 속하고, 하천, 도로 및 가로수 등은 선적 요소에 속하며, 초지, 논밭, 운동장, 호수면 등은 면적 요소에 속한다.

ⅱ. 수평·수직적 요소

저수지, 호수 등의 수면은 수평적 요소이며, 절벽이나 전신주, 초지나 논밭 한 가운데 홀로 서있는 키 큰 나무 등은 수직적 요소이다.

ⅲ. 닫힌·열린 공간

계곡 혹은 수림으로 둘러싸인 곳은 닫힌 공간이 될 수 있고, 들판, 넓은 초지 등은 둘러싸인 기분은 느낄 수 없으므로 열린 공간이 된다.

ⅳ. 랜드마크(landmark)

식별성이 높은 지형, 지물을 말하는 것으로 지역적 규모에서는 산봉우리, 절벽, 탑 등을 들 수 있으며, 주변 경관과 비교하여 독특함을 지녀서 눈에 잘 띄는 정자목, 교량, 건물 등은 랜드마크적인 성격을 갖는다.

v. 전망(view)·비스타(vista)

전망은 일정 지점에서 볼 때 파노라믹하게 펼쳐지는 경관을 말하며, 비스타는 좌우로의 시선이 제한되고 일정 지점으로 시선이 모이도록 구성된 경관을 말한다.

vi. 색채

색채는 계절에 따라 변화가 많으며, 경관의 분위기를 조성하는데 중요한 역할을 한다. 특히 구조물을 설계할 경우 외관의 색채를 선정할 때 주변 경관과 조화를 이루게 하거나 혹은 대비되어 눈에 띄는 색을 선택하게 된다.

vii. 질감

지역적 규모의 경관에서 질감은 주로 지표 상태에 따라 영향을 받게 된다. 논밭과 산림은 상이한 질감을 갖게 되며, 같은 산림이라 할지라도 수목의 종류에 따라서 다른 질감을 갖게 된다. 수목은 바위나 암석 등의 경관요소보다 상대적으로 부드러운 질감을 가지게 되며, 인공적인 구조물도 외관의 마감재료에 따라 느껴지는 질감이 상대적으로 달라진다. 지표 상태와 연관된 질감은 계절에 따라서도 많은 변화를 갖게 된다.

viii. 주요 경사

지형의 경사면에서 경사도가 급격하게 변화하여 돌출되는 부분은 눈에 잘 띄어 경관적으로 중요한 역할을 하게 된다. 따라서 이러한 부분에 구조물을 설치하게 되면 경관에 미치는 영향이 크므로 경관의 질을 보전하기 위한 특별한 고려가 이루어져야 한다.

b. 경관가치(landscape value) 평가

경관가치 평가는 물리적 환경이 지닌 경관적 가치를 객관적으로 평가하는 것으로, 그 결과를 통해 토지이용이나 개발방향 설정을 위한 기초자료로 활용할 수 있다. 경관의 가치를 평가하는 방법은 아직 보편화되어 있지 않지만, 일반적으로 경관의 질(landscape quality), 조망거리에 따른 지각강도, 조망횟수에 따른 경관민감도 등을 분석하고 종합하는 방법이 활용되고 있다. 최근 GIS 분석 방법의 발전으로 경관가치 평가를 위해 고려되어야 할 다양한 인자를 분석에 활용할 수 있다.

① 경관의 질(landscape quality)

경관의 질은 주로 지형과 지표 상태에 의해 좌우되며, 이를 고려하여 경관단위 별로 경관의 질을 파악할 수 있다. 즉 지형과 지표 상태의 관계를 파악할 수 있는 행렬표를 작성하여 각각의 경관단위 별로 상대적인 경관의 질을 판단하고, 이를 도면화 할 수 있다.

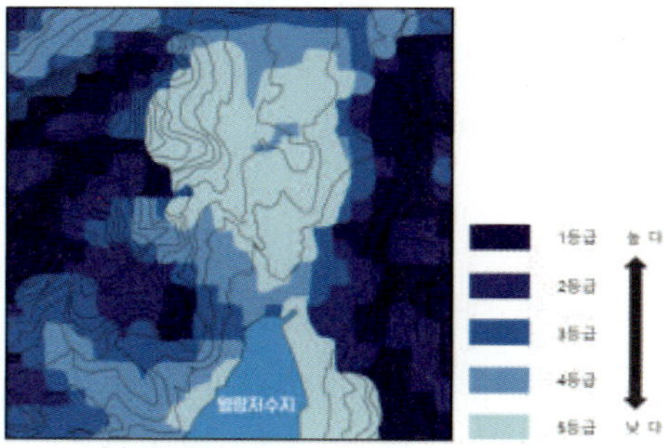

그림 3.35 경관의 질 평가도 작성 사례

② 조망거리에 따른 지각강도

같은 경관이라도 조망지점으로부터 가까운 거리의 경관은 지각강도가 크고, 먼 거리의 경관은 지각강도가 작다. 주요 조망점이나 선형의 산책로, 탐방로 등으로부터 일정 거리 간격을 경관에 대한 지각강도로 구분할 수 있다. 조망거리는 근경, 중경, 원경 등으로 구분되며, 각 거리별 기준은 경관유형에 따라 다르다. 자연경관에서는 일반적으로 근경 500m 이내, 중경 500~1,000m, 원경 2,000m 이내로 구분하고 있다.

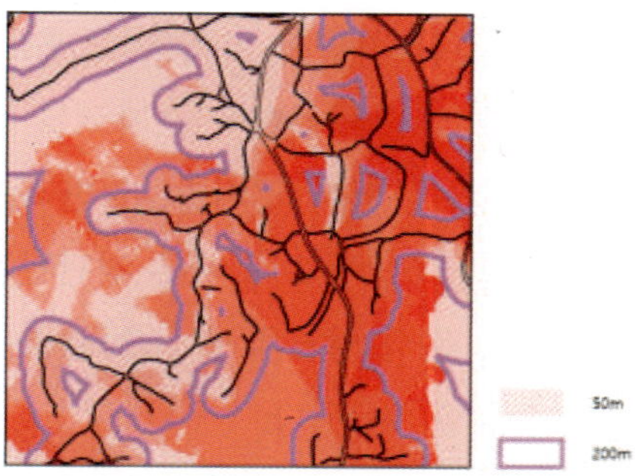

그림 3.36 조망거리에 따른 지각강도 작성 사례

③ 조망횟수에 따른 경관민감도

다수의 조망점에서 조망되는 빈도가 높은 경관일수록 시각적으로 민감하고 그 만큼 중요도가 높다. 경관에 대한 민감도는 관찰자에게 시각적으로 영향을 주는 정도를 의미하며, 경관에 대한 조망은 각각의 조망점에서 직접 관찰을 통해 가시 여부를 판단할 수 있으나, 최근에는 GIS를 활용하여 각 조망점으로부터의 가시지역 분석을 통해 가시여부와 조망횟수를 판단할 수 있다.

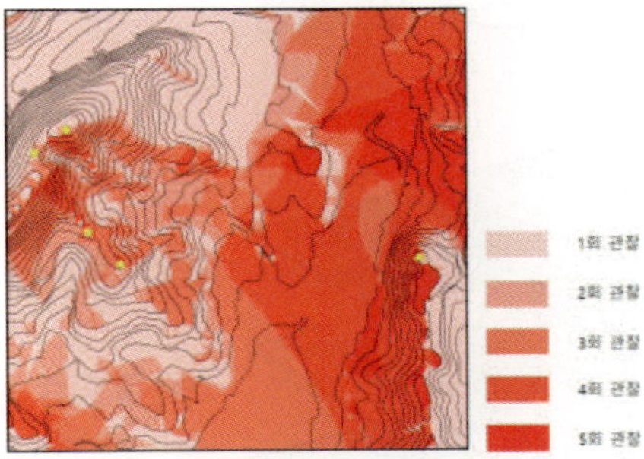

그림 3.37 가시지역 분석을 통한 조망횟수 분석 사례

④ 경관가치도 작성

앞서 제시된 경관의 질, 지각강도, 관찰횟수 등을 종합적으로 고려하여 경관가치를 나타내는 도면을 작성할 수 있다. 이는 경관현황을 보다 체계적이고 객관적으로 분석하고 도면화하는 과정이며, 분석 결과를 토대로 경관을 활용한 합리적인 조경계획을 수립할 수 있다.

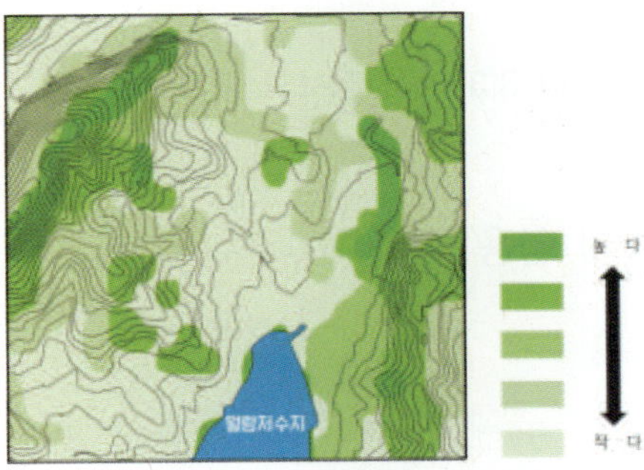

그림 3.38 경관가치도 작성 사례

최근에는 경관의 개념을 자연적 요인 및 인간적 요인의 작용과 상호작용의 결과에 따라 그 특성이 결정되어 사람들이 인식하는 지역(Council of Europe, 2000)으로 파악하기도 한다. 따라서, 경관분석 과정을 경관이 단순히 좋고 나쁨이 아니라, 지역 경관 특성의 다양성을 인식하고 설명해 나가는 과정으로 이해하면서, 이를 도면화하고 경관관리 정책에 반영하고자 노력하고 있다.

2.3. 정보의 통합적 분석, 소통 및 활용

그림 3.39 공간정보의 중첩

2.3.1. GIS와 BIM의 분석 및 활용

ㅣ김복영

1) 공간정보 활용을 위한 GIS

GIS(Geographic Information Systems)는 '인간생활에 필요한 지리정보를 컴퓨터 데이터로 변환하여 효율적으로 활용하는 정보시스템'을 의미한다(국토교통부 국가공간정보포털). 정보시스템이란 인간의 의사결정에 도움을 주기 위해 특정 주제에 대한 정보를 수집, 저장하고 처리, 분석하는 소프트웨어와 하드웨어를 포함한 시스템이다. 다양한 정보시스템 중에서 GIS는 위치를 가지는 지구상의 유형 또는 무형 대상에 대해 도형자료와 속성자료를 연계하여 처리하는 지리정보시스템 또는 지형공간정보시스템이다.

지리정보 또는 공간정보는 지도 상에서 위치를 알 수 있는 모든 정보를 가리킨다. 지형과 지질, 자연환경 및 토지이용 현황을 비롯하여 도로, 건축물, 전기, 상하수도와 같은 기반시설, 그리고 인간의 삶과 관련된 통계자료 등이 포함된다. 지구상에 위치한 자원은 한정적이며 물리적 접근성과 배분을 위한 형평성의 문제를 가지므로 공간정보는 인간이 자원을 활용하기 위한 행위와 태도를 결정할 때 매우 중요한 기준이 된다.

컴퓨터 기술의 도입 이전에 공간정보는 종이 위에 표현 가능한 단순한 지형과 물상에 대한 객체 정보만을 포함하고 있었다. 하드웨어로서 PC가 보급되고 관련 소프트웨어가 개발되면서 공간정보는 지면이라는 제한적인 매체에서 벗어나 전산화되기 시작했다. 공간정보가 전산화되면서 왜곡과 오차를 최소화하여 입력과 저장이 가능해졌고, 특정한 주제를 가지는 주제도를 중첩시켜서 많은 양의 정보를 처리하고 상호 참조하거나 조합하여 분석할 수 있게 되었다. 여기에서 각 주제도는 개별 레이어로서 공통의 위치 정보를 가지되 독립된 정보의 집합체로 관리가 가능하다.

이렇듯 GIS는 공간정보를 전산화하여 효율적으로 활용하고자 개발되었다. 최초의 GIS는 1960년대 캐나다 정부에서 국토정보 관리를 위해 개발한 CGIS(Canada Geographic Information System)이다. 비슷한 시기에 하버드 대학 GSD(Graduate School of Design)의 '컴퓨터 그래픽 및 공간분석을 위한 연구소(Harvard Laboratory for Computer Graphics and Spatial Analysis)'에서 GIS의 주요 기술과 시스템을 개발하였다. 이후 지도 제작 프로그램인 SYMAP과 중첩된 도형 데이터 처리가 가능한 Odyssey라는 프로그램이 개발되었다. 1980년대에 이르러 ESRI사에서 일반인들도 GIS를 사용할 수 있도록 ARC/INFO라는 상용 소프트웨어를 개발하였고, 이후 여러 GIS 소프트웨어들이 개발되어 왔다. 현재 다수의 사용자들을 확보하고 있는 것은 ESRI사의 ArcGIS와 OSGeo에서 오픈소스로 개발하여 무료 배포하고 있는 QGIS이다.

GIS에서 다루는 정보는 수치 데이터로 저장되므로 필요에 따라서 다양한 형식으로 가공, 추출할 수 있다. 데이터는 여러 유형으로 구축되는데, 객체나 현상의 위치를 나타내는 공간 데이터와 위치가 포함되지 않는 속성 데이터로 구분할 수 있다. 공간 데이터는 점, 선, 면과 같은 도형의 벡터 데이터(vector data)와 항공사진과 같은 작은 사각형의 셀(cell)로 이루어진 래스터(rater data) 데이터로 나뉜다. 여기에 토지일 경우 소유자, 면적, 지목 등과 같은 정보가, 환경일 경우 우점종, 수목의 영급(수목의 연령을 10년 단위로 구분한 것), 보존등급 등과 같은 속성 데이터가 연계된다.

GIS의 일반적인 작업 절차는 데이터의 수집, 분석, 결과물의 출력 과정을 거친다. 물론 데이터의 수집 전에 해결할 사건과 문제가 무엇인지를 먼저 정의해야 한다. 문제 정의 과정에서는 GIS를 어떻게 활용할 수 있으며 의사결정 과정에서 결과물은 어떤 기여를 할 수 있을지 살펴봐야 한다. 또한 필요한 자료와 가능한 분석방법, 그리고 분석을 통해 도출될 결과물을 사전에 미리 점검해 본다.

문제의 정의를 마친 다음에는 필요한 데이터를 수집하고 이를 저장, 관리한다. 데이터 수집은 일반측량, 사진측량, Remote Sensing, GPS 등에 의해 이루어진다. 수집된 데이터를 데이터베이스로 저장하여 통합, 관리하면 검색 도구를 통해 쉽게 열람하거나 다른 형식의 데이터로 변환 가능하다. 이때 실세계의 현황을 모두 수집, 저장하는 것은 불가능하므로 필요한 정보와 형태를 적절히 선택하여 단순화된 형태로 보관한다.

데이터 수집 및 저장에 이어 다음 단계에서 자료를 분석하게 된다. 이 과정에서 자료가 내포하는 의미를 찾기 위해 특정 인자의 선택과 추출, 자료의 분류 또는 통합 등을 통해 대상지의 복잡한 현황을 파악하거나 원인을 규명하고 앞으로 나타날 현상을 예측한다. 또한 대상지의 모든 자료를 획득하기 어렵기 때문에 샘플링한 자료를 통해 나머지에 대한 정보를 추정하는 보간(interpolation) 과정을 거치기도 한다. 하나의 분석도구로 원하는 수준의 결과물이 도출되지 않을 경우, 여러 개의 분석 도구들을 조합한 분석 모델을 작성하여 활용한다. 분석 모델을 작성하여 자료를 분석하는 과정은 수행 결과물이 문제 해결을 위한 시나리오에 적합하게 될 때까지 자료와 인자를 변경해가면서 반복 수행하기도 한다. 분석을 마치면 마지막으로 지도나 도표, 그래프, 이미지 또는 동영상 등의 형태로 도출한 결과물을 쉽게 인지할 수 있도록 시각화한다.

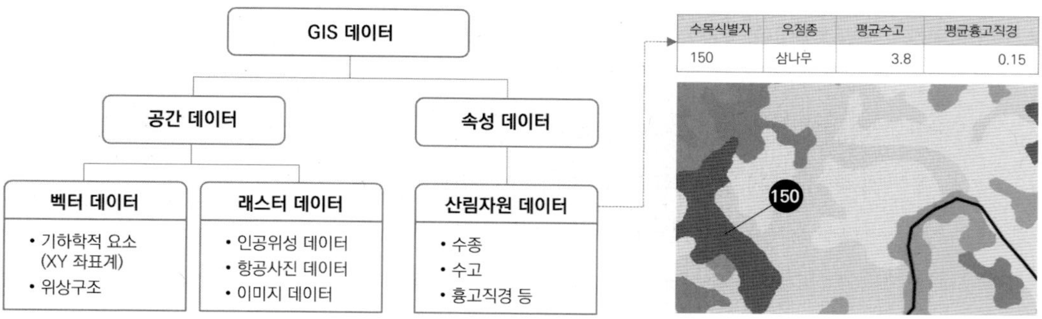

그림 3.40 GIS 데이터 유형과 산림자원 지도의 구성

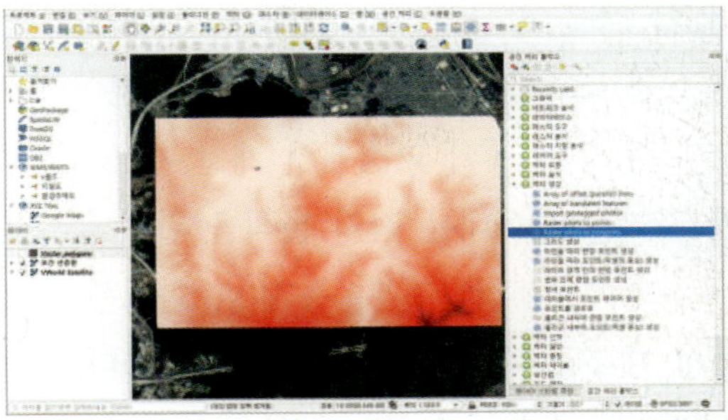

표고 분석

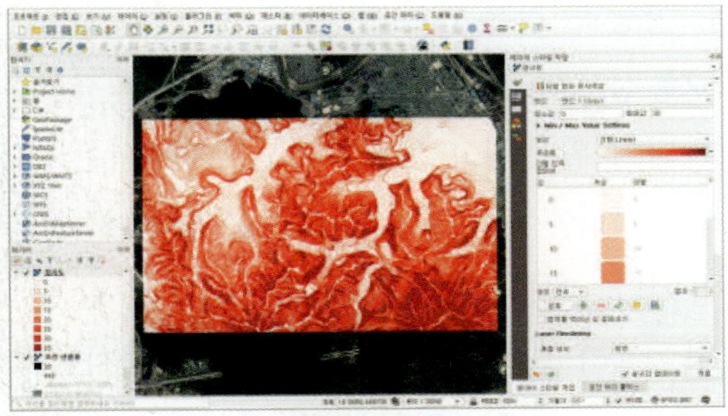

경사 분석

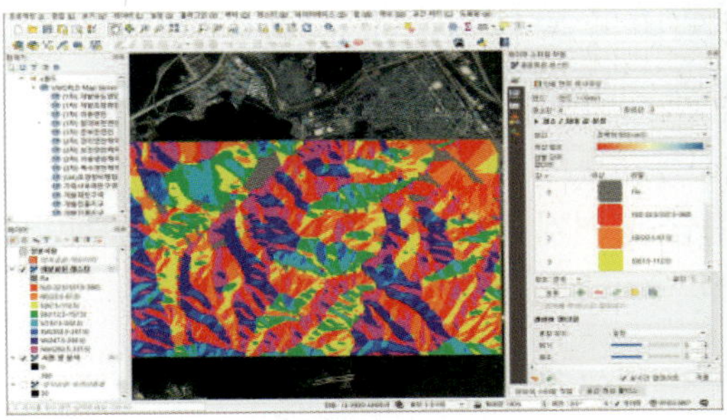

향 분석

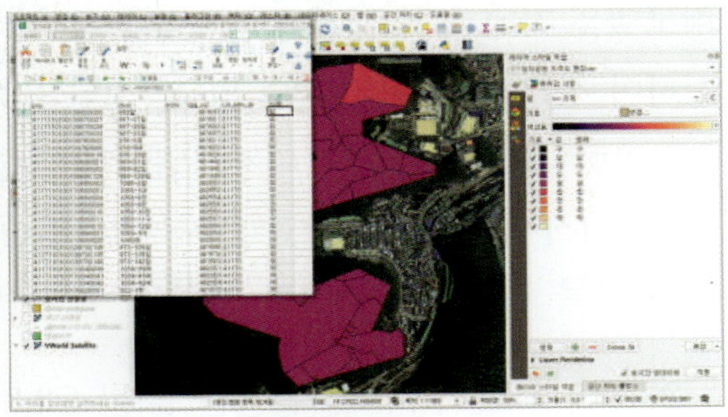

지목 분석

그림 3.41 수치지형모델을 활용한 표고, 경사, 향 및 지목 분석(QGIS)

표 3.24 주요 기관별 데이터 제공 현황

관련 기관	시스템 및 플랫폼 명칭	웹사이트
국토교통부	국가공간정보포털	http : //www.nsdi.go.kr
	건축데이터민간개방시스템	http : //open.eais.go.kr/main/main.do
	공간정보오픈플랫폼	http : //www.vworld.kr
행정안전부	공공데이터포털	http : //www.data.go.kr
	행정표준코드관리시스템	https : //www.code.go.kr
	도로명주소안내시스템	http : //www.juso.go.kr
통계청	국가통계포털	https : //kosis.kr
기상청	기상자료개방포털	https : //data.kma.go.kr
환경부	환경공간정보시스템	http : //eGIS.me.go.kr
	국토환경성평가지도	https://ecvam.neins.go.kr/main.do
산림청	산림공간정보서비스	http : //map.forest.go.kr
국토정보지리원	국토정보플랫폼	http : //map.ngii.go.kr
한국교통연구원	국가교통DB	http : //www.ktdb.go.kr
서울시청	서울열린데이터광장	http : //data.seoul.go.kr
㈜비즈지아이에스	(주)비즈지아이에스	http : //www.biz-GIS.com

이상과 같은 GIS의 작업 절차는 인간의 삶의 질을 향상시키기 위해 도시정보시스템, 교통정보시스템, 토지정보시스템, 환경정보시스템, 도로정보시스템 등 다양한 분야에 특화되어 활용되고 있다. 조경분야에서는 대상지 분석 및 계획 과정에서 개발 가용지를 파악하거나, 특정 용도의 시설물 입지에 적합한 지역을 찾아내는 적지 분석을 위해 주로 활용된다. 이를 위한 관련 데이터의 수집은 국토교통부, 행정안전부, 통계청, 환경부, 산림청, 그리고 국토정보지리원 등의 웹사이트에서 대부분 무료로 다운로드 가능하다.

데이터 수집 후 위치 및 지형 정보와의 연계를 통해 다양한 분석을 수행하려면 수치지형모델을 작성한다. 작성된 지형모델을 토대로 표고 및 경사분석, 그리고 경사방향을 계산하여 향분석을 수행할 수 있다. 기타 지형의 기복을 고려하여 임의 관측점에서 볼 수 있는 영역을 정량화하고 가시구역을 분석하기도 한다. 또한 대상지 내 토지의 지번, 소유, 공시지가, 면적 등과 함께 지목 및 보존등급을 연계시키거나 중첩시킴으로써 개발 가능 여부를 검토하거나 적지 분석을 수행한다.

2) 건설정보 구축 및 활용을 위한 BIM

BIM(Building Information Modeling)은 건설분야에서 3차원의 입체적 형태와 함께 다양한 속성정보를 구축하는 정보 모델링을 의미한다. BIM은 2000년대 초반 미국 건축분야에서 등장하면서 초기에는 건축물에 국한되는 개념 또는 특정한 건축 모델링 소프트웨어를 지칭하는 것으로 인식되었다. 그러나 BIM의 'Building'이 건축물이 아닌 'Build'라는 동사의 동명사로 통용되면서 BIM은 모델링 행위로, 그리고 그 적용분야는 토목과 조경, 설비 등 기타 전반적인 건설분야로 확장되었다.

BIM의 개념이 처음 제안된 데에는 건설분야의 낮은 노동생산성에 대한 반성이 작용하였다. 당시 정보화 및 자동화로 인해 비농업산업의 노동생산성은 40년간 2배 이상 증가하였으나, 건설산업의 노동생산성은 오히려 감소했다는 연구 결과가 발표되었다. 그 주요한 이유의 하나로 건설분야에서 자동화와 정보시스템의 도입이 이루어지지 않았음이 언급되었고 해결방안으로 3D 객체 기반의 CAD 도입이 제안되었다.

BIM 설계방식에 의해 작성된 모델이 일반 3D 모델과 다른 가장 큰 특징은 다양한 속성정보를 가진다는 것이다. BIM은 수목, 옥외시설물, 포장재 등 조경공간을 구성하는 단일 객체들을 각각 모델링하고 이들을 모아서 전체 모델을 완성하는 '객체 지향적' 모델링 방식을 취한다. 이때 각각의 객체들은 3D 형상과 더불어 설계에서 요구되는 속성정보들을 가질 수 있다. 예를 들어 수목을 표현함에 있어서 2D 캐드 도면에서는 X, Y축 상의

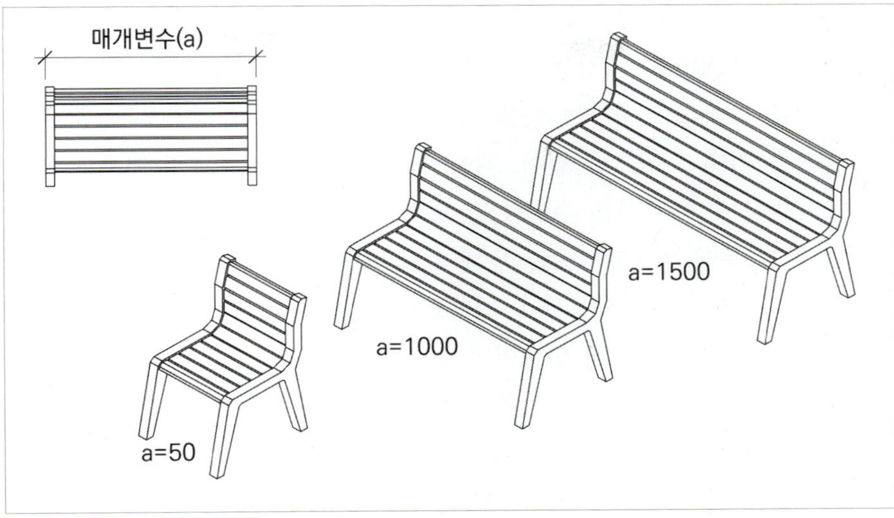

그림 3.43 파라메트릭 모델링 방식에 의한 옥외시설물 사례

점, 선, 면을 활용하여 수종을 나타내는 심볼의 형태로 표현하고, 일반 3D 모델은 여기에 Z축의 값이 추가된 입체의 형태를 가진다. BIM 모델은 3D 형태와 2D 심볼을 함께 포함할 수 있으며, 수목의 생태적, 환경성능적 속성정보를 가질 수 있다. 이렇게 되면 입체적 형태에 의한 디자인 검토와 생태적 특성을 고려한 계획과 설계가 이루어짐으로써 수목이 식재된 후의 하자를 줄일 수 있다.

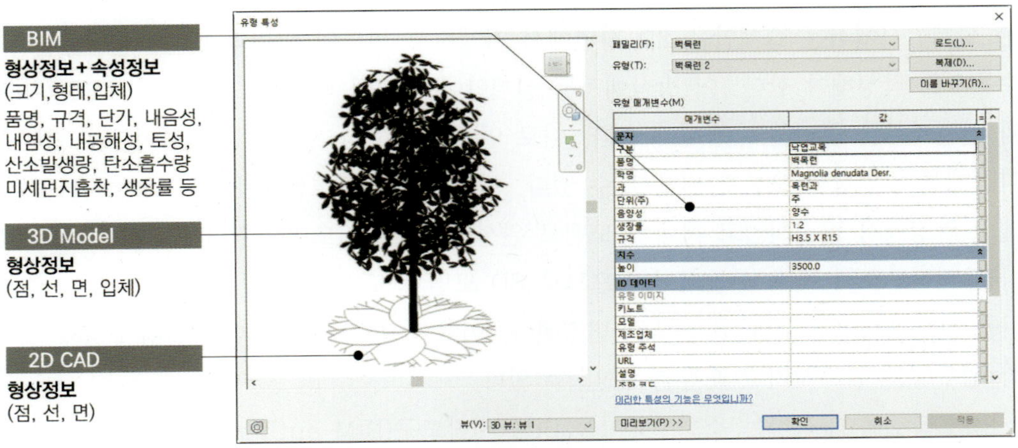

그림 3.42 2D 심볼 및 3D 형태, 속성정보를 담고 있는 수목 BIM 객체

BIM의 두 번째 특징은 파라메트릭 모델링 방식을 지향한다는 점이다. 이 특징은 BIM 모델을 작성하는 소프트웨어의 특징이기도 하다. 파라메트릭 모델링 방식은 변하는 매개변수(parameter)를 통해 모델링하는 것을 의미한다. 파라메트릭 방식으로 생성된 객체는 기본적인 형상을 가지고 있으나 길이, 각도 등과 같은 형상 조건의 변수도 포함하고 있어서 이용자가 원하는 대로 이를 수정할 수 있다. 그러면 기본적인 형상은 유지하면서 한 곳의 길이나 각도 등이 변경된 객체들을 무수히 만들어낼 수 있다. 예를 들어 옥외벤치의 경우 형태를 동일하게 유지하면서 1~3인용으로 변경하기 위해 길이에 변수를 주어 유사한 형태의 다수 객체를 손쉽게 만들어낼 수 있다.

BIM의 세 번째 특징은 파일 교환을 원활히 하도록 상호호환성(interoperability)을 추구한다는 점이다. BIM 설계방식이 보편화되면 조경을 포함하여 토목, 건축, 구조, 설비 등 모든 분야의 전문가들이 분야별 모델을 작성하고 이를 합쳐서 하나의 통합모델을 작성하게 된다. 이상적인 BIM 설계방식에서 통합모델의 작성은 시설물을 계획, 설계하는 전 과정에서 지속적으로 이루어지므로 프로젝트 참여자들의 협업은 더욱 활발해진다. 따라서 참여자들은 서로 다른 소프트웨어를 사용하더라도 3D 형태 및 속성정보의 손실 없이 모델을 공유, 재활용할 수 있도록 표준화된 파일 포맷을 사용하도록 요구된다. 이러한 표준 파일 포맷으로서 IFC(Industry Foundation Classes)가 개발되어 있다. 아직까지 IFC는 건축분야 외의 객체들을 구현하는 데 한계가 있으나 더 많은 객체들을 수용하기 위해 새로운 버전이 지속적으로 개발되고 있다.

이상과 같은 특징을 가지는 BIM을 도입하면 설계방식과 업무 절차는 변하게 된다. 기존 설계방식에서는 설계안을 2D 평면에서 작성하고 별도의 입면과 단면, 물량산출까지 수동으로 작성해야 한다. 이 방식에서는 설계안이 변경될 때마다 그와 연관된 모든 도면과 산출자료를 찾아서 수정해야 한다. 이로 인해 불필요한 시간과 노동력이 소요되고 그 과정에서 도면상의 오류가 발생할 수 있다. 이에 비해 BIM 설계방식은 설계안을 3D 모델링 과정에서 발전시키고 하나의 모델로 완성한다. 또한 도면들은 3D 모델을 바라보는 다른 시점으로서 서로 연동되어 있으므로 3D 모델과 도면, 물량산출 자료들은 그 중 하나를 수정하면 나머지도 자동으로 변경된다. 이로써 반복되는 설계안 변경에 따른 도면화 업무량을 감소시키고 오류를 줄일 수 있다.

BIM 모델을 구축하는 소프트웨어를 BIM 저작도구(BIM authorizing tool)라고도 하는데 현재 보편적으로 사용되고 있는 것으로는 Revit, ArchiCAD, Vectorworks 등이 있다. 조경분야에서 다루는 수목 등의 자연소재는 형태 모델링에 어려움이 있으므로

Vectorworks Landmark와 같은 조경용 독립 소프트웨어나 Revit용 ArtisanRV, Rhino용 LandsDesign과 같은 별도의 플러그인들이 개발되어 있다. 그 외에도 Civil 3D나 SketchUp 같은 기존의 3D 소프트웨어에 속성정보를 Excel 등 스프레드시트 데이터와 함께 구축하여 사용하는 과도기적 모델링 방식을 진행할 수도 있다.

BIM 설계를 진행하면서 미리 계획해야 할 것이 있는데 3D 형태와 정보를 얼마나 상세하게 모델링할 것인가에 대해 결정하는 것이다. BIM 모델의 상세수준을 나타내기 위해 LOD(Level Of Development) 또는 국내에서는 BIL(BIM Information Level)이라는 용어를 사용하고 있다. BIM의 상세수준은 기획단계인 LOD 100(BIL 10)부터 준공단계인 LOD 500(BIL 60)까지 단계별로 나뉜다. 프로젝트가 진행될수록 설계안은 구체화되고 LOD도 100부터 500까지 점차 높아진다. 일반적으로 LOD 100은 기획설계, 200은 계획설계, 300은 중간설계, 350은 실시설계 단계이며, 400은 제작 및 시공상세 수준,

단계구분	상세단계	모델 상세수준	건축(벽)	조경(포장재)
기획단계	LOD 100 BIL 10	개념설계 단계로 전체적인 매스로 표현		
계획단계	LOD 200 BIL 20	주요 부재들을 포함하여 계획설계 단계에서 필요한 객체들의 형상 표현	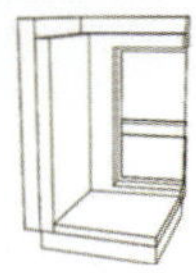	
중간단계	LOD 300 BIL 30	부재의 크기, 위치, 수량 등 기본설계 단계에서 필요한 객체들의 형상 표현	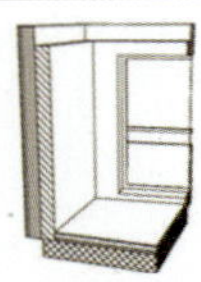	
실시설계	LOD 350 BIL 40	실시설계 단계에서 필요한 모든 부재의 표현 규격, 정확한 위치를 포함하여 시공성 검토	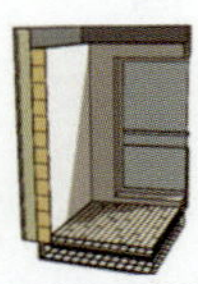	
시공	LOD 400 BIL 50	시공단계에 필요한 자재 표현 및 정보 구축 시공 및 공정관리, 공사비 관련 정보 포함		
유지관리	LOD 500 BIL 60	운영 및 유지보수에 필요한 정보 포함		

그림 3.44 BIM 모델의 상세단계 및 상세수준

500은 준공수준의 상세수준을 가진다. LOD 500은 실제 구현되는 유지관리용 모델, 디지털 트윈이라고 할 수 있다.

조경 BIM 모델링은 지형 제작에서부터 시작된다. 지형은 기존 3D 모델링 방식과 유사하게 등고선 또는 점의 지형 데이터를 이용하여 모델링이 가능하다. 지형을 모델링하고 나면 절토 및 성토에 따라 지형을 조작하여 성절토량을 구할 수 있다. 이후 조경계획 및 설계에 따라 공간을 구획하고 수목, 옥외시설물, 포장재, 경계석 등을 LOD에 맞추어 모델링한다. 모델이 완성되면 이를 토대로 마스터플랜, 입면 또는 단면도, 투시도를 비롯하여 물량산출을 작성할 수 있다. BIM 설계방식이 이상적이기는 하지만 BIM 모델을 구축하는 데에는 3D 형태 작성, 속성정보의 구축을 위한 콘텐츠와 모델링 기술력, 그리고 상당한 시간과 노동력이 소요된다. 따라서 반복적으로 사용되는 옥외시설물과 수목, 포장재 등 BIM 객체들을 사전에 제작해서 객체들의 집합체인 라이브러리로 구축해 둔다면 모델 요소들을 재활용함으로써 설계업무의 생산성과 효율성을 높일 수 있다.

BIM 설계방식이 가지는 주요한 효과 중 하나는 모델을 활용하는 데에 있다. 기본적으로는 입체 설계를 진행하면서 복잡한 형태의 디자인 검토를 수행할 수 있으며, 2D 설계에서는 발견할 수 없는 부재 간 충돌을 간섭체크를 통해 사전에 발견할 수 있다. 이로써

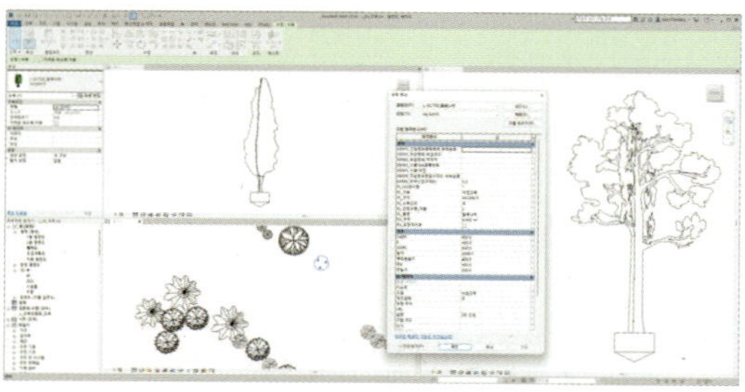

식재 모델링 및 속성정보의 입력

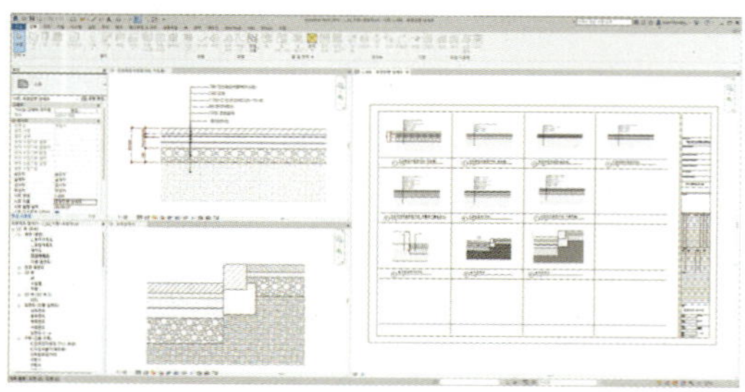

포장재 모델링 및 단면 스터디

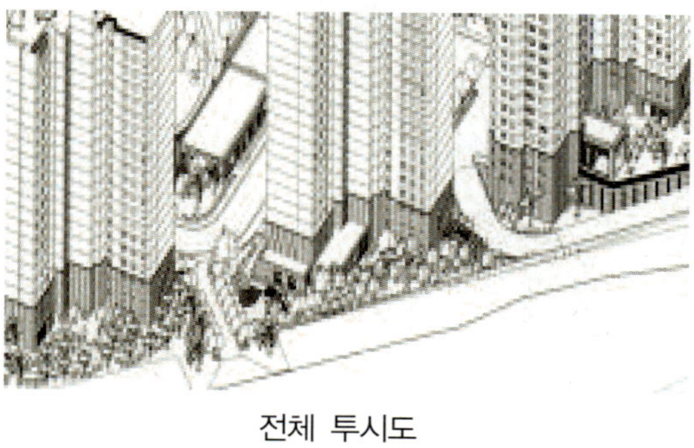

전체 투시도

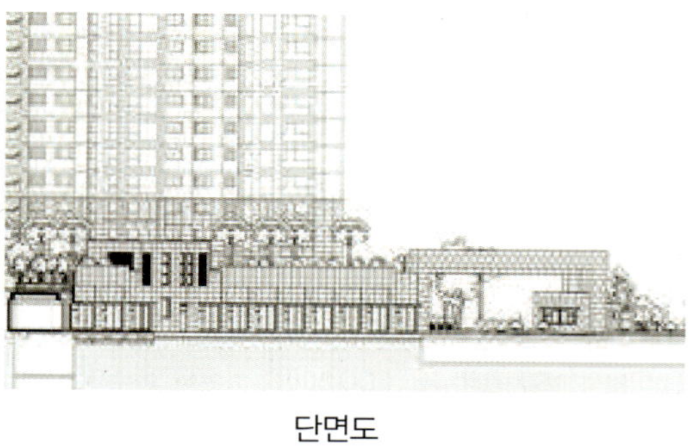

단면도

그림 3.45 조경 BIM 모델의 작성(D건설사 공동주택단지 사례)

시공 현장에서 설계 변경에 의해 불필요하게 소요되는 추가 비용과 공사기간의 연장을 방지할 수 있다.

BIM 모델의 활용은 입체적 형태에 국한되지 않는다. 건축분야에서는 에너지 효율성 등 패시브 설계에 대한 모형으로 BIM 모델을 활용하는 등 모델에 포함된 속성정보를 토

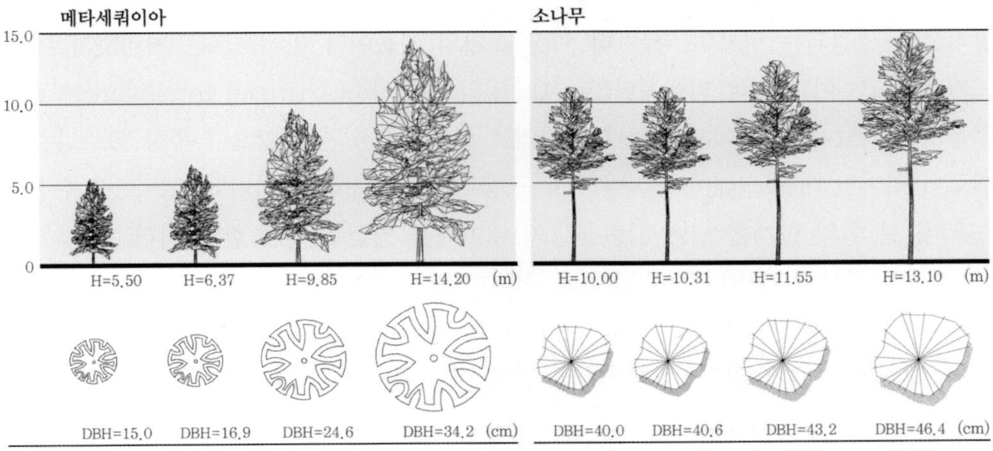

	현재	1년후	5년후	10년후	현재	1년후	5년후	10년후
CO_2 흡수량	34.85	43.55	95.68	192.16	80.00	81.38	87.36	94.72
O_2 발생량	25.35	31.67	69.58	139.75	58.20	59.20	63.54	68.88
				(kg)				(kg)

그림 3.46 환경성능을 예측하는 조경 BIM 모델의 활용 사례

대로 시공 전 설계안에 대한 다양한 시뮬레이션을 수행하고 있다. 조경분야에서도 속성정보에 의한 전문적인 시뮬레이션이 가능하다. 수목 객체에 산소 발생량, 이산화탄소 흡수량, 미세먼지 저감효과 등의 환경성능을 속성정보로 입력하였을 때 전체 설계안에 대한 환경성능을 정량적으로 예측할 수 있다. 또한 특정 공간의 기후 정보와 주변 환경, 녹지 또는 바닥 포장재의 알베도, 투수율, 그리고 이용자의 특성 및 행태에 대한 데이터를 입력하여 열환경지수에 대한 시뮬레이션을 수행할 수 있다. 이러한 BIM 모델의 활용이야말로 설계업무의 효율성을 높이고 시설물의 질을 극대화하려는 BIM 도입의 궁극적 목적이라고 할 수 있다.

2.3.2. 빅데이터와 인공지능 기반의 대량 정보수집 및 분석

| 송기환

1) 빅데이터 및 인공지능 기술의 배경 및 정의

4차 산업혁명이라는 시대의 흐름과 디지털을 기반으로 한 초연결사회로의 전환 속에 점차 사람과 데이터, 사물 등 모든 것들이 네트워크화되며 산업과 생활 전반에 영향을 미치고, 이와 관련된 다양한 기술들이 개발되고 있다. 특히 고도로 연결된 사회에서 끊임없이 폭발적으로 생성되는 정보의 양은 더 이상 과거의 기준이나 방식으로는 처리하기 어려울 정도가 되었고, 이는 결국 빅데이터(Big Data)와 인공지능(Artificial Intelligence; AI)의 발전을 이루어냈다. 빅데이터는 하나의 정의로 통일되어 있지는 않으나 통상적으로는 용어 그대로의 의미인 대규모 데이터를 말하고, 구체적으로는 기존 데이터베이스 도구(수집, 저장, 관리, 분석)의 한계를 넘어서는 규모의 데이터를 일컫는다. 또한 데이터 자체의 의미를 넘어서 대규모의 데이터를 수집하고, 처리하며, 분석함으로써 얻는 가치나 활용의 측면으로 빅데이터의 의미가 확장되고 있다. 결국 빅데이터, 혹은 빅데이터를 활용한 기술은 급증하는 데이터의 양적인 측면을 넘어서 이를 수집하고 처리하는 기술 자체로까지 의미가 확대되고 있다고 볼 수 있다.

인공지능의 개념은 더욱 정의하기가 어려운데 이는 지능이라는 추상적, 복합적, 상대적인 속성의 특성 때문이다. 그럼에도 불구하고 인간의 지능을 요구하는 일을 수행하는 기계에 대한 과학적인 분야 자체로 인공지능의 개념을 정의하거나, 컴퓨터가 특정 상황에서 인간보다 효율적으로 일할 수 있게 하는 연구 또는 인간이 행하는 이해나 인지능력, 의사소통 등을 모방하는 기술 등으로 정의되고 있다. 이는 결국 인공지능이 반복적인 수행능력 외에도 사고나 소통 등 인간의 제반 능력을 대체할 수 있는 기술의 구현을 의미한다고 볼 수 있다.

인공지능은 출현 당시 많은 기대감을 얻었으나, 대규모의 저장능력과 실시간 처리 속도를 필요로 하는데 비해 당시의 기술력으로 이를 처리하지 못하였기 때문에 한계에 부딪혔다. 90년대 이후 저장장치(Storage)나 연산장치(CPU) 기술이 발전하면서 점차 인공지능이 다시 대두되기 시작했고, 인터넷 출현 이후 데이터가 디지털화되면서 인공지능 구현의 기반이 마련되었다. 인공지능을 구현하기 위한 알고리즘은 데이터를 분석하고 학습하는 것을 기반으로 판단하고 예측하는 역할을 수행하기 때문에 인공지능과 빅데이터는 정보를 수집하고 분석하는데 있어 필수불가결한 관계라고 할 수 있다.

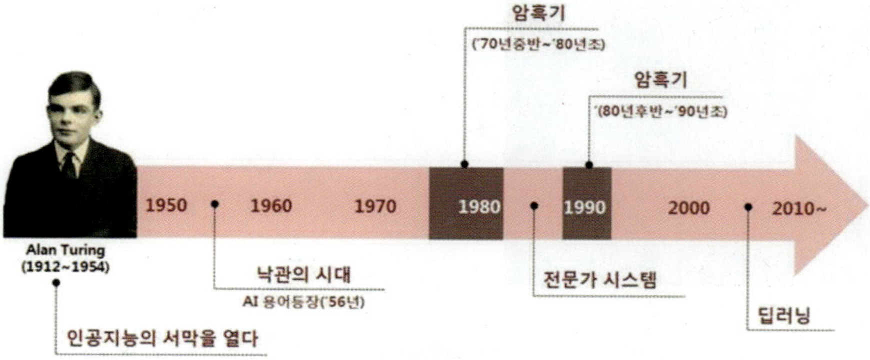

그림 3.47 인공지능 연구의 주요 흐름(출처 : 석왕헌과 이광희, 2015)

2) 빅데이터 기술의 동향 및 조경분야 적용 사례

빅데이터는 모든 분야에서 활용되어 왔고, 정부 차원에서도 공공데이터를 개방하며 시간이 지날수록 빅데이터의 활용성은 더욱 확장되고 있다. 그러나 기존의 도시나 조경, 건축 등의 분야에서는 지금처럼 빅데이터라는 이름으로 관심을 받기 이전부터 데이터를 수집하며 분석하는 일을 수행해왔다. 앞서 언급한 GIS나 BIM, 그리고 설문과 실험을 통한 통계분석 등은 모두 데이터를 수집하고 분석한다는 점에서 지금의 빅데이터 처리 과정과 유사하게 볼 수 있다. 다만 기존의 방식에서 데이터의 범위가 더욱 확장되고 이를 수집, 분석, 처리하는 기술이 발전하면서, 그 과정에서 데이터를 통해 어떠한 의미를 찾아내고 정보를 추출할 수 있을지에 대해서는 빅데이터 기술을 통한 고도화가 필요한 부분이라고 할 수 있다.

조경계획 분야에서는 최근 들어 빅데이터와 그 기술들이 다방면으로 적용되고 있다. GIS를 포함하여 구글 스트리트 뷰(Google Street View; GSV)와 같은 위성영상 등 공간정보를 다루는 데 빅데이터 기술이 활용되고 있으며, 공간정보 외에도 경제, 사회, 환경 등 다양한 분야에 걸쳐 장기간 축적된 자료에 대해서는 통계청 서비스(kosis.kr/index/index.do)나 공공데이터포털(data.go.kr)을 통해 빅데이터가 수집된다. 조경계획 분야에서 가장 적용성이 높은 것은 프로그래밍 언어를 통한 빅데이터의 수집과 처리이다. 앞선 프로그램들을 포함하여 기존의 엑셀이나 수학적 연산이 가능한 GUI(Graphic User Interface) 방식의 프로그램들이 지속적으로 개발되고 있으나, R이나 파이썬(Python), 자바스크립트(Javascript)와 같은 프로그래밍 언어의 활용은 빅데이

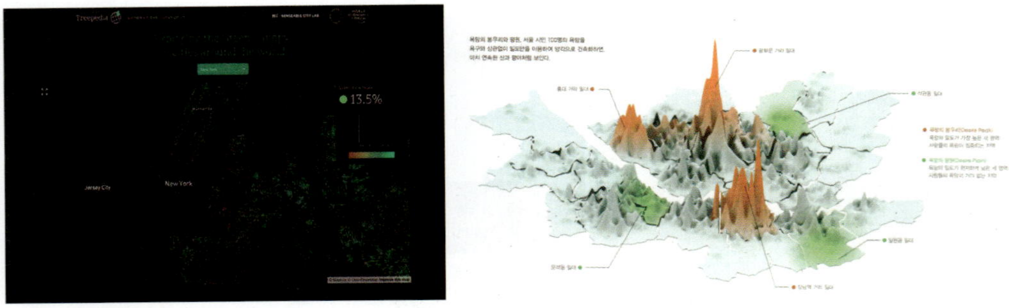

그림 3.48 빅데이터 기술을 활용하여 수집된 자료의 공간정보 (환경과조경. 2017)

터의 제반 처리 과정에 있어서 활용성이 매우 높다. 빅데이터 기술은 단순히 데이터라는 의미에서 벗어나 데이터를 정제하고 처리하여 분석하는 과정으로 확장되기 때문에, 모든 과정을 시스템화하여 처리할 수 있는 프로그래밍 언어의 중요성이 더욱 강조되는 것이다. 빅데이터 처리를 위해 주로 사용되는 프로그래밍 언어는 R과 파이썬(Python)이며, 이 두 가지 언어는 데이터 수집과 분석을 위한 기본적인 패키지를 다양하게 제공해준다. 또한 오픈소스로 제공되어 비용이 발생하지 않고 뒤에 언급할 인공지능 기술인 기계학습(Machine Learning)과 심층학습(Deep Learning)의 알고리즘에도 활용될 수 있다. 따라서 조경계획 분야에서는 환경생태와 인문사회 측면에서 데이터를 수집하고 처리함에 있어 이러한 프로그래밍 언어를 적극적으로 활용할 필요가 있다.

3) 인공지능 기술의 동향 및 조경분야 적용 사례

인공지능 기술은 분야를 막론하고 다국적 거대기업들의 투자를 바탕으로 기술과 연구의 혁신이 이루어지고 있다. 최근 인공지능의 개발 방향이 인지에 대한 범주에서 확장되어 학습을 통해 목적에 대한 최적의 답을 찾아내고, 이를 기반으로 추론과 예측을 수행하는 과정에까지 이르렀다. 또한 앞으로는 인지와 학습, 추론에서 나아가 행동의 분야까지 인공지능의 범주가 확대될 것으로 예측되고 있다(그림 3.49). 이러한 인공지능의 발전은 2017년 구글에 인수된 딥마인드가 개발한 알파고(AlphaGo)의 등장이나 자율주행 자동차, 빅스비, 시리, 구글 어시스턴트 같은 음성인식 챗봇 등을 통해 현실에 구현되고 있어, 인공지능 기술이 더 이상 영화나 드라마, 소설 속의 이야기가 아님을 알 수 있다. 인공지능 기술의 응용 분야는 전문적인 지식을 시스템화하여 비전문가가 활용하게 할 수 있는 전문가 시스템(Expert System), 인간의 언어와 억양, 그리고 맥락 등을 컴퓨터가 이해할 수 있도록 하는 딥러닝 기반의 자연어 처리(Natural Language Processing), 빅데이터를 기반으로 데이터를 분석하고 유용한 정보를 추출해 조합하는 데이터 마이닝(Data Mining), 시각적인 부분을 연구하여 디지털 이미지나 비디오 등에서 의미있는 정보를 추출하는 컴퓨터 비전(Computer Vision), 인공지능 기술을 활용한 로봇인 지능로봇(Intelligent Robots) 등으로 나눌 수 있다.

조경계획 분야에서는 주변 환경에 대한 인지로부터 사회적인 요소나 생태적인 요소에 대한 학습, 그리고 추론에의 응용이라는 측면에서 인공지능의 기술이 활용되고 있는 추세이다. 조경계획에서는 앞선 인공지능의 응용 분야 중에서 주로 전문가 시스템(Expert System), 데이터 마이닝(Data Mining)과 컴퓨터 비전(Computer Vision) 등을 활용하고 있다. 전문가 시스템은 전문가가 시스템을 구축하여 인공지능을 조경계획에 활용하는 것이다. 기계학습(Machine Learning)을 통해 조경설계에 대한 자동화기술을 개발한 기

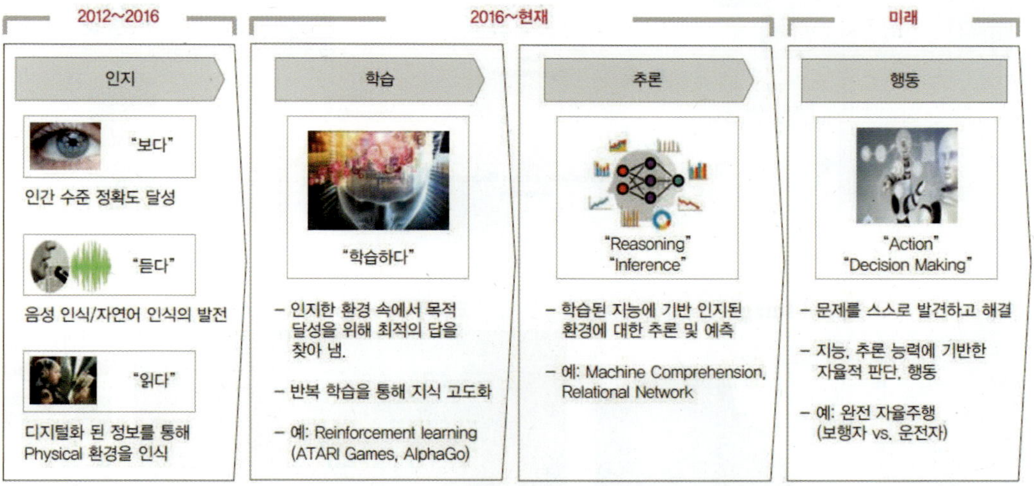

그림 3.49 인공지능 기술의 발전과 적용 (출처 : 이승훈, 2017)

업에서는, 산학협력 및 스타트업과의 협업을 통해 조경도면과 녹지, 수목과 관련된 데이터를 학습하고 이를 바탕으로 공간의 계획과 설계 초안을 제공하는 시스템을 개발하기도 했다.

둘째로는 빅데이터를 기반으로 데이터 속에 내재된 통계적인 규칙이나 패턴과 같은 유용한 정보를 찾아냄으로써 조경계획에 응용하는 데이터 마이닝 기술이다. 빅데이터 기술

이 발전함에 따라 텍스트로 이루어진 비정형 데이터의 처리기술도 발달하였으며, 이는 기존의 정형화된 데이터에 의존했던 조경계획 분야에서 비정형 데이터를 활용함으로써 더욱 효과적인 계획의 수립이 가능해졌다. 최근 페이스북, 트위터 등의 소셜 미디어(Social Media)를 통해 다양한 사람들이 다량의 경험을 공유하고 있으며, 조경공간의 경우도 다양한 이용자들의 경험이 소셜 미디어를 통해 비정형 데이터의 방식으로 공유될 수 있다. 따라서 사람들의 경험이 빅데이터로 축적되고, 이를 규칙이나 패턴을 통해 정보를 찾아내어 응용하는 인공지능의 기술들이 조경계획에 더욱 활용될 전망이다.

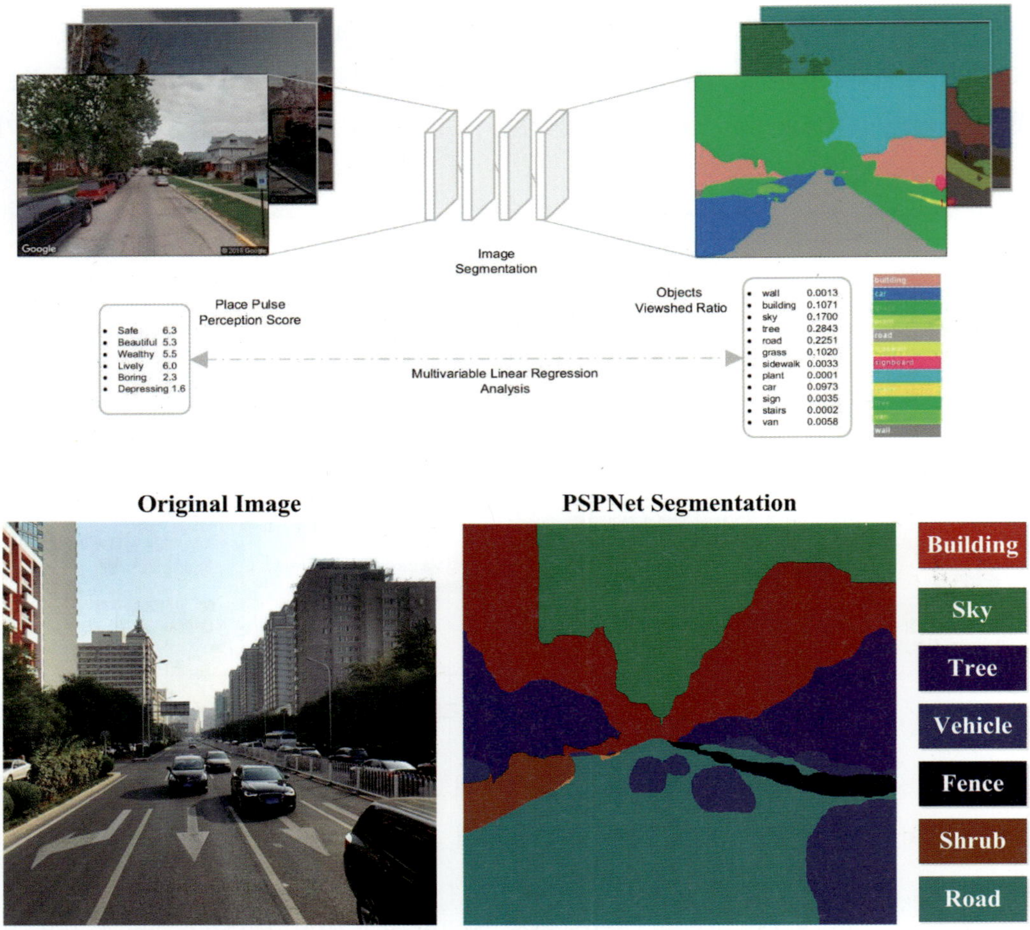

그림 3.50 인공지능 기술 기반의 조경계획 응용사례(출처 : Fu et al., 2019; Zhang et al., 2018)

셋째는 이미지나 비디오 등 시각적인 정보를 추출하고 이에 대한 학습과 추론을 통해 조경계획에 응용하는 컴퓨터 비전 기술이다. 우리가 사는 세상의 영상 이미지들은 점차 정교해지고 구체화되고 있다. 전 세계적으로 위성영상과 항공사진이 활용되고, 나아가 인간의 높이에서 모든 지역이 이미지화될 수 있는 구글 스트리트 뷰(Google Street View; GSV)나 네이버와 다음의 거리뷰 등이 등장하면서 인공지능과 결합하여 조경계획에 적용되기 시작했다. 인공지능 기술의 종류인 기계학습(Machine Learning)과 심층학습(Deep Learning)을 통해 이미지 내의 다양한 요소들(사람, 나무, 빌딩, 도로 등)을 인지하고 학습하여, 이를 바탕으로 결과를 추론해 조경공간에 대한 경관 선호도나 환경특성을 분석함으로써 이를 조경계획에 반영하고 있다(그림 3.50).

4) 조경계획 분야에서의 빅데이터 및 인공지능 기술 활용 전망

조경분야에서는 다양한 사회문화적 요소와 환경생태적인 요소들을 수집하고 분석하여 활용하기 때문에, 빅데이터와 인공지능 기술은 향후 조경계획 분야에서 그 활용영역이 더욱 확대될 것으로 예상된다. 물론 기존 조경 분야에서도 계획 이전의 분석 단계에서 다양한 환경에 대해 데이터를 수집하고 이를 계획에 활용하고 있었으나, 점차 기존의 방식으로 다룰 수 있는 데이터의 한계가 드러남으로써 빅데이터와 인공지능 기술의 필요성이 더욱 증가하고 있는 것이다. 중요한 것은, 기술적인 측면이 발전할수록 이를 활용하고 계획에 적용하는 조경가의 역할과 요구되는 역량의 수준도 더욱 높아진다는 것이다. 많은 부분을 컴퓨터와 인공지능이 대체하고 있는 현실에서 데이터를 수집하고 학습하는 것이 인공지능의 영역이라고 하더라도, 인공지능을 관리하고 이들이 해석하고 내놓은 결과를 계획에 적용하고 응용하는 것은 인간의 영역이라고 할 수 있기 때문이다. 따라서 빅데이터와 인공지능의 기술적인 부분이 이미 궤도에 올라와 있는 상태에서, 이를 어떻게 응용할 수 있을 것인지가 향후 조경계획 분야에 있어서 경쟁력의 중요한 척도라고 볼 수 있다. 앞으로 조경계획 분야에서 빅데이터와 인공지능의 기술을 응용하여 환경분석에 적용하는 체계적인 과정과 기술을 습득함으로써, 정제되지 않은 빅데이터와 인공지능 기술에 대한 효율적인 가공을 통해 우리는 이전과는 다른 한 차원 높은 수준의 조경계획을 구현할 수 있을 것이다.

2.3.3. AR/VR 기술을 통한 정보의 통합적 분석 및 활용

I 나성진

1) VR/AR 기술의 배경 및 정의

가상현실(virtual reality : VR)과 증강현실(augmented reality : AR) 시스템은 급변하는 IT 환경과 디지털 테크놀로지를 바탕으로 현실과 비현실 공간을 디지털 세계에 유의미한 3D 환경으로 구축하고 데이터 시뮬레이션, 3차원 공간 체험, 디지털 설계 시뮬레이션 등 다양한 층위로 계획의 진일보한 방법론을 제공하는 기술이다. '가상현실(VR)'은 컴퓨터 등을 사용한 인공적인 기술로 만들어낸 실제와 유사하지만, 실제가 아닌 어떤 특정한 환경이나 상황 혹은 그 기술 자체를 의미한다. 사용자는 이렇게 구축된 공간을 단순히 수동적으로 관망하는 것을 넘어 VR 헤드셋 등의 실재하는 디바이스를 통해 조작이나 명령을 가하며 가상현실 속에 구현된 것들과 상호 작용함으로써 새로운 경험을 창출할 수 있다. 이러한 점에서 가상현실은 기존의 일방적으로 구현된 시뮬레이션과 구분된다.

'증강현실(AR)'은 가상현실의 한 분야로 실제로 존재하는 현실(reality)를 기반으로 가상의 사물이나 정보를 증강(augmented)하여 제공하는 기술로 마치 원래의 환경에 존재하는 사물처럼 보이도록 하는 컴퓨터 그래픽 기법이다. 기존의 가상현실이 가상의 공간과 사물만을 대상으로 하는 데 반해 증강현실은 현실 세계의 기반 위에 가상의 사물을 합성하여 현실과 가상 공간을 결합시켜 새로운 관점에서 다양한 가치를 창출하며, 현실 공간에 정보화된 인공물(information artifacts)을 추가해 기존 물리적 공간의 성격 자체를 변하게 한다. 그리고 이러한 가상현실(VR), 증강현실(AR), 혼합현실(MR), 홀로그램(HR) 등의 기술들을 최근에는 확장현실(extended reality : XR) 이라는 포괄적인 개념으로 통칭하며 몰입감 있는 메타버스(metaverse, 3차원 가상세계) 구현을 위한 핵심 기술로 논의된다.

2) 4차 산업시대의 VR/AR 시스템의 동향 및 현업 적용사례

최근 미국의 페이스북(facebook)은 회사명을 '메타(meta)'로 변경하면서 메타버스가 소셜 연결의 차세대 혁신이며, 본격적으로 가상현실 사업을 기업의 주력으로 하겠다고 공표했다. VR/AR 기술은 현실 세계와 테크놀로지, 가상세계가 하나로 융합돼 사람-기술-환경이 상호 작용하는 초 연결사회(hyper connected society : HCS)를 지향하며 커넥티드 카(connected cars), O2O(online to offline), 생체인증 등 첨단기술로 발전을 거듭하고 있다. 특히 VR/AR/MR 기술을 기반으로 한 공간정보 기술은 5G 상용화와 결합하여 교육, E-커머스, 스마트 헬스 케어, 스마트 시티 및 엔터테인먼트(게임,

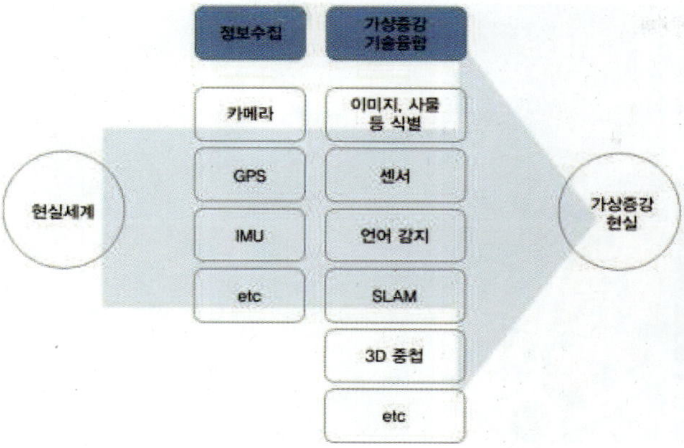

그림 3.51 VR/AR 구현 원리

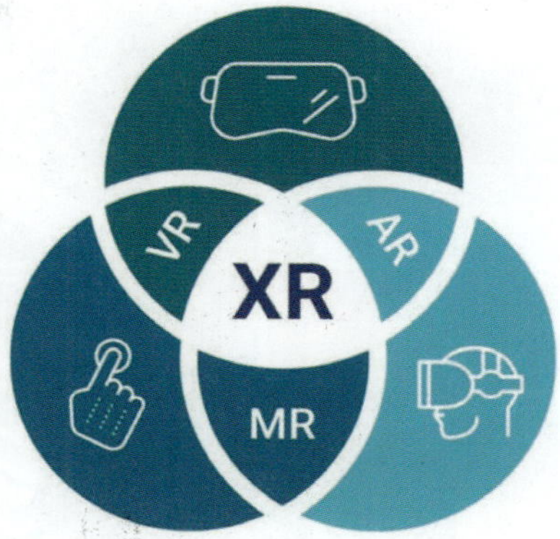

그림 3.52 확장현실(XR)의 개념도

영화, 스포츠, 테마파크), 여행, 쇼핑 등 다양한 융합 비즈니스로 신속하게 확산되며 발전하고 있다.

가상현실은 가상 공간에 몰입하기 위한 헤드셋과 같은 기기(head mounted display : HMD)가 필요하며, 증강현실은 휴대폰이나 태블릿 등의 카메라 장치를 통해 디지털 그래픽과 사운드를 실제 환경에 겹쳐서 콘텐츠를 제공하는데 '포켓몬 고(pokemon go)'와 같은 게임이 이를 대중화한 가장 대표적인 사례다. 최근에는 VR, AR, MR 분야의 장점을 혼합하고, 웨어러블 디바이스와 콘텐츠의 다양한 성장을 바탕으로 이 모든 것을 포괄할 수 있는 확장현실(XR) 이라는 상위 개념으로 발전하고 있다. 추후 가상증강현실은 모든 종류의 기성 산업과 융합하여 획기적인 변화를 가져오며 차세대 플랫폼으로 성장할 것으로 전망된다.

3) 조경계획 분야에서 VR/AR 시스템의 활용

VR, AR 테크놀로지는 도시, 건축, 조경, 계획 전 영역에 걸쳐 그 활용 방법이 입체적으로 발전하고 있으며, 3D 스캐닝을 활용한 3차원 공간 데이터의 구축, 데이터 캡쳐와 파라메트릭 네트워크(parametric network)를 바탕으로 한 공간 시뮬레이션, VR/AR 툴킷(toolkit)을 활용한 설계 공간의 입체적 체험 등 계획 및 설계 전 과정에 걸쳐 다양한 층위로 그 활용 범위가 확장되고 있다.

조경계획에서 VR, AR 시스템의 활용 방안은 첫째 정교한 3차원 가상공간의 구축이다. 과거 오토캐드(autocad) 프로그램을 활용해 계획 설계를 2차원 도면으로 작성하던 단계와(computer aided drafting), 스케치업 및 3ds맥스 등의 프로그램으로 3차원 이

Figure 3: Examples of our SensatUrban dataset. Different semantic classes are labeled by different colors.

그림 3.53 포인트 클라우드 메쉬 모델링

미지로 단순 시각화(3D visualization)하던 단계를 넘어, 이제는 라이노(Rhino 3D)와 같은 정교한 모델링 프로그램을 바탕으로 루미온(lumion), 트윈 모션(twin motion) 등의 실시간 렌더링 프로그램, 알고리즘을 활용하여 다양한 시뮬레이션이 가능한 그래스호퍼(grasshopper), 언리얼 엔진(unreal engine), 유니티 3D(unity 3D) 등의 전문 프로그램을 바탕으로 사용 목적에 따라 다양한 층위의 3차원 공간을 구축할 수 있게 되었다. 또한 수치지도 및 GIS 데이터 등 계획 과정에 필요한 지리정보 데이터베이스가 예년과 비교해 더욱 상세하게 구축되고 있으며, GPS, 라이다(light detection and ranging : LiDAR) 센서, 드론 등의 테크놀로지를 바탕으로 디지털 스캐닝 기술이 높은 수준으로 발전하여 포인트 클라우드를 기반으로 한 광역적 메쉬 모델링(mesh modeling)이 보다 정교한 수준에서 가능해졌다.

둘째 BIM(building information modeling) 모델을 기반으로 한 디지털 트윈(digital twin)의 구축이다. 최근 IT 생태계는 새롭게 등장하는 디지털 트윈(digital twin)과 메타버스(metaverse)로 플랫폼을 확장하며 본격적인 가상현실의 시대가 시작되고 있다. '디지털 트윈'은 자동차, 다리, 건물과 같은 물리적 자산 또는 외부 계획 환경에 대한 디지털 방식의 재현이다. 기존의 정적 3D 모델과 달리 객체에 정보가 통합된 스마트 모델링이며, 실시간으로 진화하는 살아있는 가상공간의 구축이다. 디지털 트윈은 AI, 기계학습(machine learning), IoT(internet of things) 기술을 이용하여 설계에서 시공, 유지관리까지 자산의 수명 주기 전반에 걸쳐 데이터를 교환함으로써 물리적 대응체와 학습하

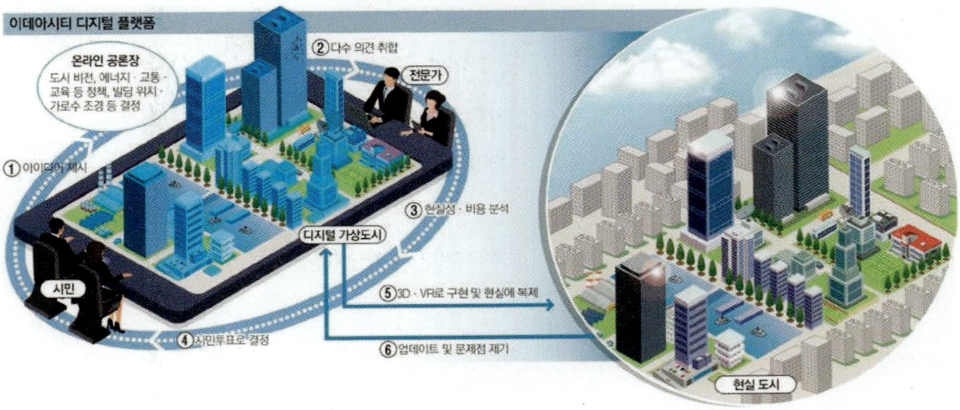

그림 3.54 디지털 트윈 구조

고 업데이트하며 소통한다. 이러한 동적 시뮬레이션을 통해, 가상의 디지털 트윈 사용자는 문제가 발생하기 전에 AEC(건축, 엔지니어링, 건설) 분야 전반의 위험 요소를 미리 예방하고 새로운 기회를 탐색하며 미래를 계획할 수 있다.

디지털 트윈은 정보의 수준의 따라 다음의 5단계 즉, 1단계 : 묘사형 트윈, 2단계 : 정보형 트윈, 3단계 : 예측형 트윈, 4단계 : 종합형 트윈, 5단계 : 자율형 트윈으로 분류될 수 있다. 1단계 묘사형 트윈은 현실 공간을 단순히 실시간으로 편집 가능한 공간의 시각적 복제본이며, 2단계에서 5단계로 발전할수록 높은 수준의 정보가 가상공간에 통합되고, 기후변화, 해수면 상승, 유지 관리 등의 시뮬레이션부터 빅데이터 머신러닝을 바탕으로 한 미래 시나리오 예측까지, 보다 효율적이고 지속 가능한 계획 환경을 위한 가상공간의 구축이 가능해진다.

셋째 메타버스(metaverse) 구축을 통한 새로운 디지털 세계의 구축과 증강현실(AR)을 통한 입체적 경험이다. 메타버스는 초월, 가상을 의미하는 meta와 세계를 의미하는 universe의 합성어로 현실을 가상의 세계로 확장하는 개념이며, 디지털 트윈이 현실을 모사한 복제 개념인 반면, 메타버스는 완전히 새로운 세계를 구축한다는 점에서 근본적인 지향점이 다르다. 예를 들어 디지털 트윈에서는 현실을 복제한 공간에 수목 밀도를 조정하여 기후변화와 탄소 중립에 대한 시뮬레이션을 진행한다면, 메타버스에서는 현실에 존재하지 않는 새로운 수목원을 조성하고, 사람들이 VR/AR 장비를 통해 자신의 아바타로 수목원을 돌아다니며 가상의 조경 공간을 체험하고, 수목원 내에서 각종 커뮤니티 활동 및 교육을 경험할 수 있다. 따라서 디지털 트윈이 보다 현실 시뮬레이션에 가깝다면,

그림 3.55 Meta의 가상 현실 플랫폼 'Horizon Worlds'

메타버스는 새로운 문화 콘텐츠이자 라이프스타일에 가까운 개념으로 볼 수 있으며, 조경계획에서 메타버스는 공간을 단지 물리적으로 정교하게 구축하는 것을 넘어 사용자들이 실제 체험 가능한 프로그램을 가상의 공간에서 제공하는 통합 인터렉티브 플랫폼(interactive platform)으로 발전할 것이다.

4) 조경계획 분야에서 VR/AR 시스템의 활용 전망과 과제

조경은 삶의 주거 환경을 생태적·문화적으로 개선하는 분야로 지구 환경에 직접적으로 대응하고 삶의 방식과도 밀접하게 연계되어 있는 만큼 최근 이러한 테크놀로지와 뉴 미디어를 활용한 가상공간으로의 확장은 조경계획과 매우 밀접한 관련이 있는 것으로 볼 수 있다. 따라서 조경계획은 정보 모델을 기반으로 한 3차원 디지털 트윈의 구축 및 활용 방안에 관한 다양한 연구를 통해 정적인 계획을 작성하던 과거와 달리 실시간 데이터를 바탕으로 지리정보 데이터 모델링 및 IoT 센서를 통해 에너지 소비, 무선 네트워크, 대중교통, 보안 시스템, 인프라 성능 등을 분석하고 최적화하며 기후변화, 펜데믹(pandemic), 자연재해 등에 효율적으로 대응할 수 있는 스마트 시티를 구축하고 이를 바탕으로 탄력적인 주거 환경 조성을 지원하는 새로운 계획 수단으로 발전해야 한다.

또한 단순히 물리적 공간을 구축하던 전통적인 조경계획 프로세스를 넘어 가상의 공간에 경험적 플랫폼으로서 메타버스를 구축하는 조경계획 방법에 대한 창의적인 논의가 적극적으로 진행돼야 한다. 이제 디지털 기술은 현실의 모방이나 시뮬레이션을 위한 수동적인 매체가 아닌, 메타버스를 시작으로 완전히 다른 차원의 주거 환경과 문화 콘텐츠를 생산하는 생성적 플랫폼(generative platform)으로 발전하고 있다. 디지털 가상의 공간은 계획의 수단이 아닌 목적이 될 것이며, 사람들은 현실의 조경 공간 외에도 가상의 조경 공간을 새로운 주거 공간으로 인식하고 메타버스를 통해 실존하지 않는 자연을 경험하고 여가시간을 즐기며 프로그램을 체험하고 새로운 커뮤니티를 형성할 것이다.

하지만 IT 기술 변화에 비교적 소극적인 조경 분야에서 이러한 VR/AR 시스템의 변화에 긴밀하게 대응하기 위해서는 많은 부분에서 적극적인 변화가 수반되어야 한다. 우선 조경 분야에서 새로운 테크놀로지의 활용 방안에 대해 보다 적극적인 논의가 선행되어야 하며, 교육과 실무 모두에서 조경계획에 적합한 교육 목표와 실천 방안이 정립되어야 한다. 이를 바탕으로 전문 교육 인력과 관련 인프라의 구축, 실무와 연계한 새로운 계획 프로세스의 연구, 조경계획에 특화된 새로운 VR/AR 장비와 콘텐츠 개발 등 새로운 세상을 마주하기 위한 체계적인 준비가 진행되어야 할 것이다.

2.3.4. 시스템 모델링을 통한 조경계획

I 전진형

조경계획이 다루는 공간은 다양한 사회·생태적 요소들로 구성되어 있다. 인구, 경제, 주택, 토지, 교통 등의 사회적 요소와 식물, 토양, 수공간, 대기 등의 생태적 요소들이 서로 긴밀하게 연결되어 있는 하나의 사회·생태시스템(social-ecological system)을 형성하는 것이다. 조경공간이라는 사회·생태시스템은 여러 요소들로 분해할 수 있으나 분해된 요소들은 전체의 특징을 갖지 못하며, 전체 또한 그 요소들 없이는 스스로 기능할 수 없다. 조경공간 내 사회·생태적 요소들은 물질, 에너지, 정보 등을 상호교환하며, 우리들 모두 역동적인 사회·생태시스템 속에서 생활하고 영향을 받는다. 따라서 조경계획시 조경공간에서 발생하는 문제의 원인에 집중하는 것이 아니라, 조경공간 전체를 아우를 수 있는 시스템 관점에서 문제를 이해하고 접근할 필요가 있다. 특히, 기후변화와 인위적인 개발에 의해 발생하는 도시환경 문제들은 그 영향 범위와 강도를 예측하기 어렵기 때문에, 다양한 조경계획 시나리오를 기반으로 사회·생태시스템 내 환경 문제들의 영향을 시계열적으로 모의하는 방법이 필요하다. 이에 최근 조경계획 분야에서는 시스템 다이내믹스 모델링 (System dynamics modeling), 행위자 기반 모델링 (Agent-based modeling), 경관 모델링 (Landscape modeling) 등 다양한 시스템 모델링 방법들이 활용되고 있다. 이러한 시스템 모델링 방법들은 조경공간 요소가 개별적으로 움직이는 것이 아니라 서로 연결되어 있어 다이내믹한 상호작용을 구현하는 수학적 모델 기법을 기반으로 하고 있다.

1) 시스템 모델링을 활용한 조경계획 절차

이러한 시스템 모델링 방법을 조경계획 분야에 적용하기 위해서는 ① 문제 정의, ② 모델 구축, ③ 모델 타당성 평가, ④ 조경계획 시뮬레이션의 4단계 과정을 거친다 (그림 3.56).

첫째, 문제 정의 단계에서는 분석 목적에 합당한 모델 작성을 위해 환경 문제를 인식하고 정의하며, 사회·생태시스템의 경계와 환경 문제의 범위를 설정한다. 둘째, 시스템 모델 구축 단계에서는 환경 문제를 야기하는 여러 원인들이 어떻게 상호 연결되어 있는지를 컴퓨터 모델로 구축한다. 원인들 간의 연결은 선형적 혹은 비선형적 함수로 표현되어야 한다. 셋째, 시스템 모델 타당성 평가 단계에서는 작성된 컴퓨터 모델을 구성하는 주요 변수들의 행태를 중심으로 모델의 타당성을 평가한다. 김도훈 외(2001)에 따르면, 시스템 모델의 타당성 평가는 '모델 구조 평가', '모델 행태 평가', '조경계획 적정성'이라는 세 가지 범주로 구분하여 수행한다(표 3.25). 넷째, 조경계획 시뮬레이션 단계에서는 타당성이 입증된 모델을 이용하여 조경계획 시나리오에 대한 분석을 실시한다. 특히, 이 단계에서는 구축된 모델을 바탕으로 다양한 조경 계획안을 모의 실험하면서 최적의 시나리오를 찾아내는 데 주력한다.

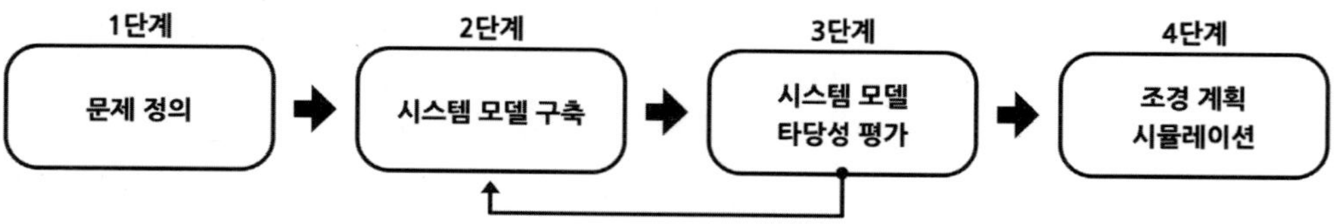

그림 3.56 시스템 모델링을 활용한 조경계획 절차 모식도

표 3.25 모델 타당성 평가 항목 및 질문 (출처 : 김도훈 외, 2001 자료 재작성)

평가 범주	평가 항목	타당성 평가 질문
모델 구조 평가	구조의 타당성	시스템에 대해 우리가 갖고 있는 지식과 모델 구조가 서로 충돌하지 않는가?
	경계의 적절성	문제의 원인을 규명하는 데 중요한 개념들이 모델에 모두 포함되어 있는가?
	변수의 타당성	시스템에 대해 우리가 소유하고 있는 지식이나 자료와 모델의 변수가 일치하는가?
	측정 단위의 일관성	모든 수식에서 좌변과 우변의 측정 단위가 동일한가?
모델 행태 평가	행태의 재현성	현실 시스템에서 볼 수 있는 문제의 증상, 행태의 패턴, 단계적인 행태의 변화 등이 모델에서도 그대로 나타나는가?
	행태의 비정상성	모델의 가정들 중 일부를 제거했을 때, 모델은 비정상적인 행태를 보이는가?
	다른 상황에서의 적실성	모델의 변수를 모델과 비슷한 다른 시스템의 변수로 수정해도, 모델은 그 시스템의 행태를 재현할 수 있는가?
	숨은 행태의 발견성	실제 시스템에서 우리가 미처 인식하지 못한 행태를 모델이 보여주는가?
	경계의 적절성	그럴듯한 이론에 상응하는 구조를 모델에 더하거나 모델에서 제거하였을 때, 모델의 행태가 민감하게 변화하는가?
	통계적 특성	모델의 시뮬레이션 결과가 현실의 시스템의 행태와 동일한 통계적 특성을 지니는가?
조경계획 적정성	시스템의 향상	모델을 통해서 현실 시스템의 성능을 향상시킬 수 있는가?
	행태의 예측성	조경계획 시나리오에 따른 결과를 모델이 적절하게 표현하는가?
	조경계획 시나리오 민감성	변수의 변화에 대해서 조경계획 시나리오의 결과가 민감하게 변화하는가?

2) 시스템 모델링 조경계획 방법

a. 시스템 다이내믹스 모델링 (System Dynamics Modeling)

대표적인 시스템 모델링 방법인 시스템 다이내믹스 모델링은 1961년 미국 메사추세츠 공과대학 (MIT)의 제이 포레스터 (Jay W. Forrester)의 '산업동태론 (Industrial Dynamics)이라는 책에서 출발한 접근 방식으로, 시스템의 동태적인 행태 변화의 근본적인 원인을 피드백 구조에서 찾는다. 여기서 피드백 구조란 변수들 간의 인과관계가 상호 연결되어 하나의 폐쇄회로를 형성하는 것을 의미한다. 즉, 조경공간의 사회 · 생태시스템 내 피드백 구조를 중심으로 변수가 시간 흐름에 따라 어떻게 동태적으로 변화해 가는지를 모의하는 방법이다. 예를 들어 '공원의 식재설계와 수종변화에 따라 열섬과 폭염완화 및 탄소중립 등에 얼마나 기여할 수 있는지', '대기정화 식물이 도시의 미세먼지 농도 조절에 얼마나 영향을 미치는지', '도시재생으로 인해 지역의 생태환경 및 사회문화와 경제활동에 어떤 변화가 일어나는지' 등 조경계획 요소의 동태적 변화에 관심을 둔다. 이를 수행하기 위해 개발된 소프트웨어로는 STELLA, Vensim, Anylogic, Powersim 등이 있다.

시스템 다이내믹스 모델링을 활용한 조경계획 사례로는 생태계서비스 증진을 위한 태안군의 해안경관계획 연구가 있다 (그림 3.57). 해당 연구에서는 시스템 모델링을 통해 태안군 해안지역의 회복력을 향상시키기 위해 생태관광 시스템, 지역농업 시스템, 해안자원관리 시스템을 통합하여 태안군의 해안경관 시스템을 구축하였다. 생태관광 시스템의 경우 태안군을 방문하는 관광객이 증가할수록 관광 인프라 면적이 넓어져 지역주민의 수입 증진에 기여하지만, 동시에 해안초지, 해안산림, 해안사구 등 자연자원 면적이 감소하여 장기적으로는 관광객 감소를 야기할 수 있다. 또한 지역농업 시스템의 경우, 농업면적이 증가할수록 지하수 사용량이 늘어나면서 해수-담수 경계면이 변화하게 된다. 이러한 변화는 해안지역의 최대담수량을 줄어들게 만들고 해수가 지하수에 유입되어 토양

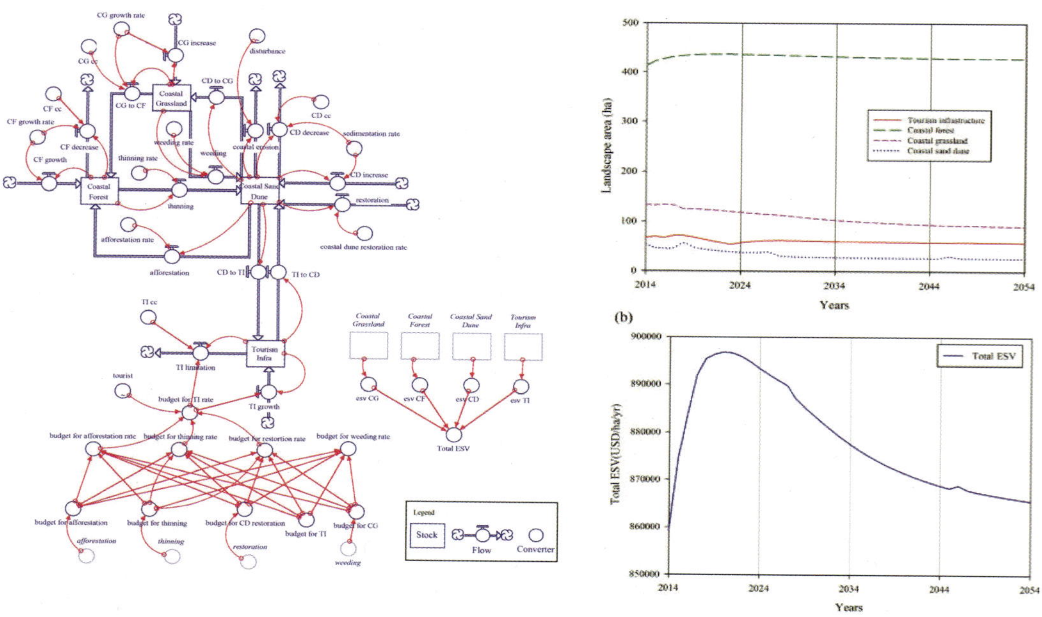

그림 3.57 시스템 다이내믹스 모델링을 활용하여 생태계서비스 증진을 위해 수립한 해안경관계획

의 염도가 증가하며, 토양 염도 증가는 해안산림의 생육을 저해하여 방풍·방염·방진 효과를 떨어지게 한다. 이는 염분과 해안모래가 바람을 타고 농업지역에 쉽게 넘어오면서 농산물 생육환경을 저해하여 오히려 농업생산량을 감소시키는 결과를 야기한다. 한편 해안자원관리 시스템의 경우, 해안사구 양빈, 초본류 식재, 방풍림 보전 등과 같이 방향성이 다른 자원관리 사업이 복합적으로 적용되었을 때 태안군의 해안경관에 부정적인 영향을 줄 수 있다. 예를 들면, 인공적으로 식재된 수목은 해풍에 의해 쉽게 쓰러질 수 있어 해안침식을 오히려 가속화할 수 있다. 또한 위와 같이 구축된 해안경관 시스템을 바탕으로 토지이용 관리에 대한 주체들 간의 갈등과 토지이용에 따른 생태계서비스의 가치를 시뮬레이션한 연구 결과, 해안초지, 해안산림, 해안사구 중 해안사구를 중심으로 한 해안관리 시나리오가 가장 높은 생태계서비스 가치를 제공하는 것으로 나타났으며 이를 바탕으로 회복력있는 태안군의 해안경관계획이 제시되었다.

b. 행위자 기반 모델링 (Agent-based modeling)

사회 시뮬레이션 방법 중 하나인 행위자 기반 모델링은 복잡한 사회·생태시스템에서 발생하는 거시적 현상을 미시적인 행위자의 상호작용으로 설명하는 방법이다. 시스템 다이내믹스 모델링은 거시적인 물질, 에너지, 정보의 흐름을 모의한 것인 반면, 행위자 기반 모델링은 사회·생태시스템의 역동적인 흐름을 만들어내는 행위자인 공원 이용자, 지역주민, 취약 계층민, 지역 정부들의 행태에 관심을 둔다. 대표적인 소프트웨어로는 Anylogic, Simulink, Netlogo 등이 있다. 최근 이러한 행위자 기반 모델링 소프트웨어와 지리정보시스템(GIS)을 융합한 새로운 시스템 모델링 기법이 조경계획에 도입되기도 하였다. 행위자 기반 모델링을 활용한 조경계획 사례로는 중국 상하이 지역주민의 의사결정 메커니즘을 바탕으로 한 도시 녹지 계획이다 (그림 3.58). 해당 연구는 녹지 정책의 효과성을 평가하기 위해 지역주민의 요구, 가치, 선호도 등과 같은 의사결정 과정을 행위자 기반 모델링하였다. 의사결정 과정을 구조화하기 위해 녹지공간에 대한 지역주민의 니즈(Needs)와 녹지 방문 행동 간의 관계를 분석하였다. 본 연구는 지역주민의 니즈로 운동, 안전, 접근성, 사회적 상호작용, 소비, 대중참여, 환경의식 등을 다루었으며, 녹지공간은 도시공원, 근린공원, 커뮤니티 정원으로 분류하였다. 분석결과, 운동, 안전, 접근성, 사회적 상호작용, 그리고 소비 측면에서는 커뮤니티 정원이 녹지 방문 행동에 큰 영향을 주는 것으로 나타났다. 반면, 대중참여와 환경의식 측면에서는 도시공원이 녹지 방

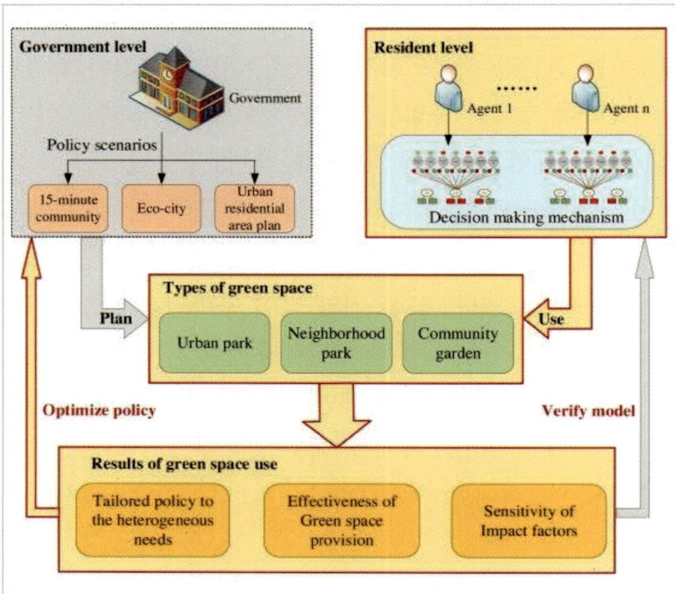

그림 3.58 행위자 기반 모델링을 통한 녹지 계획 수립 프레임워크

문 행동에 큰 영향을 주는 것으로 나타났다. 본 연구에서는 니즈-행동 관계 분석 결과를 바탕으로 상하이의 세 가지 녹지 정책 시나리오인 도시 주거지역 시나리오, 생태도시 시나리오, 15분 커뮤니티 시나리오를 구축하고, 행위자 기반 모델링을 통해 녹지 효용성 평가를 수행하였다. 도시 주거지역 시나리오의 경우, 도시공원이 37%, 근린공원이 27%, 커뮤니티 정원이 36%로 녹지 방문 비율이 나타났다. 생태도시 시나리오의 경우, 녹지 방문 비율이 도시공원과 커뮤니티 공원에서 각각 20%, 28%로 줄어들고, 근린공원은 52%로 큰 폭으로 증가하였다. 마지막으로 15분 커뮤니티 시나리오에서는 근린공원에 대한 지역주민의 방문 비율이 72%로 증가하였고, 커뮤니티 정원 (16%)과 도시공원 (12%)이 그 뒤를 따랐다. 이러한 연구를 통해 지역사회 구성원의 니즈에 따라 맞춤형 녹지 정책이 요구되며 녹지 효용성을 높이는 녹지 구성 또한 달라짐을 확인할 수 있다. 또한 기존의 하향식 녹지 정책을 보완하기 위한 상향식 녹지 효용성 평가 방법으로서 행위자 기반 모델링의 활용 가능성을 확인할 수 있다.

c. 경관 모델링 (Landscape modeling)

마지막으로 경관 모델링은 경관을 사회 시스템과 생태 시스템이 통합된 하나의 사회·생태시스템으로 바라보고, 사회·생태시스템 내 경관 요소들 간의 상호 작용에 의한 경관

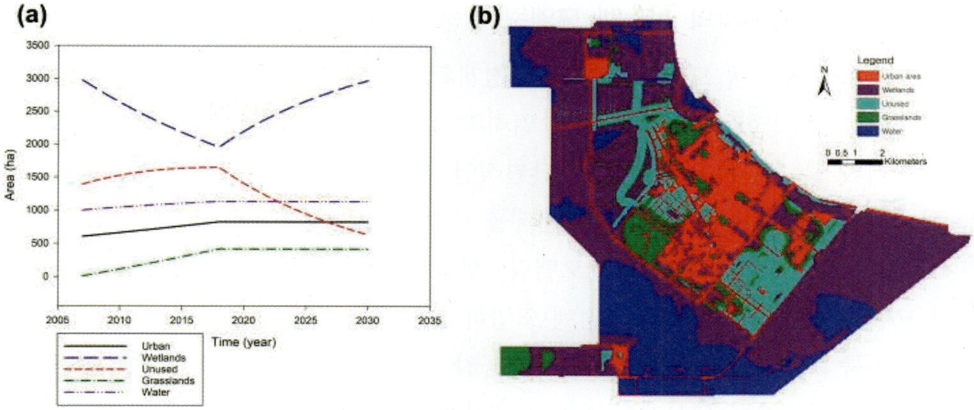

그림 3.59 경관 모델링을 통한 회복력 있는 해안 도시 계획 사례

패턴 및 가치 변화를 시공간적으로 모의하는 방법이다. 예를 들어, 산림, 초지, 습지, 개발지 등의 경관 요소들 간 면적 변화율을 바탕으로 시공간 시뮬레이션을 수행하여 가장 높은 생태계 서비스 가치를 제공하는 조경계획 시나리오를 선정하는 연구방법이다. 이를 수행하기 위한 대표적인 소프트웨어로는 CLUE-S/Dyna-CLUE, SLEUTH, DINAMICA EGO, CA_MARKOV 등이 있다. 경관 모델링을 활용한 조경계획 사례로는 CLUE-S을 활용하여 인천 송도 연안습지의 회복력있는 조경계획을 제시한 프로젝트를 들 수 있다. 여기서 CLUE-S 모델은 토지이용 수요 (Land use demand), 지리적 특성 (Location characteristics), 토지이용 전환율 (Land use specific conversion setting), 토지정책 및 규제 (Spatial policies and restrictions)와 같은 네 가지 유형의 공간 자료가 입력되어야 한다. 이 프로젝트에서는 토지이용 수요 자료를 구축하기 위해, 시스템 다이내믹스 모델링을 수행하여 2005년부터 2035년까지의 송도지역의 미래 토지이용 수요를 모의하였다. 특히, 미래 토지이용 수요 모의시, 송도 지역의 기후변화 적응 및 전환 전략 수준이 다른 세 가지 시나리오 (현상유지 시나리오, 개발중심 경관계획 시나리오, 복원중심 경관계획 시나리오)를 적용하여, 토지이용 수요를 모의하였다. CLUE-S에 입력된 자료를 바탕으로 공간 시뮬레이션을 수행하여 미래의 토지이용 면적 변화를 확인하고, 각 시나리오에서 도출된 송도 연안습지 토지이용의 경관 파편화 정도를 평가하였다. 그 결과, 복원중심 경관계획 시나리오가 가장 넓은 습지면적을 보존함과 동시에 가장 낮은 경관 파편화 정도를 나타냈으며 (그림 3.59), 이를 바탕으로 회복력있는 해안도시 조경계획이 제안되었다.

3) 조경계획 분야에서의 시스템 모델링 활용 전망

이번 장에서는 시스템 모델링을 통한 조경계획의 개념, 절차, 그리고 방법을 알아보았다. 조경공간은 다양한 구성 요소들이 얽히고 설켜 있는 복잡한 사회·생태시스템이다. 이에 조경계획가는 문제 해결을 위한 단편적인 계획안을 제안하는 것이 아니라, 조경공간을 하나의 시스템으로 바라보고 그 문제를 복합적으로 해결해야 한다. 이에 최근 많은 프로젝트에서는 시스템 다이내믹스 모델링, 행위자 기반 모델링, 경관 모델링 등 다양한 시스템 모델링 기법을 조경계획 과정에 도입하고 있다. 또한, 시스템 모델링은 상향식 의사결정 구조를 기반으로 비교적 정확한 시공간 미래 예측이 가능하다. 그러므로 시스템 모델링 기법은 탄소중립 도시계획, 연안식재설계, 가상현실 이용자 행태 기반 설계 등 새로운 조경계획 영역에서도 적용이 가능하며, 미래 가치를 지닌 공간을 조성할 수 있는 새로운 전략 중 하나가 될 것으로 기대된다.

2.3.5. 어반 리빙랩을 이용한 조경계획

| 김 민

1) 어반 리빙랩의 개념

리빙랩(living lab)은 최근 우리 사회의 여러 분야에서 많이 사용되는 용어로, '살아있는 실험실' 또는 '생활실험'으로도 불린다. 말 그대로 일상생활에서 접할 수 있는 곳을 실험실로 삼아 우리 사회가 직면한 문제를 해결하려는 방법을 의미한다. 예를 들면, '학교 안 연구실'에서 전문가들이 모여 "사람들은 어떤 커피를 좋아할까?"라는 막연한 고민을 하는 것이 아니라, '일상 속 살아있는 실험실'에 시민들과 전문가들이 만나 "맛있는 커피를 마실 수 있는 방법"이라는 핵심 문제에 집중하고 아이디어를 모으는 과정을 거친다. 이와 같은 개방적 문제해결 과정은 실시간 커피 배달서비스, 리얼캔커피, 캡슐형 머신, 에스프레소 자판기 등 현실가능성 있는 제품, 기술, 시스템이 탄생할 수 있는 터전을 마련한다. 이처럼 리빙랩에서의 시민들은 전문가들이 만든 제품, 기술, 시스템을 사후평가하는 수동적 방식에서 벗어나, 개발 초기부터 기획 및 생산 그리고 평가 등 전 과정에 적극적으로 참여한다.

2010년대에 들어서면서 리빙랩은 다양한 분야와의 융합을 시도하며 우리 사회가 당면한 복잡한 문제들을 확장해가면서 적용되기 시작했다. 특히, 도시를 하나의 실험실로 간주하는 도시전환랩 분야와 리빙랩이 통합되면서 어반 리빙랩이라는 새로운 개념이 등장했다. 어반 리빙랩은 기후변화, 자연재해, 도시문제 등의 사회적 이슈를 핵심 문제로 바라보고, 공공 및 민간기관과 함께 시민사회가 적극적으로 그 문제를 해결하는 연구 방법이다. 어반 리빙랩은 특히 도시공간을 기반으로 한다는 점에서 기존의 일반적인 리빙랩과 구별된다. 이러한 특성으로 인해 어반 리빙랩은 해당 도시 정부의 적극적인 지원 속에 시민사회의 참여를 체계적으로 독려하는 방향으로 발전하고 있다.

2) 조경계획에서의 어반 리빙랩 전략

최근 어반 리빙랩의 개방 상향식 접근 방식이 조경계획 과정에 적용되면서, 조경계획 패러다임은 과거 하향식 행정 주도형에서 벗어나 이용자 중심의 참여형으로 변화하고 있다. 즉, 조경공간의 이용자인 지역주민의 참여와 협동의 경험을 통해 지역의 사회생태적 이슈를 공유하고 이를 해결하는 도구로써 어반 리빙랩이 활용되는 것이다. 특히, 어반 리빙랩이 도입된 조경계획은 해결하고자 하는 사회생태적 문제의 유형에 따라 활용되는 어반 리빙랩의 전략이 달라진다. 사회생태적 문제들은 생활 안전 및 환경개선, 도시 재생 및 커뮤니티 회복, 조경 신기술 개발, 도시 생태계 회복, 기후변화 영향 적응 등이 있으며, 각 문제에 적용할 수 있는 어반 리빙랩 전략을 조경계획 사례로 설명하고자 한다.

표 3.26 사회생태적 문제의 유형에 따라 활용되는 어반 리빙랩의 전략

사회생태적 문제	어반 리빙랩 전략	설명
기후변화 영향 적응	자연기반해법 (Nature-based Solutions)	기후변화에 의한 영향(폭염, 국지성 호우, 가뭄, 한파, 해수면 상승, 연안침식 등)에 도시 시스템이 적응할 수 있도록, 시민사회가 조경계획 프로세스에 참여하여 조경공간을 조성하는 것
도시 생태계 회복	시민과학 플랫폼 기반 생태복원	시민사회가 중심이 되어 환경데이터를 수집하고 커뮤니티를 형성, 시민과학 활동으로 조경 관련 기술 및 서비스에 대한 수요가 구체화하는 것
도시 재생 및 커뮤니티 회복	도시재생 실험, 스마트도시 리빙랩	쇠락한 도시 재생과 커뮤니티 회복을 위해 공공-민간-시민 협력체계에 기초해 개방형 혁신 플랫폼을 구성하고 새로운 정책, 제도, 기술을 개발하는 것
조경 신기술 개발	실험 공원	조경 신기술의 테스트베드로서 어반리빙랩을 수행하고, 이를 일상생활에 확대 사용하고자 하는 것

a. 사회·생태적 문제는 기후변화 영향 적응

첫 번째 사회·생태적 문제는 기후변화 영향 적응이다. 기후위기에 효과적으로 대응하기 위해서는 시민들의 자발적이고 적극적인 참여가 중요하다. 최근 이러한 시민 참여를 효율적으로 이루기 위한 실질적인 방법으로 어반 리빙랩이 국제사회에서 부상하고 있다.

특히 조경 분야에서는 기후변화에 의한 영향에도 도시 시스템이 유지되고 적응하기 위한 조경계획의 어반 리빙랩 전략인 “자연기반 해법(Nature-based Solutions)”이 적극적으로 권장되고 있다. 자연기반 해법이란 시민사회가 조경계획 프로세스에 참여하여 기후변화 적응을 위한 변화를 이끌어 내는 일상 속 지점을 발견하고, 그 지점에 자연에서 영감을 얻거나 자연을 모방한 설계, 기술, 정책 등이 적용되는 조경계획을 의미한다.

자연기반 해법을 통해 도시의 기후변화 적응을 도모한 대표적인 사례로 호주의 다윈 리빙랩 프로젝트가 있다. 이 프로젝트의 목적은 빠르게 더워지고 있는 다윈시의 폭염 저감 및 적응 전략을 개발하여, 미래의 도시민에게 시원하고 살기 좋은 환경을 제공하는 것이다. 다윈시는 이를 위해 도시민들이 느끼는 열쾌적성을 평가하는 실험 구획을 도시민의 일상속에 적용하여 운영하였으며, 공공-민간 파트너십을 통해 실시간으로 실험 구획의 온도를 모니터링 하였다. 또한, 이 실험 구획에는 다양한 배경을 가진 지역주민을 리빙랩 접근방식을 통해 참여적 거버넌스를 구성했다. 이 참여적 거버넌스는 다윈시의 총괄 조경계획가와 함께 혁신적인 기후적응 계획을 도출할 수 있는 환경을 조성했다. 이러한 접근 방식을 통해 다윈시는 ①녹지공간 및 수목 식재, ②그늘 형성, ③특수페인트를 칠해 태양 복사에너지를 반사시키는 쿨루프(Cool Roof), ④수공간 확대 도입, ⑤냉각소재를 도입한 교통시설 공간 등 도시민이 일상 생활에서 쉽게 접할 수 있는 조경설계 요소

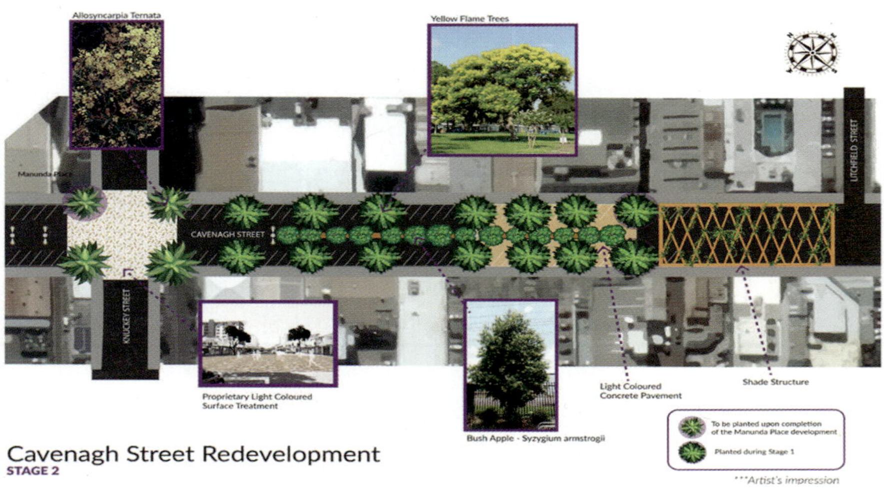

그림 3.60 다윈시의 실험 구획 중 하나인 Cavenagh Stree Redevelopment. 가로수와 녹지 공간을 확장하여 열쾌적성을 높이는 전략이 도입되었음.

들을 도입하였다. 이와 같이 기후변화 영향에 적응하기 위한 다윈시의 조경계획은 기존 조경계획과 달리 어반 리빙랩 전략을 활용하였기 때문에 도시민의 환경 인식과 태도 변화를 유도할 수 있다. 이러한 차이점은 다윈시의 폭염 저감 및 적응 전략이 단순히 열쾌적성을 향상시키는데 그치는 것이 아니라, 도시민의 건강, 삶의 질, 에너지 사용 절감, 탄소 배출 저감, 일생산성 증대 및 지역 경제 활성화 등의 수반 효과까지 불러 일으킬 수 있다.

b. 도시 생태계 회복

두 번째 사회·생태적 문제는 도시 생태계 회복이다. 도시 생태계의 구조와 기능이 자연 생태계의 것과 달라 도시민에게 제공하는 생태계서비스에도 차이가 있다. 따라서 도시 생태계 회복은 자연 생태계 복원과 그 목표와 과정이 다르며, 시민들의 생태계 서비스 수요에 따라 이를 공급할 수 있는 조경계획이 요구된다. 즉, 자연 생태계 복원은 훼손된 생태계를 이전의 상태로 완벽히 재현하는 행위인 반면, 도시 생태계 회복은 훼손된 생태계를 회복탄력적인 생태계서비스 공급이 가능할 수 있도록 복원하는 행위를 의미한다. 최근 브뤼셀, 버밍험, 로테르담 등 유럽의 생태도시들은 FloodCitiSense Urban Living Labs 프로젝트를 통해, 도시 생태계 회복을 위한 기술적 혁신(사물인터넷, 인공지능 등)과 더불어 시민사회의 참여를 통해 효과적이고 효율적인 조경계획을 수립하고 있다. 스마트폰의 센서 기술과 데이터 가공 및 시각화 기술이 발전함에 따라, 시민사회 참여는 일

그림 3.61 FloodCitiSense Urban Living Lab에서 활용하는 시민과학 플랫폼에서의 도시 생태계 정보 공유 과정

반 대중이 자발적으로 과학 연구에 참여하여 전문가와 협력할 수 있는 시민과학 플랫폼에서 이루어지고 있다. 이러한 시민과학 플랫폼에서는 시민들 스스로 강우량 데이터를 수집하고 홍수 발생 여부를 보고하는 등 빅데이터 수준의 환경 데이터를 수집하고 분석하여 의미있는 도시 생태계 정보로 만들어낸다. 예를 들면, 한 시민이 홍수 발생 현장을 발견하면 시민과학 플랫폼 어플리케이션을 실행하여 홍수의 유형(도로 침수, 공원 침수, 주택 침수, 정원 침수, 수변 침수), 강수량, 피해 정도를 기입하고 현장 사진을 촬영하여 업로드 하는 과정을 통해 데이터가 축적된다. 우리나라의 경우에도 네이처링 (naturing)과 같은 시민과학 플랫폼이 운영되고 있으며, 이 플랫폼에서는 시민과학프로젝트, 자연관찰 및 생태교육, 생물다양성 탐사 등을 통해 도시 생태계 정보가 공유되고 있다. 이렇게 만들어진 도시 생태계 정보는 공공기관, 전문가, 이해관계자들과 실시간으로 공유되면서 시민사회와 공공기관 간의 상호 신뢰가 형성되고, 이는 도시 생태계 회복을 위한 새로운 아이디어 창출의 원동력이 된다.

c. 도시 재생 및 커뮤니티 회복

세 번째 사회·생태적 문제는 도시 재생 및 커뮤니티 회복이다. 2000년대 이후 우리나라의 많은 도시들은 인구가 감소하고 산업이 쇠퇴하면서 지역 커뮤니티 붕괴 현상을 겪고 있다. 이에 지방정부들은 종합적 도시 재생을 위한 공공차원의 사회, 경제, 환경 지원 정책을 시작했다. 이러한 도시 재생은 지역의 독자성과 자생능력이 결여된 기존의 중앙정부 주도형 정책에서 벗어나서, 지역의 수요와 문제를 구체화하고 이를 해결하기 위한 주체로서 시민의 역할을 강화하였다. 또한, 최근 사물인터넷, 빅데이터 등의 4차 산업 기술이 도시 재생에 도입되면서 경제 발전을 위한 기술 개발이라는 시각에서 벗어나 이러한 기술을 통해 어떻게 도시 문제를 해결하고 시민들에게 높은 삶의 질을 제공할 수 있을지에 대한 논의가 진행되고 있다. 이에 우리나라를 비롯한 많은 유럽과 아시아의 도시들은 공공-민간-시민 협력 기반의 거버넌스를 통해 개방형 혁신 플랫폼을 구성하고 지속가능한 사회-생태-기술 시스템 전환을 위한 정책, 제도, 기술을 개발할 수 있는 전략적 니치로서 어반 리빙랩을 활용하고 있다.

대표적인 어반 리빙랩 기반 도시재생 사례로는 대전광역시에서 수행했던 마을리빙랩 사업이 있다. 이 사업은 마을공동체가 지역의 다양한 문제를 스스로 발견하고 해결할 수 있는 마을 생활실험실 방식으로, 지속가능한 커뮤니티를 회복하기 위한 것이다. 이 사업에서 진행한 마을 문제들은 '소통을 위한 마을 산책길 조성', '거주민과 상점가의 커뮤니티 구축', '에너지 절약', '쓰레기 불법 투기 및 깨끗한 환경 조성' 등이 있다. 이러한 마을 문제를 구체화하기 위해 마을 리빙랩 사업에서는 마을공동체-연구원-지자체-전문가 협의체를 결성하여, 각 구성원들이 협력할 수 있는 시스템을 구축했다. 마을 공동체는 해결하고자 하는 마을 문제를 제시하여 전 과정에서 연구자로 참여하고, 연구원은 마을 공동체가 제시한 문제들을 해결하기 위한 다양한 아이디어를 제공하고 실험을 진행했다. 지자체는 해당 문제 해결을 위한 행정적 지원을 담당하며, 전문가는 전문가적 관점에서 해결 방향을 제시했다. 각 협의체 구성원의 활동 과정과 결과를 공유하고 상호 학습의 기회를 마련하기 위해 간담회와 월례회의를 진행했는데, 이 과정에서 현장조사, 대상지 탐방, 설문조사, 브레인스토밍, 홍보 등을 통해 마을 문제에 대한 솔루션을 도출하였다. 특히, 이러한 어반 리빙랩 과정에서 각 협의체 구성원들 간의 원활한 소통을 위해 마을별로 1명의 리빙랩 코디네이터를 두었고, 이들은 마을에 상주하면서 외부자원과 네트워크를 마을 공동체와 연결하는 중간자 역할을 했다. 이러한 어반 리빙랩 전략은 최근 수행되는 스마트 도시 사업, 어촌 뉴딜 사업, 그린 뉴딜 사업 등에 적극적으로 활용되어 조경계획의 역할이 증대될 수 있는 기회로 활용될 수 있을 것으로 기대된다.

d. 조경 신기술 개발

네 번째 사회·생태적 문제는 조경 신기술 개발이다. 최근 도시 인프라의 계획 및 유지관리 분야가 사물인터넷, 클라우드 컴퓨팅, 빅데이터, 인공지능, 지능형 로봇 등의 4차 산업 기술과 융합되고 있다. 이러한 흐름은 조경계획 분야까지 영향을 끼치고 있으며 새로운 가치 창출로 이어지고 있다. 조경계획 분야에서의 4차 산업 기술은 인간과 자연이 상호작용하는 서비스를 데이터로 축적하여 의미 있는 정보를 창출하고, 이를 바탕으로 현실에 존재하는 조경공간과 가상공간을 통합함으로써 새로운 조경 산업 구조를 구축할 수 있는 원동력인 것이다. 따라서 이러한 조경 산업 발전 속에서 4차 산업 기술을 이용한 조경 신기술 개발이 시급하며, 이 기술이 실제로 활용되기 위해서는 이용자의 수요를 파악하는 것이 중요하다. 이에 조경 신기술을 도입하는 조경계획 프로젝트에서는 어반 리빙랩을 적극적으로 활용하여, 원천기술을 활용할 수 있는 이용자의 수요 영역을 탐색하고 비지니스 모델 발굴 및 적정기술 개발을 진행하고 있다.

이러한 조경 신기술 개발은 세 단계에 걸쳐 진행될 수 있다. 첫 단계는 대안 탐색(exploration) 단계로, 최종 이용자의 행태를 분석하고 조경 신기술 개념을 설계한다. 두 번째 단계는 대안 실험(experimentation) 단계로, 프로토타입을 개발하고 설치하여 참여자의 만족도와 의견을 조사한다. 마지막 단계는 대안 평가(evaluation) 단계로, 조경 신기술을 통해 제품을 개발하고 실증한다. 최근 어반 리빙랩을 통해 개발되고 있는 조경 신기술로는 저관리형 모듈 인공습지 조성 기술, 미세먼지 저감을 위한 식재 모델 개발 및 실증 연구, 식물을 이용한 스마트 그린 오피스 시스템 개발 등이 있다. 이와 같은 조경 신기술 또한 교육 및 공공 기관의 조경계획에 선제적으로 도입되어 프로토타입 제작 및 검증과 양산형 시제품 실증 등을 거쳐 개발되었다. 이와 같이 선도적인 조경 신기술 개발은 이용자가 혁신의 주체로 나서는 수요 중심의 어반 리빙랩 전략을 도입했기 때문에, 4차 산업혁명과 함께 새로운 시장과 가치를 만들어가는 데 긍정적인 역할을 할 것으로 기대한다.

3) 조경계획 분야에서의 어반 리빙랩 활용 전망

이번 장에서는 어반 리빙랩을 통한 조경계획의 개념, 역사, 방법, 유형, 그리고 사례를 알아보았다. 그러나 어반 리빙랩은 조경계획 분야에서 아직까진 생소한 개념으로, 국내에서도 이 접근 방식이 제대로 활용되지 않았다. 이 접근방식은 시민이 직접 참여하기 때문에 환경인식이 빠르게 전환될 수 있다는 장점이 있으며, 이러한 동력은 개방적인 혁신, 민주적인 프로세스, 지속가능한 도시생태계 등 조경 계획이 지향하는 가치를 달성할 수 있게 한다. 따라서 어반 리빙랩을 통한 조경계획은 지역주민에게 가치 있는 조경공간을 제공하기 위한 미래의 조경계획 전략 중 하나가 될 것으로 기대한다.

3. 조경계획과 조경설계

조경 분야에서 계획과 설계의 명확한 구분은 어렵다. 조경계획이론의 권위자인 임승빈(1999)은 단적으로 다음과 같이 말하고 있다.

"계획과 설계는 상호 밀접한 관계를 갖는다. 실제의 프로젝트를 수행함에 있어서 어디까지가 설계이고 어디서부터가 설계인지를 명확히 구분하기는 상당히 어렵다. 계획과 설계는 장래의 공간이용에 관한 안을 제시한다는 점에 있어서 공통점을 가지고 있으면서 동일한 조경가의 행위를 놓고 계획이라고 말하기도 하며 설계라고도 말한다."

국내외의 많은 조경계획 이론가들과 전문가들은 계획과 설계를 저마다 다른 방식으로 규정한다. 그러나 명확히 법적, 이론적으로 정의된 개념이 아니라고 해서 계획과 설계를 구분 없이 혼용하여 사용해도 된다는 뜻은 아니다. 계획과 설계의 용어가 각각 존재하며 널리 통용된다는 사실은 계획과 설계의 구분이 조경의 이론과 실무에서 유효하며 둘 사이에는 유용한 의미의 차이가 존재함을 의미한다. 본 절에서는 계획과 설계에 대한 명확한 정의를 규정하고 합의를 도출하기보다는 상황과 관례에 따른 계획과 설계의 개념적 의미와 차이점, 그리고 관계를 중심으로 살펴보기로 한다. 이를 위해 계획과 설계에 대한 제도적인 근거와 구체적인 사례를 통해 차이를 설명함으로써 실제로 이론과 실무에서 통용되는 계획과 설계의 의미에 관한 이해를 돕고자 한다.

3.1. 규모와 정보의 문제

3.1.1. 규모와 정보의 차이에 따른 구분

우선 규모와 정보의 차이로 계획과 설계를 구분하는 관점이 있다. 조경에서 다루는 대상이 크면 조경계획으로, 상대적으로 다루는 대상이 작으면 조경설계로 보는 관점이다. 국토 전체를 다룬다면 국토계획이라고 하지, 이를 국토설계라고 하지는 않는다. 도시 전체의 공원녹지를 다룰 때 이를 도시 공원녹지계획이라고 하며, 공원녹지설계라고 하면 개별적인 도시의 특정한 공간을 다룬다는 의미가 된다. 규모의 차이는 반드시 정보의 차이를 수반한다. 대상지의 규모가 커지면 계획가나 설계가가 다룰 수 있는 정보의 상세함은 떨어질 수밖에 없다. 반대로 대상지의 규모가 작아지면 다루어야 하는 정보의 내용은 상세해진다. 예를 들어 서울시의 전체 공원녹지를 계획하는데 어떤 포장 재료를 선택할지, 초화는 어떻게 심을 지까지 상세히 정할 수는 없다. 그러나 작은 어린이 공원을 설계할 때는 아이들이 다치지 않을 포장 재료를 세심히 선택해야 하고 나무의 위치도 구체적으로 정해주어야야 한다. 어느 정도 대상지의 규모가 커야 계획으로 부를 수 있는지, 어느 정도 다루는 정보가 상세해야 설계로 인정할 수 있는지 이론적으로 명확히 합의된 기준은 존재하지 않는다. 하지만 저명한 조경계획가 Steinitz(2012)는 경험에 의거한 기준을 제시하는데, 그에 따르면 계획적으로 접근하기에 적당한 최소의 대상지 규모는 500m×500m이며, 이보다 작아지면 설계적으로 접근하는 것이 적합하다.

3.1.2. 실무의 관점과 제도

계획과 설계를 규모와 정보의 차이로 구분하는 관점은 계획과 설계가 분리될 수 없는 전문적 활동이라는 입장을 전제로 한다. 계획을 하든, 설계를 하든 앞서 설명한 조사와 분석 과정을 거쳐 대안을 제시한다. 계획과 설계의 조사·분석 방법론은 같지만 대상지의 크기가 작아지면 설계에서 계획에서 적용하는 모든 조사와 분석을 진행할 필요는 없다. 또한, 계획적으로 접근할 때는 다룰 정보의 범위가 넓은 대신, 설계할 때처럼 세세한 내용까지 다룰 필요는 없다. 다시 말하자면, 계획과 설계를 수행하기 위해 요구되는 지식과 전문성도 같지만, 대상지의 규모와 정보의 차이에 따라 접근의 방식에 차이가 있기 때문에 명목적으로 계획과 설계를 구분한다는 것이다. 주로 실무에 종사하는 조경가와 엔지니어링 기술자들이 이렇게 생각한다. 이러한 관점은 실무의 관례에 근거하기도 하지만, 한편으로는 조경전문가의 업무규정에 대한 법적 근거에 근거한다.

법적으로 조경전문가는 「조경진흥법」에서 규정한 "조경기술자"를 의미한다[3]. 조경기술자는 「국가기술자격법」에 따라 조경 분야의 국가기술자격을 취득한 사람, 즉 조경기술사, 조경기사, 조경산업기사나 「건설기술진흥법」에 따라 조경 분야에 종사하는 자를 의미한다[4]. 「국가기술자격법」에 따른 조경전문가의 수행 업무를 살펴보면 계획과 설계 업무는 분리되지 않고 조경전문가의 기본적 업무로 규정되어 있다. 이와는 다른 법적 체계인「건설기술진흥법」에 따르면 "설계용역업무"는 계획·조사·설계의 업무를 의미하기 때문에 계획과 설계는 하나의 통합된 업무로 간주된다. 이렇게 계획과 설계를 분리하지 않고 동일한 업무로 규정되는 것은 조경 분야에 한정된 것은 아니다. 건설기술자의 세부 분야가 조경보다 더 많은 건축의 경우에도 건축계획·설계는 하나의 통합된 분야로 규정되어있다. 이처럼 법적으로 규정된 조경전문가의 실무와 전문성의 관점에서 볼 때 계획과 설계의 구분은 명목적인 것이지 분리될 수 없는 하나의 동일한 업무로 간주된다.

---

3) "조경기술자"란 「국가기술자격법」에 따라 조경분야에서 국가기술자격을 취득한 자 또는 조경분야에 종사하는 자로서 「건설기술 진흥법」 제21조에 따라 신고한 자를 말한다 (국토교통부, 2016b). 하지만 더 넓게는 다른 법규에서 규정되는 자연환경관리기술사, 자연생태복원기사와 산업기사, 문화재수리기술자까지도 조경전문가로 볼 수 있다.

4) 조경기술자와 조경관련 기술자는 다를 수가 있다. 「국가기술자격법」에 따른 자연생태기술사, 자연생태복원기사, 자연생태복원산업기사의 경우 조경관련 학과 졸업자들도 응시의 자격이 있어 조경 분야에 한정된 전문분야는 아니지만 조경과 관련된 전문 분야로 볼 수 있다. 산림기술사나 산림기사의 경우 조경관련 학과 졸업자들은 응시의 자격이 없어 조경과 관련된 분야기기는 하지만 법적으로 규정된 전문분야로서는 임업과 임학에 해당되어 때문에 조경과 관련이 없다.

3.2. 단계와 절차의 문제

3.2.1. 단계와 절차의 차이에 따른 구분

단계와 절차적으로 계획과 설계를 구분하는 관점이 있다. 저명한 계획이론가 Lynch and Hack(1984)은 건축, 도시, 조경의 분야 모두 적용되는 계획(Site Planning) 이론을 제시하였다. Lynch and Hack은 계획의 과정을 문제 규정에서 공사와 관리까지 총 여덟 단계로 구분하는데, 계획설계(Schematic Design), 기본설계(Design Development), 실시설계(Contract Document)의 세 가지 설계 단계가 계획의 핵심적 과정이 된다. Lynch and Hack에 따르면 계획은 설계를 포괄하는 개념이며, 설계는 계획을 구상하고 구체화하는 계획의 세부 절차이다. Simonds(1999) 역시 이와 유사하게 계획과 설계를 나누지 않고 통합된 과정으로 설명한다[5]. 조경계획·설계 과정은 용역발주, 조사, 분석, 종합, 시공, 운영의 여섯 단계로 구분된다. 이 때 종합 단계는 기본계획, 기본구상, 종합계획의 내용을 담고 있으며 시공 단계에서 상세설계가 포함하고 있다. 따라서 하나의 통합된 계획·설계 과정에서 계획의 단계 이후 설계의 단계가 진행된다. 임승빈과 주신하(2019) 역시 조경계획과 설계를 서로 분리될 수 없는 연결된 과정으로 본다. 조경계획·설계는 기본구상, 기본계획, 기본설계, 실시설계의 절차를 따라 절차적으로 단계에 따라 구체화된다. 김남춘(2008)은 조경계획의 과정을 현장조사 및 분석, 기본구상, 기본계획, 기본설계의 절차적 단계로 구분한다. 기본설계는 계획의 마지막 단계에 해당하며 기본설계 이후 실시설계의 과정을 거치게 된다. 이처럼 국내외의 대부분의 이론서들은 계획·설계를 통합적인 과정으로 보고 계획을 설계의 큰 틀과 구상을 제시하는 선행 단계로, 그리고 설계를 계획을 구체화하는 후행 단계로 규정하고 있다.

3.2.2. 교육 및 행정의 관점과 제도

이 때 주의할 것은 조사, 분석, 계획, 설계로 이어지는 절차는 보편적인 모델을 제시하는 것이지, 실제로 모든 프로젝트가 이론적으로 규정된 모든 계획과 설계의 절차를 따라 단계적으로 진행되는 것은 아니라는 것이다. 앞서 설명한 바와 같이 규모가 큰 계획 프로젝트의 경우 굳이 실시설계 단계까지 이어지지 않을 수도 있다. 반면 규모가 작은 설계 프로젝트의 경우 계획 단계 없이 곧장 기본설계와 시설설계를 진행할 수도 있다. 이론서

5) Simond도 Lynch and Hack과 마찬가지로 계획을 “Site Planning”으로 지칭한다.

들은 교육을 위한 교과서이기도 하다. 조경이론과 실무를 연계하여 교육할 때 보편적인 조경 실무의 절차를 상정하고 그 안에서 각 단계에 필요한 지식과 기술을 설명하는 것이 효과적이다. 그래서 실무의 단계와 절차에 따라 계획과 설계의 관계를 구분하는 방식은 조경 뿐 아니라 건축이나 도시공학의 교육에서도 동일하게 적용된다.

이러한 교육의 관점에서 계획과 설계의 관계를 단계적으로 규정한 제도적 근거를 살펴보자. 「자격기본법」은 우리나라의 직업의 자격을 규정하고 교육 기준도 함께 제시하는 법률이다. 「자격기본법」은 국가직무능력표준(NCS)을 통해 조경을 비롯한 여러 직무에 필요한 지식과 기술을 체계화하고 있다. NCS에 따르면 조경설계, 조경시공, 조경관리, 조경사업관리가 조경 직무 교육의 세부 분야이다. 이중 계획과 관련된 조경설계 분야는 기초설계 교육 이후에 계획 교육, 그리고 이를 토대로 고급 설계 교육을 단계적으로 실시하게 되어있다[6]. 물론 NCS가 모든 조경 직무와 교육체계를 대표한다고 볼 수는 없지만 유일하게 국가가 규정한 교육체계이며 공공기관과 공기업의 해당 직무 기준이 되기 때문에 중요한 의미가 있다.

한편, 행정적인 측면에서 계획·설계의 발주 및 실행 역시 법적으로 단계적인 절차에 따라 진행하도록 규정되어 있다. 「엔지니어링산업 진흥법」에 근거해 발주처가 도시계획과 조경 전문분야의 엔지니어링 사업을 발주하는 경우 명확한 과업 수행추진 절차에 따른 계획과 설계의 단계에 따른 업무의 내용이 규정되어 있다. 도시개발사업의 경우 조경계획과 조경설계를 포함하는데, 이때 실시계획 내에서 기본계획을 수립한 뒤, 이에 맞는 기본설계를 수행하게 되어 있다. 공원계획을 포함한 다양한 조경계획의 절차도 규정되어 있는데[7], 기본계획, 기본설계, 실시설계의 단계를 순서대로 진행하게 되어있다. 조경특화계획 역시 공원계획과 동일하게 기본계획, 기본설계, 실시설계의 과정을 거쳐야 한다[8]. 이처럼 교육적 관점이나 행정의 절차적 관점에서 조경계획과 설계는 조경업무나 프로젝트를 수행할 때 요구되는 단계적 절차와 순서에 따른 과정으로 이해할 수 있다.

---

6) 구체적으로 NCS 조경설계 교육은 수준과 난이도에 따라 단계별로 구성되는데 기초단계(2·3단계)에서 조경기초설계, 조경식재설계, 조경기반설계를 배우고 중급단계(4단계)에서 조경기본계획을 통해 계획적 내용을, 그리고 중상급단계(5단계)에서 조경기본설계와 조경실시설계를 배우도록 되어있다.

7) 공원계획은 자연공원과 도시공원 및 도시자연공원의 계획을 의미하며, 공원계획외의 조경 관련 계획은 관광지, 유원지, 휴양지, 체육시설지 등으로 규정되어있다(산업자원통상부, 2020b).

8) 국토계획에 따른 조경특화계획은 구체적으로 도로조경계획, 시가지 광장과 건축관련 공간계획, 주택단지조경계획, 산업단지조경계획, 자연형 하천복원계획, 산림식생복원계획, 담수생태계복원계획, 동물서식환경복원, 비탈면 녹화계획, 사구복원계획, 습지복원계획, 환경공원계획, 종합산림생태복원계획, 식물원 계획, 개발제한구역 조경설계 검토를 포함한다(산업자원통상부, 2020b).

3.3. 목적과 성격의 문제

3.3.1. 목적과 성격에 따른 구분

계획과 설계는 성격과 목적에 따라 구분될 수 있다. 앞서 소개한 관점은 계획과 설계를 분리하기 어려운 동일한 전문 행위, 혹은 연결된 과정으로 보았다. 이는 계획을 물리적 계획으로 한정할 때는 타당할 수 있으나, 모든 계획이 물리적 계획은 아니다. 정책적 계획은 설계와 다른 목적을 갖게 되며, 이 경우 계획과 설계는 반드시 통합된 결과나 연속된 과정을 전제로 하지는 않는다.

현대적 의미의 계획은 19세기말 산업사회의 문제를 해결하기 위해 등장했다. 초기의 많은 계획들은 법률의 형태로 제시되었다[9]. 그런데 법률의 형태로 제시된 초기 계획들은 도시나 경관의 물리적 형태를 제시하기보다는 특정한 정치적 목적의 정책을 실행하는 수단으로서의 계획에 가까웠다. 대표적인 예로 오늘날에도 대표적인 도시계획 기법으로 통용되는 용도지역지구제도를 들 수 있다. 1880년대 샌프란시스코에서 제정된 미국 최초의 용도지역지구제도는 중국인들의 세탁소 입점을 금지하는 법으로서, 명목상으로는 도시의 미관과 안전을 고려하는 법적 계획이었지만 실제로는 소수인종을 차별하기 위한 매우 특수한 정치적 의도를 갖고 있었다. 이보다 더 오늘날의 용도지역지구제의 원형에 가까운 법은 1916년에 제정된 뉴욕시 조닝조례이다. 이 때 초창기 조닝의 목적과 방향은 공간적 대안을 제시하기보다는 특정행위를 못하게 하도록 적극적인 규제를 가하는데 있다. 이처럼 많은 계획은 구체적인 형태적, 물리적 대안을 제시하려는 설계와는 본질적으로 다른 목적을 갖고 발전해왔다. 따라서 계획이 반드시 가치중립적인 원칙과 절차에 따라서 이루어지는 것은 아니며 오히려 특정한 가치관에 근거한 정치적 의사결정과 밀접하게 연관되는 경우도 많다. 이 경우, 정책적 실현의 수단으로서 계획은 반드시 설계와 통합된 과정은 아니며 설계의 단계로 이어지지도 않는다. 오히려 설계 행위를 통제하여 제약하는 측면도 있어 계획과 설계가 충돌하기도 한다.

3.3.2. 정책의 관점과 제도

조경과 관련된 우리나라의 최상위계획인 국토종합계획과 국토환경계획을 비교해보면 계획과 설계의 관계, 그리고 그 제도적인 근거를 이해하기가 쉽다. 국토종합계획은 「국토

---

9) 대표적으로 영국의 공중보건법(Public Heatlh Act), 노동자계급주택법(Housing of Working Classes Act), 프랑스의 도시계획법, 미국의 용도지역지구제(Zoning Ordinance) 등이 법률 형태의 도시계획이다.

기본법」에 근거하여 수립되는 최상위계획으로 「국토의 계획 및 이용에 관한 법률」에 따라 수립되는 광역도시계획, 도시·군 종합계획, 도시·군 관리계획 등 우리나라의 모든 하위의 공간적 계획을 조정할 수 있는 강력한 계획이다. 국토종합계획은 전국토를 대상으로 한 최상위의 계획이니 만큼 구체적인 설계의 내용을 다루지는 않는다. 그러나 국토종합계획과 관련된 하위의 계획으로 가면 법률과 지침으로 부분별 계획을 다루게 되어있고 그 과정에서 기본계획, 기본설계, 실시설계의 과정을 거치도록 되어있다. 즉 제도적 위계에 따라 국토 전체의 계획에서부터 단계적으로 일상의 공원과 녹지의 설계까지 자연스럽게 연결된다. 국토 관련 계획의 경우 상위의 계획이 현실에서 적용되고 실행이 되는 수단으로써 설계가 필요한 것이다.

한편, 국토환경계획은 「환경정책기본법」에 근거하여 수립되는 환경분야 최상위계획으로 48개의 환경법률 소관 계획과 「환경정책기본법」에 따라 수립되는 시·도 환경보전계획, 시·군·도 환경보전계획을 총괄하고 조정한다. 그런데 구체적으로 계획과 설계의 단계가 지침에 따라 구분된 국토계획 관련 계획과는 달리, 환경관련 계획들은 설계의 단계나 업무가 명시되어 있지는 않다. 이는 환경계획의 경우 설계의 단계가 필수적이지는 않거나 설계와 무관한 계획일 수 있다는 것을 의미한다. 환경계획을 실행할 수 있는 수단은 설계가 아니라 환경영향평가이다.

왜 어떠한 계획은 설계를 포함하며, 어떠한 계획은 설계와 무관한지를 이해하려면 계획을 목적과 성격의 차이를 이해할 필요가 있다. 국토계획에서 제시하는 내용과 해당 법률을 살펴보면 적극적으로 공간을 개발하고 만들려는 경향이 나타난다. 반대로 환경계획은 무엇인가를 규제하고 관리하려는 경향이 나타난다. 이처럼 국토계획과 환경계획은 상보적인 관계에 있기도 하지만 동시에 견제하는 역할도 한다. 이는 국토계획이 원래는 개발계획이었으며 환경계획은 무분별한 계획의 부작용을 막고 통제하기 위해 이후에 만들어진 계획임을 고려하면 쉽게 이해가 된다. 국토계획은 개발, 환경계획은 보존이라는 서로 다른 가치와 목적을 전제로 하고 있는 것이다. 이에 따라 많은 경우 설계는 무엇인가를 만드는 행위의 최종적인 수단이 되기 때문에 국토관련 계획은 계획과 설계가 통합적으로 연결된다. 반면, 환경관련 계획은 오히려 이를 통제하고 감시하려는 목적이 있기 때문에 설계가 아닌 평가제도가 주된 실행이 되는 것이다. 국토계획과 환경계획 외에도 조경계획과 관련된 여러 제도가 있으며 정책과 제도에 따라 계획과 설계의 관계가 달라지지만 이는 다른 장에서 상세하게 다루어지기 때문에 본 절에서는 국토계획과 환경계획에 한정하여 계획과 설계의 관계를 설명한다.

❖ 참고문헌

과학기술정보통신부 (2019.) 함께 만들어가는 사회문제 해결형 R&D: 리빙랩 길잡이

교육부, 고용노동부 (2021) 자격기본법, 법률 제17954호

국토교통부 (2016a) 조경설계기준, 국토교통부

국토교통부 (2016b) 조경진흥법, 법률 제12988호

국토교통부 (2018) 공원녹지기본계획 수립지침

국토교통부 (2020a) 기술사법, 법률 제17674호

국토교통부 (2020b) 엔지니어링산업 진흥법, 법률 제17344호

국토교통부 (2021a) 건설기술 진흥법, 법률 제17933호

국토교통부 (2021b) 건설기술 진흥법 시행령, 법률 제32274호

국토교통부 (2021c) 국토기본법, 법률 제18387호

국토교통부 (2022) 국토의 계획 및 이용에 관한 법률, 법률 제17814호

기면준 (2021) 4시간 완성 QGIS 기초입문 매뉴얼. 림인포테크.

김남춘 (2008) 조경계획(이명우 편, "조경학의 이해"), 서울 : 기문당, pp. 278-292.

김도훈, 문태훈, 김동환 (1999), 시스템 다이내믹스. 서울 : 대영문화사.

김도훈, 문태훈, 김동환 (2001). 시스템 다이내믹스. 서울 : 대영문화사.

김동현 (2013) 기후변화 적응형 공간계획방법의 개발과 모의적용 연구(I), 한국환경정책·평가연구원.

김복영 (2019) 도시재해 저감 설계를 위한 조경정보모델의 활용. 서울대학교 박사논문.

김복영 (2021) 조경 BIM 기초입문서, 성안당.

김사헌 (2007) 관광학연구방법론, 백산출판사

김태현, 김현주, 이계준 (2011) 재난관리를 위한 도시 방재력(Urban Resilience) 개념 및 기능적 목표 설정, 한국안전학회지 26(1) : 127-136.

남영숙 (1997) 환경영향평가서의 검토지침서 개발을 위한 연구

노규성, 김미연, 김신표, 김용영, 김의창, 김진화, 남수현, 박성택, 서동조, 서창갑, 안성진, 이상훈, 임기흥, 하태현 (2016) 빅데이터 개론. 서울 : 광문각.

대전광역시 (2020). 2020 마을리빙랩 시범지원사업 결과자료집.

대한국토·도시계획학회 (2010) 도시의 계획과 관리를 위한 공간정보활용 GIS, 보성각.

대한국토·도시계획학회 (2015) 토지이용계획론, 보성각

대한국토·도시계획학회 (2020) 단지계획, 보성각

대한민국정부 (2019) 제 5차 국토종합계획, 대한민국정부

대한민국정부 (2020) 제 5차 국가환경종합계획, 대한민국정부

문태훈 (2007) 시스템사고로 본 지속가능한 도시. 집문당.

박형동, 최요순, 현창욱, 장윤섭, 서장원 (2010) GIS 원리와 활용. 시그마프레스.

백준범 (2020) 폭염과 미세먼지 저감을 위한 바람길숲 조성방안-연결숲을 중심으로. 경북대학교 대학원 석사학위논문.

산업자원통상부 (2020a) 엔지니어링산업 진흥법, 법률 제17344호

산업자원통상부 (2020b) 국토계획 표준품셈

석왕헌, 이광희 (2015) 인공지능 기술과 산업의 가능성. ECO 시리즈, Issue Report 4(30).

손정민, 엄정희 (2017) 태양광 적지분석에 기반한 친환경 주거단지 계획-대구광역시를 대상으로, 한국지리정보학회지 20(3) : 153-169.

손현식, 민병학, 오주석, 김세용 (2021) 유럽 사례분석을 통한 어반 리빙랩(Urban Living Lab) 추진전략 연구. 대한건축학회논문집 37(6) : 137-148.

신용승, 조공장 (2018) 지역기반 참여형 연구방법론 연구 - 기후변화 리빙랩 시범사업을 중심으로.

신익순 (2005) 조경법제론, 보문당

신지훈, 신민지, 최원빈 (2018a) .개발사업의 경관영향 검토를 위한 주요 조망점 선정 방법에 관한 연구. 한국조경학회지 46(1) : 143-155.

신지훈, 최원빈, 신민지 (2018b) 자연경관에 도입되는 건축물의 경관민감도 측정에 관한 연구. 농촌계획 24(2) : 59-67.

심지수, 배정한 (2012) 한 장소에 세 개의 광장 - 폴리 스퀘어 플라자의 변화. 한국조경학회 학술발표논문집 56-59.

양관석 (2018) 인공지능의 빅데이터 활용을 위한 법적 연구-저작물과 개인정보를 포함한 빅데이터를 중심으로. 단국대학교 대학원 박사학위논문.

양병이 (1998) 에너지절약형 주거단지 설계기법-조경설계를 중심으로, 서울대학교 환경대학원 36 : 88-110.

엄정희 (2010) 용산미군기지 지역의 기후정보구축 및 계획적 활용에 관한 연구. 국토계획 45(1) : 185-198.

엄정희 (2019) 전주지역의 바람길 특성 분석 및 활용 방안. 한국환경생태학회지 33(3) : 336-374.

엄정희, 손정민, 백준범, 성욱제, 김주은, 김권 (2020) 바람길을 고려한 도시숲 유형별 조성기법 분석. 국립산림과학원.

엄정희, 안병철, 박주현, 손정민, 성욱제, 김주은, 민진규 (2021) 바람길숲 유형별 효과 및 관리방안 분석. 국립산림과학원.

오규식, 이상일 (2008) GIS의 개념과 원리. 다락방.

윤혜경, 박현수 (2010). 생산성 향상을 위한 북미 최첨단 사무공간 계획 방향 분석. 한국실내디자인학회 논문집 19(1) : 200–207.

이명우 (2011) 조경계획, 기문당

이승훈 (2017) 최근 인공지능 개발 트렌드와 미래의 진화방향. LG경제연구원

이지연 (2019) 가상증강현실(AR·VR) 산업의 발전방향과 시사점, 신산업연구실연구원.

임승빈 (1999) 조경계획·설계론, 서울 : 보성문화사.

임승빈 (2009) 경관분석론. 서울대학교 출판부

임승빈, 주신하 (2012) 조경계획·설계, 서울 : 보문당.

정상화 (2020) 미래 기술을 활용한 자연 기반 스마트그린도시 하천 조성 기술 개발 기획 연구.

정유민, 이유미 (2019) VR기술과 3차원 모형을 접목한 혼합현실 기반의 조경설계 프로세스 연구. 한국조경학회 추계학술대회 논문집 2019 : 38–39.

조재성 (2004) 미국의 도시계획, 서울 : 한울.

최성록, 오우석, 배해진, 정필모, 김선숙, 신지선, 전선화, 박은진, 김종민, 최재천 (2014) 생태계서비스 평가 기반 구축, 국립생태원

최자호, 서주환. (2019) 조경산업 관점에서 4차 산업혁명 기술의 탐색. 한국조경학회지 47(2) : 59-75.

표성수 (2004) 관광사업투자론, 백산출판사

한국관광공사 (2010) 관광개발 매뉴얼

한국산업인력공단 (2000) 조경기술사 (https : //www.hrdkorea.or.kr/)

한국토지주택공사 (2021) 스마트도시 구축을 위한 공원녹지 지표 개발연구

한국환경정책 · 평가연구원 (2006) 환경영양평가제도의 현황 분석을 통한 장기 발전 방안.

한승희 (2013) GIS 이론 및 실습. 구미서관.

환경부 (2001) 통합영향평가법 설명자료.

환경과 조경(2017) 특집: 빅데이터와 도시. 환경과 조경 349호.

환경부 (2006) 생태면적률 적용 지침.

환경부 (2010) 생태통로 설치 및 관리지침.

환경부 (2011) 생태하천 복원 기술지침서.

환경부 (2011) 환경영양평가 스코핑 가이드라인(안).

환경부 (2012) 환경영양평가법 설명자료.

환경부 (2016) 생태면적률 적용지침 개정.

환경부 (2016) 환경영향평가 소책자.

환경부 (2018) 환경영향평가 관련 규정집.

Ackerman, A. (2019) Bona Fide BIM, Architecture Magazine, 2019. 12.

Alänge, S., Lundqvist, M. (2014). Scenario planning – The future now.

Albert, C., Brillinger, M., Guerrero, P., Gottwald, S., Henze, J., Schmidt, S., Ott, E., Schröter, B. (2021). Planning nature-based solutions : Principles, steps, and insights. Ambio 50(8) : 1446-1461.

Alcamo, J. (2003) Ecosystems and human well-being : a framework for assessment (p. 245p). Island Press, Washington, DC, USA.

Ancher, B. H. (1982) The Value of Multiplier and Their Policy Implications. Tourism Management 3(4) : 234-241.

Aude, Z.-H., Juliette, M., Gerd, L., Joanne, L.-B., Stephan, P. (2019). Designing a resilient waterscape using a living lab and catalyzing polycentric governance. Landscape Architecture Frontiers 7(3) : 12.

Bernard. M. (2017) Why AI would be nothing without big data. Forbes article.

Bodin, Ö. (2017) Collaborative environmental governance : Achieving collective action in social-ecological systems. Science 357(6352), eaan1114.

Cassidy, R., Singh, N. S., Schiratti, P.-R., Semwanga, A., Binyaruka, P., Sachingongu, N., Chama-Chiliba, C. M., Chalabi, Z., Borghi, J., Blanchet, K. (2019). Mathematical modelling for health systems research : a systematic review of system dynamics and agent-based models. BMC Health Services Research 19(1) : 845.

Costanza, R., Voinov, A. (Eds.) (2003) Landscape Simulation Modeling.

Costanza, R., d'Arge, R., De Groot, R., Farber, S., Grasso, M., Hannon, B., Raskin, R.G. (1997) The value of the world's ecosystem services and natural capital. Nature 387(6630) : 253.

Council of Europe (2000) The European Landscape Convention. Council of Europe.

Crooks, A., Malleson, N., Manley, E., Heppenstall, A. (2018) Agent–based modeling and geographical information systems. SAGE Publications.

Daily, G.C., Matson, P.A. (2008) Ecosystem services : From theory to implementation. Proceedings of the national academy of sciences 105(28) : 9455–9456.

Daniel, C. J., Frid, L., Sleeter, B. M., Fortin, M. (2016). State-and-transition simulation models : a framework for forecasting landscape change. Methods in Ecology and Evolution 7(11) : 1413–1423.

De Groot, R.S. (1992) Functions of nature : evaluation of nature in environmental planning, management and decision making. Wolters–Noordhoff BV.

De Groot, R.S., Alkemade, R., Braat, L., Hein, L., Willemen, L. (2010) Challenges in integrating the concept of ecosystem services and values in landscape planning, management and decision making. Ecological complexity 7(3) : 260–272.

De Groot, R.S., Wilson, M.A., Boumans, R.M. (2002) A typology for the classification, description and valuation of ecosystem functions, goods and services. Ecological economics 41(3) : 393–408.

Dobbs, C., Escobedo, F.J., Zipperer, W.C. (2011) A framework for developing urban forest ecosystem services and goods indicators. Landscape and urban planning 99(3–4) :196–206.

Evans–Cowley, J. (2016) Time to Try Pokemon Go : Augumented Reality Connecting People to Places, Planetizen Blog Post, July 13.

Filatova, T., Polhill, J.G., Ewijk, S. van. (2016) Regime shifts in coupled socio–environmental systems : Review of modelling challenges and approaches. Environmental Modelling & Software 75 : 333–347.

Fisher, B., Turner, R. K., Morling, P. (2009) Defining and classifying ecosystem services for decision making. Ecological economics 68(3) : 643–653.

Folke, C., Carpenter, S., Elmqvist, T., Gunderson, L., Holling, C., Walker, B. (2002) Resilience and Sustainable Development : Building Adaptive Capacity in a World of Transformations.

Fu, X., Jia, T., Zhang, X., Li, S., Zhang, Y. (2019) Do street–level scene perceptions affect housing prices in Chinese megacities? An analysis using open access datasets and deep learning. PloS one 14(5) : e0217505.

Heslinga, J. H., Groote, P., Vanclay, F. (2017) Using a social–ecological systems perspective to understand tourism and landscape interactions in coastal areas. Journal of Tourism Futures 3(1) : 23–38.

Ibrahim, A., DAniyal, H., Kadir, T.A.A., Kamaludin, A. (2021) Potential Data Collections Methods for System Dynamics Modeling : A Brief Overview. International Journal of Advanced Computer Science and Applications 3(12).

Keane, R.E., Loehman, R.A., Holsinger, L.M., Falk, D.A., Higuera, P., Hood, S.M., Hessburg, P.F. (2018). Use of landscape simulation modeling to quantify resilience for ecological applications. Ecosphere 9(9) : e02414.

Kim, G., Coseo, P. (2018) Urban park systems to support sustainability : The role of urban park systems in hot arid urban climates. Forests 9(7) : 439.

Koh, J., Ye, M. (2020). A Study on Types and Characteristics of Citizen Science to Address Environmental Issues in Korea. Journal of Environmental Policy and Administration 28(4) : 181–213.

Labs, U. N. (2020). Living lab handbook for urban living labs developint nature–based solutions (S. Zalokar & I. Vaittinen, Eds.). Urban Natural Labs.

Liang, X., Lu, T., Yishake, G. (2022) How to promote residents' use of green space : An empirically grounded agent–based modeling approach. Urban Forestry & Urban Greening 67 : 127435.

Lupp, G., Zingraff–Hamed, A., Huang, J. J., Oen, A., Pauleit, S. (2020) Living Labs–A Concept for Co–Designing Nature–Based Solutions. Sustainability 13(1) : 188

Marcus, C.C. (2000) Can There Be Too Much Seating?. Landscape architecture 90(2) : 132–129.

McPhee, C., Westerlund, M., Leminen, S. (2021) Living labs. Technology Innovation Management Review.

Millennium Ecosystem Assessment (2003) Ecosystems and human well–being : A framework for assessment. Island Press.

Minsky, M.L. (1968) Matter, Mind and Models Semantic Information Processing.

Peterson, G.D., Cumming, G.S., Carpenter, S.R. (2003) Scenario Planning : a Tool for Conservation in an Uncertain World. Conservation Biology 17(2) : 358–366.

Postel, S., Bawa, K., Kaufman, L., Peterson, C.H., Carpenter, S., Tillman, D., Matson, P.A. (2012) Nature's services : Societal dependence on natural ecosystems. Island Press.

Quezada, G., Green, M., Harman, B. (2016) Urban Edge Partnership – Summary Project Report Constraints and enablers to innovation in greenfield urban developmen.pdf.

Rich, E., Knight, K. (1991) Artificial Intelligence. McGraw–Hill.

Roxburgh, C., Lund, S., Piotrowski, J. (2011) Mapping global capital markets 2011. McKinsey Global Institute 201(1) : 1–38.

Son, J.M., Eum, J.H., Kim, S. (2022) Wind corridor planning and management strategies using cold air characteristics : The application in Korean cities. Sustainable Cities and Society 77 : 103512.

Sung, U.J., Eum, J.H., Son, J.M., Oh, J.H. (2021) Planning strategies of wind corridor forests utilizing the properties of cold air. Land 10(6) : 607.

Tallis, H., Kareiva, P., Marvier, M., Chang, A. (2008) An ecosystem services framework to support both practical conservation and economic development. Proceedings of the National Academy of Sciences 105(28) : 9457–9464.

Teicholz, P. (2004) Labor Productivity Declines in the Construction Industry: Causes and Remedies, AECbytes.

Tudor, C. (2014) An Approach to Landscape Character Assessment. Natural England.

Turner, R. K., Paavola, J., Cooper, P., Farber, S., Jessamy, V., Georgiou, S. (2003) Valuing nature : lessons learned and future research directions. Ecological economics 46(3) : 493–510.

Veeckman, C., Temmerman, L. (2021) Urban Living Labs and Citizen Science : From Innovation and Science towards Policy Impacts. Sustainability 13(2) : 526.

Wallace, K.J. (2007) Classification of ecosystem services : problems and solutions. Biological conservation 139(3–4) : 235–246.

Yang, Y., Wang, Z., Cai, D., Xia, H.B. (2003) A research on the landscape plan graphics method based on GIS. Journal of Yunnan Normal University 23(2) : 61–65.

Yeom, S.–J., Park, C.–I. (2011) Satisfaction Experienced in Urban Parks and Green Spaces according to Their Component and Arrangement – A Case Study on Tama Newtown, Japan –. Journal of the Korean Institute of Landscape Architecture 39(5) : 12–20.

Zhang, F., Zhou, B., Liu, L., Liu, Y., Fung, H.H., Lin, H., Ratti, C. (2018) Measuring human perceptions of a large–scale urban region using machine learning. Landscape and Urban Planning 180 :148–160.

◎ 웹사이트

https : //air.go.kr/index.do

https : //airkorea.or.kr/web/

https : //data.kigam.re.kr/

https : //data.kma.go.kr/

http : //data.nsdi.go.kr/dataset

https : //eiass.go.kr/

https : //egis.me.go.kr/

http : //gis.go.kr/intro.do

https: //map.forest.go.kr/forest

https : //www.google.com/intl/ko_ALL/earth/about/versions/#earth-pro

http: //www.nsdi.go.kr/lxportal/?menuno=2725.

http: //webhelp.esri.com/arcgisdesktop/9.3/printBooks_topics.cfm?pid=2491.

http: //www.fh-potsdam.de/forschen/projekte/projekt-detailansicht/project-action/building-information-modeling-planungs-und-arbeitsmethode

https : //hydro.kma.go.kr/front/intro.do/

https : //kbr.go.kr/index.do/

https : //kier-solar.org/

https : //ko.wikipedia.org/wiki/가상_현실

https : //ko.wikipedia.org/wiki/증강_현실

https : //map.forest.go.kr/forest/

http : //mba.mk.co.kr/view.php?sc=30000001&cm=%B1%B9%B9%CE%BA%B8%B0%ED%B4%EB%C8%B8&year=2018&no=183021&selFlag=&relatedcode=

https : //meis.go.kr/

http : //mw.nifos.go.kr/

https : //www.ngii.go.kr/kor/main.do?

https : //neins.go.kr/Index

https : //nie-ecobank.kr/cmmn/Index.do?

https : //nytimes.com/2013/06/02/arts/design/a-prescription-for-plazas-and-public-spaces.html

https : //redshift.autodesk.co.kr/what-is-a-digital-twin

http : //river.go.kr/

https : //sgis.nier.go.kr/web/

https : //species.nibr.go.kr/index.do

http : //soil.rda.go.kr/soil/index.jsp/

https : //urban.seoul.go.kr/

http : //wamis.go.kr/

https : //water.nier.go.kr/

PART 4

조경계획 관련 법·제도

1. 조경계획 관련 법·제도의 개요

1.1 법의 개념과 체계

1) 법의 개념

우리는 일상생활에서 항상 법의 적용을 받고 있다. 그럼에도 '법'이 무엇인지에 대해서 아직 명확한 답을 가지고 있지 않다(홍완식, 2021). 법의 개념은 법철학 분야에서 지금도 계속되고 있는 논점으로서 다양한 입장이 제시되고 있지만, 인간이 "만인의 만인에 대한 투쟁 상태"인 자연상태에서 벗어나 질서 및 안전을 확보할 수 있는 사회생활을 형성·유지하는데 필수적인 사회규범이라는 점에는 이견이 없다. 법은 자연의 필연의 법칙(Gesetz)과는 달리 인간의 사회생활에 관한 규범(Norm)이라고 표현되기도 한다(국회 법제실, 2020).

인류는 오래전부터 법의 개념을 찾고자 노력하였으며 시대마다 법의 개념은 차이를 보이고 있다. 동양에서 '법(法)'이라는 문자는 '물 수(水)'와 '갈 거(去)'가 결합된 것인데 네모난 제사상을 앞에 두고 신에게 제사를 지내고 있는 사람을 표현한 고대 중국 상형문자에서 만들어진 것으로 자연의 뜻, 신의 의지를 담고 있다. 말 자체에 '당연히 따라야 하는 옳은 방식'이라는 의미가 담겨있다. 서양의 경우 소크라테스는 "법은 개인적인 이해관계에서 나오는 것이 아니라 인간의 본성에서 나온다"고 하였다. 몽테스키외는 "법은 사물이 갖는 본성의 필연적 관계이며 세계를 지배하는 인간의 이성"이라고 하였다. 19세기 독일의 법학자 예링은 "법은 이익을 향한 목적의식의 산물이며, 목적은 법의 창조자"라고 하였다. 사회규범의 하나인 도덕과 법을 비교해보면 법의 외면성과 도덕의 내면성, 법의 합법성과 도덕의 도덕성, 법의 강제성과 도덕의 비강제성 등으로 상호 구별할 수 있다. 자연법론자인 풀러는 "법은 도덕 이상의 것을 요구해서는 안된다"고 하였는데 이는 양자가 긴밀한 관계에 있기 때문이다.

2) 법의 체계

우리나라의 법체계는 상위법과 하위법의 위계성을 갖는다. 헌법을 정점으로 법률, 명령과 자치법규의 체계를 갖는다. 법의 효력 면에서 상충이 되는 경우에 특별법은 일반법에, 신법은 구법에 우선한다. 헌법은 국민주권주의에 기초하여 국가의 조직과 구성을 설계하고 국민의 자유와 권리를 보장하는 국가의 기본법이자 최고 규범이다. 헌법은 근대 입헌주의적 의미의 헌법에 기초하여 현대 사회복지주의적 의미의 헌법을 수용하고 있다. 현행 헌법은 9차 개헌에 따른 헌법 제10호로서 1987년 10월 29일에 공포되었다. 법률은 국회의 입법권에 근거하여 정립되는 법규범으로서 국민의 권리·의무에 관한 법규사항을 규율한다. 협의의 의미로는 국회가 의결하여 제정된 성문법을 의미한다. 법률은 헌법의 바로 아래 규범으로서 헌법의 내용 및 이념을 구체화하는 역할을 수행한다. 법률은 국회의원 또는 정부의 법률안 제안, 국회 심사·의결, 정부 이송 및 대통령 공포의 절차에 따라 제정된다. 명령은 국회의 의결을 거치지 않고 행정기관이 제정·공포하는 명령으로서 형식적인 효력 측면에서는 법률의 하위에 있으므로 헌법과 법률에 위반될 수 없다. 명령에는 발령의 주체에 따라 대통령령, 총리령, ㅇㅇ부령 등이 있다. 대통령령은 행정부 수반인 대통령이 법률에서 위임받은 사항과 법률을 집행하기 위하여 필요한 사항을 규정하기 위하여 발하는 명령으로서 '시행령'이라고 한다. 총리령·부령은 행정부의 국무총리 또는 행정 각부의 장이 각각의 소관 사무에 관하여 법률 및 대통령령의 위임 또는 직권으로 발하는 명령으로서 '시행규칙'이라고 한다. 지방자치단체는 법령의 범위 안에서 자치에 관한 권한 즉, 자치입법권을 갖는데 지방자치 법규는 조례와 규칙이 있다. 조례는 법령의 범위 안에서 지방자치단체가 자치의회의 의결을 거쳐서 제정하는 법규범이고, 규칙은 법령이나 조례가 위임한 범위에서 지방자치단체의 장이 제정하는 법규범이다.

법제처의 법률 통계에 의하면 2021년 12월 기준, 총 5,121건의 법률과 시행령, 시행규칙 등이 시행되고 있고 지방자치 법규는 조례와 규칙 등 125,897건이 있다. 우리나라의 모든 법령 정보는 법제처 국가법령정보센터(www.law.go.kr)에서 볼 수 있다.

표 4.1 법령 통계

헌법	법령			자치법규	
1	법률		1,554	조례	99,158
	시행령	대통령령	1,819		
	시행규칙	총리령	93	규칙	26,296
		부령	1,299		
	기타(국회규칙 등)		356	기타(훈령)	443
	소계		5,121	소계	125,897

출처 : 법제처 홈페이지–법령 통계 2021. 12 / www.moleg.go.kr

표 4.2 법률-시행령-시행규칙 : 공원녹지법

법률 [법률 제17893호]	시행령 [대통령령 제32352호]	시행규칙 [국토교통부령 제933호]
제15조(도시공원의 세분 및 규모) ① 도시공원은 그 기능 및 주제에 따라 다음 각 호와 같이 세분한다. 1. 국가도시공원 : 제19조에 따라 설치·관리하는 도시공원 중 국가가 지정하는 공원 2. 생활권공원 : 도시생활권의 기반이 되는 공원의 성격으로 설치·관리하는 공원으로서 다음 각 목의 공원 가. 소공원 : 소규모 토지를 이용하여 도시민의 휴식 및 정서 함양을 도모하기 위하여 설치하는 공원 나. 어린이공원 : 어린이의 보건 및 정서생활의 향상에 이바지하기 위하여 설치하는 공원 다. 근린공원 : 근린거주자 또는 근린생활권으로 구성된 지역생활권 거주자의 보건·휴양 및 정서생활의 향상에 이바지하기 위하여 설치하는 공원	제24조의2(국가도시공원의 지정 및 비용 지원) ① 법 제25조의2제1항에 따른 국가도시공원(법 제15조제1항제1호의 국가도시공원을 말한다. 이하 같다)의 지정요건은 별표 1의2와 같다. ② 공원관리청은 도시공원을 국가도시공원으로 지정하여 줄 것을 국토교통부장관에게 신청할 수 있다. ③ 국토교통부장관은 법 제25조의2제1항에 따라 국가도시공원을 지정한 경우에는 그 사실을 관보에 고시하여야 한다.	제6조(도시공원의 설치 및 규모의 기준) ①법 제15조제2항의 규정에 의하여 법 제15조제1항 각 호의 도시공원이 갖추어야 하는 규모는 별표 3과 같다. 이 경우 별표 3에 의하여 도시공원을 설치함에 있어서는 법 제15조제1항 각 호의 도시공원이 지니고 있는 기능이 서로 조화될 수 있도록 해당도시지역 전반에 걸친 환경보전, 휴양·오락, 재해방지·공해완화 등을 종합적으로 검토하여 도시공원이 균형있게 분포되도록 하여야 한다.

1.2 조경계획 관련 법·제도의 범위와 유형

조경계획은 시대에 따라 그 대상과 범위가 달라지는 경향을 볼 수 있다. 한국조경학회(1986)에서는 조경계획의 대상을 정원과 도시공원녹지, 자연공원, 레크리에이션, 아파트, 도로, 공장으로 하고 있다. 이명우(2007)는 조경계획의 영역을 우리나라의 법적인 체계특징과 당시 조경분야에서 활발히 진행되고 있는 프로젝트의 유형에 따라 정원 및 공원녹지, 단지, 가로, 관광지 및 골프장, 생태조경, 전통조경, 도시계획시설, 농촌조경 등 8개 분야로 나누고 있다. 한편 2편 조경계획의 법적 토대 편에서는 공원녹지, 국토계획, 환경보전, 관광·복지, 산지·농촌 등 5개 분야별 관계법규로 유형화하였다.

조경관련 법규와 관련한 문헌으로 권오준 외(1995)에서는 조경계획과 관련하여 용도지역지구제, 도시계획시설, 도로 및 주차장, 공원·국가유산·대지내조경·어린이놀이터, 관광 휴양지 및 체육시설, 도시설계 및 단지설계, 영향평가 등 6개 분야의 관계 법규로 나누고 있다. 신익순(2009)은 조경미학 및 경관, 공원, 토지이용·개발계획, 도시계획, 여가공간계획, 환경보전, 농어촌조경, 군부대조경 등으로 조경계획 관련 법규를 분류하고 있다. 이명우(2011)는 조경계획 관련법규를 공원녹지·경관, 국토·단지계획, 환경보전·평가, 관광·복지·문화재, 산림·농촌 등 5개 분야로 나누었다. 이전 문헌에 따르면 조경계획 관련 법규의 대상과 유형은 저자에 따라 다소 차이를 보이는 경향이 있다.

여기에서는 조경계획 법·제도 관련 분야의 범위와 유형을 판단하는 기준으로 '대한민국 현행법령집[10]'에 수록된 헌법을 비롯한 44개 분야 중 조경계획과 관련한 17편 문화·공보, 제24편 농업, 제26편 산림, 제27편 수산, 제33편 국토개발·도시, 제34편 주택·건축·도로, 제35편 수자원·토지·건설, 제39편 환경, 제41편 육운·항공·관광 등 9분야를 기초로 국토·도시계획, 환경·경관, 산림·농어촌, 역사·문화재, 관광·청소년 등 5개 분야로 재유형화하였다. 각 유형별 법규는 정부조직에서 운영하는 법률을 기준으로 조경계획과 관련한 법률을 선별하여 제시하였다.

정부의 조직에 관한 사항은 국가행정기관의 설치에 관한 기본법인 정부조직법에 의해 규정되며 국가행정기관의 설치·조직과 직무범위의 대강을 설정하고 있다. 정부조직법상 중앙행정기관은 18부 5처 18청으로 구성되어 있으며, 중앙행정기관의 소속별 편제는 대통령 소속과 국무총리 소속으로 구분할 수 있다.

10) 대한민국 현행 법령정보를 수록한 종합법령집이며 1963년 제정된 「법령집등편찬및간행규정」에 따라 발간된 이래 「법령정보의 제공 및 관리 등에 관한 규정」 제6조에 따라 한국법령정보원에서 관리하고 있다.

표 4.3 조경계획 관계법규

분야	법규
국토·도시계획	국토기본법, 국토의 계획 및 이용에 관한 법률, 주택법, 택지개발촉진법, 도시 및 주거환경정비법, 도시개발법, 도시재생법, 스마트도시법, 개발제한구역법, 수도권정비계획법, 지역개발지원법, 공간정보법, 공간정보관리법, 친수구역법, 공원녹지법, 용산공원법, 건축법(제42조 대지의 조경, 제43조 공개 공지 등의 확보), 주차장법, 도로법, 어린이놀이시설 안전관리법
환경·경관	환경정책기본법, 자연공원법, 자연환경보전법, 야생생물법, 환경영향평가법, 습지보전법, 백두대간법, 토양환경보전법, 동물원수족관법, 댐건설관리법, 경관법
산림·농어촌	산림기본법, 산지관리법, 산림자원법, 수목원정원법, 도시숲법, 임업 및 산촌 진흥촉진에 관한 법률, 산림휴양법, 탄소흡수원법, 농업식품기본법, 농어촌정비법, 농어업인삶의질법, 도시농업법, 도농교류법, 귀농어 · 귀촌법, 농어촌리모델링법, 농촌공간 재구조화 및 재생지원에 관한 법률, 어촌·어항법, 어촌특화발전법, 연안관리법, 마리나항만법, 신항만건설법, 해수욕장법, 무인도서법, 해양환경보전법, 해양생태계법
역사·문화재	국가유산기본법, 고도 보존 및 육성에 관한 특별법, 국가유산수리법, 역사문화권정비법, 신라왕경법, 세계유산법
관광·청소년	관광기본법, 관광진흥법, 국민여가활성화기본법, 공공디자인법, 전통사찰법, 체육시설법, 온천법, 청소년기본법, 청소년활동진흥법

표 4.4 정부조직

18부		5처	18청	
고용노동부	보건복지부	법제처	검찰청	산림청
과학기술정보통신부	산업통상자원부	국가보훈처	경찰청	새만금개발청
교육부	여성가족부	식품의약품안전처	관세청	소방청
국방부	외교부	인사혁신처	국세청	조달청
국토교통부	중소벤처기업부	대통령경호처	기상청	질병관리청
기획재정부	통일부		농촌진흥청	통계청
농림축산식품부	해양수산부		문화재청	특허청
문화체육관광부	행정안전부		방위사업청	해양경찰청
법무부	환경부		병무청	행정중심복합도시건설청

1.3. 조경계획 관련 법·제도의 의미와 적용

1) 조경계획과 법·제도의 의미

조경행위는 인간의 삶을 풍요롭게 하는 질적인 측면에서 그 가치가 인정된다고 볼 때 지금까지의 조경 관련 법·제도는 규제 위주의 정책 편의적인 관점에서 형성되어 왔으며, 성격이 다른 타분야에 종속되어 그나마도 업역에 대해 인정이 되지 않은 부분이 있으며 단순히 조경의 기능적 충족에 초점이 맞추어져 왔다. 또한 법률에서 규정한 구체적인 조경기준이 지방자치단체의 조례로 일임되며 법의 성격이 약해지고, 조례의 이행과정에서 법적인 구속력이 사라지기도 하였다. 조경공간을 위한 관련법 조항들은 개괄적인 사항으로 명문화되고 실제 필요한 기준들은 구체적으로 언급되지 않고 있다.

조경을 위한 법 적용시 통제와 규제의 목적으로서가 아닌 허용과 유도를 위한 수단으로 운용하는 정신이야말로 법의 인식을 조경분야의 일반 사회적 공감대로 확대시키는 지름길이 될 것이다. '조경'이 문화적 가치를 수반하는 '환경창조'의 예술이라면 '조경 관련 법규'는 제도적 장치를 만들어내는 '운용'의 예술로서 뒷받침되어 시대적 상황에 알맞게 적용, 발전되어 나가야 할 것이다(신익순, 2009).

2) 조경계획과 법제도의 적용

법규는 조경가가 만드는 계획과 설계에 영향을 미치게 된다. 특히 법규는 토지이용과 보존 또는 개발, 희소 자원과 동식물종, 환경변화의 영향, 역사적·고고학적 자산의 보존, 경제적 쇼크와 관리 또는 규제 등의 공익을 위해 고려되어야 한다(Hopper, 2007). 조경계획과 관련한 법규는 도시계획 및 환경 분야와 함께 국토의 토지개발 및 보전에 따른 절차와 방법에 대해 규정한 행정부 법령을 주된 대상으로 한 '토지관계공법'에 주로 속한다고 볼 수 있다(이명우, 2011).

행정법은 공법으로서 행정행위법, 행정조직법, 행정규제법으로 구분된다. 행정계획은 법정계획으로서 행정행위의 유형으로 국가 기타 행정주체가 구체적 사실에 관해 법적 행정절차에 따라 법 집행으로 행하는 공법행위를 말한다. 이러한 행정계획은 장래에 대한 예측을 전제로 수립되며 법률에 의해 수립될 때 법정계획이라고 하며 국민에 대해 구속력을 갖게 된다. 법정행정계획은 행정행위법에 해당되며 중앙정부 및 지방정부 등 행정조직이 관계법령에 의해 수립하는 법정계획으로 국토 및 도시계획, 환경계획, 농어촌계획, 산림계획, 관광계획 등이 해당된다.

조경공사는 개발과 보존의 조화를 이룰 수 있게 하는 특수한 건설공사로서 일반 대중들에게도 점차 그 중요성이 커지고 있는 현실이다(신익순 외, 2011). 조경공사시의 사전조사와 기본계획 수립의 필요시 공사발주청은 조경공사에 대한 합리적인 계획을 수립하고 예산을 효율적으로 집행하기 위하여 기본구상, 타당성 조사를 충실히 실시하고 동시에 이를 기초로 기본계획을 수립하여야 한다. 특히, 조경계획의 한 단계인 대상지 분석시 사회·행태적 분석과정에서는 필히 관련 법규와 상위계획을 검토해야 한다. 일반적으로 각 토지의 이용 가능성과 제한성 분석에서 조경 관련 법규는 제한성의 한 요소로 기능하게 된다. 또한 조경기본계획안의 부문별 계획 중 집행계획부문에서 법규 검토과정을 두어 토지에 관한 여러 법령 및 조례와 상충되지 않도록 유의해야 한다.

2. 조경계획 관련 주요 법규

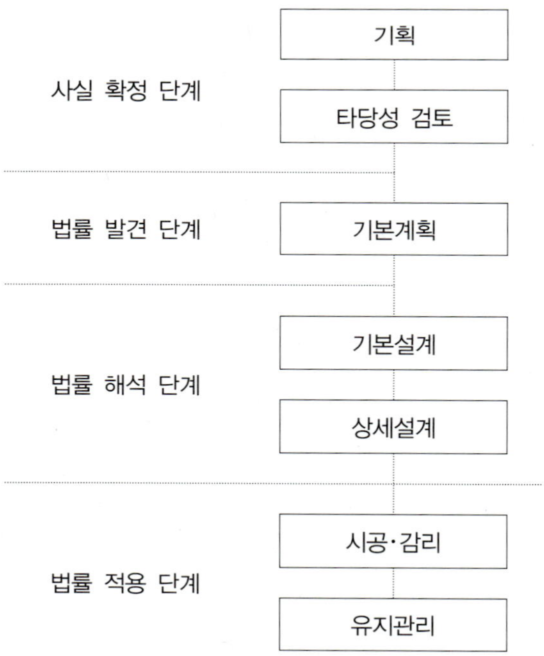

그림 4.1 단계별 법적용 절차

출처 : 권오준 외, 1995

2.1. 국토·도시계획 관련 법규

1) 국토기본법

국토기본법은 국토 및 도시계획에 관한 계획체계의 최상위 계획으로 국토에 관한 계획 및 정책의 수립과 시행에 관한 기본적인 사항을 규정하며 국토의 균형발전과 경쟁력있는 국토여건의 조성 및 국민의 삶의 질 향상 등을 목적으로 한다. 국토기본법에서 규정하는 국토계획은 국토종합계획, 도종합계획, 시군종합계획, 지역계획 및 부문별 계획으로 구분되며 이들 계획은 위계에 따른 유기적 연계성을 갖는다. 국토종합계획은 도종합계획 및 시군종합계획의 기본이 되는 계획으로 국토교통부 장관이 20년 주기로 국토전역을 대상으로 국토의 장기적인 발전 방향을 제시한다. 도종합계획은 국토종합계획의 하위계획인 동시에 시군종합계획의 지침이 되는 계획으로 도지사가 도 또는 특별자치도를 대상으로 유형·무형의 인적·물적자원을 효과적으로 이용·개발·보전하기 위해 장·단기 정책방향과 지침을 설정한다. 시군종합계획은 시장(광역시 포함), 군수(광역시의 군 제외)가 해당지역의 공간구조와 장기 발전 방향을 제시하고 토지이용, 교통, 환경, 안전, 산업, 정보통신, 보건, 후생, 문화 등에 관해 계획한다. 시군종합계획은 「국토의계획및이용에관한법률」에 근거하여 수립되며 특별시, 광역시, 시 또는 군을 대상으로 기본적인 공간구조와 장기적 발전방향을 제시한다. 시군종합계획은 도시기본계획과 도시관리계획으로 구분되며 도시기본계획은 도시관리계획의 지침이 된다. 20년 주기로 수립되는 도시기본계획은 도시의 기본적 공간구조와 장기적 발전방향을 제시하며 주요 내용으로는 지역 특성과 현황, 계획목표 및 지표 설정, 공간구조 설정, 토지이용계획(토지의 수요예측 및 용도배분), 기반시설(교통, 물류체계, 정보통신, 기타 기반시설계획 등), 도심 및 주거환경(시가지정비, 주거환경계획 및 정비), 환경의 보존과 관리, 공원·녹지, 경관 및 미관, 방재·안전 및 범죄예방, 경제·산업·사회·문화의 개발 및 진흥 등의 계획을 포함한다. 5년 주기로 수립되는 도시관리계획은 도시의 개발, 정비, 보전을 위해 토지이용, 교통, 환경, 경관, 안전, 산업, 정보통신, 보건, 후생, 안보, 문화 등에 관한 계획을 포함한다. 지역계획은 특정한 지역을 대상으로 특별한 정책목적을 달성하기 위해 수립하며, 부문별 계획은 국토전역을 대상으로 특정 부문에 대한 장기적인 발전방향을 제시한다.

2) 국토의 계획 및 이용에 관한 법률

「국토의 계획 및 이용에 관한 법률」은 '국토계획법'이라고도 불리며 국토의 효율적 이용개발과 보전을 위한 다양한 법정계획의 유형과 원칙 등을 규정하고 있다. 이 법에 근거한 계획의 유형은 광역도시계획, 도시·군기본계획, 도시·군관리계획으로 분류된다. 광역도시계획은 둘 이상의 시·군에 대한 공간구조 및 기능에 대한 상호연계와 환경보전을 목적으로 하며 주요 계획 내용으로 1) 광역계획권의 공간구조와 기능 분담, 2) 광역계획권의 녹지관리체계와 환경보전, 3) 광역시설[11]의 배치·규모·설치, 4) 경관계획 등을 포함한다.

도시·군기본계획은 시·군이 해당지역의 입지와 인구규모 및 증감 등을 고려하여 수립하는 계획으로 주요내용으로는 1) 지역특성 및 계획방향·목표, 2) 공간구조·생활권의 설정 및 인구배분, 3) 토지이용 및 개발, 4) 토지용도별 수요 및 공급, 5) 환경보전 및 관리, 6) 기반시설, 7) 공원·녹지, 8) 경관, 9) 기후대응 및 에너지, 10) 방재·방범 등 안전

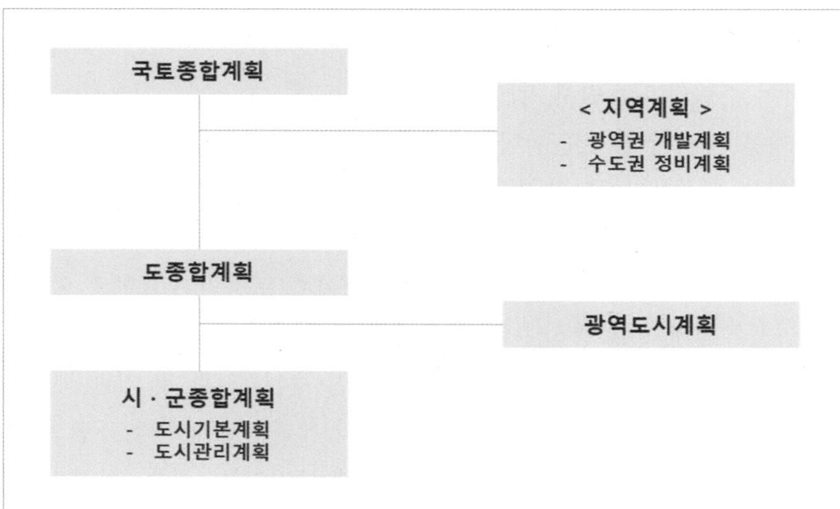

그림 4.2 국토기본법의 근거한 국토계획의 유형

11) 광역시설이란 둘 이상의 시·군 관할구역에 걸치는 시설로 도로·철도·광장·녹지, 수도·가스·전기·열공급설비, 방송·통신시설, 공동구, 유류저장 및 송유설비, 하천·하수도 등의 기반시설과 항만·공항·자동차정류장·공원·유원지·유통업무설비·문화시설·체육시설·사회복지시설·공공직업훈련시설·청소년수련시설·유수지·장사시설·도축장·하수도·폐기물처리 및 재활용시설·수질오염방지시설·폐차장 등의 이용시설을 의미.

에 관한 사항 등을 포함한다. 도시·군기본계획 수립시에는 토지의 토양, 입지, 활용가능성 등 토지의 적성에 대한 평가(토지적성평가)와 재해취약성에 관한 분석을 실시하도록 규정하고 있다.

도시·군관리계획은 시·군의 개발·정비·보전에 직접적인 영향을 미치는 계획으로 용도지역·용도지구의 지정 및 변경, 용도구역의 지정 및 변경, 기반시설의 설치정비 및 개량, 도시개발사업 및 정비사업, 지구단위계획구역[12]의 지정·변경 및 계획, 입지규제최소구역[13]의 지정·변경 및 계획 등을 포함한다. 용도지역이란 토지이용 및 건축물의 용도·건폐율·용적률·높이 등을 제한하여 토지의 경제적·효율적 이용 및 공공복리의 증진을 도모하고자 하는 지역으로, 도시지역, 관리지역, 농림지역, 자연환경보전지역 등 4가지 유형으로 지정·관리된다. 도시지역은 주거지역, 상업지역, 공업지역, 녹지지역으로, 관리지역은 보전관리지역, 생산관리지역, 계획관리지역으로 각각 분류되며 이들 지역은 법률이 정하는 토지이용 및 건축물 제한(용적률, 건폐율)을 각각 받는다. 용도지구는 토지이용 및 건축물의 용도·건폐율·용적률·높이 등에 대한 용도지역의 제한을 강화하거나 완화하여 적용함으로써 용도지역의 기능을 증진시키고 경관·안전 등을 도모하기 위하여 도시·군관리계획으로 결정하는 지역이다. 용도구역은 토지의 이용 및 건축물의 용도·건폐율·용적률·높이 등에 대한 용도지역 및 용도지구의 제한을 강화하거나 완화하여 시가지의 무질서한 확산방지와 계획적·단계적 토지이용을 도모하는데 목적을 두고 있다. 주요 용도구역으로는 개발제한구역, 도시자연공원구역, 시가화조정구역, 수산자원보호구역, 입지규제최소구역 등을 들 수 있으며 이중 도시자연공원구역은 도시의 자연환경 및 경관을 보호하고 도시민을 위한 여가·휴식공간을 제공하기 위해 식생이 양호한 산지의 개발을 제한할 필요가 있을 경우 지정·관리한다.

도시·군관리계획의 중요한 유형 중 하나인 지구단위계획은 토지이용의 합리화와 기능증진, 미관 및 환경개선을 위해 체계적·계획적으로 관리하기 위한 수단으로 도시의 정비·관리·보전·개발 등 지구단위계획구역의 지정목적과 주거·산업·유통·관광휴양·복합 등 지구단위계획구역의 중심기능, 그리고 용도지역의 특성 등을 고려하여 수립하도록 규정하고 있다.

---

12) 지구단위계획구역이란 도시군계획 수립 대상지역의 일부에 대하여 토지이용의 합리화, 기능증진, 미관개선, 환경보전 등을 위해 해당 지역을 체계적·계획적으로 관리하고자 지정하는 구역.

13) 입지규제최소구역이란 도시지역에서 복합적인 토지이용을 통해 도시정비를 촉진하고 지역 거점을 육성할 필요가 있다고 판단될 경우 해당 지역 및 일부의 토지에 대해 토지이용 및 건축물의 용도·건폐율·용적률·높이 등의 제한을 완화하는 구역.

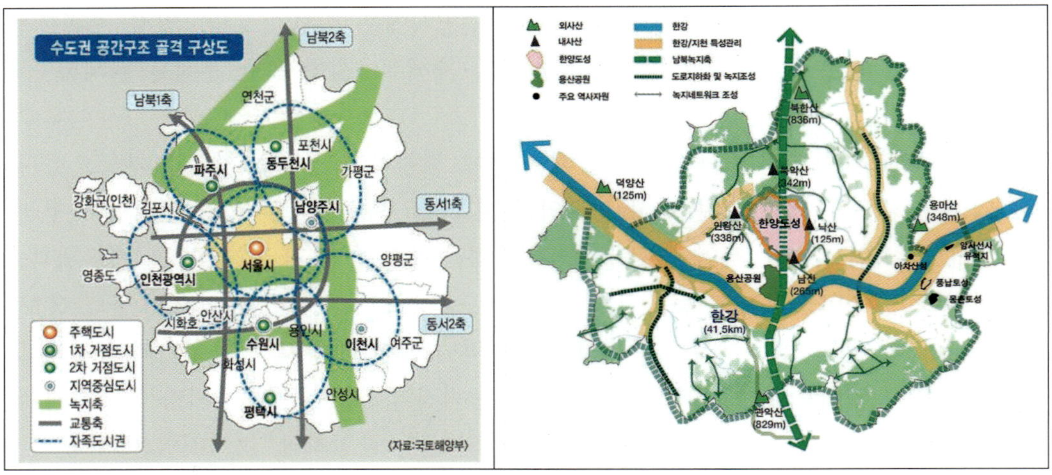

그림 4.3 수도권 및 서울시의 광역 녹지계획

3) 도시공원 및 녹지에 관한 법률

「도시공원 및 녹지에 관한 법률」은 '공원녹지법'이라고도 불리며 공원녹지의 확충·관리·이용과 도시녹화 등에 필요한 사항을 규정하고 있다. 특히 이 법에 기반한 공원녹지기본계획은 각 시(특별시, 광역시, 자치도 포함)가 관할구역 도시지역의 공원녹지에 대한 확충·관리·이용 방향을 종합적으로 계획하도록 명시하고 있다. 공원녹지기본계획은 10년 주기로 수립되며 도시·군기본계획에 반드시 부합하도록 계획되어야 한다. 공원녹지기본계획의 주요 내용으로는 1) 지역특성 및 계획의 방향목표, 2) 인구·산업·경제·공간구조·토지이용 등의 변화에 따른 공원녹지의 여건 변화, 3) 공원녹지의 종합적 배치, 4) 공원녹지의 축과 망, 5) 공원녹지의 수요 및 공급, 6) 공원녹지의 보전·관리·이용, 7) 도시녹화 등의 계획이 포함된다.

「도시공원 및 녹지에 관한 법률」에 따르면 도시공원은 크게 3가지 유형 즉, 국가도시공원, 생활권공원, 주제공원으로 분류된다. 국가도시공원은 국가적 기념사업의 추진, 자연경관 및 역사·문화 유산 등의 보전을 위해 국가적 차원에서 지정·조성하는 공원이다. 생활권공원은 도시생활권의 기반이 되는 공원으로 소공원, 어린이공원, 근린공원으로 구분되며, 주제공원은 생활권 외에 다양한 목적으로 조성되는 공원으로 역사공원, 문화공원, 수변공원, 묘지공원, 체육공원, 도시농업공원, 방재공원 등으로 분류된다.

「도시공원 및 녹지에 관한 법률」에서는 도시의 녹지환경을 보전 관리하기 위해 도시자연공원구역의 지정·변경에 대한 기준을 명시하고 있다. 이 기준에 따르면 해당 도시의 인구·산업·교통·토지이용 등 사회·경제적 여건과 지형·경관 등 자연환경 여건을 종합적으로 고려하여 지정·관리하도록 명시하고 있다. 도시자연공원구역으로 지정된 지역에서는 건축물의 건축 및 용도변경, 공작물의 설치, 토지 형질변경, 흙과 돌의 채취, 토지 분할, 죽목 벌채, 물건의 적치 등 각종 개발행위가 금지되며, 주민들이 집단적으로 거주하는 지역에 대해서는 취락지구로 지정하여 일부 제한적인 개발을 허용하고 있다.

범례	
(symbol)	Green Corridor
(symbol)	Water Corridor
(symbol)	산림축
(symbol)	하천축
(symbol)	공원녹지복합거점
(symbol)	공원녹지거점
(symbol)	상징공원
(symbol)	도시경관점
(symbol)	잠재적경관점

그림 4.4 부산광역시 2030 공원녹지기본계획 공원녹지 종합구상도

표 4.5 도시공원의 유형과 정의

분류		정의
국가도시공원		국가적 기념사업의 추진, 자연경관 및 역사문화 유산 등의 보전을 위해 국가가 설치하는 공원
생활권공원	소공원	소규모 토지를 이용하여 도시민의 휴식 및 정서함양을 도모하기 위해 설치하는 공원
	어린이공원	어린이의 보건 및 정서생활의 향상에 이바지하기 위해 설치하는 공원
	근린공원	근린거주자 또는 근린생활권으로 구성된 지역생활권 거주자의 보건·휴양 및 정서생활의 향상에 이바지하기 위해 설치하는 공원
주제공원	역사공원	도시의 역사적 장소나 시설물, 유적, 유물 등을 활용하여 도시민의 휴식·교육을 목적으로 설치하는 공원
	문화공원	도시의 각종 문화적 특징을 활용하여 도시민의 휴식·교육을 목적으로 설치하는 공원
	수변공원	도시의 하천가·호숫가 등 수변공간을 활용하여 도시민의 여가·휴식을 목적으로 설치하는 공원
	묘지공원	묘지 이용자에게 휴식 등을 제공하기 위해 일정한 구역에 묘지와 공원을 혼합하여 설치하는 공원
	체육공원	주로 운동경기나 야외활동 등 체육활동을 통하여 건전한 신체와 정신을 함양함을 목적으로 설치하는 공원
	도시농업공원	도시민의 정서순화 및 공동체의식 함양을 위하여 도시농업을 주된 목적으로 설치하는 공원
	방재공원	지진 등 재난발생시 도시민 대피 및 구호 거점으로 활용될 수 있도록 설치하는 공원

2.2. 환경 및 경관 관련 법규

1) 기본이념과 정책방향

자연환경 및 경관분야의 법제도적 원칙과 기반을 형성하고 있는 법률은 1990년 8월 제정된 「환경정책기본법」이다. 이 법은 미국의 「국가환경정책법」과 일본의 「공해대책기본법」을 참조로 하여 제정되었는데, 개별 대책분야의 법률에 대한 모법(母法)으로서 환경에 관한 국민의 권리와 국가의 책무 등 환경정책에 대한 기본 시책을 천명하고 있다(이상돈, 1992).

2021년 제정된 「기후위기 대응을 위한 탄소중립·녹색성장 기본법(이하, "탄소중립기본법")」에서는 정부의 좀 더 구체적인 정책방향을 명시하고 있는데, 「탄소중립기본법」 제44조에서는 정부가 녹색국토를 조성하기 위하여 7가지 시책방향을 제시하고 있다.

① 도시 및 농어촌의 온실가스 배출량 감축, 마을·도시 단위의 에너지 자립률 및 자원순환성 제고
② 산림·녹지의 확충, 광역 생태축 보전 및 생태계 복원
③ 개발대상지 및 도시지역 생태계서비스 유지·증진
④ 농지 및 해양의 친환경적 개발·이용·보존
⑤ 도로·철도·공항·항만 등 인프라 시설의 친환경적 건설 및 기존 시설의 친환경적 전환
⑥ 친환경 교통체계의 확충
⑦ 기후재난 등 자연재해로 인한 국토의 피해 최소화 및 회복력 제고

「자연환경보전법[14]」 제3조에 설정한 '자연환경보전의 기본원칙'은 2020년 5월 개정을 통해 다음과 같이 보완되었다.

① 자연환경은 모든 국민의 자산으로서 공익에 적합하게 보전되고 현재와 장래의 세대를 위하여 지속가능하게 이용되어야 한다.
② 자연환경보전은 국토의 이용과 조화·균형을 이루어야 한다.
③ 자연생태와 자연경관은 인간활동과 자연의 기능 및 생태적 순환이 촉진되도록 보전·관리되어야 한다.
④ 모든 국민이 자연환경보전에 참여하고 자연환경을 건전하게 이용할 수 있는 기회가 증진되어야 한다.
⑤ 자연환경을 이용하거나 개발하는 때에는 생태적 균형이 파괴되거나 그 가치가 낮아지지 않도록 해야 한다. 다만, 자연생태와 자연경관이 파괴·훼손되거나 침해되는 때에는 최대한 복원·복구되도록 노력해야 한다.
⑥ 자연환경보전에 따르는 부담은 공평하게 분담되어야 하며, 자연환경으로부터 얻어지는 혜택은 지역주민과 이해관계인이 우선하여 누릴 수 있도록 해야 한다.
⑦ 자연환경보전과 자연환경의 지속가능한 이용을 위한 국제협력은 증진되어야 한다.

14) 「자연환경보전법」은 자연환경을 인위적 훼손으로부터 보호하고 생태계와 자연경관을 보전하는 등 자연환경을 체계적으로 보전·관리함으로써 자연환경의 지속가능한 이용을 도모하고 국민이 쾌적한 자연환경에서 여유있고 건강한 생활을 할 수 있도록 하기 위한 법률이다.

2) 관련 법령의 체계와 유형

자연환경 및 경관분야의 대표적 법령으로서, 환경정책기본법과 자연환경보전법, 경관법, 자연공원법, 환경영향평가법 등을 살펴볼 수 있다.

환경정책기본법은 환경매체별 법률들의 근간을 형성하며, 시행령과 시행규칙에서 위임하고 있는 사항들에 관하여 환경친화적 철도건설 지침, 농공단지의 개발 및 운영에 관한 통합지침, 수계영향권별 환경관리지역 지정 고시 등 환경부 또는 유관부처의 행정규칙과 광역·기초지자체의 환경기본조례 등을 포괄하고 있다.

1991년 12월 제정·공포되어 자연환경보전정책의 기반을 마련한(신관호, 1992) 자연환경보전법도 시행령과 시행규칙을 통해 법에서 위임한 사항들을 구체화하고, 시행령과 시행규칙의 위임사항을 생태계 변화관찰 지침, 도시생태현황지도의 작성방법에 관한 지침, 생태·자연도[15] 작성지침 등을 통해 구체적으로 정하고 있다. 그리고 광역 및 기초지자체의 자연환경보전 조례와 자연경관보전 조례, 자연휴식지 지정 및 관리 조례 등을 포괄하고 있으며, 자연환경 및 생물다양성 보전에 관한 조례와 멸종위기 맹꽁이 등 야생생물 보호 및 생물다양성 증진을 위한 조례 등의 법적 근거가 되고 있다.

2007년 제정된 경관법은 관리수단 부재로 경관계획의 실행력이 미흡했고 경관 관련 대상사업의 범위가 넓어 중복과 혼선을 초래했었으나(박현찬, 2014), 2014년 전부 개정을 통해 경관정책의 재정비 방향을 모색해왔다. 법에서 정한 경관계획과 경관사업, 경관협정, 경관심의, 경관위원회 등에 대한 위임사항을 구체화한 시행령만 있을 뿐, 시행규칙 제정은 이루어지지 않은 대신, 경관계획 수립지침과 경관심의 운영지침 등 고시 형태의 행정규칙이 시행 중이다. 이는 광역·기초지자체의 경관 조례 또는 경관 및 공공디자인 조례 등의 법적 근거가 되고 있다.

자연공원법[16] 역시 시행령과 시행규칙을 통해 법에서 정한 사항들에 대한 세부사항이나 위임사항을 구체화하며, 시행령과 시행규칙의 위임사항을 공원시설의 설치 권고기준에 관한 규정, 국립공원(또는 지질공원[17])위원회 운영 규정, 자연공원 내 숙박시설 및 탐

---

15) "생태·자연도"라 함은 산·하천·내륙습지·호소(湖沼)·농지·도시 등에 대하여 자연환경을 생태적 가치, 자연성, 경관적 가치 등에 따라 등급화하여 자연환경보전법 제34조에 따라 작성된 지도를 말한다(자연환경보전법 제2조의 14).

16) 현행 자연공원법은 국립공원, 도립공원, 군립공원 그리고 지질공원으로 규정되어 있는데 이는 자연공원의 법적 개념이라기보다는 관리주체에 따른 자연공원의 분류 및 새로운 지질공원의 추가적 개념에 불과하다(소병천, 2011)는 의견에도 불구하고, 이에 대한 재편은 현실화되지 못한 상황이다.

17) 우리나라는 2010년 10월 제주도가 유네스코 세계지질공원으로 등재되면서 처음 지질공원이 도입되었으며, 2011년 7월 자연공원법 개정을 통해 지질공원 제도가 법제화 되었고 6개월 후인 2012년 1월부터 법이 시

방로 입지적정성 평가기준 및 방법 등에 관한 규정, 지질공원 인증 세부기준, 개별 국립 공원별 공원계획 수립 및 변경 등의 행정규칙에서 정하고 있다. 또한, 자연공원법과 관련한 지자체 조례로는 특정 세계유산센터 운영에 관한 조례와 도립공원 관리 조례, 광역 시·도 지질공원 관리 및 운영에 관한 조례, 시·군·구립공원 관리 조례 등이 있다.

환경영향평가법에서 정한 사항들에 대한 세부사항은 시행령과 시행규칙 외에, 환경영향평가서등 작성 등에 관한 규정, 중점 환경영향 평가항목 및 평가방법 등에 관한 규정, 환경영향평가등의 대행비용 산정기준 등의 고시와, 친환경댐 건설을 위한 환경영향평가 지침 등의 훈령, 환경영향평가서등에 관한 협의업무 처리규정 등의 예규 등 다양한 행정 규칙으로 정하고 있다. 그리고 법 제42조에서 특별시·광역시·도·특별자치도 또는 인구 50만 이상의 시(이하 '광역지지체등')에서는 환경영향평가 대상사업의 종류 및 범위에 해당하지 않는 사업이라도 시행령으로 정하는 범위에 해당하는 사업[18]을 대상으로, 지역 특성 등을 고려한 광역지자체등의 환경영향평가 조례가 운용 중이다.

3) 조경계획과의 연계성

a. 환경기준 설정

환경정책기본법 제12조에 따라 생태계 또는 인간의 건강에 미치는 영향 등을 고려한 국가환경기준을 설정하며, 환경 여건의 변화에 따라 그 적정성이 유지되도록 하면서 광역지자체는 해당 지역의 환경적 특수성을 고려하여 국가환경기준보다 확대·강화된 지역 환경기준을 정할 수 있다. 이에 따라 환경정책기본법 시행령 [별표 1]에 대기, 소음, 수질 및 생태계(하천, 호소, 지하수, 해역)의 환경기준을 정하고 있다.

b. 개발 계획·사업의 환경적 고려

환경정책기본법 제21조에 따르면 국가 및 지자체가 토지의 이용 또는 개발에 관한 계획을 수립할 때에는 국가환경종합계획과 시·도 환경계획 및 시·군·구 환경계획, 해당 지역의 환경용량을 고려해야 한다. 또한, 중앙행정기관의 장, 시·도지사 및 시장·군수·구청장은 토지의 이용 또는 개발에 관한 사업의 허가 등을 하는 경우 국가환경종합계획과 시·도 환경계획 및 시·군·구 환경계획을 고려해야 한다.

행됨에 따라 지질공원제도가 시작되었다. 우리나라 최초의 국가지질공원은 2012년 12월 함께 인증된 울릉도·독도와 제주도이며 2021년 현재 13개의 국가지질공원이 인증되었다(최종문 외, 2021).

18) 환경영향평가법 시행령 제58조에서 정한 바에 따르면, 환경영향평가법에 의한 대상사업의 50% 이상 100% 미만인 규모의 사업이거나, 50% 미만인 규모의 사업이거나 환경영향평가법에 의한 대상사업 외의 사업이더라도 미리 환경부장관과 협의한 범위의 사업

c. 국가환경종합계획 및 지역(시·도 및 시·군·구) 환경계획

환경정책기본법 제14조는 국가 차원의 환경보전을 위한 종합계획(이하 "국가환경종합계획")을 20년마다 수립하도록 하고 있다. 이 계획에는 ① 인구·산업·경제·토지 및 해양의 이용 등 환경변화 여건, ② 환경오염원·환경오염도 및 오염물질 배출량의 예측과 환경오염 및 환경훼손으로 인한 환경 질의 변화 전망, ③ 환경의 현황 및 전망, ④ 환경정의 실현을 위한 목표 설정과 이의 달성을 위한 대책, ⑤ 환경보전 목표의 설정과 이의 달성을 위한 자연 및 생활환경 보전, 수자원의 효율적인 이용 및 관리, 상하수도 보급, 폐기물 관리 및 재활용, 화학물질 및 방사능오염물질 관리, 기후변화 등에 관한 사항에 관한 단계별 대책 및 사업계획, ⑥ 사업의 시행에 드는 비용의 산정 및 재원 조달 방법, ⑦ 직전 종합계획에 대한 평가 등을 포함하도록 정하고 있다.

환경정책기본법 제18조와 제19조에 따르면, 시·도의 환경계획은 국가환경종합계획에 부합해야 하며, 시·군·구 환경계획은 국가환경종합계획 및 시·도 환경계획에 부합하는 한편, 지역적 특성을 고려하여 생태계 및 생물다양성 등 자연·생태환경, 대기·수질·토양 및 기후 등 생활·기후환경에 관한 현황 분석 및 관리·보전 계획, 시·도 환경계획의 추진을 위한 조직 및 예산을 포함하여 수립·시행해야 한다.

d. 자연환경보전기본계획

자연환경보전법 제8조에 따라 환경부는 자연환경보전기본계획을 10년마다 수립해야 한다. 자연환경보전기본계획에는 법 제9조에 따라 자연환경·생태계서비스[19] 현황, 전망 및 유지·증진, 자연환경보전을 위한 기본방향 및 보전목표 설정, 주요 추진과제 및 사업, 지자체별로 추진할 주요 자연보전시책, 자연경관 보전·관리, 생태축 구축·추진, 생태통로 설치, 훼손지 복원 등 생태계 복원을 위한 주요사업, 자연환경종합지리정보시스템 구축·운영, 사업시행 경비의 산정 및 재원조달 방안 등의 내용이 포함되어야 한다.

e. 생태·경관보전지역 지정 및 생태·경관보전지역 관리계획

자연환경보전법 제12조 1항에 따르면, 자연생태·자연경관을 특별히 보전할 필요가 있는 지역으로서, ① 자연상태가 원시성을 유지하고 있거나 생물다양성이 풍부하여 보전 및 학술적 연구가치가 큰 지역, ② 지형 또는 지질이 특이하여 학술적 연구 또는 자연경관의 유지를 위하여 보전이 필요한 지역, ③ 다양한 생태계를 대표할 수 있는 지역 또는

19) 「생물다양성 보전 및 이용에 관한 법률」 제2조 제10호에 따른 생태계서비스를 말한다.

생태계의 표본지역, ④ 관계행정기관의 장이나 시·도지사가 하천·산간계곡 등 자연경관이 수려하여 특별히 보전할 필요가 있다고 추천하는 지역 중 어느 하나에 해당하는 지역을 생태·경관보전지역으로 지정할 수 있다. 또한, 자연환경보전법 제12조 2항에 의해, 생태·경관보전지역을 생태적 특성과 자연경관 및 지형여건 등을 고려하여 핵심보전구역[20]과 완충보전구역[21], 전이보전구역[22]으로 구분하여 지정·관리할 수 있다.

자연환경보전법 제14조 및 시행령 제10조에 따르면, 환경부장관은 생태·경관보전지역에 대하여 관계중앙행정기관의 장 및 관할 시·도지사와 협의하여, 자연생태·자연경관과 생물다양성의 보전·관리, 생태·경관보전지역 주민의 삶의 질 향상과 이해관계인의 이익보호, 자연자산의 관리와 생태계의 보전을 통하여 지역사회의 발전에 이바지하도록 하는 사항, 생태·경관보전지역 안의 생태계 및 자연경관의 변화 관찰, 생태·경관보전지역 안의 오수 및 폐수의 처리방안과 지원방안, 생태·경관보전관리기본계획에 포함된 사업의 시행에 소요되는 비용의 산정 및 재원의 조달방안, 환경친화적 영농 및 생태관광의 촉진 등 주민의 소득증대 및 복지증진을 위한 지원방안에 관한 사항 등이 포함된 생태·경관보전지역관리기본계획을 수립·시행해야 한다. 또한, 법 제25조에 따라 해당 지자체의 조례를 통해 시·도 생태·경관보전지역관리계획을 수립·시행해야 한다.

f. 자연경관의 보전 및 자연경관영향의 협의 등

자연환경보전법 제27조에 따라, 관계중앙행정기관의 장 및 지자체의 장은 경관적 가치가 높은 해안선 등 주요 경관요소가 훼손되거나 시계가 차단되지 않도록 노력해야 하고, 지자체의 장은 각종 사업을 시행하는 경우 자연경관을 보전할 수 있도록 조례를 제정하여 필요한 조치를 해야 한다.

또한, 법 제28조에 의거하여, 자연공원과 습지보호지역, 생태·경관보전지역으로부터 시행령으로 정하는 거리 이내에서의 개발계획 및 개발사업(이하 "개발사업등")이나 환경영향평가등의 대상사업 중 자연경관에 미치는 영향이 크다고 판단되는 개발계획등으로서 전략환경영향평가 대상계획, 환경영향평가 대상사업 또는 소규모 환경영향평가 대상사업에 해당하는 개발사업등에 대하여, 관계행정기관의 장 및 지자체의 장이 인·허가등을 하

---

20) 핵심보전구역 : 생태계의 구조와 기능의 훼손방지를 위하여 특별한 보호가 필요하거나 자연경관이 수려하여 특별히 보호하고자 하는 지역

21) 완충보전구역 : 핵심보전구역의 연접지역으로서 핵심보전구역의 보호를 위하여 필요한 지역

22) 전이보전구역 : 핵심보전구역 또는 완충보전구역에 둘러싸인 취락지역으로서 지속가능한 보전과 이용을 위하여 필요한 지역

고자 하는 때에는 해당 개발사업등이 자연경관에 미치는 영향 및 보전방안 등을 전략환경영향평가 협의, 환경영향평가 협의 또는 소규모 환경영향평가 협의 내용에 포함하여 환경부장관 또는 지방환경관서의 장과 협의해야 한다.

g. 경관정책기본계획 수립 및 경관계획

경관법 제6조에서는 아름답고 쾌적한 국토경관을 형성하고 우수한 경관을 발굴하여 지원·육성하기 위해 경관정책기본계획을 5년마다 수립·시행하는 것을 국토교통부장관의 책무로 정하고 있다. 또한, 경관법 제7조에 따른 경관을 보전·관리 및 형성하기 위한 계획(이하 "경관계획")을 수립하게 되는데, 시·도와 인구 10만명을 초과하는 시[23]·군[24]에서는 경관계획을 수립해야 한다. 그리고 인구 10만명 이하인 시·군·구와 경제자유구역에서는 경관계획을 수립할 수 있고, 둘 이상의 특·광역시·도, 시·군·구, 경제자유구역에 걸쳐 있는 지역에서는 공동으로 경관계획을 수립할 수 있다.

경관법 제9조에는 경관계획에 포함되어야 하는 사항으로, 경관계획의 기본방향 및 목표, 경관자원 조사 및 평가, 경관구조 설정, 중점경관관리구역 관리, 경관지구 관리 및 운용, 경관사업 추진, 경관협정 관리 및 운영, 경관관리의 행정체계 및 실천방안, 특정한 경관 유형[25] 또는 건축물, 가로, 공원 및 녹지 등 특정한 경관 요소의 관리, 경관계획 시행을 위한 재원조달 및 단계적 추진, 기타 해당 지자체의 조례로 정하는 사항 등을 정하고 있으며, 계획주체에 따라 생략할 수 있는 사항까지 정하고 있다. 이와 함께, 경관법 시행령 제3조에서는 경관계획의 수립기준을 결정·고시할 때 반드시 고려해야 할 사항[26]을 제시하고 있다.

h. 공원기본계획

자연공원법 제4조에 따르면, 국립공원·도립공원·군립공원, 지질공원을 아우르는 자연공원의 지정 및 관리 주체와 관련하여, 국립공원은 환경부장관이 지정·관리하고, 도립공

---

23) 「제주특별자치도 설치 및 국제자유도시 조성을 위한 특별법」 제10조제2항에 따른 행정시는 제외
24) 광역시 관할구역에 있는 군은 제외한다.
25) 자연경관, 시가지 경관 및 농산어촌 경관 등
26) ① 자연경관, 역사·문화 경관, 농촌·산촌·어촌 경관 및 시가지 경관에 대한 장기적 방향을 제시하고 삶의 질을 향상시키기 위한 내용이 반영되도록 할 것, ② 지역적 특성과 요구를 충분히 반영하여 경관계획의 독창성과 다양성이 확보되도록 할 것, ③ 경관계획이 실질적으로 추진될 수 있도록 상세하고 구체적으로 수립되도록 할 것

원은 도(또는 특별자치도)지사가, 광역시립공원은 특별시장·광역시장·특별자치시장이 지정·관리하며, 시·군·구립공원은 각각 시장, 군수, 구청장이 지정·관리한다.

환경부장관은 자연공원법 제2조의 6 및 제11조에 따라, 자연공원을 보전·이용·관리하기 위하여 장기적인 발전방향을 제시하는 종합계획으로서 공원계획[27]과 공원별 보전·관리계획[28]의 지침이 되는 계획(이하 "공원기본계획")을 10년마다 수립해야 한다.

공원기본계획에는 자연공원법 제11조 제2항에서 정한 자연공원의 지정 현황, 자연생태계 현황, 자연공원의 관리전략뿐 아니라, 시행령 제11조 제2항에서 정한 자연공원의 관리목표 설정, 자연공원의 자원보전·이용 등 관리, 기타 환경부장관이 자연공원의 관리를 위하여 필요하다고 인정하는 사항 등이 포함되어야 한다.

i. 환경친화적 계획기법 등[29]의 작성·보급

환경정책기본법 제23조에 따르면, 정부는 환경에 영향을 미치는 행정계획 및 개발사업이 환경적으로 건전하고 지속가능하게 계획되어 수립·시행될 수 있도록 환경친화적 계획기법등을 작성·보급할 수 있는데, 법령을 주관하는 중앙행정기관의 장은 행정계획 및 개발사업의 유형과 입지별 특성 등을 고려하여 환경부장관과 협의하여 공동으로 환경친화적 계획기법등에 관한 사항을 고시할 수 있다.

또한, 환경부장관은 국토환경을 효율적으로 보전하고 국토를 환경친화적으로 이용하기 위하여 국토에 대한 환경적 가치를 평가하여 등급으로 표시한 환경성 평가지도를 작성·보급할 수 있는데, 환경성 평가지도에는 관련 법령에서 환경보전 목적으로 지정된 지역·지구·구역 등에 관한 환경정보와 희귀성·종다양성 등 생태계보전 및 생물다양성 유지와 관련된 환경정보, 수질·대기 등 행정계획 및 개발사업을 수립·시행할 때 고려해야 하는 환경정보 등을 포함하되, 이를 종합하여 환경적 가치에 따라 해당 지역을 10등급 내외로 평가하여 제시해야 한다.

j. 자연환경 보전 및 환경영향평가의 근거

환경정책기본법 제41조에서는 환경기준의 적정성을 유지하고 자연환경을 보전하기 위

---

27) "공원계획"은 자연공원을 보전·관리하고 알맞게 이용하도록 하기 위한 용도지구의 결정, 공원시설의 설치, 건축물의 철거·이전, 그 밖의 행위 제한 및 토지 이용 등에 관한 계획을 말한다(자연공원법 제2조의 7).

28) "공원별 보전·관리계획"은 동식물 보호, 훼손지 복원, 탐방객 안전관리 및 환경오염 예방 등 공원계획 외의 자연공원을 보전·관리하기 위한 계획을 말한다(자연공원법 제2조의 8).

29) 환경친화성 지표와 환경친화적 계획 기준 및 기법, 환경친화적인 토지의 이용·관리 기준

하여 환경에 영향을 미치는 계획 및 개발사업이 환경적으로 지속가능하게 수립·시행될 수 있도록 전략환경영향평가[30], 환경영향평가[31], 소규모 환경영향평가[32](이하 "환경영향평가등")를 실시해야 하는 국가의 책무와 환경영향평가등의 대상, 절차 및 방법 등에 관한 법률 제정의 근거를 마련하였다. 이에 따라 1993년 6월 제정된 환경영향평가법은 환경에 영향을 미치는 계획 또는 사업을 수립·시행할 때에 해당 계획과 사업이 환경에 미치는 영향을 미리 예측·평가하고 환경보전방안 등을 마련하도록 하고 있다.

k. 자연환경복원사업 및 자연환경복원사업계획

환경부장관은 자연환경보전법 제44조에 의거, 멸종위기야생생물의 주된 서식지 또는 도래지로서 파괴·훼손 또는 단절 등으로 인하여 종의 존속이 위협을 받고 있는 경우, 자연성이 특히 높거나 취약한 생태계로서 그 일부가 파괴·훼손되거나 교란되어 있는 경우, 생물다양성이 특히 높거나 특이한 자연환경으로서 훼손되어 있는 경우 등에 해당하면 관계중앙행정기관의 장 및 시·도지사와 협조하여 해당 생태계의 보호·복원대책을 마련하여 추진할 수 있다. 법 제2조의 19 및 시행령 제2조(2022. 1. 6. 시행)에 따르면, "자연환경복원사업"은 훼손된 자연환경의 구조와 기능을 회복시키는 사업[33]을 말한다.

---

30) 전략환경영향평가 : 도시개발, 산업입지 및 산업단지 조성, 에너지 개발, 항만 건설, 도로 건설, 수자원 개발, 철도(도시철도 포함) 건설, 공항 건설, 하천 이용 및 개발, 개간 및 공유수면 매립, 관광단지 개발, 산지 개발, 특정 지역 개발, 체육시설 설치, 폐기물 처리시설 설치, 국방·군사 시설 설치, 토석·모래·자갈·광물 등 채취 등에 관한 정책계획과 개발기본계획 등 환경에 영향을 미치는 계획을 수립할 때, 환경보전계획과의 부합 여부 확인 및 대안의 설정·분석 등을 통하여 환경적 측면에서 해당 계획의 적정성 및 입지의 타당성 등을 검토하여 국토의 지속가능한 발전을 도모하는 것

31) 환경영향평가 : 도시개발, 산업입지 및 산업단지 조성, 에너지 개발, 항만 건설, 도로 건설, 수자원 개발, 철도(도시철도 포함) 건설, 공항 건설, 하천 이용 및 개발, 개간 및 공유수면 매립, 관광단지 개발, 산지 개발, 특정 지역 개발, 체육시설 설치, 폐기물 처리시설 설치, 국방·군사 시설 설치, 토석·모래·자갈·광물 등 채취 등을 위한 사업 등 환경에 영향을 미치는 실시계획·시행계획 등의 허가·인가·승인·면허 또는 결정 등을 할 때, 해당 사업이 환경에 미치는 영향을 미리 조사·예측·평가하여 해로운 환경영향을 피하거나 제거 또는 감소시킬 수 있는 방안을 마련하는 것

32) 소규모 환경영향평가 : 보전이 필요한 지역과 난개발(亂開發)이 우려되어 환경보전을 고려한 계획적 개발이 필요한 지역(보전용도지역)에서 시행되는 개발사업이나 환경영향평가 대상사업의 종류 및 범위에 해당하지 않는 개발사업 중 환경영향평가법 시행령에서 정한 개발사업을 시행할 때, 입지의 타당성과 환경에 미치는 영향을 미리 조사·예측·평가하여 환경보전방안을 마련하는 것

33) 생태·경관보전지역에서의 자연생태·자연경관과 생물다양성 보전·관리사업, 도시지역 생태계의 연속성 유지 또는 생태계 기능의 향상사업, 단절된 생태계의 연결 및 야생동물의 이동을 위하여 생태통로 등 설치사업, 습지보호지역(내륙습지로 한정)에서의 훼손된 습지 복원사업, 멸종위기 야생생물의 서식지 복원사업, 협약등록습지 복원사업, 보전지구와 복원지구 안 하천 복원사업, 자연환경·생태계 복원의 필요성과 복원효과 등을 고려하여 자연환경복원사업을 실시할 필요가 있다고 환경부장관이 정하여 고시하는 사업

법 제45조의 3 및 시행령 제35조의 3에 따르면, 자연환경조사, 정밀·보완조사 및 관찰, 기후변화 관련 생태계 조사, 습지조사, 야생생물 등의 서식실태 정밀조사·실태조사·관찰종 지정조사, 수생태계 현황 조사, 도시생태현황지도 작성을 위한 조사 등의 결과를 토대로 훼손된 지역의 생태적 가치, 복원 필요성 등의 기준에 따라 그 우선순위를 평가하여 자연환경복원이 필요한 대상지역의 후보목록(이하 "후보목록")을 작성해야 하고, 후보목록에 포함된 지역을 대상으로 자연환경복원사업을 시행할 수 있다.

한편, 자연환경복원사업 시행자는 법 제45조의 4에 의거, 자연환경복원사업계획을 수립해야 하는데, 이 계획에는 사업의 필요성과 복원 목표, 대상지역의 위치 및 현황 분석·사업기간·총사업비, 주요 사용공법 및 전문가 활용 계획, 사업에 대한 점검·평가 및 유지관리 계획, 그 밖에 자연환경복원사업의 시행에 필요한 사항 등을 포함해야 한다.

l. 도시생태 복원사업 계획 수립 및 시행

자연환경보전법 제43조의 2 및 시행규칙 제27조의 2 2항에 따르면, 시·도지사 또는 시장·군수·구청장은 관할구역 내 도시지역 중 특정 조건[34]에 해당하는 지역으로서 생태계의 연속성 유지 또는 생태적 기능의 향상을 위하여 특별히 복원이 필요하다고 인정되는 지역에 대하여 도시생태 복원사업을 할 수 있다. 그리고 도시생태 복원사업을 하는 경우에는 사업의 명칭·위치 및 면적, 목적, 내용 및 기간, 효과, 재원조달계획, 유지관리계획 등을 포함하는 도시생태 복원사업 계획을 수립해야 한다.

m. 생태축[35] 우선의 원칙과 적용대상 시설

자연공원법 제23조의 2에 정한 '생태축 우선의 원칙'과 자연공원법 시행령 제21조의 2에 따라, 도로·철도·궤도·전기통신 설비·에너지 공급설비·댐·저수지·수중보·하굿둑 및 그 밖에 생태축 또는 생태통로를 단절하여 통과하는 시설·구조물은 자연공원 안의 생태축 및 생태통로[36]를 단절하여 통과하지 못한다.

---

34) ① 도시생태축이 단절·훼손되어 연결·복원이 필요한 지역, ② 도시 내 자연환경이 훼손되어 시급히 복원이 필요한 지역, ③ 건축물의 건축, 토지의 포장(鋪裝) 등 도시의 인공적인 조성으로 도시 내 생태면적(생태적 기능 또는 자연순환기능이 있는 토양면적을 말한다)의 확보가 필요한 지역, ④ 도시 내 공원이나 녹지로서 시·도지사 또는 시장·군수·구청장이 복원이 필요하다고 인정하는 지역

35) "생태축"은 생물다양성을 증진시키고 생태계 기능의 연속성을 위하여 생태적으로 중요한 지역 또는 생태적 기능의 유지가 필요한 지역을 연결하는 생태적 서식공간을 말한다(자연환경보전법 제2조의 8).

36) "생태통로"는 도로·댐·수중보(水中洑)·하굿둑 등으로 인하여 야생동·식물의 서식지가 단절되거나 훼손 또는 파괴되는 것을 방지하고 야생동·식물의 이동 등 생태계의 연속성 유지를 위하여 설치하는 인공 구조물·

n. 생태통로 설치 및 생태통로 설치계획

자연환경보전법 제45조 1항과 3항에 따르면, 국가 또는 지자체는 개발사업등을 시행하거나 인·허가등을 할 때 야생생물의 이동 및 생태적 연속성이 단절되지 않도록 생태통로 설치 등의 필요한 조치를 하거나 하게 해야 한다. 이를 위해, 생태통로를 설치하려는 자는 야생생물 서식 종 현황, 개발사업 등의 시행으로 서식지가 단절될 우려가 있는 야생생물 종 현황, 차량사고 등 사고발생 우려가 높은 야생생물 종 현황, 백두대간 등 주요 생태축과의 연결성에 관한 조사 등을 실시해야 한다.

또한, 자연환경보전법 제45조 2항에 따라, 야생생물의 이동 및 생태적 연속성이 단절된 지역을 조사·연구하여 생태통로가 필요한 지역에 대하여 생태통로 설치계획을 수립·시행해야 한다. 시행규칙 제28조에 의하면, 생태통로 설치 대상지역은 백두대간보호지역, 비무장지대, 생태·경관보전지역 중 핵심구역 또는 완충구역 및 시·도생태·경관보전지역, 생태자연도 1등급 권역, 자연공원, 야생생물 특별보호구역 및 야생생물 보호구역, 야생동물이 차량에 치어 죽는 사고가 자주 발생하는 지역 등 생태통로의 설치가 필요하다고 인정되어 환경부장관이 고시하는 지역 등이다.

2.3. 산림 및 농산어촌 관련 법규

1) 개요

산림 및 농산어촌 분야는 비도시지역 조경계획에 있어서 매우 중요한 연구 및 사업 대상이다. 특히 2002년 산림기본법이 제정되며 기존의 산림법에서 다양한 분야를 다루는 개별법이 만들어졌고, 이 중에서도 산지 및 산촌관리, 산림보호, 산림휴양 및 생활권 녹생공간에 대한 법률은 조경계획과 관련성이 높다. 또한 농산어촌 분야는 2005년에 제정된 농림어업인 삶의 질 향상 및 농산어촌지역 개발촉진에 관한 특별법의 제정으로 농촌지역 공간계획과 농촌관광 등 조경계획과 관련성이 높은 내용을 포함하게 되었다. 이에 아래와 같이 주요 주제 별로 간략히 관련 법규를 소개한다.

식생 등의 생태적 공간을 말한다(자연환경보전법 제2조의 9).

2) 산림 및 산지관리

a. 산림기본법과 산림기본계획

산림기본법(forest basic law)은 기존의 산림녹화를 위해서 만들어진 산림법이 국토녹화 및 산림생산 뿐 아니라 지구환경보전이나 휴양 등의 새로운 사회적 수요에 대응하기 위해서 새롭게 제정된 법률로 2002년부터 시행되었다. 산림기본법에서는 각종 산림시책의 기본방향과 산림자원 및 임산물 수급, 임업 육성 등에 대한 장기전망 뿐 아니라 산림의 보전 및 이용, 산림의 공익기능증진 등을 다루며 이러한 산림정책을 장기적으로 전망하고 체계적으로 추진하기 위한 정책적 로드맵으로 산림기본계획을 법정계획으로 수립하도록 정하고 있다. 특히 2018년에 수립된 제 6차 산림기본계획에서는 2018년부터 2037년까지 20년을 계획기간으로 하여 향후 20년간의 산림정책의 비전과 장기전략과 함께 지역산림계획 및 산림경영계획의 기본원칙과 방향을 제시한다.

산림기본계획의 내용은 산림자원 및 임업진흥, 산지 및 산촌관리, 산림복지, 산림생물다양성, 산림재해방지, 관련 연구 개발에 대한 법정, 비법정 계획을 포함하여 산림정책에 대한 포괄적인 범위를 다룬다. 전 국토의 62%가 넘는 면적이 산림으로 구성된 우리나라는 산림정책이 농업농촌 개발계획, 국토종합계획, 국가환경종합계획, 기후변화대응 및 에너지기본계획 등의 국토계획의 다양한 정책과 연계될 수 밖에 없다. 최근 수립된 제 6차 산림기본계획에서는 이에 대한 부분이 중요하게 다루어지고 있다. 특히 산지 및 산촌관리, 산림복지 등에 대한 계획은 조경계획 분야와 밀접하게 관련된다.

b. 산지관리

"산지"란 지목이 임야인 토지로 입목(立木)·대나무가 집단적으로 생육(生育)하고 있는 토지와 임도(林道), 작업로 등 산길 등을 포함한다(산지관리법 제2조 정의). 2002년 산림의 무분별한 훼손을 막고자 제정된 산지관리법은 2010년 법 개정을 통해서 산지의 계획적 보전과 이용을 통한 산지의 녹색서비스 기능 강화를 위해서 산지관리기본계획을 도입하였다. 산지관리기본계획은 전국의 산지를 대상으로, 산지관리의 목표와 기본방향, 산지의 보전 및 이용에 관한 사항 등을 다루며 매 10년마다 수립되도록 하고 있으나, 산림기본계획과의 연동을 위해 제1차 산지관리기본계획은 2013년 4월 확정 후 5년을 시간범위로 하고 있다(손학기와 진정수, 2013). 산지관리기본계획이 수립됨으로써 전 국토차원의 국토관리정책에서 누락되어온 산지를 국가 차원의 공간계획에 포함하여 체계적인 관리를 하게 되었다(손학기와 진정수, 2013).

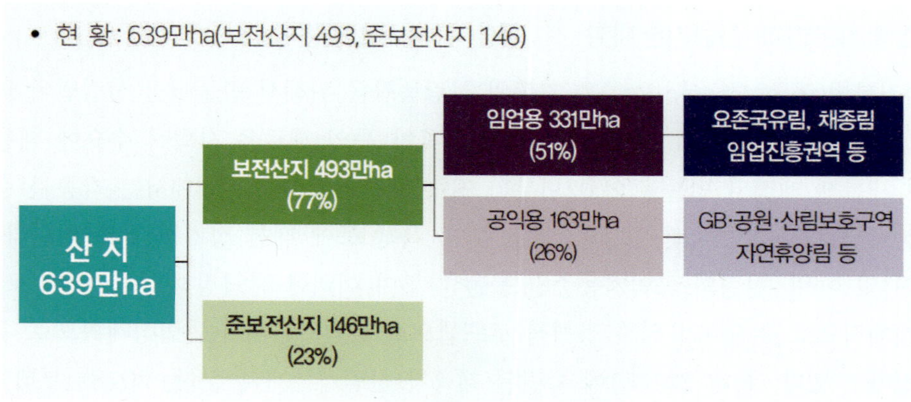

그림 4.5 산지구분 현황 (출처 : 제6차 산림기본계획, p15)

〈그림 4.5〉과 같이 2016년을 기준으로 전국의 산지는 639만 ha 존재하며, 이는 보전산지와 준보전산지로 구분된다. 보전산지는 임업용과 공익용으로 나뉘며, 이 중 공익용 산지는 재해방지, 수원보호, 자연생태계보전, 자연경관보전, 국민보건휴양증진 등의 공익기능을 위하여 필요한 산지이다. 공익용 산지는 그린벨트, 도시 및 자연공원, 산림보호구역, 자연휴양림 등으로 활용되며 조경계획의 주요 대상이 된다. 산지관리는 산지관리 지역계획을 통해서 계획의 기본목표와 계획단위에 기반한 중장기 목표를 제시한다.

c. 산촌진흥

산림기본법에 따른 산촌은 산림면적 비율이 현저히 높고(산림면적 비율 70% 이상), 인구밀도 및 경지면적 비율이 전국 읍면 평균보다 낮은 지역(인구 106명/ km2 이하, 경지면적 19.7% 이하)으로 정의되며, 이러한 기준에 따른 산촌은 전 국토의 43.6%를 차지한다. 산림기본계획에 따라 산촌지역의 발전과 주변 산림자원의 보호·관리 및 지속가능한 경영, 산촌의 문화자원과 휴양자원을 활용한 6차산업화 실현, 산촌 활성화 및 공동체 강화 등을 위해, 각 시도는 시도 산촌진흥기본계획을 수립하고, 시군단위에서는 시군 산촌진흥촉진계획을 수립한다(산림청, 2017). 산촌진흥기본계획에서는 산촌생태마을 조성사업 및 생활기반시설 정비사업, 귀산촌인을 대상으로 한 정착교육과 창업자금지원 등의 계획을 다룬다.

3) 산림보호

a. 산림보호구역 및 생태숲

산림보호법은 산림을 건강하고 체계적으로 보호함으로써 국토를 보전하고 국민의 삶의 질 향상에 이바지할 목적으로 제정된 법률로, 동법에 의해서 “산림보호구역”, “생태숲” 등이 지정, 관리된다. 산림보호구역 동법 제7조에 따라 생활환경보호구역, 경관보호구역, 수원함양보호구역, 재해방지보고구역, 산림유전자보호구역 등으로 구분된다. 산림보호구역에서는 입목 및 대나무 벌채, 임산물 굴취 및 채취, 가축의 방목, 기타 토지 형질의 변경 행위 등이 제한되며, 특히 산림유전자원보호구역의 경우는 5년마다 관리기본계획을 세워 보호관리의 목표설정, 조사연구, 분포현황, 그 외 산림유전자원보호관리에 필요한 사항을 정하여 체계적인 관리를 수행하도록 하고 있다. “생태숲”은 동법 제18조에 따라 산림생태계의 안정과 산림생물의 다양성을 유지 및 증진하고, 연구·교육·탐방·체험을 위하여 지정한 산림을 말한다. 2020년 현재 49개소, 4,149ha의 지역에 생태숲이 지정 및 조성되어 관리되고 있으며, 규모는 작게는 20ha(전남 백운산생태숲)에서 크게는 200ha(경북 비학산생태숲)로 지역별로 다양하다(산림청, 2020).

b. 백두대간의 보호

“백두대간”은 백두산에서 시작하여 금강산, 설악산, 태백산, 소백산을 거쳐 지리산으로 이어지는 큰 산줄기를 말한다. 정부는 백두대간의 보전을 위해서 2002년 백두대간 자연생태계 조사 및 관리방안 수립 연구를 추진하였고, 2003년에 백두대간 보호에 관한 법률을 공포하였다(최대순, 2005). 백두대간보호 기본계획은 백두대간 보호에 관한 법률 제4조에 근거한 법정계획으로 백두대간보호 기본계획의 원칙과 기준에 따라 효율적 보호·관리를 위해 수립한다. 제2차 백두대간보호 기본계획('16–'25)의 수립에 따라 연도별로 연차별 시행계획이 수립되며, 특히 2021년 시행계획안에는 백두대간과 정맥의 합리적 보호를 위한 가이드라인 마련, 백두대간 산촌지역의 브랜드화 및 활성화 지원, 백두대간 마루금 훼손지 정비 및 복원, 백두대간 내 다양한 산림휴양시설 조성 및 건전한 산행문화 형성 지원, 백두대간 내 경관 및 문화자원의 발굴 및 목록화 등의 사업 내용이 포함되어 있다.

4) 산림휴양 및 생활권 녹색공간

a. 자연휴양림 및 치유의 숲

2005년 제정된 "산림문화·휴양에 관한 법률"은 국민에게 쾌적하고 안전한 산림문화·휴양서비스를 제공함으로써 국민의 삶의 질 향상에 이바지함을 목적으로 한다. 동법에서 정의한 산림문화·휴양은 "산림과 인간의 상호작용으로 형성되는 총체적 생활양식과, 산림 안에서 이루어지는 심신의 휴식 및 치유"로 정의된다.

산림에 대한 휴양수요가 증가함에 따라 지난 1980년대 후반부터 대관령 자연휴양림을 시작으로 자연휴양림, 산림욕장, 숲속수련장 등 산림내 다양한 휴양시설을 조성하기 시작하였으며, 2005년에 산림문화휴양에 관한 법률이 제정되면서 크게 확산되었다. 자연휴양림은 산림욕, 숲길 트레킹, 캠핑, 숙박, 그 외 산림레저 활동 등을 제공한다. 국립자연휴양림은 2021년 현재 전국에 43개소가 조성되었으며, 총 지정면적은 106,115ha(북부지역 5,316ha, 동부지역 47,236ha, 남부지역 48,137ha, 서부지역 5,306ha)이며, 이 중 시설이 설치된 관리면적은 522ha(북부지역 171ha, 동부지역 124ha, 남부지역 116ha, 서부지역 111ha)이다. 국립자연휴양림은 산림청 국립자연휴양림관리소에서 운영하고 있으며, 숲나들이e 사이트를 통해서 국립자연휴양림 외 공립, 사립자연휴양림을 포함한 164개 자연휴양림의 시설안내 및 예약 서비스를 통합적으로 제공한다.

2010년 산림문화·휴양에 관한 법률 개정안을 통해 도입된 치유의 숲은 자연휴양림이 제공하는 휴양 기능을 넘어 특별히 스트레스 해소와 건강 증진 및 회복을 위해서 조성하는 공간이다. 자연이 주는 치유효과 및 자연경관을 활용하여 자연 치유를 돕는 시설 및 프로그램을 운영한다. 공간적으로는 자연휴양림 내에 위치하거나 별도 공간시설로 조성되기도 한다. 치유의 숲은 조성목적 상 치유지도사가 제공하는 건강증진과 스트레스 해소 프로그램을 중심으로 운영하며 일반적으로 예약제 유료 프로그램으로 운영된다. 일부 치유의 숲 및 전국 15개소 국립숲체원은 현재 한국산림복지진흥원에서 운영하고 있다.

b. 도시숲

2021년 시행된 도시숲 등의 조성 및 관리에 관한 법률에 기반한 "도시숲"은 도시민의 보건·휴양 증진 및 정서 함양과 체험활동 등을 위해서 조성하는 산림, 수목을 말한다. 이는 도시공원 및 녹지에 관한 법률에서 말하는 공원녹지의 정의나 자연공원법 2조에서 정의하는 자연공원과 개념적으로 중복되는 면이 있다. 동법에서는 자연공원법에 따른 공원구역은 도시숲의 범위에서 제외한다고 규정하고 있다. "생활숲"은 마을숲 등 생활권 및 학교와 그 주변에 생활환경과 아름다운 경관을 제공할 목적으로 조성하는 숲을 말하며, 그 유형에는 “마을숲”, “경관숲”, “학교숲” 등이 있다. 동법에서는 도로구역 및 주변 지역에 조성하는 “가로수” 또한 도시숲의 한 유형으로 규정한다. 도시숲 법은 도시화를 통해서 감소하는 녹지 및 자연공간의 확산을 도모하고 도시열섬, 폭염, 미세먼지 등 도시생활환경의 악화를 해결하는 측면에서 그 의의가 있으나, 법률의 구체적 내용이 도시공원법과 개념상 중복된 부분이 많고, 조성 및 운영에 있어서 제도 본연의 차별성이 충분하게 드러나지 못하는 문제가 존재한다. 이러한 문제는 제도의 활용에 대한 조경 및 산림 분야의 협력적 연구를 통해 향후 지속적으로 해결해 나갈 필요가 있다. 동법에 의한 법정계획으로 산림청장은 10년 주기로 도시숲등 기본계획을 수립하도록 정하고 있다. 관련하여 법률 제정 이전인 2018년 수립된 제2차 도시림 기본계획에서는 ‘숲 속의 도시’를 계획비전으로 2027년까지 1인당 생활권 도시숲 $15m^2$을 목표로 하였으며, 이를 위해 도시숲 네트워크 체계 정립, 도시숲의 양적확대, 도시숲의 질적 가치 증진, 도시숲의 활용 확대, 지속가능한 도시숲의 조성관리 기반 구축 등을 5대 핵심전략으로 제시하였다(산림청, 2018)

5) 농촌관광과 농촌체험휴양마을

농촌관광은 도농교류를 통해 농촌활성화를 도모하는 중요한 계기가 된다(이명우, 2013). 우리나라의 농촌관광은 유럽이나 일본에 비해 늦게 시작하였지만, 국가차원에서 적극적으로 농촌관광을 지원하는 면에서 특징적이다. 2001년 농림부는 ‘농외소득증대 중장기 추진계획’을 수립하여, 농촌체험관광을 농외 소득원 개발을 위한 주요 정책수단으로 채택하였다. 이러한 사업의 하나로 2002년부터 마을단위의 농촌체험관광사업인 ‘녹색농촌체험사업’이 실시되었다(강은지 외, 2010). 2005년 제정된 도시와 농어촌 간의 교류촉진에 관한 법률의 제 2조에서 "농어촌체험·휴양마을사업"은 마을협의회 또는 어촌계가 마을의 자연환경, 전통문화 등 농촌 자체의 자원들을 활용하여 도시민에게 생활체험·휴양공간 프로그램을 제공하고 이와 함께 지역의 농수산물 등을 판매하거나 숙박 또는 음식 등의 서비스를 제공하는 일이라고 규정한다. 그 외 농촌관광에 관련된 법률은 지역특산물 유통 등 농촌지역산업의 진흥 및 개발에 대한 내용을 다룬 “농업·농촌 및 식품산업 기본법 제 51조”, 농산어촌 경관 보전 및 도농교류 확대 육성을 다룬 “삶의 질 향상 특별법 제 30조, 35조”, 농어촌 관광 휴양사업을 규정한 “농어촌 정비법 제 2조” 등이 있다(농어촌공사, 2008).

농어촌체험휴양마을은 우리나라 마을단위 농촌관광의 대표적인 형태라고 할 수 있다.

우리나라에서 농촌관광은 정부의 적극적인 지원과 사회적인 요구로 지속적으로 성장하는 산업이라고 할 수 있으며, 전국 농어촌체험마을 정보 자료에 의하면 농어촌체험휴양마을은 2017년까지 전국에 1,168개소가 지정되었다. 지역별로는 143개 시군에서 농촌체험마을이 지정되었고, 시군 중에서는 양평군 27개 마을, 인제군 20개 마을, 산청군 18개 마을, 평창군 18개 마을 등의 순으로 많이 지정되어 있다.

2.4. 역사 및 문화유산 관련 법규

1) 법제도 및 체계

문화재(文化財, Cultural assets)는 인위적이거나 자연적으로 형성된 국가적·민족적 또는 세계적 유산으로서 역사적·예술적·학술적 또는 경관적 가치가 뛰어난 것을 의미한다. 문화재와 유사한 용어로 유산(heritage)이 있다. 국내법에서 문화재와 문화유산은 명

표 4.6 문화재 관련 법제도

명칭	주요 내용
문화재보호법	문화재의 지정 및 해제, 현상변경, 관리, 보호, 매매, 예방, 벌칙 등
세계유산의 보존·관리 및 활용에 관한특별법	세계유산 등재, 세계유산지구의 지정 및 보호, , 주민참여, 관광활성화, 종합계획의 수립
매장문화재 보호 및 조사에 관한 법률	문화재 지표조사, 문화재 발굴 및 보존 조치
고도 보존 및 육성에 관한 특별법	고도 지정 및 보존육성사업, 주민지원사업, 이주대책 문화예술진흥, 문화시설설치, 토지와 건물의 보상
역사문화권 정비 등에 관한 특별법	6개 역사문화권(고구려, 백제, 신라, 가야, 마한, 탐라)의 연구, 조사, 구역지정 및 해제, 지역발전, 홍보, 정비계획
신라왕경 핵심유적 복원·정비에 관한특별법	경주 월성, 황룡사, 동궁과월지, 월정교, 신라왕경 중심방 복원 및 정비, 대형고분, 첨성대, 쪽샘지구 발굴 및 정비
풍납토성 보존 및 관리에 관한 특별법	종합계획 수립, 관리구역의 지정 및 해제, 주민지원사업
문화재수리 등에 관한 법률	문화재수리 등의 계획 수립, 실측설계, 감리, 문화재수리업의 등록 및 기술관리, 전통기술의 보존, 전통재료의 수급 등
문화유산과 자연환경자산에 관한 국민신탁법	국민신탁의 설립 및 운영과 국가 및 지자체의 지원
문화재보호기금법	문화재를 보존·관리하는데 필요한 자금의 조성 및 운용
한국전통문화대학교설치법	전통문화 전문인의 교육 및 양성

확하게 구분되지 않고 사용된다.

문화유산분야의 조경관련 법제도는 세계유산과 국가유산으로 구분된다. 세계유산에 대한 제도는 유네스코(UNESCO)에서 인류의 탁월한 보편적 가치(OUV : Outstanding Universal Value)를 지닌 자연유산 및 문화유산들을 발굴 및 보호, 보존하고자 1972년 채택한 「세계 문화 및 자연유산 보호 협약(Convention concerning the Protection of the World Cultural and Natural Heritage)」이 있다. 국내의 국가유산에 대한 법률은 2023년에 제정된 「국가유산기본법」을 포함해 「고도 보존 및 육성에 관한 특별법」, 「자연유산의 보존 및 활용에 관한 법률」 등 13개가 있다.

표 4.7 세계유산의 등재기준 및 사례 (출처 : 유네스코, 2017, 세계유산협약 이행을 위한 운영지침)

유형	범주	기준	등재사례
문화유산	I	인간의 창의성으로 빚어진 걸작을 대표	호주 오페라 하우스
	II	오랜 세월에 걸쳐 또는 세계의 일정 문화권 내에서 건축이나 기술 발전, 기념물 제작, 도시계획이나 조경설계에 있어 인간 가치의 중요한 교환을 반영한 것	창덕궁 경주역사유적지구 백제역사유적지구
	III	현존하거나 이미 사라진 문화적 전통이나 문명의 독보적 또는 적어도 특출한 증거	산사, 한국의 산지승원, 조선왕릉, 창덕궁, 한국의 서원
	IV	인류 역사에 있어 중요 단계를 예증하는 건물, 건축이나 기술의 총체, 경관 유형의 대표적 사례	종묘, 조선왕릉, 남한산성, 창덕궁
	V	번복할 수 없는 변화의 영향으로 취약해졌을 때 환경이나 인간의 상호 작용이나 문화를 대변하는 전통적 정주지나 육지, 바다의 사용을 예증하는 대표적 사례	리비아 가다메스 옛도시
	VI	사건이나 실존하는 전통, 사상이나 신조, 보편적 중요성이 탁월한 예술 및 문학작품과 직접 또는 가시적으로 연관될 것	일본 히로시마 원폭돔
자연유산	VII	최상의 자연 현상이나 뛰어난 자연미와 미학적 중요성을 지닌 지역을 포함할 것	케냐 국립공원, 제주 용암동굴·화산섬
	VIII	생명의 기록이나, 지형 발전상의 지질학적 주요 진행과정, 지형학이나 자연지리학적 측면의 중요 특징을 포함해 지구 역사상 주요단계를 입증하는 대표적 사례	제주 용암동굴·화산섬
	IX	육상, 민물, 해안 및 해양 생태계와 동·식물 군락의 진화 및 발전에 있어 생태학적, 생물학적 주요 진행 과정을 입증하는 대표적 사례일 것	케냐 국립공원
	X	과학이나 보존 관점에서 볼 때 보편적 가치가 탁월하고 현재 멸종 위기에 처한 종을 포함한 생물학적 다양성의 현장 보존을 위해 가장 중요하고 의미가 큰 자연 서식지를 포괄	한국의 갯벌

2) 세계 문화 및 자연유산 보호 협약

세계유산은 자연재해나 전쟁 등으로 파괴의 위험에 처한 유산을 복구하거나 보호를 위한 활동 등을 통하여 보편적 인류 유산의 파괴를 근본적으로 방지하고 국제적 협력 및 국가별 유산 보호 활동을 촉진하기 위해 유네스코에서 지정한다. 따라서 박물관에 보관된 조각상, 공예품, 회화 등 동산문화재는 보호 대상에 포함되지 않는다.

세계유산으로 등재되기 위해서는 유네스코의 세계유산 운영지침에서 설정한 평가기준에 부합하여야 한다. 등재를 위해 모든 유산은 그 가치를 충분히 보여줄 수 있는 충분한 제반 요소인 완전성(integrity)을 보유해야 하며, 합법적, 행정적 보호 제도와 완충지역(buffer zone) 등의 보존관리계획이 수립되어야 한다. 특히, 문화유산은 재질이나 기법 등에서 진정성(authenticity)을 보유하고 있어야 한다.

3) 국가유산보호법

국가유산의 보호 정책 수립과 지정, 관리 등에 관한 사항을 다루는 법은 1962년에 제정된 「문화재보호법」이 2023년 「국가문화재보호법」으로 개정되면서 현재까지 유지되고 있다. 국가유산은 문화유산(건조물, 서적, 의복, 기구 등)과 자연유산(동물, 식물, 천연기념물, 명승 등), 무형유산(공연예술, 전통기술 등)으로 구분되며, 유형문화유산 중에서 가치를 인정받은 것이 보물이나 국보로 지정된다. 국가유산은 국가지정유산, 국가등록유산, 시도지정유산, 시도등록유산으로 보호된다. 국가등록문화유산은 근현대 문화유산 중에서 건설·제작·형성된 후 50년 이상이 지난 것으로 보존과 활용을 위한 조치가 필요한 것을 등록할 수 있다. 다만, 긴급한 보호 조치가 필요한 것은 50년이 지나지 않았어도 국가등록문화유산으로 등록될 수 있다. 조경계획의 대상이 되는 국가유산은 유형문화유산, 자연유산, 국가등록유산, 민속문화유산 등이다.

국가유산을 정비하기 위해서는 정비계획을 수립한다. 정비계획의 수립시에는 해당 국가유산별로 제정된 「사적 종합정비계획의 수립 및 시행에 관한 지침」, 「천연기념물 노거수 및 수림지 보존관리 지침」, 「전통마을숲 보존관리 지침」, 「명승 종합정비계획 수립 및 시행에 관한 지침」 등을 따른다. 정비계획을 수립할 때 국가유산위원회의 심의를 거쳐서 결정한다.

국가유산 정비의 행위에 해당되는 수리(修理) 업무는 「국가유산 수리 등에 관한 법률」에 따라 문화재청에 등록된 국가유산수리업자와 국가유산수리기술자, 국가유산수리기능자가 담당한다. 국가유산수리기술자 중의 하나인 조경기술자의 업무 범위는 전통조경의 계획수립과 시공 및 감리, 이에 따른 원형고증 조사 및 보고서 작성이다. 단, 설계는 실측설계기술자(건축사법에 따른 건축사만 취득할 수 있는 자격)만 할 수 있다. 전체 실측설계 중 조경 분야의 실측설계가 20% 이상인 경우나 조경 분야의 실측 설계 예정금액이 5백만원 이상인 경우에 한하여 조경기술자가 수행할 수 있다.

표 4.8 국가지정문화재의 지정기준 (출처 : 문화재보호법 시행령 [별표 1의2], 2023. 4. 25.)

종류	유형	세부	대상
보물	건축 문화재	목조군	궁궐, 사찰, 관아, 객사, 성곽, 향교, 서원, 사당, 누각, 정자 등
		석조군	석탑, 승탑, 전탑, 비석, 석등, 석교, 석빙고, 첨성대, 석굴 등
		분묘군	분묘 등의 유구 또는 건조물 및 부속물
		조적조군·콘크리트조군	성당, 교회, 학교, 관공서, 병원, 역사 등
사적	선사시대		조개무덤, 주거지, 취락지 등
	정치·국방		궁터, 관아, 성터, 성터시설물, 병영, 전적지(戰蹟地) 등
	산업·교통·주거		역사·교량·제방·가마터·원지(園池)·우물·수중유적 등
	교육·의료·종교		서원, 향교, 학교, 병원, 절터, 교회, 성당 등
	제사·장례·인물		제단, 고인돌, 옛무덤(군), 사당 등, 인물유적, 사건유적
명승	자연명승		산지, 하천, 습지, 해안지형
			저명한 서식지 및 군락지
			일출, 낙조 등 자연현상 및 경관 조망지점
	역사문화명승		정원, 원림(園林) 등
			저수지, 경작지, 제방, 포구, 마을, 옛길 등
			사찰, 경관, 서원, 정자 등 종교·교육·위락과 관련된 경관
	복합명승		명산, 바위, 동굴, 암벽, 계곡, 폭포, 동천(洞天), 구곡(九曲) 등
			구비문학, 구전(口傳) 등 저명한 민간전승의 배경이 되는 경관
천연 기념물	동물		동물과 그 서식지·번식지·도래지, 표본, 척추동물군
	식물	노거수	거목(巨木), 명목(名木), 신목(神木), 당산목, 정자목 등
		군락지	수림지, 자생지, 분포한계지 등
		기타	특산식물, 진귀한 식물상, 유용식물, 초화류 및 자생지
	지질·지형	암석, 광물	어란암(魚卵岩), 구상(球狀), 구과상 구조를 갖는 암석, 감람암 등
		화석	화석과 화석 산지
		지질구조	습곡, 단층, 관입(貫入), 부정합, 주상절리 등
		퇴적구조	연흔, 건열, 사층리, 우흔 등
		지표지질현상	고위평탄면, 해안·하안단구, 폭포, 분화구, 해빈, 갯벌 등
	천연보호구역		동물, 식물, 지질, 지형 등이 풍부하여 보호할 필요성이 있는 구역
국가 민속 문화재	의·식·주		가구·주거 그 밖의 물건 또는 재료 등

4) 고도보존 및 육성에 관한 특별법

과거 정치 문화적 중심지였던 왕도를 지칭하는 고도(古都)는 일반도시에 비해 현대의 도시시설과 과거의 왕궁, 성곽, 사찰, 왕릉 등과 같은 통치 및 기간시설이 집합적으로 혼재되어 있다. 전국에 동일하게 적용되는 「문화재보호법」은 문화유적이나 문화재의 개별적 보호에 중점을 두고 있어 문화재를 다수 보유한 고도의 주민들은 장기간 재산권 행사의 제한을 받아왔다. 이와 동시에 도시의 개발압력이 높아지면서 고도의 모습이 상실되는 위기 상황도 발생했다.

이러한 문제를 해결하기 위해 제정된 「고도보존 및 육성에 관한 특별법」(약칭, 「고도보존특별법」)은 고도의 역사적 문화환경을 효율적으로 보존하고 고도지역의 문화재와 역사문화환경을 보존하여 고도의 모습을 갖추도록 하는데 목적이 있다.

「고도보존특별법」을 제정할 당시 고도로 지정한 지역으로는 경주, 부여, 공주, 익산이 해당된다. 다른 지역도 고도지정 신청절차를 통해 고도로 지정받을 수 있다. 사유재산권 보상 및 공공투자 조치를 규정하여 주민의 자산가치 손실문제를 최소화하고 지역활성화를 도모하는 내용을 담고 있다. 법에 따라 수립하는 고도보존계획의 내용은 지정지구의 역사적 문화환경의 보존과 토지 및 건물의 보상, 시설의 정비, 재원확보 등이다.

고도의 역사문화환경 보존에 핵심이 되는 지역으로 원형을 보존하거나 원상이 회복되어야 하는 지역은 '역사문화환경 특별보존지구'로 지정한다. 원형을 보존하기 위하여 추가적인 조사가 필요한 지역이나 특별보존지구 주변의 지역으로 보존·육성할 필요가 있는 지역을 '역사문화환경 보존육성지구'로 지정할 수 있다. 지정지구에서 건축물의 신축이나 개축, 택지조성, 토지개간, 수목식재, 도로신설 등은 심의를 거쳐 사업을 시행할 수 있다.

법이 제정된 이후 2015년에 노후주택정비 등 주거환경개선과 건물외관, 담장정비 등 가로경관개선 사업이 이루어졌다. 2021년의 주요 내용은 주거환경개선(한옥 및 한옥건축양식)과 가로경관개선(건물외관, 골목길, 담장정비 등)이다. 고도 주거환경 및 역사문화환경 개선을 위해 고도 이미지찾기사업을 추진하여 고도 육성 정책을 뒷받침하고 있다. 가로 보행로 개선, 소공원 조성, 공공건축물 외관 정비, 상가 안내판 디자인 개선, 역사자원의 발굴 및 유적 정비 등의 역사문화환경 개선사업이 추진되고 있다.

5) 국가지정문화재 역사문화환경 보존지역 내 건축행위 등에 관한 규정

건설공사의 인가·허가 등을 담당하는 행정기관은 국가지정유산의 외곽경계(보호구역이 있는 경우 그 경계를 말한다)의 역사문화환경 보존지역에서 건설공사의 시행이 국가지정유산의 보존에 영향을 미칠 우려가 있는 행위에 해당하는지 여부를 검토해야 한다.

국가지정유산(보호물, 보호구역 포함)에 대한 수리의 행위를 현상변경행위라 하는데, 국가지정유산의 현상을 변경하려는 경우 문화재청장의 허가를 받아야 한다. 역사문화환경 보존지역에서의 도시 및 지역개발, 기반시설 조성 등의 개발사업에 따른 행위는 역사문화환경 보존지역 내 건축행위 등에 관한 허용기준을 따라야 한다. 국가유산기본법에 따라 지정문화재의 역사문화환경 보호를 위하여 시·도지사는 조례로 역사문화환경 보존지역을 정한다. 역사문화환경 보존지역의 범위는 해당 지정문화재의 역사적·예술적·학문적·경관적 가치와 그 주변 환경 및 그 밖에 문화재 보호에 필요한 사항 등을 고려하여 그 외곽경계로부터 500미터 이내로 설정한다. 지자체는 역사문화환경 보호를 위하여 문화재청장과 협의하여 조례로 역사문화환경 보존지역을 정할 수 있다.

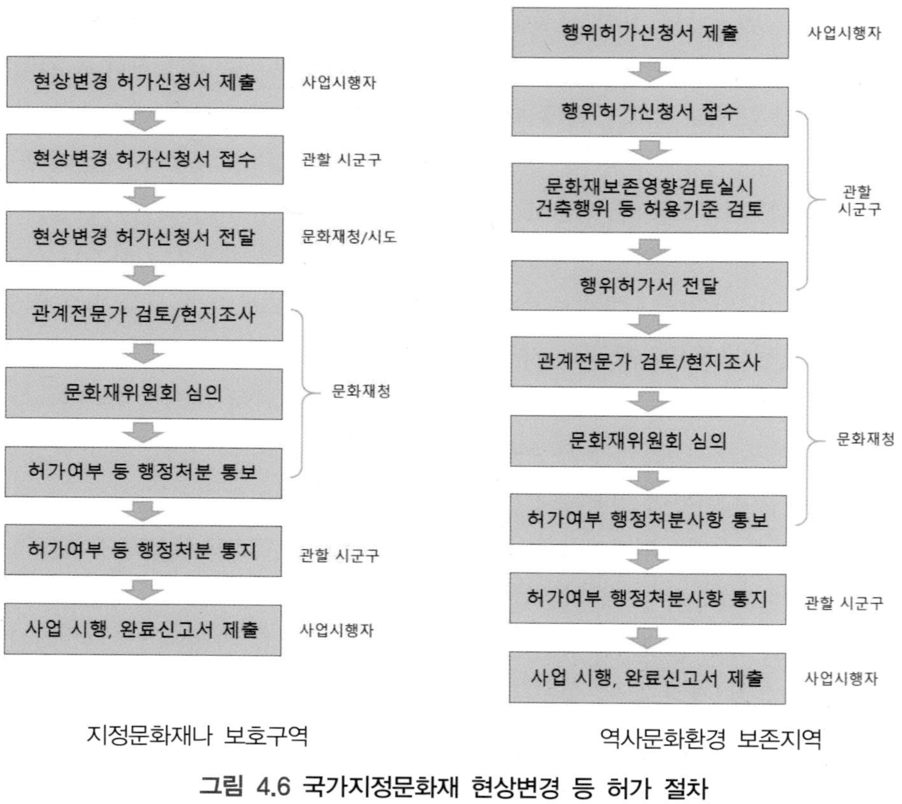

그림 4.6 국가지정문화재 현상변경 등 허가 절차

(출처 : 국가지정문화재 현상변경 등 허가 절차에 관한 규정, 2020.6.8.)

6) 조경계획과의 연계성

과거에 문화유산에 대한 조경계획은 사적지조경이라 불리며 건축이나 유적지의 주변환경 정비를 대상으로 국한된 인식이 지배적이었다. 그러나 문화유산분야에서 조경유산의 발굴과 지정이 지속되면서 국보, 사적, 명승, 국가민속문화재 등 다양한 유형으로 지정되었다. 2020년 기준 국가지정문화재에 해당되는 조경유산은 총 256개소이다.[37] 이처럼 조경유산의 대상과 범위는 궁궐이나 주택의 정원에서부터 왕릉, 전통마을, 고도(古都)에 이르기까지 급속도로 확장되고 있다. 또한 국가등록유산의 등록제도가 제정되면서 근대에 조성되어 50년 이상이 된 역사적 도시공원, 녹지, 유원지 등의 도시계획시설도 국가유산으로 등록되고 지정될 수 있게 되었다. 2020년에 개정된 '문화유산헌장'에는 역사문화환경과 자연유산의 보호가 포함되었다.

전통조경을 정의한 「자연유산의 보존 및 활용에 관한 법률안」이 2023년 3월에 제정, 2024년 3월부터 시행된다. 2021년에 문화재청에서 '자연유산 보존관리 5개년 기본계획'을 수립하여 문화경관, 전통조경 등 그동안 간과되었던 영역으로의 확장을 위한 문화재 정책 추진을 선언하였다. 이 계획에 전통조경 정책 추진을 위한 기반조성, 전통조경 관리를 위한 체계 정비가 제시되었다. 이러한 사회적 흐름의 변화에 따라 문화유산의 조경계획에 대한 수요와 규모가 더욱 증가할 것으로 예상된다.

2.5. 관광 관련 법규

1) 관광 관련 법령의 체계와 유형

관광과 관련된 조경 공간은 관광단지, 유원지, 온천관광휴양지, 수변·해양관광휴양지, 육상·산악관광휴양지, 농어촌휴양지, 자연휴양림, 수렵장 등의 관광지와 골프장, 스키장, 경마·승마장, 요트장, 야외 수영장, 눈썰매장, 국궁장, 청소년수련시설 등 체육·위락시설이 있다 (한국조경학회, 2013a; 2013b). 이와 같은 관광 조경 공간에서 사람들의 관광활동을 보장하고 관광자원을 보호·개발함으로써 원활한 관광진흥을 도모하기 위해 관광법규가 제정되었다. 관광법규에는 관광활동에 직접적으로 관여하는 문화체육관광부 소관 법령인 「관광기본법」, 「관광진흥법(시행령, 시행규칙)」, 「관광진흥개발기금법(시행령, 시행규칙)」, 「한국관광공사법(시행령)」 등이 있으며, 간접적으로 관광자의 행동, 관광지의

---

37) 문화재청 (2020) 전통조경 정책기반 마련을 위한 기초조사 연구, p.5, pp.201-209.

개발, 자원의 보존 및 관리 등 관광의 제 활동에 관여하는 「도시공원법」, 「자연공원법」, 「자연환경보전법」, 「도농교류법」, 「산림휴양법」, 「어촌·어항법」 등이 있다 (김영식과 전용수, 2015).

「관광기본법」은 관광정책의 기본 원칙 및 정부의 책임과 의무를 규정한 법으로 1975년에 제정된 이래 16개 조문과 부칙으로 구성되어 있다. 관광기본법은 '기본법'이라는 법의 명칭을 가지고 있어 일반법보다 우위에 있으며 관광진흥법이나 관광진흥개발기금법, 한국관광공사법 등의 입법 근거가 된다. 이 법은 관광진흥의 방향과 시책에 관한 사항을 규정함으로써 국제친선을 증진하고 국민경제와 국민복지를 향상시키며 건전한 국민관광의 발전을 도모하는 것을 목적으로 한다. 이에 정부는 관광진흥의 기반을 조성하고 관광산업의 경쟁력을 강화하기 위하여 관광진흥에 관한 기본계획을 5년마다 수립·시행해야 함을 명시하고 있다.

「관광진흥법」은 관광활동에 관한 중추법으로 1986년에 제정되었으며 총 7장 86조 및 부칙으로 구성되어 있다. 관광진흥법은 관광 여건을 조성하고 관광자원을 개발하며 관광사업을 육성하여 관광진흥에 이바지하는 것을 목적으로 관광사업의 종류, 관광사업의 행정절차, 관광사업의 결격사유, 한국관광협회중앙회 등 관광 관련 단체에 관한 사항, 관광의 진흥과 홍보, 관광개발계획, 관광지·관광단지 개발 및 관광진흥법 위반에 관한 제재사항, 벌칙규정 및 부칙규정을 담고 있다.

특히 제5장 제1절 제49조에는 관광지 및 관광단지의 개발과 관련하여 문화체육관광부장관은 전국을 대상으로 관광자원의 보호·개발·이용·관리 및 관광권역 설정 등에 관한 관광개발기본계획을 수립해야 하며, 시·도지사는 권역의 관광지 및 관광단지 조성, 환경보전에 관한 권역별 관광개발계획을 수립해야 함을 명시하고 있다. 또한 〈표 4.9〉과 같이 법 제54조에 관광지 조성계획의 수립에 대한 승인과 관련하여 다루고 있으며, 이와 관련하여 시행령 제46조에서는 관광지 조성계획 승인 및 변경승인시 필요한 서류를 명시하고, 시행규칙 제60조에 관광지 조성계획에 관광시설계획, 투자계획, 관광지 등의 관리계획이 포함되어야 함을 명시하고 있다.

관광은 도시뿐만 역사·문화공간, 수변공간, 자연공원, 자연보호지역, 농산어촌, 갯벌 및 해양 등 다양한 공간에서 이루어진다. 이에 다양한 공간에서 해당 지역의 특별한 관광자원의 발굴 및 현명한 이용과 지속가능한 발전을 위해 관광과 연계된 사업이 법·제도 하에 진행되고 있다.

표 4.9 관광진흥법 내 관광지 조성계획 수립 관련 내용

구분	주요 내용
관광진흥법 제54조 (조성계획의 수립 등)	① 관광지 등을 관할하는 시장·군수·구청장은 조성계획을 작성하여 시·도지사의 승인을 받아야 한다. 이하 생략.
관광진흥법 시행령 제46조 (조성계획의 승인신청)	① 법 제54조 제1항에 따라 관광지등 조성계획의 승인 또는 변경승인을 받으려는 자는 다음 각 호의 서류를 첨부하여 조성계획의 승인 또는 변경승인을 신청하여야 한다. 다만, 조성계획의 변경승인을 신청하는 경우에는 변경과 관계되지 아니하는 사항에 대한 서류는 첨부하지 아니하고, 제4호에 따른 국·공유지에 대한 소유권 또는 사용권을 증명할 수 있는 서류는 조성계획 승인 후 공사착공 전에 제출할 수 있다. 1. 문화체육관광부령으로 정하는 내용을 포함하는 관광시설계획서·투자계획서 및 관광지등 관리계획서 2. 지번·지목·지적·소유자 및 시설별 면적이 표시된 토지조서 3. 조감도 4. 법 제2조 제8호의 민간개발자가 개발하는 경우에는 해당 토지의 소유권 또는 사용권을 증명할 수 있는 서류. 다만, 민간개발자가 개발하는 경우로서 해당 토지 중 사유지의 3분의 2 이상을 취득한 경우에는 취득한 토지에 대한 소유권을 증명할 수 있는 서류와 국·공유지에 대한 소유권 또는 사용권을 증명할 수 있는 서류
관광진흥법 시행규칙 제60조 (관광시설계획 등의 작성)	① 영 제46조 제1항에 따라 작성되는 조성계획에는 다음 각 호의 사항이 포함되어야 한다. 1. 관광시설계획 가. 공공편익시설, 숙박시설, 상가시설, 관광 휴양·오락시설 및 그 밖의 시설지구로 구분된 토지이용계획 나. 건축연면적이 표시된 시설물설치계획(축척 500분의 1부터 6천분의 1까지의 지적도에 표시한 것이어야 한다) 다. 조경시설물, 조경구조물 및 조경식재계획이 포함된 조경계획 라. 그 밖의 전기·통신·상수도 및 하수도 설치계획 마. 관광시설계획에 대한 관련부서별 의견(지방자치단체의 장이 조성계획을 수립하는 경우만 해당한다) 2. 투자계획 가. 재원조달계획 나. 연차별 투자계획 3. 관광지등의 관리계획 가. 관광시설계획에 포함된 시설물의 관리계획 나. 관광지등의 관리를 위한 인원 확보 및 조직에 관한 계획 다. 그 밖의 관광지등의 효율적 관리방안

「농어촌정비법」에서 다루는 주요 대상인 농어촌정비사업에는 농어촌 관광휴양자원 개발사업이 포함되어 있으며, 세부적으로 농어촌 관광휴양단지사업, 관광농원사업, 주말농원사업, 농어촌민박사업이 있다. 제6장 제1절에서는 농어촌 관광휴양자원 개발을 다루면서 농어촌의 자연환경, 영농활동, 전통문화 등을 활용한 관광휴양자원 개발, 농어촌 관광휴양사업의 육성, 농어촌 관광휴양을 활성화하기 위한 조사·연구 및 홍보에 대해 명시하고 있다. 또한, 「도시와 농어촌 간의 교류촉진에 관한 법률(약칭 : 도농교류법)」에서는 도시와 농어촌 교류를 '농어촌체험·휴양마을사업, 관광농원사업 등을 통하여 도시와 농어촌 간에 이루어지는 인적 교류와 농림수산물 들의 상품, 생활체험·휴양서비스, 정보 또는 문화 등의 교환·거래 및 제공 등'으로 정의하고 있으며, 제2장 농어촌체험·휴양마을사업 관련 조문 및 시행령, 시행규칙을 통해 농어촌체험·휴양마을 지정·육성·지원·관리 사항에 대해 명시하고 있다.

「산림문화·휴양에 관한 법률(약칭 : 산림휴양법)」은 산림문화와 산림휴양자원의 보전·이용 및 관리에 관한 사항을 규정하여 국민에게 쾌적하고 안전한 산림문화·휴양서비스를 제공함으로써 국민의 삶의 질 향상에 이바지하기 위한 목적으로 제정되었다. 제2장 산림문화·휴양기본계획 등의 제4조(산림문화·휴양기본계획의 수립·시행 등)에 따르면 산림청장은 관계중앙행정기관의 장과 협의하여 전국의 산림을 대상으로 산림문화·휴양기본계획을 5년마다 수립·시행해야 한다. 또한 제4장 자연휴양림 및 산림욕장 등의 조성 등에 따르면 자연휴양림조성계획이나 산림욕장조성계획에 관여해야 하며 제5장에서는 숲길 등(등산로, 둘레길, 트레일, 산림레포츠길, 탐방로, 휴양·치유숲길)을 대상으로 숲길기본계획의 수립과 조성·운영·관리 등에 대해 명시하고 있다.

생태계가 특히 우수하거나 자연경관이 수려한 지역에서 자연자산의 보전 및 현명한 이용과 자연친화적인 관광을 목표로 하는 생태관광은 1997년 「자연환경보전법」에 생태관광 육성 조항이 신설되면서 국내에서 관련 제도 및 사업이 발전하게 되었다. 제41조 (생태관광의 육성)에 따라 환경부장관은 생태관광을 육성하기 위하여 문화체육부장관과 협의하여 환경적으로 보전가치가 있고 생태계 보호의 중요성을 체험·교육할 수 있는 지역을 생태관광지역으로 지정할 수 있으며, 이와 함께 생태관광에 필요한 교육과 생태관광자원의 조사 및 발굴, 국민의 건전한 이용을 위한 시설의 설치·관리를 위한 계획을 수립·시행하거나 지방자치단체의 장에게 권고할 수 있다. 이에 2017년 대전광역시, 울산광역시 남구, 전라북도를 시작으로 2022년 1월 기준 총 24개 지방자치단체에서 생태관광 육성 및 지원에 관한 조례를 제정 및 시행하고 있다 〈표 4.10〉. 지방자치단체마다 생태관광 자원의 특성에 따라 해당 조례에서 다루는 범위나 내용이 다소 상이하기는 하지만 대체로 생태관광 기본계획(활성화계획) 수립과 생태관광 육성에 관한 사항을 심의·자문하기 위한 위원회의 설치, 생태관광지원센터 등에 대한 조문을 포함하고 있다. 따라서 생태관광 관련 사업을 시행할 때 해당 지방자치단체의 조례 제정 여부를 확인한 후 사업을 추진할 필요가 있다.

표 4.10 지방자치단체별 생태관광 관련 조례 목록

지방자치단체	조례명	제정일
강원도	강원도 생태관광 활성화 및 지원 조례	2020.09.25
강원도 평창군	강원도 평창군 마하생태관광지 관리 및 운영 조례	2021.05.07
경기도	경기도 생태관광 활성화 및 지원 조례	2021.07.14
경상남도	경상남도 생태관광 활성화 및 지원 조례	2020.05.14
경상남도 문경시	문경시 문경돌리네습지 보전 및 생태관광 활성화 지원 조례	2021.03.10
경상북도	경상북도 생태관광 육성 및 지원에 관한 조례	2018.12.27
광주광역시	광주광역시 생태관광 육성 및 지원에 관한 조례	2019.07.01
대구광역시	대구광역시 생태관광 육성 및 지원 조례	2020.10.30
대구광역시 달성군	대구광역시 달성군 생태관광 육성 및 지원 조례	2021.03.30
대전광역시	대전광역시 생태관광 육성 및 지원 조례	2017.04.28
대전광역시 대덕구	대전광역시 대덕구 공정·생태관광 육성 및 지원 조례	2021.07.30
울산광역시	울산광역시 생태관광 활성화 및 지원 조례	2019.11.07
울산광역시 남구	울산광역시 남구 생태관광 육성 및 지원에 관한 조례	2017.08.07
전라남도	전라남도 생태관광 활성화 및 지원 조례	2020.04.02
전라남도 신안군	전라남도 신안군 생태관광 육성 및 지원에 관한 조례	2021.03.18
전라남도 완도군	전라남도 완도군 생태관광 육성 및 지원에 관한 조례	2021.05.12
전라북도	전라북도 생태관광 육성지원 조례	2017.08.11
전라북도 남원시	전라북도 남원 백두대간 생태관광 숙박시설 및 국민여가캠핑장 관리 운영 조례	2021.07.02
전라북도 임실군	전라북도 임실군 성수산 생태관광 육성 및 지원 조례	2020.08.03
전라북도 장수군	전라북도 장수군 생태관광 육성 및 지원 조례	2020.10.05
전라북도 정읍시	전라북도 정읍시 생태관광 육성 지원 조례	2021.06.11
제주특별자치도	제주특별자치도 생태관광 육성 및 지원에 관한 조례	2020.04.13
충청남도	충청남도 생태관광 활성화 지원에 관한 조례	2020.04.01
충청북도	충청북도 생태관광 활성화 및 지원에 관한 조례	2021.10.01

2) 조경계획과의 연계성

관광개발기본계획은 「관광진흥법」 제49조에 근거하여 수립하는 법정계획으로, 우리나라 관광자원 개발 분야의 10년 중장기 계획이며 관광개발의 근간이 되는 법정계획이다. 계획수립 주체는 문화체육관광부 장관으로 전국적이고 장기적인 안목에서 국가 관광개발의 비전 및 미래상, 관광자원의 보호·개발·이용·관리에 관한 효율적인 추진전략, 국민 삶의 질 향상과 지역성장의 목표를 제시한다. 관광개발기본계획은 1992년부터 10년 단위로 수립되어 현재는 4차 관광개발기본계획(2022~2031)이 수립되어 있다(문화체육관광부, 2021). 4차 관광개발기본계획에는 광역자치단체간 협력수요를 촉진하고 국가자원의 효과적인 통합 관리를 가능하게 하고자 5대 광역연합관광권(수도·강원·제주권, 충청권, 전라권, 대경권, 부울경권) 및 17개 시·도 권역별 추진계획이 포함되었다 〈그림 4.7, 그림 4.8〉. 특히 관광개발기본계획은 5년마다 수립되는 권역별 관광개발 계획의 방향성을 제시하는 역할을 하는데, 제4차 관광개발기본계획(2022~2031)은 제7차 권역별 관광개발계획(2022~2027)과 수립시기가 동일하여 기본계획의 비전 및 방향이 공유된 후 지역의 의견을 수렴하는 방식으로 권역계획을 수립하였다.

이 밖에도 관광진흥기본계획 시행계획, 농촌진흥사업 기본(시행)계획, 해양환경 종합계획, 해양관광진흥기본계획 등이 있다. 따라서 광역적 차원의 조경계획 시 각종 관광관련 계획에서 제시하는 전략 및 발전방향을 검토하여 공간 조성 및 운영·관리 계획 등의 수립에 활용할 수 있도록 해야 한다.

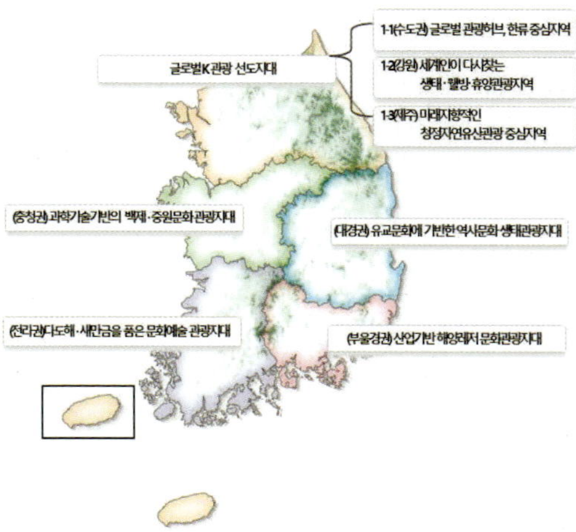

그림 4.7 제4차 관광개발기본계획 광역연합 권역 개발방향

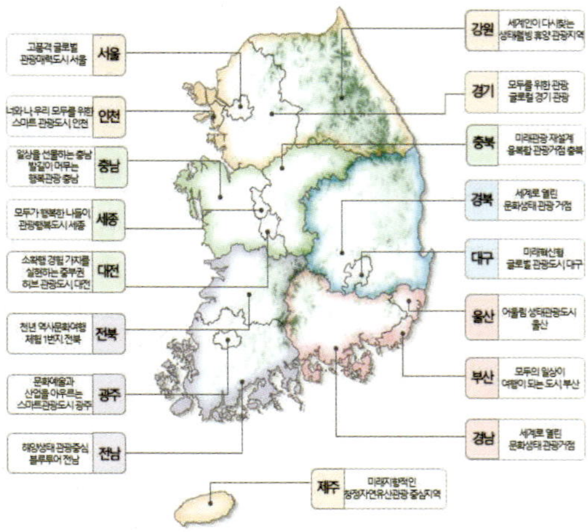

그림 4.8 제4차 관광개발기본계획 17개 시·도 개발방향

참고문헌

강은지, 조중현, 김용근 (2010) 연구제목을 통해 살펴본 농촌관광 연구경향; 학술정보지 및 농촌관광 연구 게재 논문을 대상으로. 농어촌관광연구 17(3) : 163-202.

국토교통부 (2019) 경관법, 경관법 시행령, 법률 제15460호.

국회 법제실 (2020) 대한민국 법률, 국회 법제실.

권오준, 이명우, 임봉구 (1995) 환경설계관계법규, 동별당.

농어촌공사 (2008) 도시와 농어촌간의 교류촉진에 관한 법률 해설집.

김영식, 전용수 (2015) 관광법규의 이해, 한올, 서울, pp 6-7.

문화체육관광부 (2021) 제4차 관광개발기본계획.

부산광역시 (2011) 2030 부산광역시 공원녹지기본계획.

박현찬 (2014) 경관법 개정에 따른 서울시 경관정책의 개선전략, 서울연구원 정책리포트 175 : 1-20.

산림청 (2017) 제2차 산촌진흥기본계획.

산림청 (2018) 제6차 산림기본계획 .

산림청 (2020) 2021년 생태숲 현황 자료. forest.go,kr

소병천 (2011) 자연공원법에 대한 소고, 환경법연구 33(2) : 218 -241.

손학기, 진정수 (2013) 산지관리기본계획의 내용과 국토관리정책의 의의, 국토정책 Brief 436 : 1-8.

신관호 (1992) 자연환경보전법, 사법행정 33(3) : 50-59.

신익순 (2009) 조경법제론, 보문당.

신익순, 구본학, 변재상 (2011) 조경 기본법 제정을 위한 기초 연구, 한국조경학회지 39(6) : 86-97.

이명우 (2007) 조경계획, 기문당.

이명우 (2013) 조경법규, 기문당.

이상돈 (1992) 환경정책기본법"과 환경대책개별법. 사법행정 33(3) : 32-39.

정태용 (2001) 도시계획법, 한국법제연구원.

정하광 1995) 계획.설계, 시공, 관리에 대한 법.제도의 개선에 관한 연구 -조경을 중심으로, 한국조경학회지 23(3) : 29-47.

최대순 (2005) 백두대간 보호지역 지정, 나라경제 11 : 71-74.

최종문, 김수민, 류완상 (2021) 국가지질공원 인증 현황 및 공원별 특징, 대한지질학회 학술대회 383.

한국조경학회 (1986) 조경계획론, 문운당.

한국조경학회 (2013a) 국토교통부 승인 조경설계기준, 기문당, 서울, pp 73–75.

한국조경학회 (2013b) 한국조경헌장

홍완식, 곽관훈, 김명엽, 김재윤, 박규용, 박병도, 장교식, 정대, 최관호, 황대성 (2021) 법학 개론, PNC(피앤씨미디어).

환경부 (2021) 환경영향평가법, 환경영향평가법 시행령, 환경영향평가법 시행규칙. 법률 제18432호.

환경부 (2023) 자연공원법, 자연공원 시행령, 자연공원법 시행규칙. 법률 제19361호.

환경부 (2023) 자연환경보전법, 자연환경보전법 시행령, 자연환경보전법 시행규칙. 법률 제19012호.

환경부 (2024) 기후위기 대응을 위한 탄소중립·녹색성장 기본법, 법률 제19208호.

환경부 (2024) 환경정책기본법, 환경정책기본법 시행령, 환경정책기본법 시행규칙, 법률 제19208호,

Hopper, L.J. (2007) Landscape Architectural Graphic Standards, Student Edition, Wiley, New Jersey.

PART 5

조경계획의 유형 및 사례

조경계획은 다양한 분야에서 적용되고 있지만, 조경계획의 개념이 법적으로 정의되어 있지 않고 그 범위가 다소 모호하며 계획의 유형을 구분하는 기준 또한 명확하지 않다. 본 서에서는 조경계획의 유형을 공간적 스케일에 따라 '광역 및 지역 단위', '도시 및 마을 단위', '지구 단위'의 3가지 공간 단위로 구분하여 소개하고자 한다. 이러한 구분은 공간 위계에 따라 조경계획의 목적과 범위가 다르고 공간 위계의 특성에 따라 계획 내용 및 절차에 차이를 보이기 때문이다.

따라서, 제1장에서는 '광역 및 지역 단위'에서 수립되는 조경계획에 초점을 맞추었으며 대표적인 유형으로 시·도 환경계획, 경관계획, 자연공원계획, 하천생태복원계획을 포함하였다. 제2장에서는 '도시 및 마을 단위'에서 수립되는 조경계획의 유형으로 시·군·구 환경계획, 공원녹지기본계획, 농촌·산촌·어촌계획, 도시바람길계획이 포함되었다. 제3장에서는 '지구 단위'에서 수립되는 조경계획의 유형인 도시재생계획, 스마트 그린도시, 미세먼지 저감 녹지계획, 친수공간계획, 공공정원계획을 소개하였다.

각 유형별로 계획의 수행 근거 및 배경 등 기본적인 설명을 포함하고 있으며, 실제 수행된 사례를 통해 앞 장에서 소개된 조경계획의 절차와 방법들이 실제 계획에서 적용되는 과정을 보여주고자 한다.

1. 광역 및 지역 단위

1.1. 시·도 환경계획

1) 개요

우리나라 환경관련 계획은 국가 혹은 지역단위 계획을 포함하는 법률만 40여개에 이르며, 자연, 물, 대기, 토양, 화학물질 등 주제별, 매체별로 다양하다. 그 중에서 「환경정책기본법」 '제2장 환경계획의 수립 등'에 근거하여 국가, 시·도, 시·군·구가 수립하는 환경계획(구, 환경보전계획)[38]은 국가 혹은 지역단위의 환경분야 최상위 계획이자, 종합계획

38) 기존의 '환경보전계획'은 국가와 지역 환경정책의 방향을 제시하고, 이를 달성하기 위한 계획으로 확장하기 위해 '환경계획'으로 계획명이 변경되었다(2021년 1월 「환경정책기본법」개정)

의 성격(환경부, 2021b)을 지니고 있다.

환경계획 수립의 발전 흐름을 보면, 과거 초기에는「환경보전법」에 근거하여 국가차원의『제1차 환경보전장기종합계획(1987~2001)』과 제2차 계획(1996~2005) 그리고 제1차와 2차『환경개선중기종합계획』이 각각 수립된 바 있다. 이후 1999년에는「환경정책기본법」개정을 통해 10년 단위의 국가 환경보전장기종합계획 수립[39]과 5년 단위의 환경보전중기종합계획 수립이 기본법에 법정계획으로 명시되고, 시·도 환경보전계획 수립이 새롭게 신설되었다. 또한 2002년 개정된 법에서는 국가단위 계획명을 국가환경종합계획으로 변경하고, 시·군·구 환경계획 수립이 법정계획으로 의무화되었으며, 이에 근거하여 2007년 '지방자치단체 환경보전계획 수립지침'이 최초로 제정되었다.

기존 법률에 근거하여 수립되던 환경계획은 국정과제로 추진된 '국토-환경계획 연동제(2013~)', '국토-환경계획 통합관리 추진(2017~)'을 계기로 국토·도시계획과의 연계성을 도모하는 차원의 정책으로 발전하게 되었다. 이러한 정책적 노력은 2015년「환경정책기본법」 2016년「국토기본법」 개정, 2018년 3월 '국토계획 및 환경보전계획의 통합관리에 관한 공동훈령'이 제정됨으로서 제도적 기반이 확보되었다.

이를 계기로 국가와 지자체 환경계획 모두 국토·도시계획과의 연계성 확보를 위해 계획수립 기간을 20년으로 맞추고 계획절차[40]를 개선하였다. 또한 계획적 완결성을 위해 공간환경정보의 체계적 관리를 명문화하고, 이를 기반으로 한 공간환경계획 수립을 추진하는 등 계획체계와 계획기법 등을 개선하고자 하였다. 이러한 환경계획의 전환 방향을 반영하여 2021년 1월「환경정책기본법」, 7월 시행령 및 시행규칙을 개정하고 기존 계획지침을 계획의 공간적 위계를 고려하여 시·도 환경계획 수립지침과 시·군·구 환경계획수립 지침으로 분리, 전면 개정하는 등 계획적 내실화를 도모하게 되었다.

2) 시·도 환경계획의 의미와 수립현황

2019년 12월 국토-환경계획 통합관리의 첫 시도로 수립된 국가환경종합계획은 4차 계획을 전면 개편해『5차 국가환경종합계획(2020~2040)』으로『5차 국토종합계획(2020~2040)』과 계획기간 및 연차를 맞추어 연계·수립하였으며, 계획수립의 과정에서 국가계획수립협의회, 국가계획수립 실무협의체, 통합관리 실무 TF 등을 통해 계획 간의

39)「환경정책기본법」에 근거하여『제3차 국가환경종합계획(2016~2015)』,『제4차 국가환경종합계획(2016~2035)』,『제5차 국가환경종합계획(2020~2040)』이 수립된 바 있다.

40) 시·군·구 환경계획은 지자체 환경정책위원회 등의 심의를 거쳐, 시·도가 승인하도록 하였으며, 시·도 환경계획은 환경부의 승인을 받도록 법이 개정되었다.

연계와 정합성을 맞추어 수립하였다.

시·도 환경계획은 국가환경계획과의 정합성을 확보하고, 시·군·구 환경계획과의 수립 방향성을 제시하는 계획으로서의 의미가 있으며, 지역단위 최상위 법정계획이자 기본계획, 공간계획, 종합계획, 지역기반계획으로서의 위상과 성격을 가진다(환경부, 2021b).

시·도 환경계획은 2020년 12월 '시·도 환경계획 수립지침'의 전면개정을 통해 기존 10년 단위의 계획에서 도종합계획 등과의 정합성을 위해 20년 단위로 계획기간을 변경하고, 5년 단위로 수정계획을 마련할 수 있도록 하였다. 또한, 시·도 환경계획은 시·도 환경정책위원회의 심의 등을 통해 환경부 장관의 승인을 받도록 법과 지침이 개정되었다. 시·도 환경계획은 특별시, 광역시, 특별자치시, 특별자치도, 도가 수립하도록 명시되어 있으며, 도종합계획, 광역시(특별자치시) 도시기본계획과의 연계를 위해 20년을 목표연도로 끝자리 0 또는 5년으로 하고, 5년마다 변경계획을 수립할 수 있도록 하고 있다.

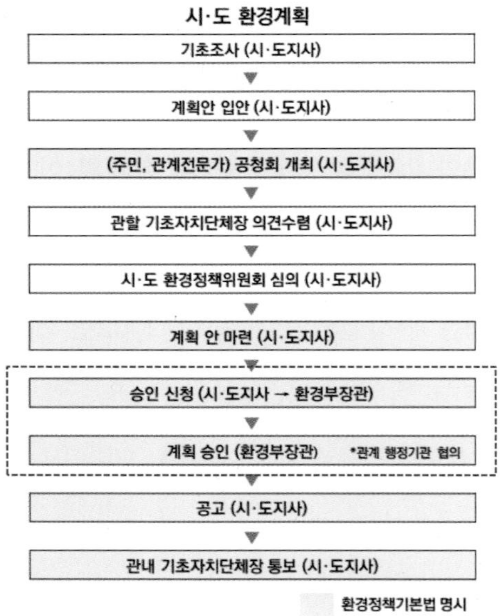

그림 5.1 시·도 환경계획 수립절차

3) 시·도 환경계획의 주요내용과 방향

시·도 환경계획은 '시·도 환경계획 수립 지침'에 근거하여 수립하도록 하고 있으며, 〈그림 5.2〉와 같이 목적과 기본원칙, 수립항목, 계획기준, 수립절차 등을 규정하고 있다. 특히 「환경정책기본법」 개정 및 '시·도 환경계획 수립지침' 전면 개정을 통해 공청회 등을 거쳐 주민들의 의견을 적극적으로 반영하도록 하였으며, 광역생태축의 설정을 포함하는 공간환경구조 구상과 부문별 공간환경현황 및 공간환경계획을 강화하여 포함하도록 하였다. 또한 환경정의를 고려한 사회경제 부문의 통합계획을 통해 범분야 이슈와 부문별 전략의 통합적 고려가 이루어지도록 추진되고 있다.

(시·도 환경계획 수립지침)

제1장 총론
- 제1절 지침의 법적 근거 및 목적
- 제2절 (광역/기초) 환경계획의 의의
- 제3절 (광역/기초) 환경계획의 위상 및 성격

제2장 (광역/기초) 환경계획의 기본원칙
- 제1절 계획수립의 대상 및 목표연도
- 제2절 계획의 기본원칙
- 제3절 계획의 작성원칙
- 제4절 계획의 수립절차

제3장 계획수립 항목 및 기초조사
- 제1절 계획의 개오 및 계획수립 항목
- 제2절 계획수립 항목별 주요 내용
- 제3절 기초조사 및 (공간)정보 수집

제4장 (광역/기초) 환경계획 항목별 계획기준
- 제1절 계획의 개요
- 제2절 직전계획의 평가 : 성과평가
- 제3절 환경 현황 및 여건변화 전망
- 제4절 환경의식조사 및 의견수렴
- 제5절 계획의 비전, 목표 및 지표
- **제6절 공간환경구조 구상**
- **제7절 부문별 전략의 수립**
- **제8절 환경정의를 고려한 사회경제 통합 전략**
- 제9절 계획의 추진 및 재정계획

제5장 (광역/기초) 환경계획의 수립절차 및 집행
- 제1절 계획의 입안
- 제2절 계획수립협의회의 운영
- 제3절 주민 참여 제고
- 제4절 계획의 승인
- 제5절 계획의 변경
- 제6절 계획의 이행 및 모니터링
- 제7절 관련계획과의 연계

그림 5.2 시·도 환경계획 수립지침의 구성

시·도 환경계획의 주요 내용을 살펴보면, '공간환경구조 구상'은 국가환경종합계획에서 제시하고 있는 국토생태축과 권역별 공간환경전략에 기반하여 광역지자체 차원의 핵심보호지역과 이를 둘러싼 완충지역을 고려해 광역생태축을 제시하도록 하고 있으며, 이를 통해 향후 시·군·구 차원의 지역생태축과의 연계성을 가지도록 제안하고 있다.

시·도 환경계획의 부문별 전략은 상위계획인 국가환경종합계획에서의 공간환경전략과 연계하여 ①생태환경 부문 전략 ②생활환경 부문 전략 ③회복탄력성 부문 전략으로 구분하였으며 전략별 현황조사 및 분석, 전략 수립, 전략의 공간화, 관리방안 마련 및 지표 설정으로 구성하여 제시하도록 하고 있다.

생태환경 부문 전략은 지역의 특성을 고려하여 생태용량(자연자원총량)의 설정 및 증진을 위한 전략, 생태계서비스 촉진을 위한 전략, 자연경관 자원의 보전과 관리 전략, 그린인프라 확충 전략 등을 포함한다. 생활환경 부문 전략은 대기, 수질, 토양, 소음 · 진동 등의 오염원 개선 및 관리전략과 폐기물, 물순환, 상하수도, 에너지 등 자원의 체계적 · 순환적 관리 전략, 환경보건을 통한 유해환경요인 및 건강 관리전략 등을 포함한다. 회복탄력성 부문 전략은 기후변화 취약성 및 자연재해 위험성 대응 차원의 전략과 환경적 안전성 확보 전략 등을 포함한다.

시·도 환경계획은 상위계획인 국가환경종합계획의 이행을 위한 계획인 동시에 하위계획인 시·군·구 환경계획의 방향성 제시와 지침이 되는 계획임을 고려하여 수립하여야 하며, 관련 법률 및 지침을 준용하되 지역의 특수성을 살려 시·도의 시급하고 중요한 환경 정책과 사업의 발굴 및 이행에 유용하게 활용되도록 해야 한다.

4) 시·도 환경계획 사례 소개

시·도 환경계획의 수립은 국가환경종합계획의 부문별 지침과 권역별 공간전략을 고려하여 수립해야 한다. 국가환경종합계획에서는 국토생태축을 비롯해 권역별 생태환경, 생활환경, 미래환경 측면에서 한강수도권을 비롯, 태백강원권, 금강충청권, 낙동강영남권, 영산강호남권, 한라제주권으로 구분하여 제시하고 있으며, 세 부문의 전략은 시·도 환경계획에서도 연계하여 수립하도록 권고하고 있다.

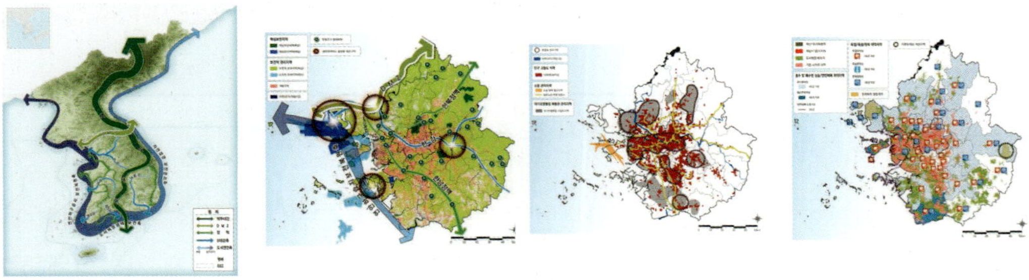

국토생태축 기본구상 | 생태환경 증진전략 | 생활환경 체감이슈 개선 전략 | 미래환경 회복력 확보 전략

그림 5.3 국토생태축 기본구상 및 권역별 공간환경전략 사례 (한강수도권)

출처 : 환경부(2019) 제5차 국가환경종합계획

2021년 7월부터 관련 법률이 시행됨에 따라, 개정된 법률과 개정지침에 근거하여 충청남도, 세종특별자치시, 대전광역시 등이 수립 중이거나 계획추진을 준비하고 있으며, 경기도, 경상북도, 충청북도 등은 개정된 법 개정 직전에 수립되어 향후 수정계획단계에서 적용될 것으로 예상된다. 그 중 충청남도는 2017년 환경부와 함께 지자체 환경계획의 공간성 강화 차원의 연구를 진행하였으며, 그 결과 다양한 부분의 현황과 공간환경계획 기법들을 적용하여 그 활용성을 제시하였다.

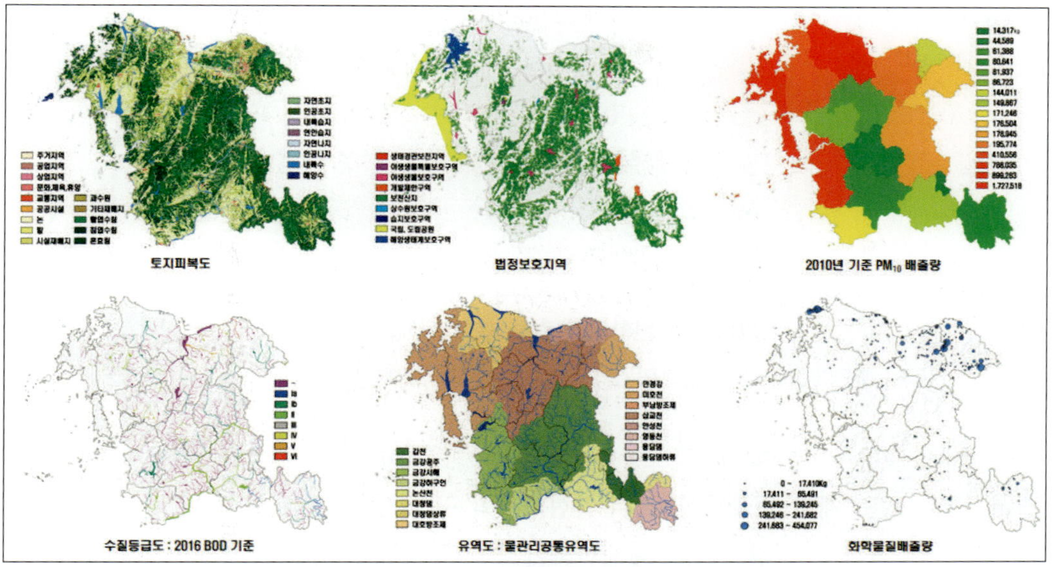

그림 5.4 현황의 공간화 표현 사례1 (충청남도)

출처 : 환경부(2017) 지자체 단위의 국토-환경계획 연계 기반 마련 연구, 충남연구원

충청남도는 유관계획에서 현황 및 계획의 공간화를 발전시켜 적용하고 있으며, 현재(2022년 10월) 수립하고 있는 「제5차 충청남도 환경계획(2022-2040)」에서도 관련계획의 공간화 사례를 활용하여 마련 중에 있다.

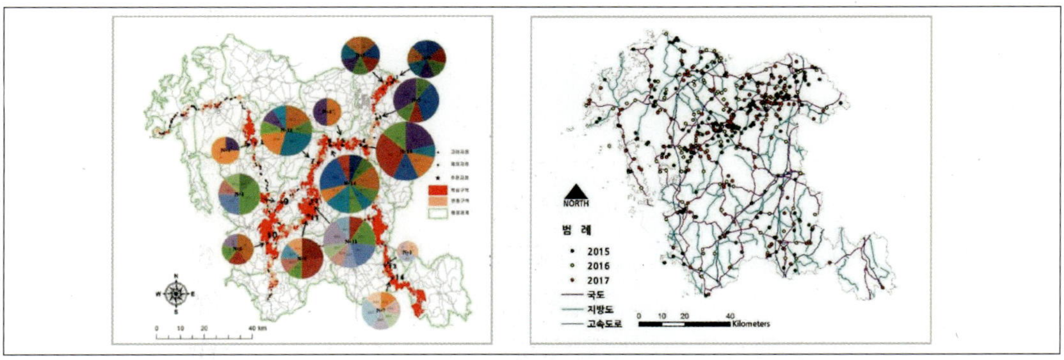

그림 5.5 현황의 공간화 표현 사례2 (좌: 주요 생태축 단절지점별 유전적 격리, 우: 로드킬 발생지점)

출처 : 충청남도(2019) 충청남도 생물다양성 전략수립 및 야생동물 보호 세부계획

자료 : 충청남도, 2015, 충청남도 환경보전종합계획 자료 : 충남연구원, 2017, 충남형 도시계획 수립을 위한 전문가워크숍 자료

그림 5.6 현황의 공간화 표현 사례2 (충청남도)

출처 : 환경부(2017) 지자체 단위의 국토-환경계획 연계 기반 마련 연구, 충남연구원

충청남도는 2020년 제5차 국토종합계획(2020-2040) 수립 이후 도종합계획을 수립하면서, 국토-환경계획 통합관리계획수립협의회의 구성 및 운영을 통해 기 수립된 환경계획을 고려하면서도 환경계획을 내재화하여 도종합계획을 수립하였다[41]. 〈그림 5.4〉, 〈그림 5.5〉, 〈그림 5.6〉은 도종합계획에서 분석한 자연환경과 생활환경의 분석내용 중 일부를 공간화한 부분으로, 공간정보를 활용하여 환경부문의 현황과 도로 및 개발행위허가 지역과 같은 공간개발 정보를 중첩함으로써 공간계획전략의 기반을 제공하고 있다.

충청남도 도종합계획은 크게 5개의 전략을 도출하였는데, 그 중 두 번째 전략인 '지속가능한 청정환경 및 자원관리'에 환경분야의 주요 내용을 포함하고 '기타 부문'의 전략에서도 환경적 여건을 고려함으로써 도종합계획에 환경에 대한 내재적 고려가 이루어진 사례로 평가될 수 있다.

41) 충청남도 환경계획은 2022년 8월 현재 도종합계획과의 연계성을 고려하여 마련 중에 있다.

(자연환경) 도로망에 의한
산림생태축 단절지점

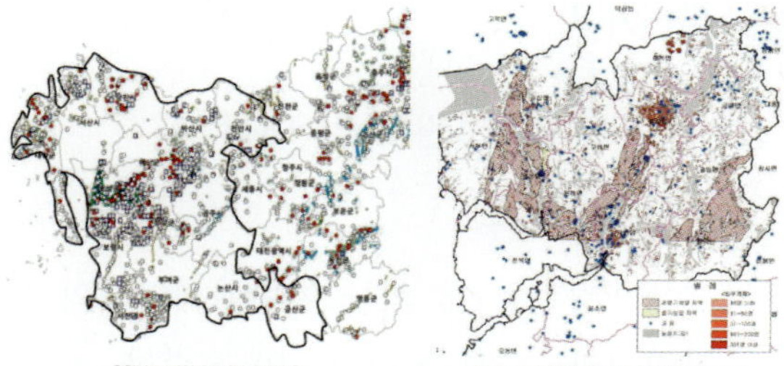

(생활환경) 자연석면 발생지역 분석

그림 5.7 충청남도 도종합계획에 포함된 환경현황 부문의 공간화

출처 : 충청남도(2021) 제4차 충청남도 종합계획(2021~2040)

공간구조 구상

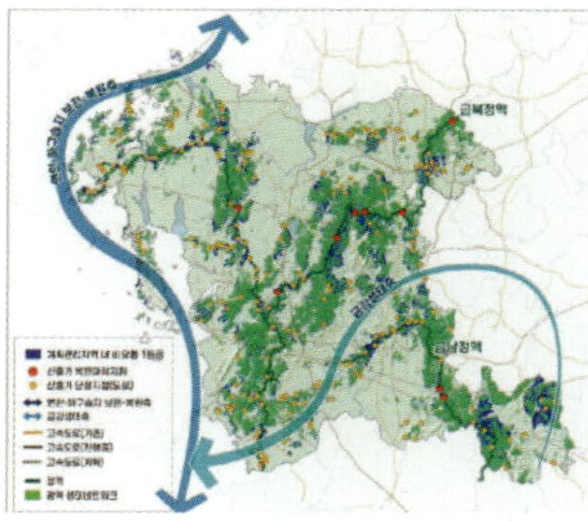

자연환경보전 구상도

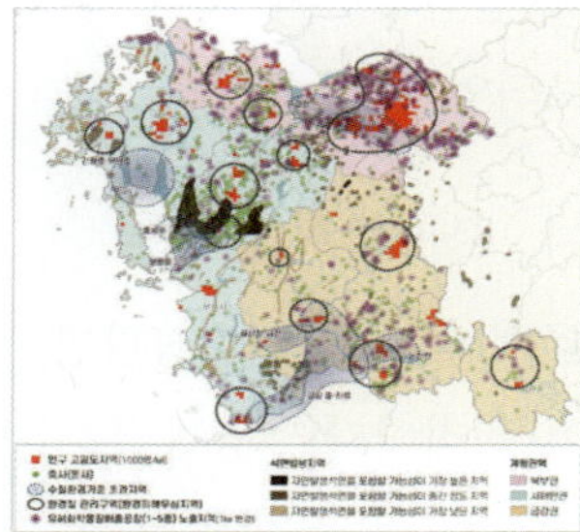

환경질 관리구역
(환경피해우심지역)

그림 5.8 충청남도 도종합계획에 포함된 환경기반의 공간전략

출처 : 충청남도(2021) 제4차 충청남도 종합계획(2021~2040)

1.2. 경관계획

1) 경관계획의 정의, 원칙 및 대상

가. 경관계획의 정의

경관계획은「경관법」에 의한 지방자치단체의 자치적 법정계획으로, 지역의 자연경관 및 역사·문화경관, 도시·농산어촌의 우수한 경관을 보전하고, 훼손된 경관을 개선·복원함과 동시에 새로운 경관을 개성 있게 창출하기 위해 정책 방향, 기본구상 및 계획을 수립하고 그 실행방안 등을 제시하는 것이다. 경관계획은「국토의 계획 및 이용에 관한 법률」이 2003년에 수립되면서 법체계에 처음 수용되었으며, 국토의 경관을 체계적으로 관리하기 위한 목적으로 2007년「경관법」이 제정되면서 지방자치단체가 스스로 경관계획을 수립함으로써 지역 특성에 적합하고 자율적인 경관관리를 할 수 있는 제도적 장치가 확보되었다.

나. 경관계획의 유형

2007년 수립된「경관법」에 따라 경관계획은 해당 시·도지사나 시장·군수가 수립하는 것이 원칙이다.「경관법」수립 이후 점차 국토자원으로서의 경관에 대한 중요성과 지자체의 역할이 강조됨에 따라 2014년 경관법이 전부 개정되었다. 이에 따라 경관계획의 수립권자는 구청장, 행정시장, 경제자유구역청장 등으로 확대되었으며, 특 · 광역시와 도, 그리고 인구 10만 명을 초과하는 시와 군에서는 5년마다 경관계획을 반드시 수립하여야 한다. 그 밖에 인구 10만 이하의 시·군, 행정시, 경제자유구역 등은 의무사항이 아니지만, 지역주민의 의견과 요구, 지방재정의 고려, 정책집행의 우선순위 등 지역의 여건과 상황에 따라 필요하다고 판단될 때 선택적으로 수립할 수 있다.

경관계획은 계획의 목적과 내용적 범위, 계획수준, 계획수립 주체에 따라 크게 '도 경관계획'과 '시·군 경관계획', 그리고 '특정경관계획'으로 나눌 수 있다. 도 경관계획과 시·군 경관계획의 구분은 대상지 행정의 위계와 규모에 따른 구분이라고도 할 수 있다. 도 경관계획은 관할구역 전체에 대한 경관의 기본방향과 기본방침을 정하는 것으로 구체적인 실행 관련 사항보다는 관할구역 내의 시·군에서 공통으로 참조할 수 있는 내용으로 작성한다. 시·군 경관계획은 시·군 관할구역 전체에 대한 경관계획을 근거로 하여 지역의 특성을 살린 구체적인 실행방안을 제시하도록 하고 있다. 또한 경관계획의 수립권자는 특정경관계획을 통해 관할구역의 특정한 경관유형(산림, 수변, 가로, 농산어촌, 역사문화, 시가지 등), 특정한 경관요소(야간경관, 색채, 옥외광고물, 공공시설물 등)를 대상으로 경관의 보전·관리 및 형성을 위한 구체적 실행계획을 경관계획에 포함하여 수립할 수 있다.

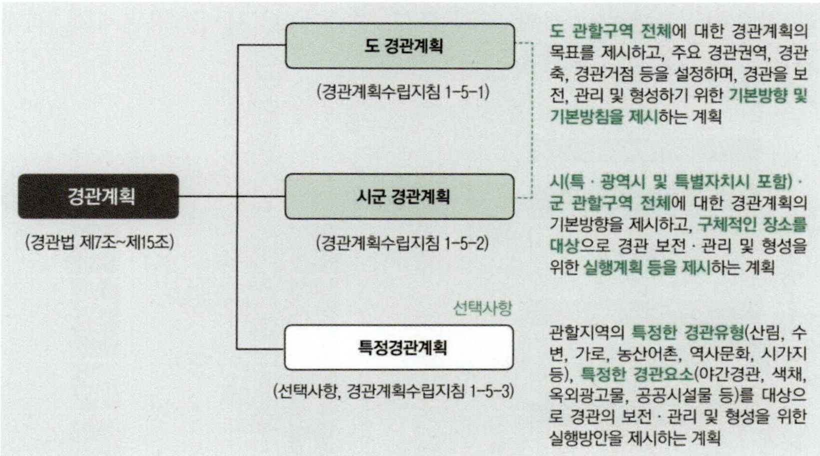

그림 5.9 경관계획의 종류

출처 : 주신하와 김경인(2015) 알기 쉬운 경관법 해설

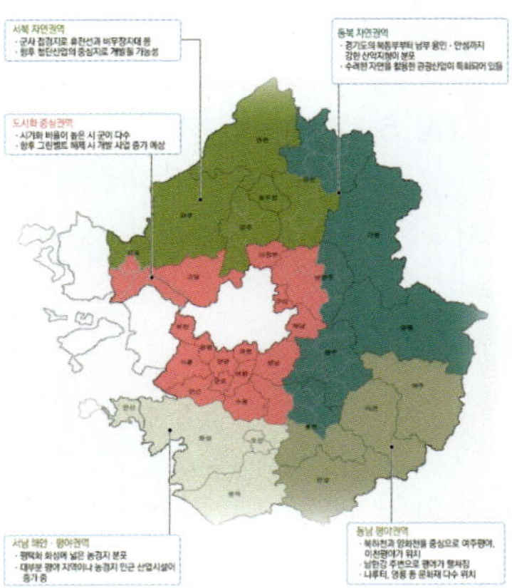

경기도 기본경관계획 지역 범위
(도 경관계획)

경기도 용인시 기본경관계획 지역 범위
(시·군 경관계획)

그림 5.10 경관계획의 종류별 계획 예시

출처 : 경기도(2020) 제2차 경기도 경관계획; 용인시(2019) 2030 용인시 경관계획

2) 경관계획의 과정과 내용

경관계획수립지침(2018)에서는 경관계획의 유형을 계획의 목적과 내용적 범위, 계획수준, 계획수립 주체에 따라 구분하고 있는데, 도 경관계획과 시·군 경관계획, 그리고 선택적 수립이 가능한 특정경관계획이 이에 포함된다. 경관계획의 주요 내용과 진행과정은 다음 그림과 같으며, 전체적인 계획 과정은 도 경관계획, 시·군 경관계획, 특정경관계획 모두 일반적으로 유사하다고 할 수 있다.

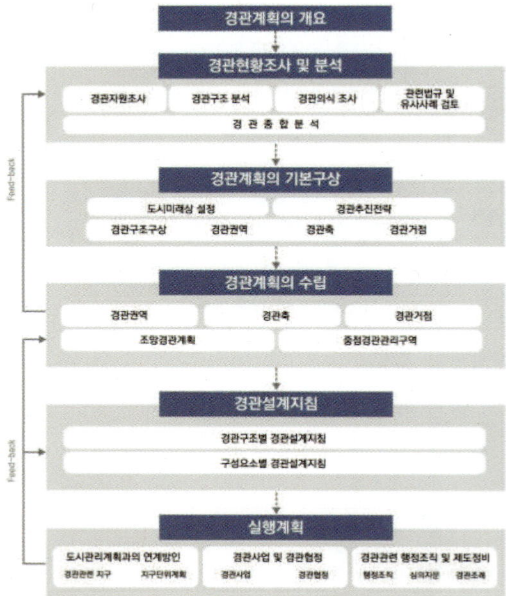

그림 5.11 경관계획의 주요 내용 및 흐름

출처 : 용인시(2019) 2030 용인시 경관계획

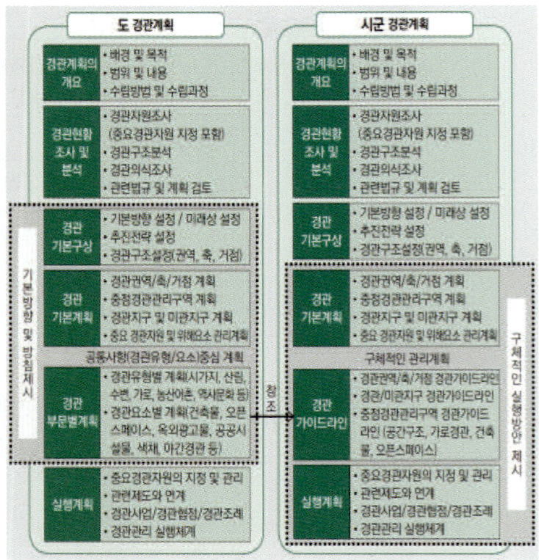

그림 5.12 도 경관계획과 시·군 경관계획의 구성

출처 : 주신하와 김경인(2015) 알기 쉬운 경관법 해설

가. 경관현황 조사 및 분석

먼저 경관계획의 개요를 통해 수립하고자 하는 계획의 배경 및 필요성을 기술하고, 계획을 통해 달성하고자 하는 목표와 목적을 제시한다. 또한, 관할구역 전체를 대상으로 경관의 보전·관리 및 형성을 위한 기본 골격을 설정하고, 중장기적인 기본방향을 제시하기 위한 계획의 공간적, 내용적, 시간적 범위를 제시한다.

경관현황 조사는 대상지의 경관자원에 의한 경관적 가치를 판단하고 해당 경관의 특성을 나타내는 경관자원 중에서 자원의 중요도, 가치 등을 기준으로 도나 시·군에서 관리하여야 할 주요 경관자원을 조사하고 경관자원의 분포 및 특성 등을 종합적으로 조사한다. 이때 경관자원은 긍정적·기회적인 자원뿐만 아니라 부정적·제약적인 자원 또한 포함하며, 필요시 상징적 지역 이미지, 지역의 생활상, 그 밖의 역사문화자원 등 비물질적 경관자원도 포함하여 조사한다.

표 5.1 경관자원의 유형과 종류

유형	종류
자연	주요 지형, 산림, 하천, 호수, 해변 등
산림	주요 식생현황, 보안림, 마을 숲 및 보전대상 산림 등
농산어촌	주요 경작지, 농업시설, 염전, 갯벌, 포구, 취락지, 마을 공동시설 등
시가지	주요 건물 및 시설물, 상징가로, 광장, 도시공원녹지, 기념물 등
기반시설	도로, 철로, 교량, 고가도로, 발전시설 등
역사문화	지역 고유의 경관을 나타내는 성곽, 서원, 사찰 등 문화재와 전통 및 근대 건축물, 역사문화적 기념물 등
무형	지역 고유의 무형 문화 등
기타	그 밖에 지자체 경관특성을 반영하여 구분한 경관자원 유형

출처 : 경관계획수립지침, 국토교통부고시 제2018-926호 4-2 수정

지역의 경관특성에 대한 주민과 방문자 등의 의식을 파악하기 위해 설문 조사 또는 인터뷰로 경관의식조사를 시행할 수 있다. 조사를 통해 대표경관, 현황과 문제점, 개선 방향 및 지역 이미지 등 경관계획에 연계될 수 있는 내용을 추출한다. 이때, 대상자의 지역과 속성이 편중되지 않도록 선정하며 개인적 취향에 대한 항목은 지양한다. 아울러 관련 법규 및 유사사례 검토를 통해 이미 관할구역에 수립된 도시계획, 농산어촌계획, 역사문화계획 등 관련 계획을 조사하며, 해당 계획 내용과 관련 있는 경관계획, 제도와 법규정, 계획기법과 국내외 사례 등을 조사하여 시사점을 도출한다.

당진시 경관자원조사

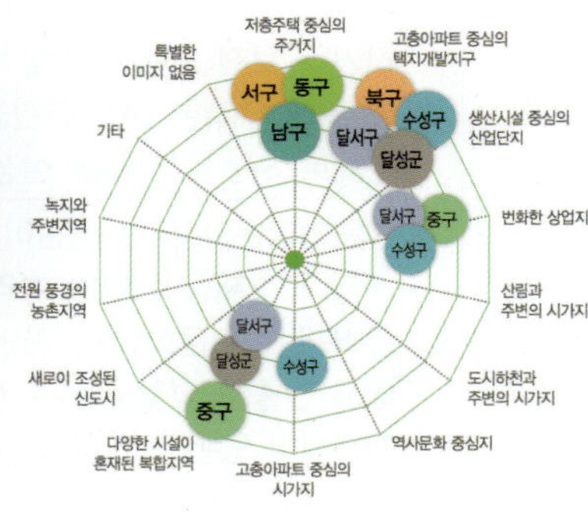

대구광역시 경관인식조사

그림 5.13 경관자원조사 및 현황분석

출처 : 당진시(2019) 당진시 경관자원 조사; 대구광역시(2017) 2030 대구광역시 경관계획

나. 경관기본구상

경관기본구상은 경관현황분석 단계에서 도출된 지역의 경관적 특성(경관자원, 분석결과 등)에 대한 적용 범위와 방향, 기준과 원칙 등을 설정하는 단계이다. 또한, 지속적인 환류 과정으로 분석과 계획단계 간의 연속성을 유지하는 역할도 한다.

경관기본구상은 크게 '큰 방향을 설정하는 단계'와 '경관구조를 설정하는 단계'로 구성된다. 큰 방향을 설정하는 단계에서는 지자체 경관계획이 수행해야 할 최종 목표를 설정하고, 해당 지자체가 지향하는 미래 이미지인 미래상을 제시한다. 목표와 미래상이 설정되면 이를 실질적으로 구현할 수 있도록 추진 과제와 과제별 전략을 수립한다. 그 다음 목표, 미래상, 추진전략의 항목들을 적용할 경관구조를 설정하는 단계를 진행한다. 여기서 말하는 경관구조는 경관권역, 경관축, 경관거점을 말한다.

표 5.2 경관기본구상에서 경관권역, 경관축, 경관거점의 의미

구분	주요 내용
경관권역	① 경관권역은 경관자원이 넓은 면적에 걸쳐 동질적 또는 유사한 경관특성을 보일 경우에 설정한다. ② 경관권역 설정 시 관할구역 내 기초지자체의 영역을 고려한다. ③ 관할구역이 매우 넓고, 다양한 경관특성이 혼재하는 경우에 계획의 편의를 위해 토지이용, 지형적 특성, 생활권 분포 등을 고려하여 권역을 세분할 수 있다.
경관축	① 경관축은 동질 한 경관이 선의 형태로 연속하여 형성되거나 형성될 잠재성이 있는 경우에 설정한다. ② 경관적으로 우수한 자연물이나 경작지, 기념물, 랜드마크 등으로의 조망을 확보하거나, 녹지, 산림, 도로, 가로, 해안, 하천 등의 경관요소를 바탕으로 선적으로 연속된 경관을 형성하거나 보전 또는 관리할 필요가 있는 곳을 경관축으로 설정할 수 있다. ③ 그 밖에 우수한 선적 경관을 형성하거나 관리, 보전하려는 곳에는 해당 경관자원의 특성을 주제로 하는 경관축을 설정할 수 있다.
경관거점	① 경관거점은 우세한 경관이 점적으로 위치하여 경관적 특성을 부여하는 데 중요한 역할을 하거나 잠재성이 있는 지역에 설정할 수 있다. ② 문화재, 향토문화유적, 기념탑, 청사·철도역사 등의 공공건축물, 광장, 교량, 지역의 경계부에서 진출입 역할을 하는 장소 등과 같이 시각적으로 우세하여 랜드마크가 되거나 그러한 잠재성이 있는 공간이나 장소 등을 경관거점으로 설정할 수 있다. ③ 그밖에 우수한 경관이 점적인 형태로 입지하거나 잠재력을 지닌 건축물이나 장소를 거점경관으로 보전·관리 및 형성하려는 경우에는 해당 경관자원의 특성을 주제로 하는 경관거점을 설정할 수 있다.

출처 : 경관계획수립지침, 국토교통부고시 제2018-926호 4-3-4

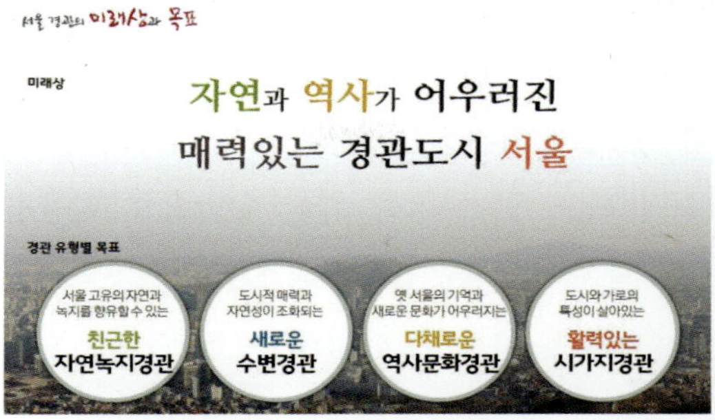

경관 미래상 및 계획 목표

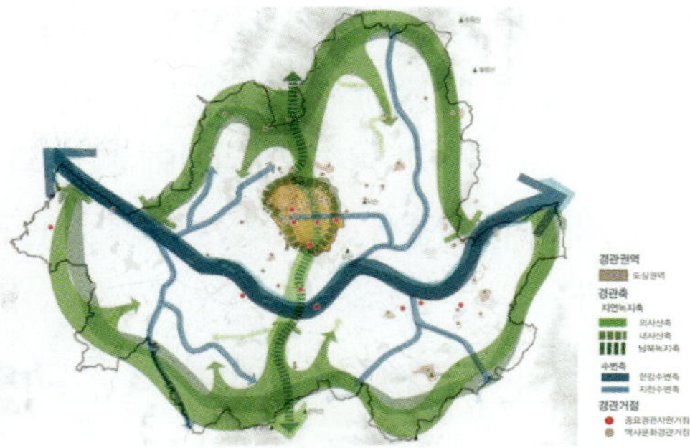

경관권역·축·거점 경관구조

그림 5.14 서울특별시 경관계획 기본구상

출처 : 서울특별시(2016) 2016 서울특별시 경관계획

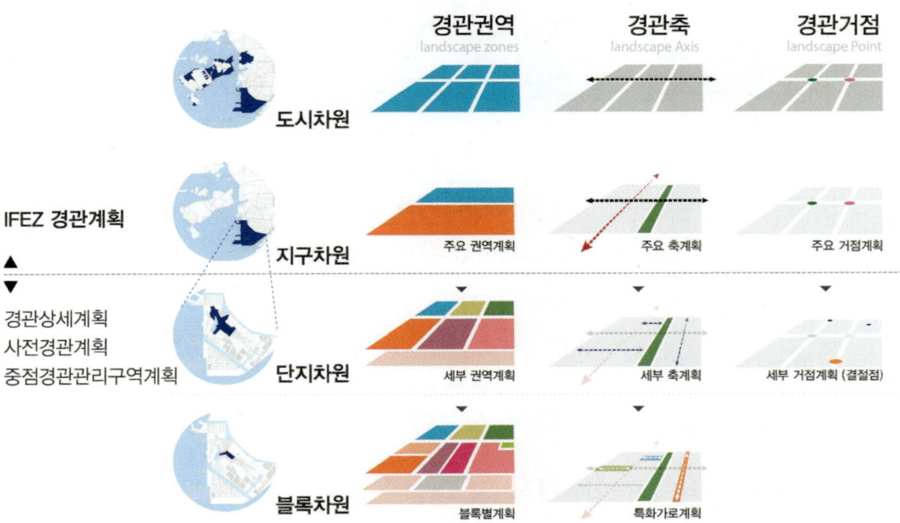

그림 5.15 인천경제자유구역 경관권역, 경관축, 경관거점 계획

출처 : IFEZ(2020) 인천경제자유구역 경관계획 (재정비)

다. 경관기본계획

경관기본계획은 관할구역 전체 경관에 대한 보전·관리 및 형성을 위한 계획방향을 제시하는 단계이다. 경관기본계획은 경관기본구상에서 제시한 경관권역, 경관축, 경관거점 등에 관한 내용을 보다 발전시킨다. 또한, 「국토의 계획 및 이용에 관한 법률」 제37조에 의한 용도지구 중 하나인 '경관지구'의 관리 방향을 제시하고 필요시 경관지구의 신규 지정을 제안할 수 있다.

특히, 경관계획 수립 시 중점적으로 경관을 보전·관리 및 형성해야 할 필요가 있는 구역을 '중점경관관리구역'으로 설정하고 계획 방향을 제시 할 수 있다. 중점경관관리구역은 지구단위계획과 유사한 위치에 있다고 할 수 있으며 경관심의, 경관사업, 경관협정 등 지역·지구와의 연계 등 장소중심의 경관관리수단 확보 및 실행을 위한 수단으로 활용될 수 있다.

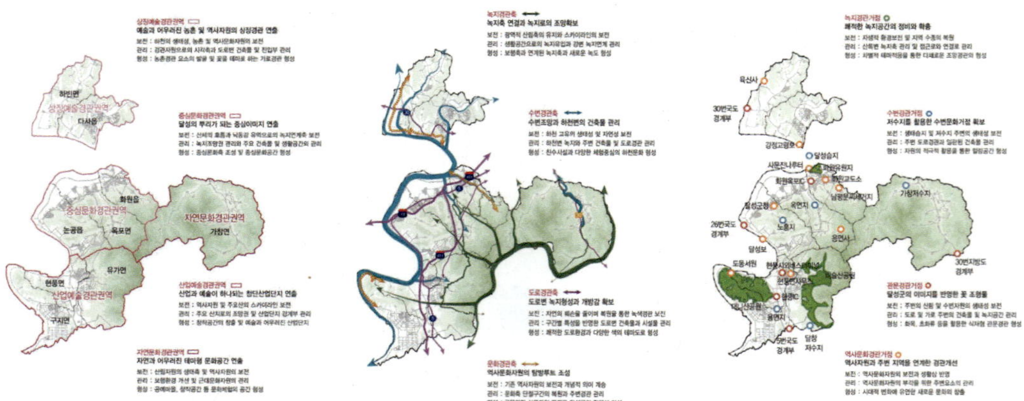

경관권역 계획　　　　경관축 계획　　　　경관거점 계획

그림 5.16 대구광역시 달성군 경관기본계획

출처 : 달성군(2017) 2030 달성군 기본경관계획

중점경관관리구역 : 경관법 목적 실현의 주요 수단

a. 중점경관관리구역의 정의, 원칙 및 대상

중점경관관리구역은 경관계획에서 중점적으로 보전·관리 및 형성하여야 할 구역으로 경관권역, 경관축, 경관거점 혹은 그 전체나 일부를 포함한 지역을 말한다. 권역과 축, 거점의 개념을 적용하면, 중점경관관리구역은 동질적인 경관특성을 나타내는 넓은 면적의 경관자원이나 녹지·산림·도로·해안·하천 등 우수한 선적인 경관요소 또는 점적인 형태로 자리 잡아 시각적으로 우세한 건축물·공간·장소의 전체나 일부를 보전·관리·형성하기 위하여 설정한 구역이라 할 수 있다.

중점경관관리구역은 경관을 구성하는 요소 하나하나가 뛰어난 것보다는 주변과 조화롭게, 요소 간에 이질감 없이 잘 어우러지도록 장소 중심으로 관리하기 위해 마련된 제도이다. 그렇기에 중점경관관리구역은 경관의 특성과 가치를 지속가능하게 관리함으로써 「경관법」의 목적을 실현할 수 있는 주요한 수단이 되고 있다.

표 5.3 중점경관구역 설정 목적

구분	경관자원 보전·관리	상징경관 형성 및 명소화	조망경관 보호	열악한 경관개선	개발사업 등에 따른 경관변화 관리
도식화	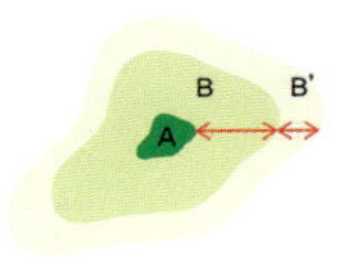	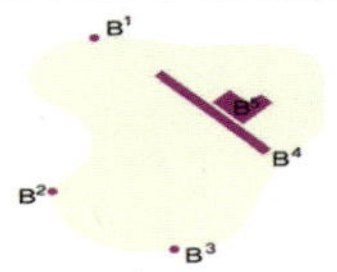	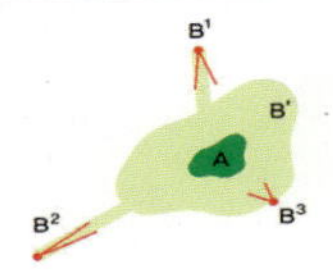	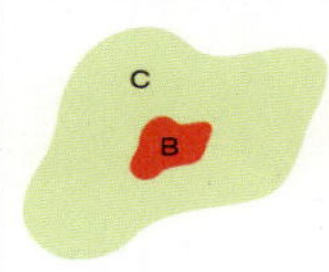	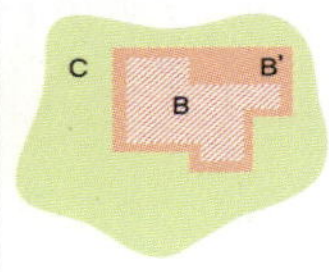
주요 가치	자연, 생태, 역사적 가치	상징성	조망가치	쾌적성	조화성
관리 대상	인접 구역	해당 구역	조망점·가로·권역	해당 구역	사업구역과 인접 구역
설명	지역 내 가치있는 경관자원(A)을 보전하기 위해 인접 지역(B, B')을 관리	지역 이미지에 영향력이 큰 거점(B1～B3)이나, 통행량이 많은 주요가로(B4) 및 대표 공간(B5)을 대상으로 상징경관 형성 및 명소화	조망가치가 뛰어난 경관자원(A)의 조망을 보호하기 위해 조망점·가로·권역(B, B')을 관리	주변 지역(C)보다 상대적으로 열악한 경관을 지니거나 관리가 시급한 지역(B)을 대상으로 경관 개선	대규모 개발사업(B) 등에 따라 해당 구역(A) 및 인접 구역(B')의 경관 변화가 예상되어 주변 지역(C)과의 조화를 고려

출처 : 이경재 외(2020) 지역 경관관리의 실효성 제고를 위한 중점경관관리구역 제도 개선 연구

b. 중점경관관리구역 계획 내용

중점경관관리구역 계획은 중점경관관리구역의 명칭, 위치, 기본방향 등을 제시하고, 구역 내에 포함된 경관자원의 보전·관리 및 형성을 위한 계획 방향을 수립한다. 중점경관관리구역 계획 방향을 실행하기 위해 경관 관련 지역·지구·구역 지정, 지구단위계획 수립, 경관조례 관리, 경관사업 및 경관협정 우선 적용 등의 방안을 제시한다. 경관계획 수립권자는 중점경관관리구역을 설정하고자 할 때는 지적(地籍)이 표시된 지형도에 중점경관관리구역의 경계를 표시한 도면을 작성하여야 한다. 도면을 작성할 때에는 축척 500분의 1 이상 1천500분의 1 이하(녹지지역의 임야, 관리지역, 농림지역 및 자연환경보전지역은 축척 3천분의 1 이상 6천분의 1 이하로 할 수 있다)로 작성하여야 한다.

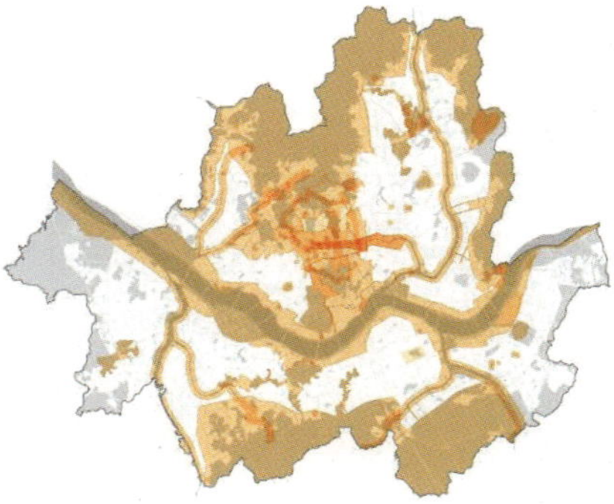

경관기본관리구역

경관중점관리구역

그림 5.17 서울시 경관기본관리구역 및 경관중점관리구역

출처 : 서울특별시(2016) 2016 서울특별시 경관계획

경주시 중점경관관리구역

경주시 경주읍성
중점경관관리구역 계획도

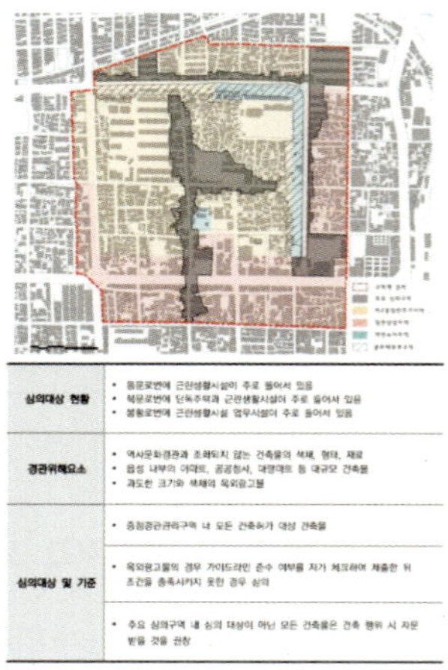

경주시 경주읍성
중점경관관리구역 경관심의
운영 계획

그림 5.18 경주시 중점경관관리구역 계획(경관사업과 경관협정 대상)

출처 : 경주시(2017) 2025 경주시 경관계획

라. 경관설계지침

경관설계지침은 경관기본계획에서 제시된 내용을 구체화하기 위한 수단의 하나로 향후 개발사업이나 건축행위 등이 일어날 때 공공 부문과 민간부문에서 참고할 사항을 상세히 기술하는 것을 말한다.

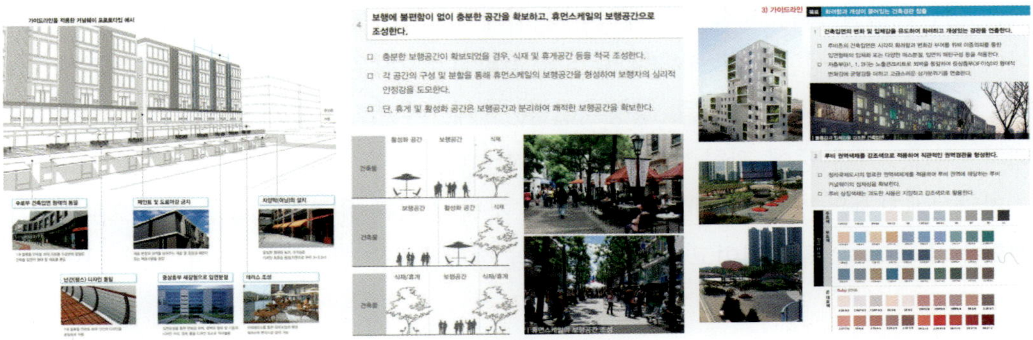

건축물 계획　　　　오픈스페이스 계획　　　　색채 계획

그림 5.19 인천경제자유구역 경관디자인 가이드라인

출처 : IFEZ(2014) 인천경제자유구역 경관디자인 가이드라인

그림 5.20 전주시 역사문화 특정경관계획

출처 : 전주시(2017) 전주시 경관계획

도 경관계획의 경우 경관기본계획의 내용을 바탕으로 관할구역 내의 기초지자체에서 공통으로 적용할 수 있는 경관유형별 또는 요소별 관리계획인 '경관 부문별계획'을 제시할 수 있다. 시군경관계획의 경우 경관권역, 경관축, 경관거점, 경관지구 및 중점경관 관리구역에 대한 경관기본계획 내용의 실행을 위해 해당 구역별 경관요소에 대한 구체적인 설계 방향, 원칙 등을 필요에 따라 '경관가이드라인'을 작성한다. 특정경관계획의 설계지침은 경관유형별 또는 요소별로 제시하며 입체적으로 수립하고 이해하기 쉽도록 단면과 이미지도 등을 작성한다. 특히 경관요소별 경관설계지침은 경관계획의 실행을 위한 건축물, 오픈스페이스, 옥외광고물, 공공시설물, 색채, 야간조명 등의 경관구성요소별 규모, 배치, 형태, 색채 등에 관한 설계사항을 포함한다.

경관설계지침은 경관기본계획보다 미시적 차원의 경관 유형과 요소를 중심으로 조사와 계획을 수립하며, 구체적이고 세부적 수준의 실행계획을 함께 작성하여 실제 관리할 수 있도록 한다.

마) 실행계획

실행계획은 경관계획의 구체적 실행방안을 제시하는 것으로, 경관계획의 내용 및 지역

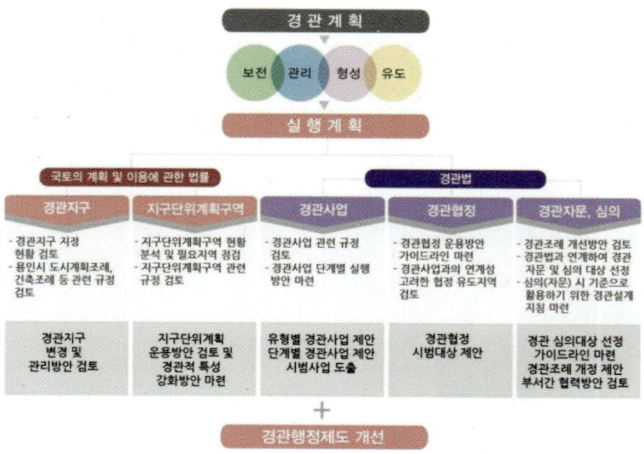

용인시 경관계획 실행방안

전주시 경관지구 제안

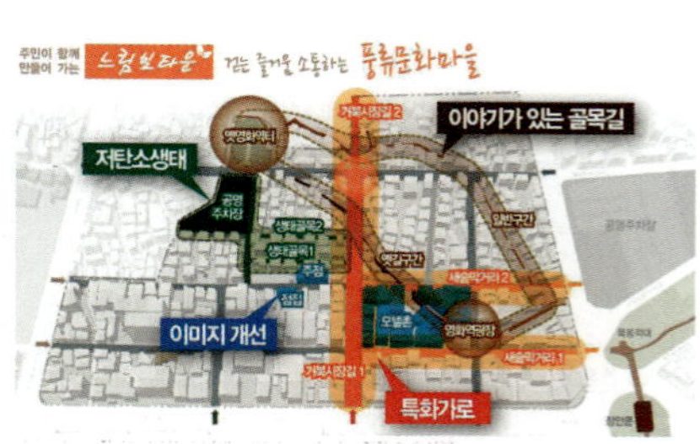

수원시 거북시장 가로 경관사업

그림 5.21 경관계획 실행방안

출처 : 용인시(2019) 2030 용인시 경관계획; 전주시(2017) 전주시 경관계획; 이상민 외(2020) 주민과 함께 만드는 경관약속, 경관협정의 이해와 활용

의 경관특성 등에 따라 필요한 사항을 선택하여 제시한다. 필요한 경우 타 법령에서 규정하고 있는 경관 관련 지역, 지구 및 구역 등을 지정하고, 경관계획과 가이드라인 등을 실행시키기 위한 구체적 방안을 제안한다. 「경관법」 제도와 연계하여 지역 경관조례 수립, 단계별 경관사업 제안, 주민에 의한 경관협정 활성화 등 계획의 효율적 추진을 모색한다. 아울러 지자체의 경관관리 행정조직과 함께 경관 관련 자문과 심의 등 단계별 관리와 운영을 위한 제도적 정비방안을 제시한다.

1.3. 자연공원계획

1) 자연공원의 개념과 유형

국립공원제도는 미국에서 처음 시작되었으며, 최초의 국립공원은 1872년 지정된 옐로스톤 국립공원(Yellowstone National Park)이다. 하지만 미국 최초의 자연공원은 1864년 지정된 요세미티 주립공원이라고 할 수 있다. 당시 캘리포니아 주정부는 국유림이던 요세미티 산림의 보전 및 휴양 목적의 활용을 위해 연방정부에 양도를 요구하였고, 연방정부는 이를 받아들이는 조건으로, 첫째, 일반 국민이 사용하고(Public use), 둘째, 사용목적은 휴양(Resort) 및 여가(Recreation) 목적으로만 국한하며, 셋째, 절대 토지를 양도하지 않을 것(Inalienable)을 요구하였다.

즉, 자연공원제도란 소중한 자연환경을 영구적으로 보호하면서 국민복지를 목적으로 이용하는 제도라고 할 수 있으며, 미국의 국립공원 제도가 만들어진 뒤 1980년에 요세미티도 국립공원에 편입되었다(손용훈, 2016).

아시아에서는 1931년 일본에서 처음으로 국립공원법이 제정되었다. 자연환경을 영구히 보전하며 휴양목적으로 사용한다는 점은 미국의 국립공원과 같지만 관리측면에서 볼 때 일본의 국립공원은 그 성격이 달랐다. 일본의 국립공원은 명승지, 명산 등 자연관광지를 대상으로 하여, 국립공원 지정 전부터 이미 관광에 기반한 도시가 발달한 경우가 많았고, 이에따라 보다 전략적인 자연환경의 보호방법이 필요했다. 이에 천연보존지역, 풍경보호지역, 보통지역, 시설지역 등의 용도지역을 구분하고, 용도지역별로 규제의 수준을 다르게 적용하였다(손용훈, 2016). 특히 보통지역은 규제가 거의 없는 일반 거주지이며, 시설지역은 호텔 등 관광시설 입지할 수 있는 지역이다.

이상과 같이 국립공원이라는 이름은 같지만, 그 관리 목적상 두 가지 유형이 존재한다. 하나는 철저한 보호를 원칙으로 하고 이러한 제약 안에서 자연공원을 레저목적으로 활용하는 방식이며, 또 하나는 기존의 생활권을 지속가능하게 관리하면서 보전 및 활용하는 형태이다. 이 두 가지 형태는 IUCN이 제시한 보호지역의 유형 중 유형 2의 국립공원(National park)과 유형 5의 경관보전지역(Protected landscape or seascape)에 해당한다. 우리나라와 일본의 자연공원은 일반적으로 많은 사유지를 포함한다. 따라서 국립공원 경계 안에서 용도지역을 설정하여 용도지역 별로 다른 규제와 지원을 통해 관리하는 형태로, IUCN이 제시한 보호지역의 유형 중 유형 5에 가깝다고 할 수 있다.

하지만, 우리나라의 경우는 1998년 국립공원을 관리하는 주무관청이 환경부로 이관되며 국립공원 관리의 원칙이 변화하였다. 환경부는 산하기관인 국립공원관리공단(현, 국립공원공단)을 중심으로 생태계 보전을 우선 원칙으로 하는 체계적인 공원관리와 탐방서비스를 제공하고 있다. 현재 우리나라 국립공원은 국립공원이 가지는 국토자연환경의 가치를 보존하는 것을 기본원칙 1항으로 규정하고, 미국과 같이 생태계 보전원칙에 방점을 둔 유형 2를 추구하는 방향으로 공원관리를 수행하고 있다.

국내 국립공원을 비롯한 자연공원의 관리는 자연공원법 제2조의 2항 기본원칙에 규정한 바와 같이 자연생태계의 보전을 최우선의 원칙으로 하며, 이와 함께 질 높은 이용 서비스를 제공하는 것을 목적으로 한다. 이를 위해 용도지역의 적절한 설정을 통한 체계적인 자연공원의 공간관리, 토지소유자 및 그 외 이해관계자와의 적절한 거버넌스 구축, 탐방객들에게 보다 질 높은 탐방 서비스 제공 등이 주된 과제가 된다. 이하, 우리나라의 자연공원계획 사례로 국가 수준의 공원기본계획 및 국립공원, 도립공원, 군립공원의 계획 사례를 소개한다.

2) 제3차 자연공원기본계획

자연공원법 제11조에 따라 수립하는 공원기본계획은 자연공원의 지정 현황, 자연생태계 현황, 자연공원의 관리전략 등을 담고 있다. 제2차 자연공원 기본계획은 2013년에서 2022년까지의 10년간 국립공원, 도립공원, 군립공원 등 자연공원 전체에 대한 중장기 정책의 방향과 여건 변화에 맞는 새로운 정책 수단을 마련하기 위해 수립되었다. 주요 내용으로는 생태계 보전을 중심으로 한 사회·경제적 가치를 고려하고 생태계의 적극적인 복원·복구 개념 도입, 보호지역 간의 생태네트워크 활성화, 다양한 이해관계자 간의 파트너십, 장기적 관점과 국제적·지역적 지식 고려, 다양한 재원에 의한 운영 등이다(환경부, 2012). 이를 추진하기 위해 5개의 추진전략과 18개의 중점 추진 과제를 제시하였다. 5개 추진전략은 생태계 보전 및 복원 강화, 자연공원 관리 효율성 강화, 자연 자원 가치 창출, 탐방 및 휴양서비스 제고, 그리고 공원관리 파트너십 구축이며, 이러한 추진전략은 개별 자연공원의 보전·관리계획에 대한 근간으로 적용된다.

3) 국립공원의 계획 및 관리 : 태백산국립공원 보전·관리계획 사례

가. 보전·관리계획의 목표·전략

자연공원법에 따른 국립공원은 환경부 장관이 지정하고 국가가 직접 관리하는 자연보호지역이다. 1967년 지리산국립공원이 처음 지정된 이후 2016년 지정된 태백산국립공원까지 2023년 현재 국내에는 22개의 국립공원이 있다. 이중 태백산국립공원은 가장 최근에 지정된 국립공원으로, 1989년 도립공원으로 지정된 이후 국립공원으로서의 중요성을 인정받아 2016년 승격, 지정되었다. 태백산국립공원은 백두산에서 남쪽으로 이어진 백두대간이 지리산 방향으로 향하는 백두대간의 분기점으로서 의의를 가지며 한강과 낙동강의 발원지이기도 하다. 태백산국립공원의 보전·관리계획은 태백산국립공원 전 지정지역 70.1㎢을 대상으로 하며, 시간적 범위를 2019-2028년으로 한다. 계획에서는 태백산국립공원의 우수한 생태자원을 보전하여 그 가치를 높이기 위한 방향을 제시한다. 특히 공원관리의 전략방향에는 이전 도립공원 당시 노후된 공원시설의 보수, 쾌적한 탐방환경을 위한 편익 시설 증진, 안전한 탐방을 위한 탐방 서비스 제공, 지역의 참여와 협력의 파트너십 강화 등의 내용 등을 담고 있다.

나. 부분별 관리계획

부분별 관리계획은 자연공원 기본계획에서 제시된 전략에 따라 수립된다. 첫 번째 전략목표는 “생태 가치를 높이는 자원관리”로 특히 생물군 핵심 서식지의 핫스팟(hotspot)을 분석하고 이에 대한 연결 강화 방안으로 특별보호구역 설정을 통한 엄정한 보호, 훼손지의 생태복원, 교란식물 제거 등 자생식물 보호, 온전한 관리를 위한 완충공간 확보 등이 포함된다. 특히 태백산국립공원의 보전 과제 중 백두대간의 마루금 보전은 매우 중요한 과제이며 이를 위해 추가적으로 필요한 지역을 추출하여 공원구역의 확대를 도모하고 있다. 두 번째 전략목표인 “자연이 주는 혜택의 공유”에 관해서는 지속가능한 이용을 위한 건전한 탐방 문화 유도, 환경교육 및 생태관광 등 탐방만족의 서비스 극대화, 새로운 수요를 반영한 공원시설 설치 및 관리 등이 포함된다. 세 번째 전략목표인 “안전한 국립공원 구현”에는 통합 재난상황 관리시스템, 지능형 CCTV 설치, 탐방로 위험성 평가 등이 있으며, 마지막으로 “참여 및 협력 파트너십 강화” 전략에서는 자율적 자원봉사 관리체계 정립과 국립공원 인지도 향상을 위한 홍보 콘텐츠 개발 등이 이행과제에서 제시되었다.

다. 용도지구별 관리계획

태백산국립공원의 용도지구별 관리 방향은 IUCN에서 제시하는 카테고리 제 2 유형에 따라 생태계의 질을 유지하고 생태자원을 보전하는 것을 최우선 관리목표로 한다. 태백산국립공원은 〈그림 5.22〉과 같이 4개 용도지구 중 공원문화유산지구를 제외한 3개 지구만 지정되어 있으며, 자연 생태계에 미치는 영향을 최소화하는 것을 목표로 하는 "공원자연보존지구"가 전체 면적의 29.1%를 차지하고, 완충지역 역할을 하는 "공원자연환경지구"가 전체의 70.2%로 가장 넓다. 그리고 과거 집단시설지구와 기존 거주지를 포함한 3곳의 공원마을지구가 전체 공원 면적의 0.7%로 지정되어 있다. 특히 공원자원보존지구에 해당하는 태백산지역과 함백산지역은 백두대간보호지역의 핵심보호구역에도 해당한다. 공원자연환경지역은 국립공원의 완충구역으로서 핵심보호구역에는 해당되지 않지만, 훼손지 복원 및 생태계보전을 위한 모니터링과 적절한 관리를 목적으로 하며, 공원마을

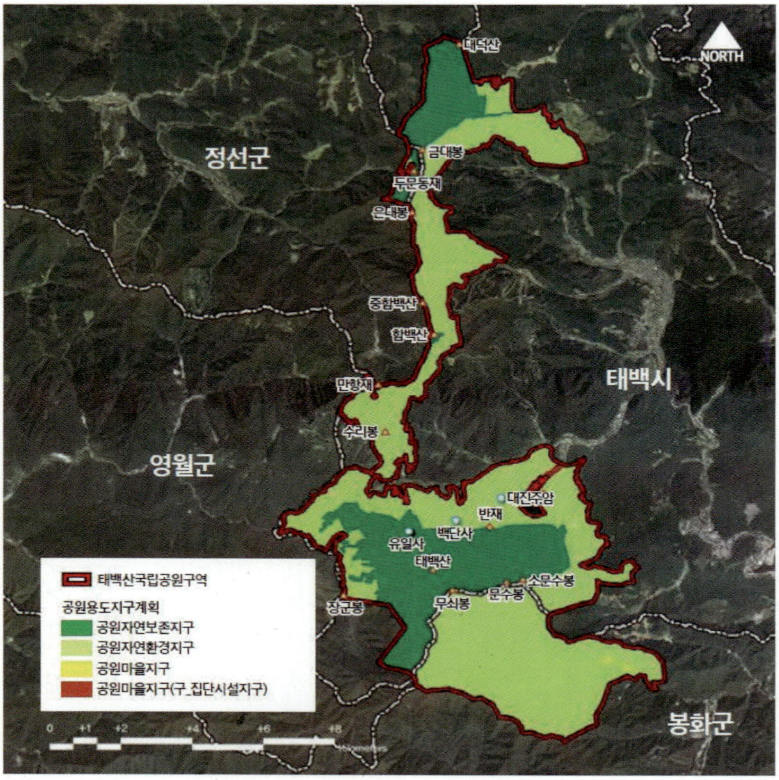

그림 5.22 태백산국립공원 용도지구계획 현황도

출처 : 국립공원연구원(2018) 2019-2028 태백산국립공원 보전·관리계획

지구에 해당하는 3구역에 대해서는 국립공원의 자연환경 보전에 대한 위협요소 제거와 주민주도형 생태관광 등 지역협력프로그램을 실시한다.주민주도형 생태관광 등 지역협력 프로그램을 실시한다.

4) 도립공원 및 군립공원의 계획 및 관리 : 제주도 해양도립공원, 강원도 아미산 군립공원

도립공원과 군립공원은 지자체 자연환경을 대표하는 자연공원이며, 2015년 기준 연 6천만명의 탐방객이 방문하는 자연공원이다. 하지만 지자체 별로 관리인력과 예산 부족, 담당 공무원의 순환보직 등으로 국립공원관리공단이 전담 관리하는 국립공원에 비해서는 체계적인 관리가 이루어지지 못하고 있는 실정이다.

도립공원은 자연환경보전법에 의거한 국립공원에 준하는 자연풍경을 보호하고 이용할 목적으로 지정한 자연공원으로 광역자치단체장이 지정한다. 국내에서는 1970년에 경상북도 금오산국립공원이 처음으로 지정되었다. 국립공원과 같이 도립공원의 지정을 위해서는 동 · 식물의 분포, 지형 · 지질, 수리 · 수문, 자연경관, 자연자원 등 자연환경, 인문환경, 토지이용 현황 등을 조사하고 기록하여야 한다. 도립공원 또한 관리를 위해 도립공원의 보전·관리계획을 수립하여야 한다. 제주특별자치도에는 6개의 도립공원이 지정되어 있으며, 서귀포해양도립공원(19.5km^2), 추자도해양도립공원(95.3km^2), 우도해양도립공원(25.9km^2), 마라해양도립공원(49.8km^2), 성산일출해양도립공원(16.2km^2) 등 5개의 해양도립공원과 1개의 제주곶자왈도립공원(1.5km^2)으로 이루어져 있다. 제주특별자치도는 각 공원별로는 보전·관리계획을 수립하고 있지 않지만, 제주특별자치도립공원 관리 조례 등을 제정하여 자연공원법에서 위임된 사항으로 도립공원의 지정 및 관리, 도립공원운영회 구성 및 운영, 입장료·시설료·점용료의 징수 등의 내용을 규정하여 운영하고 있다(김태윤, 2015).

제주도의 해양도립공원은 조례를 통해 비교적 체계적인 관리가 이루어지고 있으나, 서귀포, 성산일출봉 등 대부분 관광객이 많이 방문하는 해양 관광지 지역에 해당하여 생태자원의 보전보다는 관광 이용에 대한 관리를 중심으로 하고 있다는 것이 특징이다. 또한 대부분의 지정 지역이 해상 지역으로, 일부 연안은 문섬범섬 천연보호구역, 도시공원(삼매봉공원, 새섬공원, 칠십리시공원, 자구리문화예술공원), 유원지 등으로 지정, 관리되고 있다〈그림 5.23〉.

현재 제주도의 해양도립공원은 관광 목적의 이용 수요와 주변의 개발 행위 압력이 존재하고, 그 외 자연생태계에 대한 여러 위협요인도 있어 적절한 관리를 위해 많은 과제를 안고 있다. 따라서 향후 자연환경의 보전과 적절한 활용을 위해서는 공원별 보전·관리계획의 수립과 전문성을 갖춘 관리조직의 설치, 그리고 도립공원 관리에 필요한 적절한 예산확보 등의 이루어질 필요가 있다.

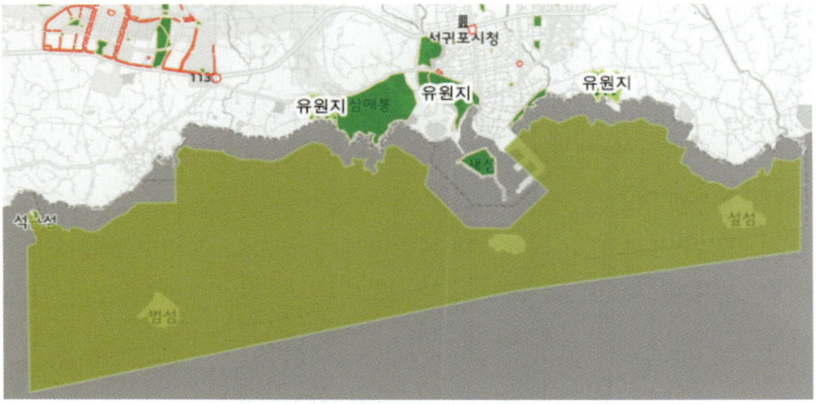

그림 5.23 서귀포해양도립공원 및 서귀포시 도시공원 위치도

출처 : 서귀포시

군립공원은 자연공원법에 근거하여 시·군 및 자치구에서 관내의 자연 생태계나 경관을 대표할 만한 지역을 지정, 관리하는 공원으로 국내에서는 1981년에 전라북도 순창군 강천산군립공원이 처음으로 지정되었다. 강원도 군립공원의 하나인 인제군 아미산군립공원은 소양아미단맥의 생태축 보전, 공원자원의 관리역량강화, 지역사회와 상생기반구축, 생태관광서비스 제공 등을 목적으로 보전관리계획을 수립하였다. 아미산군립공원의 지정면적은 3.2km^{2}으로 공원자연보전지구(32.8%), 공원자연환경지구(63.2%)가 지정되어 있으며, 그 외 구 집단시설지구를 포함한 2곳의 공원마을지구(4%)가 지정되어 있다. 공원마을지구 중 하나인 금비라에 주거지 및 펜션, 민박, 음식점이 위치하며, 군축령 북측의 구 집단시설지구인 공원마을지구에는 전망카페 등 상업시설, 숙박시설, 기타시설(야영장, 전망데크, 어린이 놀이터, 숲속놀이터) 등의 토지이용계획 및 시설계획이 수립되었다. 공원자연보전지구와 공원자연환경지구는 인간의 간섭을 최소한으로 하고 탐방로 중심의 지속가능한 이용과 주변 공원자원 보전을 유도하고 있다.

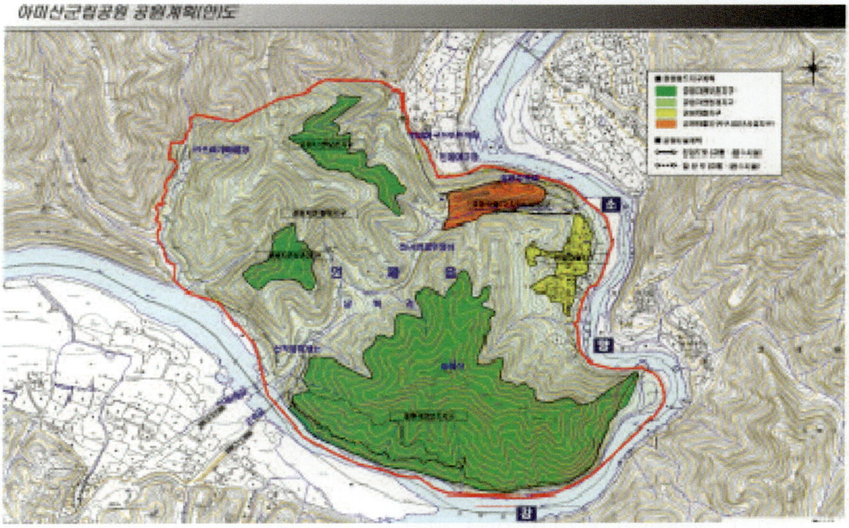

그림 5.24 아미산군립공원 용도지구계획

출처 : 인제군(2020) 아미산군립공원 보전·관리계획(안)

1.4. 하천생태복원계획

1) 개요

하천생태복원계획은 생태복원 분야의 대표적인 사업으로 볼 수 있다. 일반적으로 "생태하천복원사업"이라 함은 수질이 오염되거나 생물서식 환경이 훼손 또는 교란된 하천의 생태적 건강성을 회복하는 사업을 말한다(환경부, 2021c). 1987년 수질 개선에 중점을 둔 오염 하천 정화 사업으로 추진되었던 이 사업은 2002년 자연형 하천복원 사업으로 전환되어 자연적인 하천 복원에 중점을 두었고, 이후 2009년 수생태계 건강성 회복에 초점을 둔 생태하천 복원 사업으로 전환되어 지금까지 이르고 있다.

지금까지의 생태하천 복원 사업은 친수시설 도입 위주의 사업으로 생태계 복원 효과가 미비하였으며, 하천별 특성을 고려하지 못하고 획일화된 복원계획을 수립하는 경우가 많았다. 무엇보다 각각의 하천이 갖고 있는 고유한 특성을 고려하지 못한 채 다른 생태하천 복원 사업을 모방하거나 지역주민의 민원 때문에 인공화된 시설들이 많이 도입된 것이 주된 문제점으로 지적되었다.

표 5.4 양재천 : 생태하천복원사업의 대표 사례

생물서식처	자연학습공간

※생태하천 복원 사업의 대표적인 사례이지만, 다른 지역의 하천 복원 사업에서도 이러한 형태를 조성하려고 접근하는 것이 아니라, 복원할 하천의 고유한 특성을 파악하는 것이 우선되어야 한다.

출처 : 조동길ⓒ

따라서 바람직한 생태하천 복원을 위한 기본방향(환경부, 2021c)은 우선 "수생태계 건강성" 회복에 초점을 두고 계획을 수립해야 한다. 여기서 수생태계 건강성이란 수생태계를 구성하고 있는 물리적·화학적·생물적 요소들이 최적으로 유지되어 온전한 기능을 발휘할 수 있는 상태를 말한다. 생태복원 사업의 한 유형이기 때문에 하천 생태계의 훼손 현황과 원인을 정확히 이해하고 그 원인을 해결하는 데 초점을 맞춘 복원 계획을 수립하는 것이 중요하다.

또한 하천 복원은 유역 차원에서 통합 관리에 근거한 복원 계획의 수립과 추진이 중요하며, 하천의 특성상 종·횡적 연속성이 확보될 수 있도록 계획을 수립해야 한다. 하천 복원 사업 계획도 생태복원 계획 과정에서 중요한 목표종 선정의 일환으로 깃대종 선정 등을 통해 계획 단계에서부터 복원의 목표상을 종합적으로 고려해야 한다. 그리고 하천의 고유한 물길 회복과 다양한 생태적 공간의 조성에 중점을 두어야 하며, 무엇보다도 대상으로 하는 하천의 고유한 특성을 살리는 것이 중요하다. 즉, 획일적인 하천의 모습이 아니라 복원하고자 하는 하천의 고유한 역사와 문화를 살피고, 이를 보전·복원하거나 새로운 하천문화를 창출하는 것에 중점을 두는 것이 바람직하다.

2) 생태하천 복원사업 계획의 주요 내용

생태하천 복원 사업에 대한 계획은 (1) 계획의 목적 및 범위, (2) 사업 구간 선정, (3) 사업의 주요 내용, (4) 대상하천의 환경 현황, (5) 참조하천의 환경 현황, (6) 대상하천의 수생태계 훼손 실태 진단, (7) 상위 계획 등 연계 여부, (8) 수질 및 수생태계 복원목표

표 5.5 자연 과정 원리를 활용한 스위스 제네바 Aire 강 복원 사업 사례

복원 과정 중의 하천(2014년 6월)	복원 후 하천(2015년 5월)

출처 http : //www.landezine.com/index.php/2016/06/renaturation-of-the-river-aire-geneva/

(깃대종 포함) 설정, (9) 사업비 산출, (10) 사후모니터링 및 유지관리 계획, 그리고 (11) 기대효과 등의 순서로 제시될 수 있다(환경부, 2021c).

특히 생태복원 계획에서는 참조생태계(reference ecosystem)를 고려한 접근이 중요한데 생태하천 복원에서는 참조하천이 바로 참조생태계에 해당한다. 인근 유역에서 훼손되지 않은 자연하천의 모습을 보이는 곳을 참조하천이라고 판단하고, 참조하천에 대한 현황을 파악하여 복원할 하천에 적용하는 접근 방법을 사용하면 좋다.

또한, 하천 생태계는 물의 흐름에 의해 형성되고 유지되는 역동적인 생태계라는 것을 감안하여 물의 흐름과 지형의 형성 관계를 이해하고, 이에 따라 변화하는 식생 등 생태환경과의 상호관련성을 고려하여 계획을 수립해야 한다.

3) 동복천 생태하천 복원 계획 사례

섬진강 유역의 상수원보호구역 내 입지한 동복천은 주암호로 직접 유입하는 화순군 제1하천이다. 하지만, 동복천은 별도의 정화시설 없이 상수원인 주암호로 합류하기 때문에 수질 개선 및 수생태계의 건강성 향상 등을 위해 생태하천 복원이 필요한 곳이다.

가. 조성 여건 조사 및 분석

화순군 내 주암호로 유입되는 하천은 25개가 위치하고 있다. 대부분의 하천이 수질이 양호하고 산지형 하천으로 오염인자가 거의 없으나 동복천, 외남천은 농지형 하천으로서 수질 환경과 관련한 위협 요소를 안고 있다. 농지형 하천은 주변 농경지로부터의 각종 비점오염원이 하천 내로 유입되어 수질뿐만 아니라 수생태계에 좋지 않은 영향을 미치게 된다. 또한, 동복천은 상류에 동복댐이 있어 유수 흐름이 인위적으로 조절되어 자연하천의 가장 큰 특징인 유수에 의한 자연스런 하천 모습을 갖추지 못한 지역일 뿐만 아니라 자정 작용 능력이 훼손된 곳으로 진단되었다. 반면, 하천 주변으로는 문화자원이 산재하고 우수한 자연환경을 보유하고 있는 특성도 갖추고 있다.

생태하천 복원을 위한 조사 및 분석은 수질환경, 수생태계 등을 중점적으로 조사하는데, 수질은 BOD, pH, COD, SS, T-N, T-P, NO_3-N, 총대장균군수, chl-a 등을 대상으로 하였다. 이 계획에서의 수질 조사 지점은 동복천 본류 4개 지점, 동복천, 가수천 합수부 및 동복천, 외남천 합수부(합수목교)에 2개 지점을 선정하여 조사를 실시하였다. W-1은 동복천, 가수천 합수부, W-2~W-5는 수생태 조사 지점과 동일한 St1 ~ St4 지점, W-6 지점은 동복천, 외남천 합수부(합수목교)지점이다.

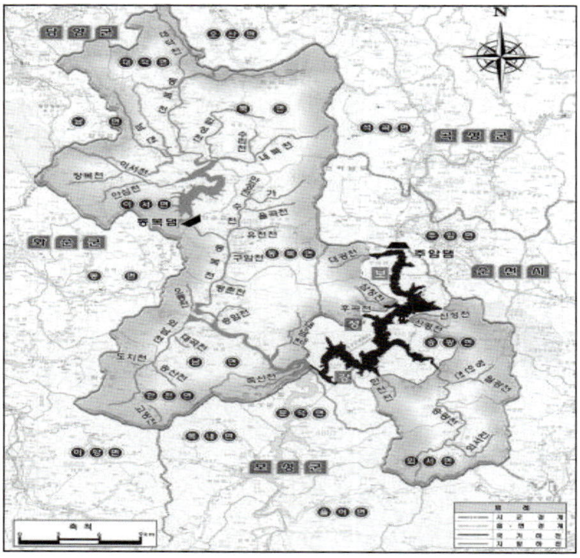

그림 5.25 생태하천복원사업 검토 대상 지역 현황

출처 : 화순군(2015) 동복천, 외남천 생태하천복원계획

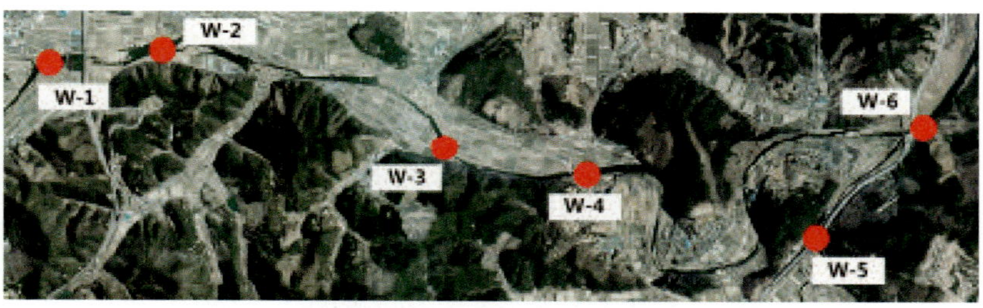

그림 5.26 수질 조사 지점 위치도

출처 : 화순군(2015) 동복천, 외남천 생태하천복원계획

수생태계 조사는 대상하천(동복천, 외남천) 구간에 대하여 저서성대형무척추동물, 부착조류, 어류에 대하여 실시하였고, 대상지역의 주요 현황은 〈표 5.6〉과 같다.

표 5.6 대상 하천에서의 수생태계 조사 지점 현황

구 분	하천 현황	상류 전경	하류 전경
St. 1	– 한천보 상류 지점 – 모래가 주를 이룸 – 호안지역 수생식물 밀생. 정체 수역 형성		
St. 2	– 잠수 1교 지점 – 호박돌, 자갈 등의 하상 – 상류 정체 수역, 하류 여울부 형성 – 하도 내 식생 밀생		
St. 3	– 물사랑 배움터 지점 – 자갈, 호박돌 등 – 하상 유기물 퇴적. 호안 지역 수생식물 밀생 – 정체 수역 형성		
St. 4	– 외남천교 지점 – 유량이 많고, 수색이 탁함 – 하류역 호안 수생식물 밀생 – 하상 큰 돌이 일부 분포		

출처 : 화순군(2015) 동복천, 외남천 생태하천복원계획

나. 생태하천복원의 기본방향

하천정비기본계획을 바탕으로 하천의 안정성 및 수생태계 복원을 통한 하천별 특성 살리기로 동복천·외남천을 생태하천으로 복원하는 것을 기본방향으로 설정하였다. 생태복원과 관련한 주요 이슈로 수생태계 건강성이 보통(C등급)인 이슈는 지침에 따라 양호한 B등급으로 복원하고, 하천의 육역화 진행과 생태 공간 감소 이슈는 육화된 하천 정비 및 생태서식지 조성, 하천 주변 식생 환경 개선, 하중도 정비 등으로 복원 방향을 설정하였다.

또한, 고정보에 의한 하천 생태 단절 이슈는 현황 여건을 고려한 시설(어도 등) 설치로

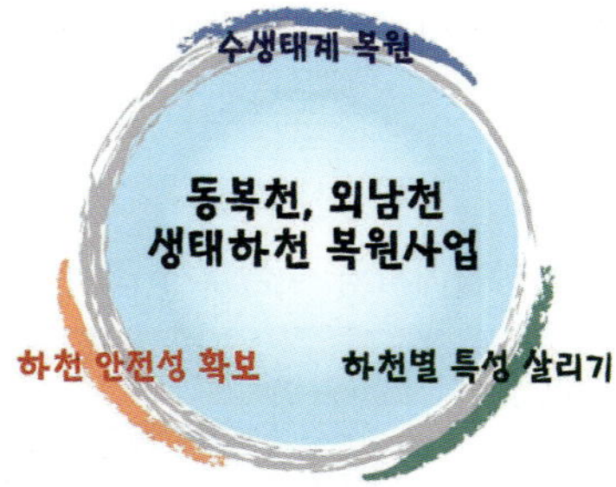

그림 5.27 동복천 생태하천 복원 기본방향

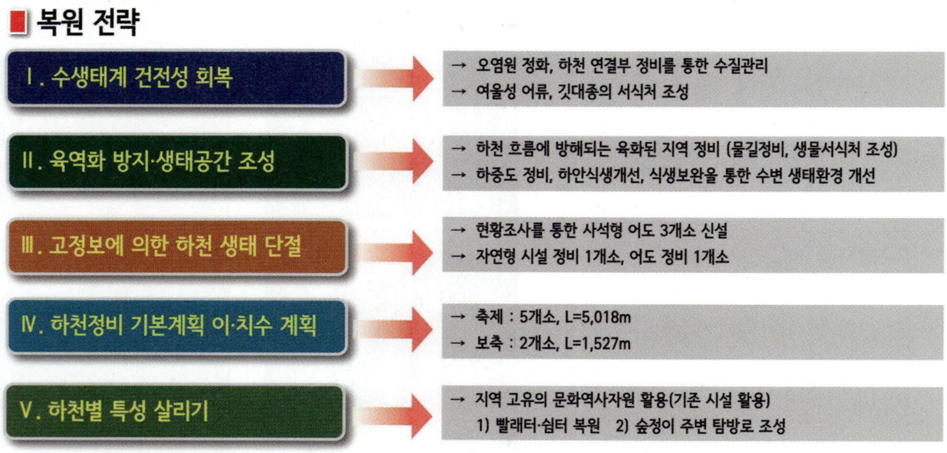

그림 5.28 동복천 생태하천 복원 전략

출처 : 화순군(2015) 동복천, 외남천 생태하천복원계획

생태적 연결성을 확보하도록 하였으며, 하천정비 기본계획 검토 결과에 따라 상위 계획에 제시된 호안 정비(축제, 보축)를 반영하였다. 마지막으로 하천별 특성 살리기 이슈는 지역의 역사·문화를 고려한 쉼터 및 탐방로를 조성하되, 기존 시설을 활용하는 것으로 방향을 설정하였다. 생태하천복원의 기본방향은 〈그림 5.27〉과 같고, 이 기본 방향에 따른 복원 전략은 〈그림 5.28〉과 같다.

다. 생태하천복원 기본계획

생태하천복원과 관련된 지침 등에 의거, 생태하천복원을 위한 시설 구분과 계획 대상 시설물은 〈표 5.7〉에서 제시하였고, 구간별 복원 계획은 〈표 5.8〉, 종합계획도는 〈그림 5.29〉에서 제시하였다.

표 5.7 대상 하천에서의 생태하천복원을 위한 시설 및 계획 대상 시설물 구분

시설 구분		계획 대상 시설물
수질개선 시설	오염퇴적물 준설	하도 개선
	정화식물 도입	하안 식생 개선
		식물정화대
	수질정화 습지 조성	식물정화대
수생태계 복원시설	어도 조성, 보·낙차공 철거 및 개량	어도 및 어류이동개선
	둔치부, 식생복원 및 비오톱 조성	고수부지 경작지 복원
	수변 생태환경 및 생태벨트 조성	단절부 수림대 조성
		수변 생태 산림원
		기존 하중도 복원
환경생태유량 공급시설	건천화된 하천의 수질 개선	지류하천 합수부 유수 소통 개선
생태관찰·체험시설	생태교육 탐방 공간	생태교육 탐방 공간

출처 : 화순군(2015) 동복천, 외남천 생태하천복원계획

표 5.8 구간별 복원 계획

복원 전략		내용	도입시설
전략1	수생태계 건전성 회복	○ 오염원 정화, 하천 연결부 정비를 통한 수질 관리 ○ 여울성 어류, 깃대종의 서식처 조성	○ 동복하수처리장 방류수 수로 ⇒ 수로정비 및 서식 공간 조성 ○ 주평마을 수로 유출부 및 사면 ⇒ 식생수로 및 콘크리트 사면 식생매트 설치 ○ 갈겨니, 임실납자루 서식처 조성
전략2	육역화 방지 및 생태공간 조성	○ 하천 흐름에 방해되는 육화된 지역 정비 ○ 하중도 정비, 하안식생 개선, 식생 보완을 통한 수변 생태환경 개선	○ 한천보 정비 ⇒ 하천 내 폐콘크리트 제거 및 야생생물 서식 공간 조성 ○ 장전보 정비 ⇒ 체육시설 철거 및 주변 식생복원 ○ 용리교 하류 ⇒ 물길 조성을 통한 육화 방지 및 고수부지 경작지 2개소 정비
전략3	고정보에 의한 하천 생태 단절	○ 현황 조사를 통해 고정보 3개소 철거 후 신설 ○ 자연형 시설 정비 1개소, 어도 정비1개소	○ 어도 설치 ⇒ 목두루미보, 연둔보, 장전보 ○ 여울형보 설치 ⇒ 한천보, 둔동보
전략4	하천정비 기본계획이·치수계획	○ 상위계획에 제시된 호안 정비(축제, 보축) 반영	○ 축제 : 5개소, L=5,018m ○ 보축 : 2개소, L=1,527m
전략5	하천별 특성 살리기	○ 지역 고유의 문화·역사자원 활용	○ 빨래터 및 쉼터 복원 ○ 연둔숲정이 주변 탐방로 조성 및 식생 개선

출처 : 화순군(2015) 동복천, 외남천 생태하천복원계획

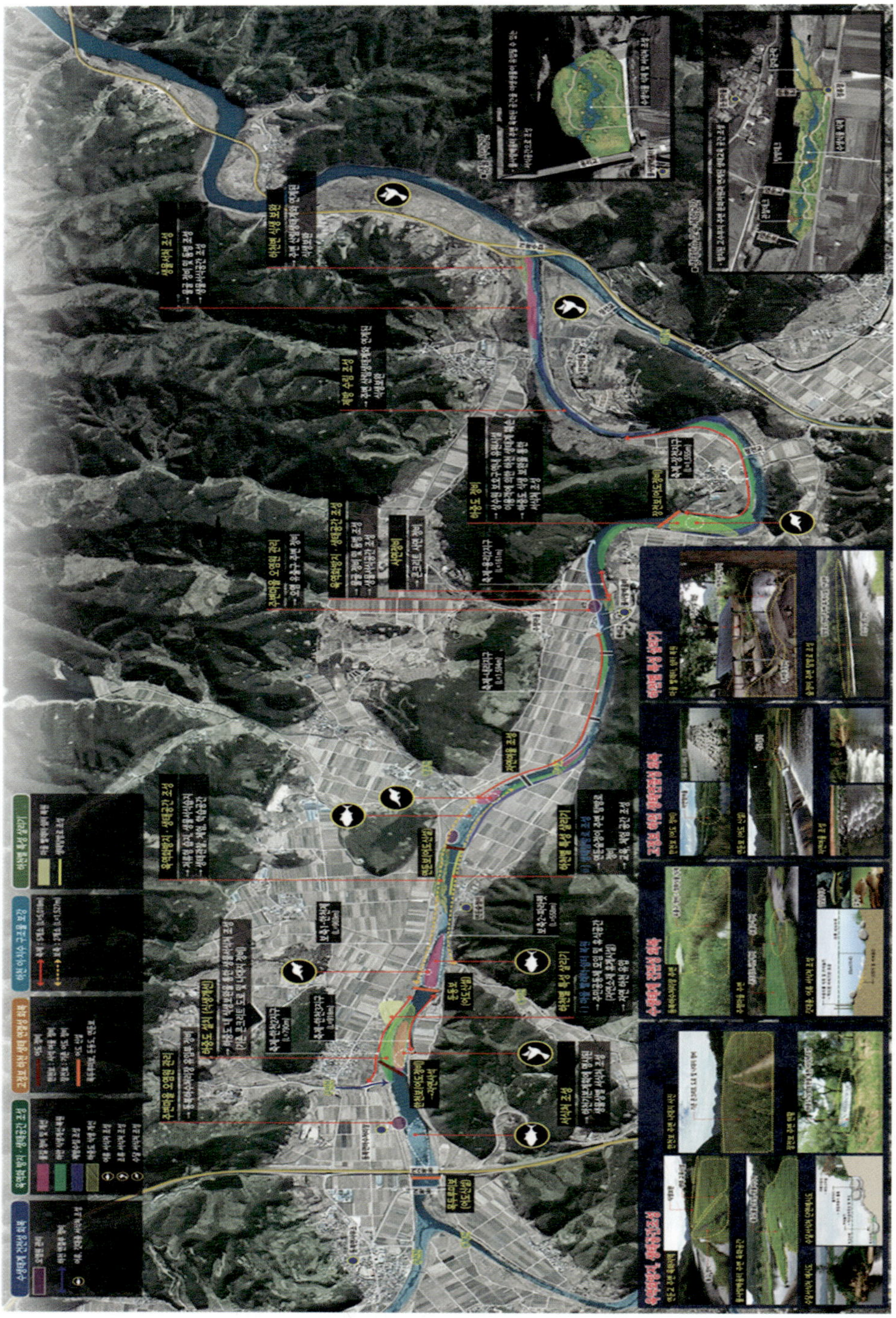

그림 5.29 동복천 생태하천복원 종합계획도

2. 도시 및 마을 단위

2.1. 시·군·구 환경계획

1) 시·군·구 환경계획의 의미와 수립현황

시·군·구 환경계획은 국가환경종합계획 및 시·도 환경계획과의 정합성을 확보해야 하는 하위계획이자, 해당 지자체 환경분야 최상위 법정계획이다. 또한 지역 환경정책의 비전과 방향을 설정하는 기본계획이자 도시·군 기본계획과 연계하여 환경분야의 공간성을 강화하는 공간계획으로 지역의 고유한 특성을 담을 수 있는 유연성을 고려하고 있다. 시·군·구 환경계획의 계획목표는 도시·군 기본계획과의 연계를 고려하여 20년으로 하되, 연도의 끝자리는 0 또는 5년으로 하도록 되어 있다(환경부, 2021a).

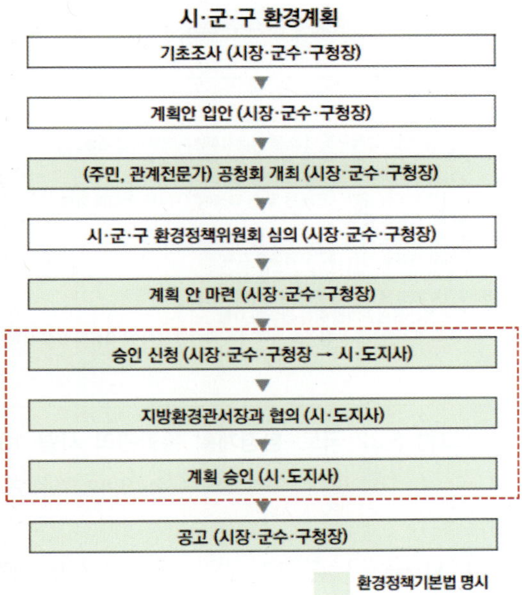

그림 5.30 시·군·구 환경계획 수립절차

계획수립 절차는 2020년 12월「환경정책기본법」개정을 통해 다음 〈그림 5.30〉와 같은 절차를 거쳐 최종적으로 시·도지사가 승인하도록 변경되었다.

환경계획 수립 입안 과정에서 시·군 환경계획[42]은 국토-환경계획 통합관리협의회 구성을 통해 도시·군 기본계획과의 연계성과 정합성을 확보해야 하며〈그림 5.31〉, 통합관리협의회에서는 통합관리 훈령에 명시되어 있는 통합관리 사항 10대 부문[43]과 국토-환경계획 5대 전략 등의 이행을 상호 논의하고 연계하도록 하고 있다〈그림 5.32〉.

42) 도시·군기본계획은 시와 군에 대해 수립함에 따라 구 환경계획은 국토-환경계획 계획수립협의회 구성 의무가 없다.

43) 국토교통부 · 환경부는 2023년 3월 '국토계획 및 환경계획의 통합관리에 관한 공동훈령'으로 훈령명을 개정하고, 통합관리 사항도 8대 부문에서 10대 부문으로 확대하였다.

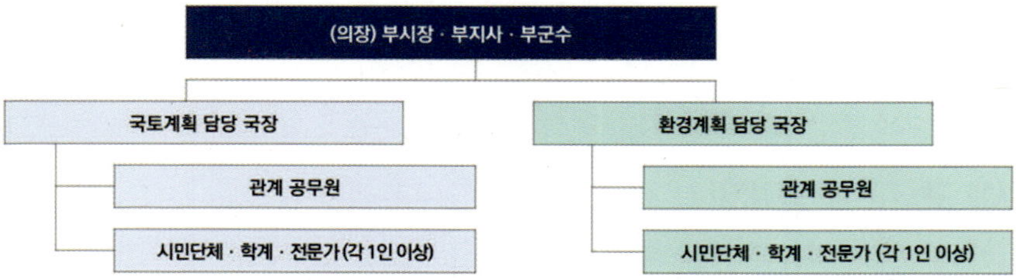

그림 5.31 국토–환경계획 계획수립협의회 구성(안)

출처 : 환경부(2020b) 지자체 국토–환경계획 통합관리 시행기반 구축사업

1. 인구 및 산업, 경제구조 변화 등 미래사회변화에 대비한 대응
2. 자연생태계의 관리·보전 및 훼손된 자연생태계 복원
3. 국토환경의 연결성 강화를 위한 체계적 관리
4. 에너지 절약형 공간구조 개편 및 신·재생에너지 사용확대를 통한 에너지 효율성 증대
5. 깨끗한 물 확보와 물 부족, 수해 등에 대비한 대응
6. 대기질 개선을 위한 대기오염물질 감축
7. 기후위기에 대응하는 저탄소 국토 조성
8. 폐기물 배출량 감축 및 자원순환경제로 전환
9. 양 계획간 통합관리를 위해 합의한 사항
10. 그 밖에 지속가능한 발전을 위한 국토 환경의 보전 및 개선에 관한 사항

그림 5.32 국토–환경계획 통합관리 사항 10대 부문과 국가–환경계획 통합관리 5대 전략

출처 : 국토교통부·환경부(2019) 국가 국토–환경계획 통합관리 5대 전략

2) 시·군·구 환경계획의 주요내용과 방향

시·군·구 환경계획은 시·도 환경계획의 체계와 유사하며, 다음 〈그림 5.33〉과 같은

[시·군·구 환경계획 목차]

제1절. 계획의 개요
제2절. 직전계획의 평가: 성과평가
제3절. 환경 현황 및 여건변화 전망
제4절. 환경의식조사 및 의견수렴
제5절. 계획의 비전, 목표 및 지표
제6절. 공간환경구조 구상
제7절. 부문별 계획의 수립
제8절. 환경정의를 고려한 사회·경제 통합계획
제9절. 계획의 추진 및 재정계획

그림 5.33 시·군·구 환경계획 목차(안)

출처 : 환경부(2021a) 시·군·구 환경계획 수립지침

구성으로 계획을 수립하도록 권고하고 있다.

시·도 환경계획과 연계하여 공간환경구조 구상에서는 국가–광역생태축과 연계되는 지역생태축을 설정하여 보호와 관리를 위한 핵심보전과 완충지역 등을 설정하도록 하고 있으며, 이는 도시·군기본계획의 공간전략에서의 보전축 및 보전용지와의 정합성을 확보하도록 권고하고 있다. 부문별 계획은 국가와 시·도 단위에서 고려한 생태, 생활, 회복탄력성 부문을 보다 구체화함으로써 지역의 환경정책 및 사업과 직접적으로 연계하도록 고려하여 부문을 세분화하고 있으며, 주요 부문과 내용은 다음 〈표 5.9〉와 같다.

표 5.9 시·군·구 환경계획 주요 부문별 내용

구분	부문	주요 내용
생태	자연생태·자연경관	• 지역의 자연생태경관 및 생물다양성 측면에서의 현황조사 및 그에 따른 보전적 관리 • 훼손지 조사 및 생태복원 대상지역 도출 • 공원·녹지를 포함하는 그린인프라 확충을 통한 지역환경의 보전·복원·조성·관리 등
	토양·지하수	• 토양표토의 유실방지 및 보전대책 강구 • 토양 및 지하수의 주기적 모니터링 및 관리기반 마련 등
	연안·도서	• 해역과 배후 육지부를 단일의 환경관리 단위로 하는 연안 통합환경관리방안 제시 • 연안도서 보전 및 관리, 복원 및 이용, 해양환경 관리 등
생활	대기 및 미세먼지	• 대기 및 미세먼지 오염원 관리방안 • 열환경, 바람통로 등 미기후 관리계획 및 중점관리지역 도출 등
	통합물환경	• 물환경 보전 및 복원, 수질오염의 예방 및 저감 • 수자원 확보 및 수요관리, 물 인프라 확충 전략 • 물환경 공간관리 구역 세분화 및 물순환 회복방안 등
	자원순환	• 자원 이용 효율화 및 순환성 강화 전략 • 재활용·에너지 회수를 통한 폐기물 가치의 극대화 • 직매립 제로화 기반 조성 등의 전략
	소음·진동	• 소음·진동원의 관리, 소음·진동 저감방안, 소음·진동 중점관리지역 도출 등
	환경보건 (환경유해요인, 건강 등)	• 환경오염 관리(환경오염우심지역 설정 등), 환경성질환 관리(환경보건우선관리지역 등) 전략 등
회복 탄력성	자연재해·도시방재	• 위험지역의 개발억제, 기 개발지역에서의 중점관리지역 방재대책, 자연기반의 친환경적 방재전략 등
	기후변화·에너지	• 온실가스 감축, 에너지 구조의 전환, 기후변화 적응 등의 전략

출처 : 환경부(2021a) 시군구 환경계획 수립지침 기반으로 저자 작성

위의 부문별 계획은 기본방향, 현황조사 분석 및 공간화, 공간환경계획 수립, 실행방안 마련으로 구성하여 제시하도록 하고 있다.

또한, 시·군·구 차원에서 수립하는 '환경정의를 고려한 사회경제 통합계획'은 환경매체별 우수지역과 위험한 지역(취약지역)을 환경취약(민감)계층의 거주분포를 종합적으로 분석하여 대응력(대응을 위한 기반 인프라)을 반영함으로써 공간전략을 보다 분석적으로 도출할 수 있도록 제시하고 있다. 기타 부문별 전략(계획)의 복합분석을 통한 범분야(cross-cutting) 이슈의 발굴 및 계획, 관리방안을 제시할 수 있도록 하고 있다.

계획의 추진력 확보 차원에서 행정조직, 공간환경정보관리시스템 구축 및 운용, 이행 및 모니터링 방안 등을 담도록 권고하고 있으며, 단위사업별 재정계획 등도 포함할 수 있도록 하고 있다.

3) 시·군·구 환경계획 사례소개

시·군·구 환경계획은 2002년 법정계획화 및 2007년 지자체 환경보전계획 수립 지침의 제정을 근거로 계획이 수립되고 있으나, 지자체마다 계획의 수준과 기간 등이 다양하다.

환경부는 '국토–환경계획 연동', '국토–환경계획 통합관리'의 추진과 연계하여 환경계획의 내실화를 도모하기 위해 노력하고 있으며, 그 일환으로 2016년 청주시를 사례로 환경보전계획의 공간화와 계획적 내실화를 위한 시범사업을 추진해 다양한 계획기법과 정책적 활용가능성을 제시하였다. 청주시 사례를 제시하면 다음과 같다.

< 차 례 >

그림 5.34 청주시 환경보전계획 목차

출처 : 환경부와 청주시(2016) 청주시 환경보전계획(2016~2025), 충남연구원

청주시 환경보전계획은 수립과정에서 시민들의 직접적 참여를 통해 도시환경의 비전과 발전방안, 시나리오 등을 도출한 바 있다. 또한, 청주시 환경계획에서는 자연생태계, 자연경관, 토양 및 지하수, 대기, 물환경 및 상하수도, 폐기물, 소음·진동·악취·실내공기질·유해화학물질, 에너지, 기후변화 완화 및 적응 등 환경관련 각 분야별 현황과 계획을 공간화함은 물론 사회, 경제적 부문과의 통합적 분석을 통해 보다 의미있는 정책방향과 사업을 도출하기도 하였다.

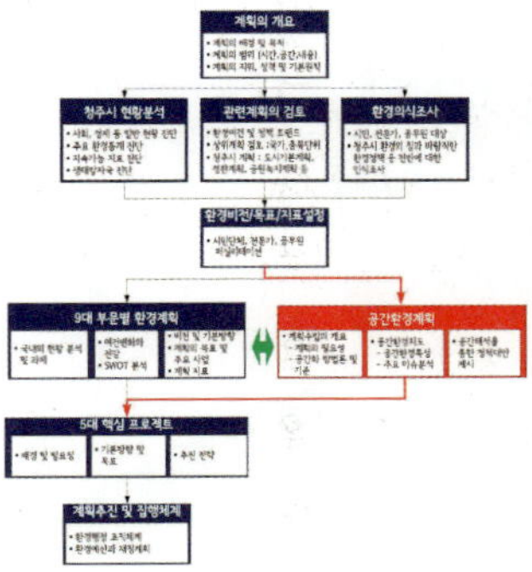

환경보전계획 수립체계

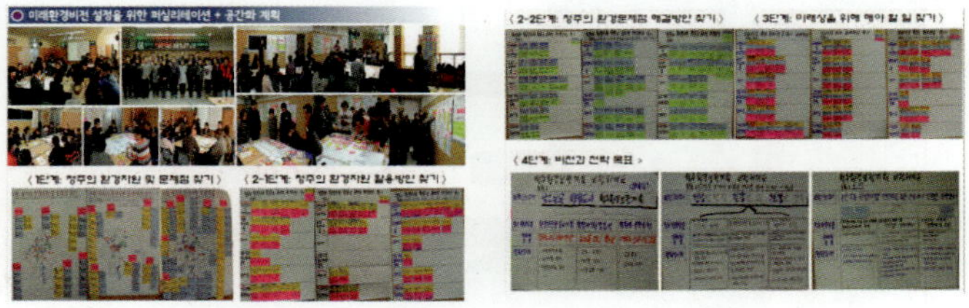

주민참여 과정 및 성과

그림 5.35 청주시 환경보전계획 계획수립체계 및 주민참여 과정과 성과

출처 : 환경부와 청주시(2016) 청주시 환경보전계획(2016~2025), 충남연구원

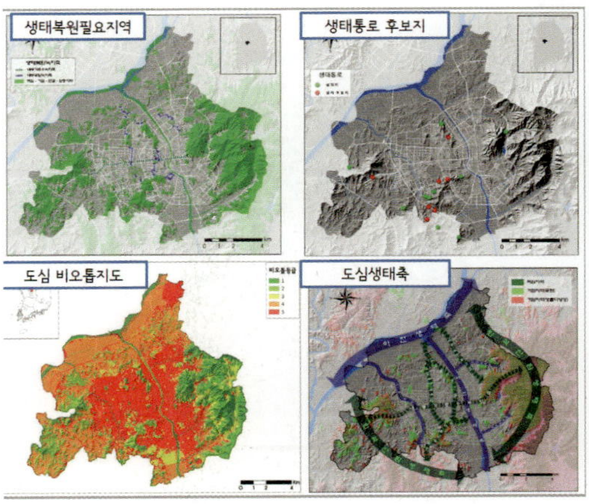

자연생태

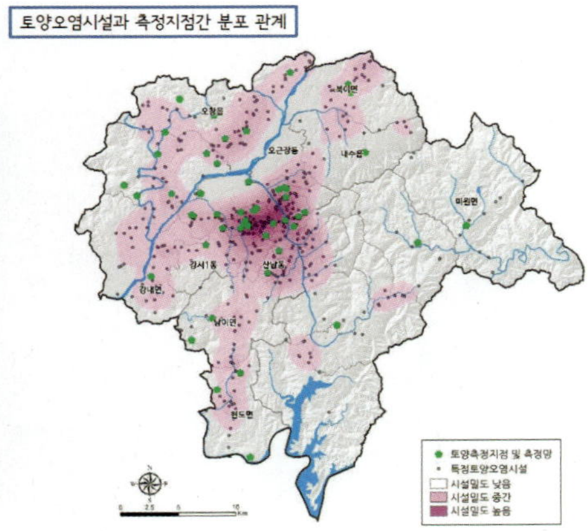

토양관리

그림 5.36 청주시 환경보전계획의 공간환경계획 주요 사례

출처 : 환경부와 청주시(2016) 청주시 환경보전계획(2016~2025), 충남연구원

김포시는 2019~2020년 도시기본계획 수립과 연계하여 지자체 계획수립협의회를 구성, 운영하고 전면 개정된 지침을 참고하여 환경부 시범사업으로 추진한 바 있다. 계획의 수립 과정에서 〈그림 5.37〉과 같이 보전지역을 도출하고, 도시기본계획에서 제시하는 개발가용지와 중첩함으로써 향후 김포시의 공간전략을 재검토하는 협의과정을 거치기도 하였다.

김포시는 주요 지역을 중심으로 공장밀집도 및 유해업종 밀도를 분석해 난개발 우려지역을 분석하고, 주요 오염원을 중심으로 한 공간분석을 통해 난개발 모니터링이 필요한 지역을 도출함으로써 정책적 시사점을 제시하기도 하였다.

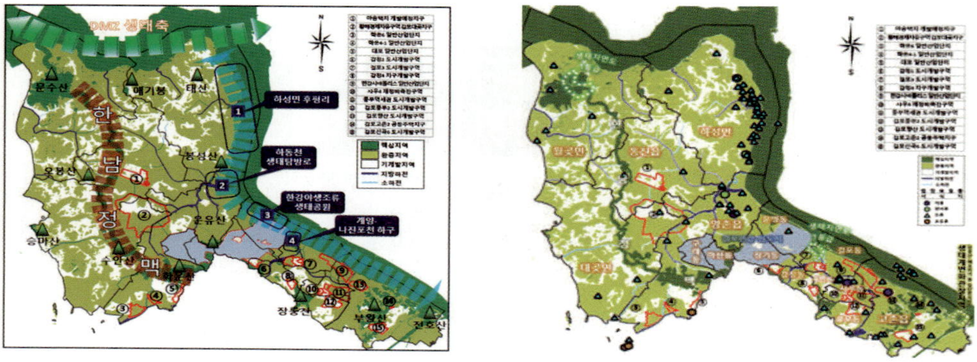

보전지역 설정   보전지역과 개발가용지간 중첩

그림 5.37 김포시 환경보전계획의 주요 사례

출처 : 김포시(2020) 김포시 환경보전계획(안), 중간보고회 자료

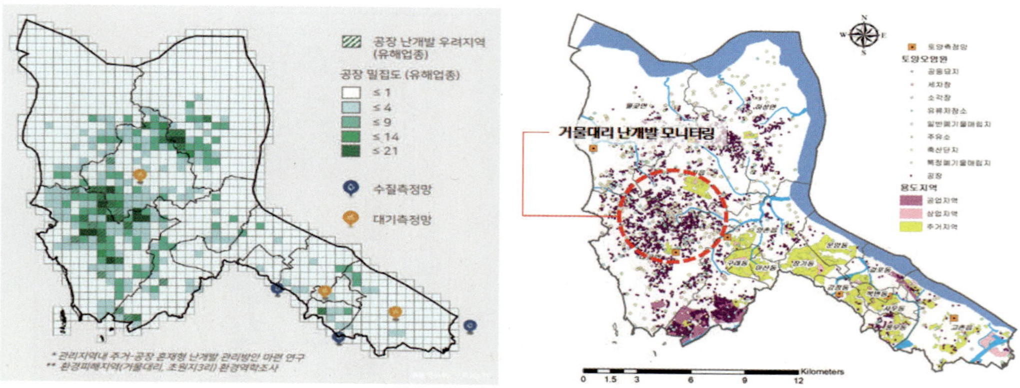

공장 밀집도와 난개발 우려지역 도출   난개발 모니터링 주요지점

그림 5.38 김포시 난개발 관리를 고려한 공간계획 사례

출처 : 환경부(2020a) 김포시 환경계획 수립 지원을 위한 공간분석; 김포시(2020) 김포시 환경보전계획(안), 중간보고회 자료

2.2. 공원녹지기본계획

1) 공원녹지기본계획의 정의 및 수립내용

공원녹지기본계획은 특별시·광역시·특별자치시·특별자치도·시의 자연·인문·역사·문화·환경 등의 지역적 특성과 여건을 감안하여 공원녹지의 확충·관리·이용·보전에 관하여 장기적인 계획을 수립함으로써, 지속가능하게 도시환경을 발전시킬 수 있는 정책방향을 제시하고 공원녹지의 구조적인 틀을 제시하는 계획을 뜻한다(공원녹지 기본계획 수립지침 제1장 제4절). 공원녹지기본계획은 「도시공원 및 녹지 등에 관한 법률」 제5조에 따라 특별시장·광역시장·특별자치시장·특별자치도지사 또는 대통령령으로 정하는 시의 시장이 10년 단위로 수립한다.

공원녹지기본계획의 내용에는 1) 지역적 특성 및 계획의 방향·목표에 관한 사항, 2) 인구, 산업, 경제, 공간구조, 토지이용 등의 변화에 따른 공원녹지의 여건 변화에 관한 사항, 3) 공원녹지의 종합적 배치에 관한 사항, 4) 공원녹지의 축(軸)과 망(網)에 관한 사항, 5) 공원녹지의 수요 및 공급에 관한 사항, 6) 공원녹지의 보전·관리·이용에 관한 사항, 7) 도시녹화에 관한 사항, 8) 그 밖에 공원녹지의 확충·관리·이용에 필요한 사항으로서 대통령령으로 정하는 사항이 포함되어야 한다(「도시공원 및 녹지 등에 관한 법률」 제6조). 공원녹지기본계획의 본격적인 수립에 앞서 인구, 경제, 사회, 문화, 토지이용, 공원녹지, 환경, 기후, 그 밖에 대통령령으로 정하는 사항 중 해당 공원녹지기본계획의 수립 또는 변경에 필요한 사항을 대통령령으로 정하는 바에 따라 조사하거나 측량하여야 한다(제7조). 또한 공원녹지기본계획 수립권자는 공원녹지기본계획을 수립하거나 변경하려면 미리 공청회를 열어 주민과 관계 전문가 등으로부터 의견을 들어야 한다(제8조).

공원녹지기본계획의 미래상 및 목표의 수립은 시의 종합적인 기본구상 및 도시·군기본계획에서 정하고 있는 도시조성의 기본이념을 바탕으로 해당 도시의 특성에 맞는 발전방향을 감안하여 시민의 생활상과 부합되도록 설정하고 구체적인 목표를 설정하고 목표를 달성하기 위한 구체적인 전략과 행동계획(Action Plan)을 제시하도록 되어있다(공원녹지 기본계획 수립지침 제5장). 또한 계획의 목표수준(지표)으로 녹피율, 공원녹지율, 1인당 공원면적 지표, 공원의 서비스수준 지표, 도시녹화 목표수준과 같은 정량적 목표수준을 설정하도록 하여 실효성을 보장하고 있다.

2) 공원녹지기본계획 사례 : 서울시 공원녹지기본계획

계획수립 대상이 되는 지자체들은 2022년 1월 기준으로 2030 공원녹지기본계획 수립을 완료했거나 수립 중에 있다. 2022년 1월 기준으로 수립이 완료된 공원녹지기본계획은 서울특별시 『2030 서울시 공원녹지기본계획』, 부산광역시 『2030 부산광역시 공원녹지기본계획』, 인천광역시 『2030 인천광역시 공원녹지기본계획』, 광주광역시 『2030 광주광역시 공원녹지기본계획』, 울산광역시 『울산공원녹지기본계획』, 제주특별자치시 『2025년 제주시 공원녹지기본계획 재정비』등이 있다. 본 서에서는 『2030 서울시 공원녹지기본계획』의 사례를 살펴보고자 한다[44].

가. 목적 및 개요

서울시 공원녹지기본계획은 '도시환경의 발전적 정책 방향 제시, 공원녹지의 구조적 틀 제시, 훼손된 공원녹지의 복원을 위한 방안 마련'이라는 세 가지 목표에 따라 서울시 공원녹지의 효율적 관리를 위해 수립되었다. 공원녹지 기본계획 내용은 크게 기초조사, 공원녹지 기본구상, 공원녹지 기본계획 수립, 관리·이용 및 시민참여 계획 수립, 추진 및 투자계획으로 구성되며, 구체적인 수립과정은 〈그림 5.39〉과 같다.

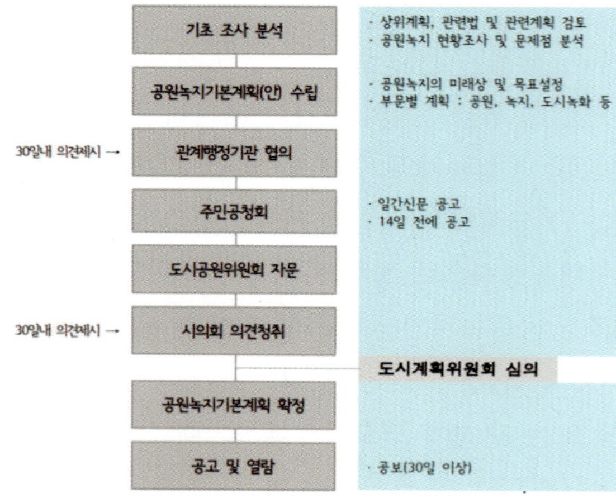

그림 5.39 2030 서울시 공원녹지기본계획의 수립절차

나. 기초조사

공원녹지의 문제점과 잠재력을 도출하고 계획을 수립하기 위해, 관련 계획 및 법규(2020 수도권 광역도시계획, 2030 서울시 도시기본계획, 도시공원 및 녹지 등에 관한 법률), 자연환경 현황(기상 및 미기후, 지형·지세 및 지질, 수문·수질 및 지하수, 재해, 토양, 식생 및 생태기반, 동물상), 인문환경 현황(도시 연혁, 인구, 토지이용, 용도지역, 도시기반시설, 도시개발 및 정비사업, 토지 소유, 공해 발생상황, 역사·문화자원, 레크리

44) '서울특별시(2015) 2030 서울시 공원녹지 기본계획'을 참고하여 정리

에이션 시설, 주택), 경관현황(자연경관, 인공경관, 산지 및 구릉지의 경관 훼손, 한강의 경관 훼손), 공원녹지 수요분석(공원·녹지 현황, 광장 및 유원지, 공원이용 만족도 현황조사)의 항목으로 구분하여 기초조사를 진행하였다. 분석된 자료는 표나 그래프를 통해 정량적인 결과 위주로 산출하였으며 이미지 결과를 통해 가시적으로 제시하였다. 기초조사 이외에도 공원서비스 수준분석을 진행하여 공원 소외지역을 도출하고, 국내외 사례분석을 통해 시사점을 분석하였다. 마지막으로 전반적인 종합분석결과를 통해 자연환경 부문, 인문환경 부문, 공원녹지 부분의 문제점 및 잠재력을 분석하고, 공원녹지 기본계획의 합리적인 수립을 위한 기본 자료로 활용하였다.

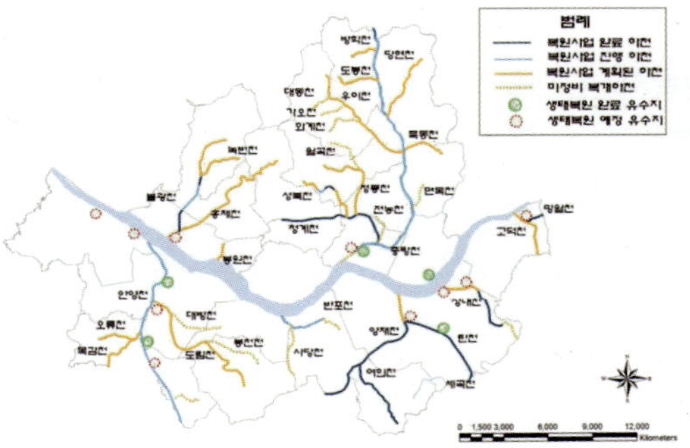

서울시 하천복원 현황 및 계획도

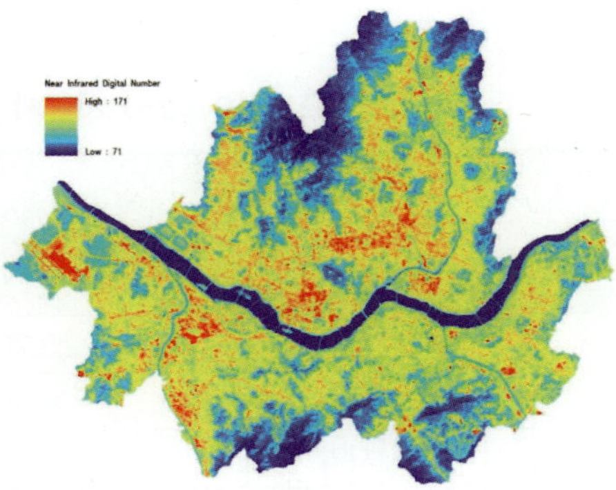

서울시 Landsat ET+열적외선 수치(2003년 5월 8일)

[표 2-50] 서울시 공원 현황(2014년 기준)

구분			계획				조 성		미조성	
			개소	면적(㎢)	점유율(%)	1인당 면적(㎡/인)	공원수(개소)	면적(㎢)	공원수(개소)	면적(㎢)
합계			2,782	170.1	100.0	16.37	2,184	148.2	598	21.9
도시공원	소계		2,155	115.7	68.1	11.14	1,565	94.1	590	21.6
	생활권공원	도시자연공원	20	65.6	38.5	6.31	12	51.3	8	14.2
		근린공원	398	43.7	25.7	4.21	313	37.9	85	5.9
		어린이공원	1,301	2.2	1.3	0.22	1,097	1.7	204	0.6
		소공원	366	0.5	0.3	0.05	107	0.1	259	0.4
	주제공원	체육공원	5	0.1	0.1	0.01	3	0.1	2	0.0
		묘지공원	4	2.4	1.4	0.23	3	2.3	1	0.1
		문화공원	39	0.6	0.4	0.06	19	0.4	0	0.2
		역사공원	12	0.4	0.2	.04	7	0.3	5	0.2
		수변공원	8	0.1	0.05	0.01	3	0.0	5	0.04
		생태공원	1	0.1	0.03	0.005	1	0.1	-	-
		가로공원	1	0.0	0.0014	0.0002	-	-	1	0.002
자연공원(국립공원)			1	37.3	22.0	3.60		37.3	-	-
기타공원	소계		626	17.0	10.0	1.64	618	16.7	8	0.3
	유원지		2	0.3	0.2	0.03	-	-	2	0.3
	강변공원(한강변, 지천변)		48	12.7	7.4	1.22	48	12.7	-	-
	마을마당		401	0.2	0.1	0.02	401	0.2	-	-
	기타 [illegible]		175	3.8	2.2	0.37	169	3.8	6	0.02

2013. 12. 31 현재 인구: 10,388,055인
(출처 : 서울시, 공원 현황, 2014, 재구성)

서울시 공원 현황(2014년 기준)

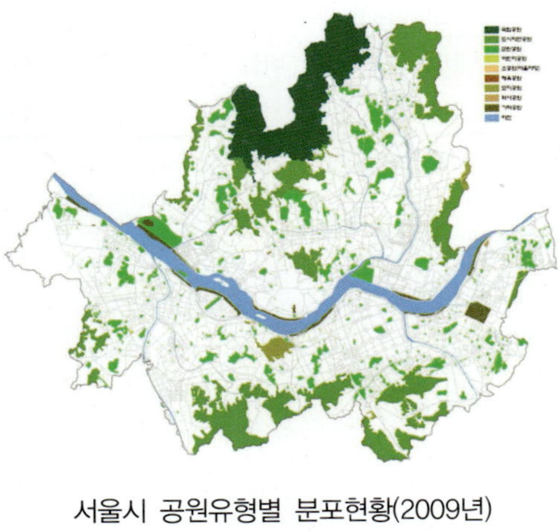

서울시 공원유형별 분포현황(2009년)

그림 5.40 2030 서울시 공원녹지기본계획: 기초조사 결과 예시

출처 : 서울특별시(2015) 2030 서울시 공원녹지 기본계획

다. 공원녹지 기본구상

지속가능한 도시환경의 보전과 발전을 위해 '더불어 사는 숲의 도시, 서울'을 정책비전으로 정하고, '공원 소외지역 해소', '도시생태 건강증진', '걷기좋은 녹지 조성', '시민참여 공원운영'을 4개 핵심 목표로 선정하였으며, 이를 바탕으로 6가지 세부 계획지표(녹피율, 공원녹지율, 공원녹지율, 1인당 공원면적, 공원서비스 소외지역, 도시녹화 면적)를 설정하고 정량적인 목표를 제시하였다. 또한, 미래상과 목표 및 기초조사 자료에 따라 공원녹지 배치방향 및 부분별(보전체계, 확충체계, 이용체계, 경관체계) 배치, 그리고 2030년 목표연도의 공원녹지 체계의 전반적인 구상을 진행하였으며 그에 따른 종합구상을 통해 축과 거점공원을 연계하고 공원녹지 네트워크를 구축하였다.

표 5.10 2030 서울시 공원녹지기본계획의 목표지표

지표항목		현재지표 (2014년)	목표지표	
			1단계 (2020년)	2단계 (2030년)
녹피율		23.78%	24.5%	25% 이상
공원녹지율		30.40%	30.85%	32.11%
공원율	도시지역 전체	28.10%	28.41%	29.40%
	시가화지역	15.93%	17.76%	23.78%
1인당 공원면적		16.37m²/인	17.61m²/인	18.61㎡/인
공원서비스 소외지역 비율		4.58%	2.26%	0%
도시녹화 면적		13,926,415m²	14,778,092m²	16,352,837m²

출처 : 서울특별시(2015) 2030 서울시 공원녹지 기본계획

공원녹지 보전체계 구상

공원서비스 소외지역의 공원 확충 구상

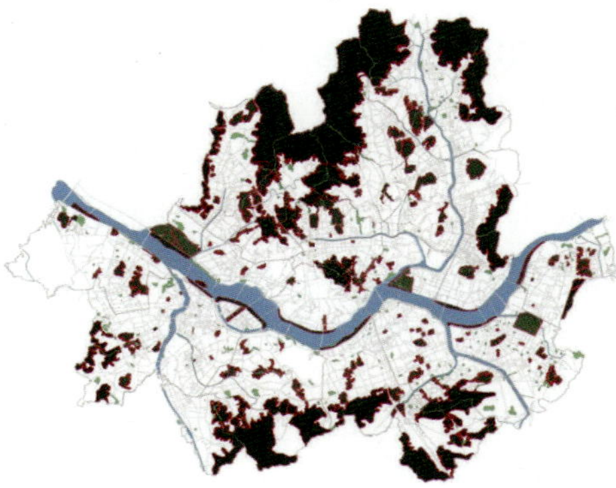

서울시 이용체계 구상(이용프로그램 운영 공원)

서울시 경관관리 구상

그림 5.41 2030 서울시 공원녹지기본계획: 공원녹지 부분별 배치구상

출처 : 서울특별시(2015) 2030 서울시 공원녹지 기본계획

라. 공원녹지 기본계획

공원녹지기본계획 수립지침에 의거하여 공원기본계획, 녹지기본계획, 도시녹화계획, 도시자연공원구역기본계획으로 나누어 수립하였다. '공원기본계획'은 1단계 목표연도를 2020년까지, 2단계 목표연도를 2030년까지 단계별로 구분하고, 내용은 크게 공원확충과 공원정비 두 가지 기본방향을 설정하였다. 조성이 오래된 공원들을 우선적으로 재정비하도록 하여 단계별 공원 재정비계획을 수립하였으며, 미집행공원을 대상으로 단계별 정비계획을 수립하였다. 공원서비스 수준이 낮은 지역, 지상부 주제공원화 및 공공기관 이전부지, 공공 및 민간 정비사업을 통한 지역거점공원 등을 대상으로 우선적으로 공원 확충계획을 수립하여 서울시 내 상세한 대상지를 목록화하였다.

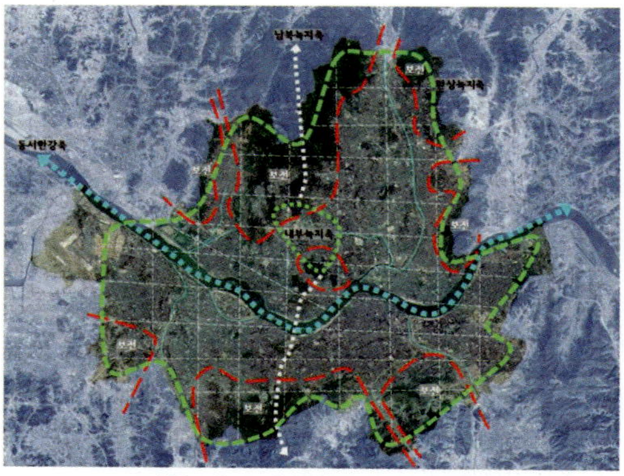

서울시 공원녹지 종합구상

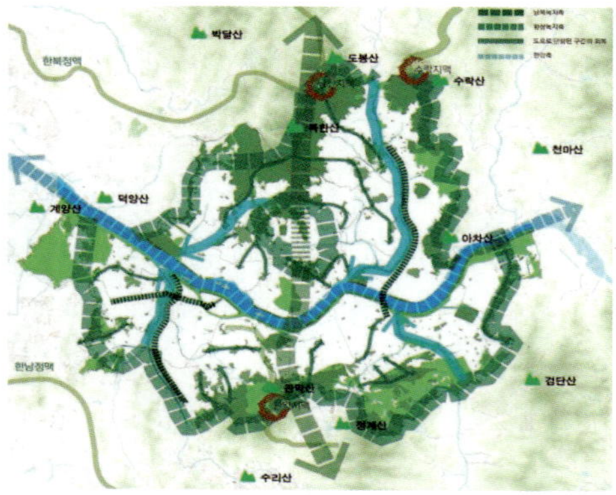

서울플랜 그린네트워크 구축체계

그림 5.42 2030 서울시 공원녹지기본계획: 공원녹지 종합구상

출처 : 서울특별시(2015) 2030 서울시 공원녹지 기본계획

'녹지기본계획' 또한 1단계 목표연도를 2020년까지, 2단계 목표연도를 2030년까지 단계별로 수립하고, 녹지보전, 녹지확충, 녹지복원 세 가지 방향으로 수립하도록 하였다. 구체적으로 생물다양성을 증진하기 위한 계획을 수립하고, 생태경관보전지역과 야생동식물보호구역을 추가로 지정하여 수립하였다. 「자연환경보전법」에 따른 생태경관보전지역, 「야생생물보호법」에 따른 야생생물보호구역, 녹지확충지역(완충녹지, 경관녹지, 연결녹지, 시설녹지), 녹지축(생태통로) 복원 및 연결지역, 가로수, 녹도(green way), 자전거도로, 경관도로를 각각의 조건에 따라 우선 조성 대상지를 목록화하여 단계별 조성계획을 수립하였다.

'도시녹화계획'은 도시지역에서 녹지의 보전 및 확충이 특별히 필요한 지역과 도시녹화가 가능한 장소를 설정하는 계획으로 도시녹화계획과 중점녹화지구의 지정을 계획하도록 하였다. 중점녹화지구는 공원서비스 소외지역을 주 대상지역으로 공공녹화사업구역과 민간녹화유도구역으로 분류하여 계획을 수립하여 그에 따른 대상지를 목록화하고 상세한 녹화계획을 제시하였다. 이외에도 옥상공원화 사업, 학교 공원화사업(에코스쿨 사업), 공공기관 담장개방 녹화사업, 아파트 열린녹지 조성사업, 자투리땅 녹화 및 골목길 가꾸기 사업, 인공구조물 녹화사업을 통한 공공과 민간의 참여를 통해 부족한 녹지지역을 확충하기 위한 계획을 수립하였다. 추가적으로 한강 자연성회복 기본계획을 통해 서울시의 핵심 생태축인 한강의 생태계복원, 물길 연속성 확보, 생태축 연결성 확보, 수질 개선, 친환경 이용을 이루기 위한 계획을 수립하였다.

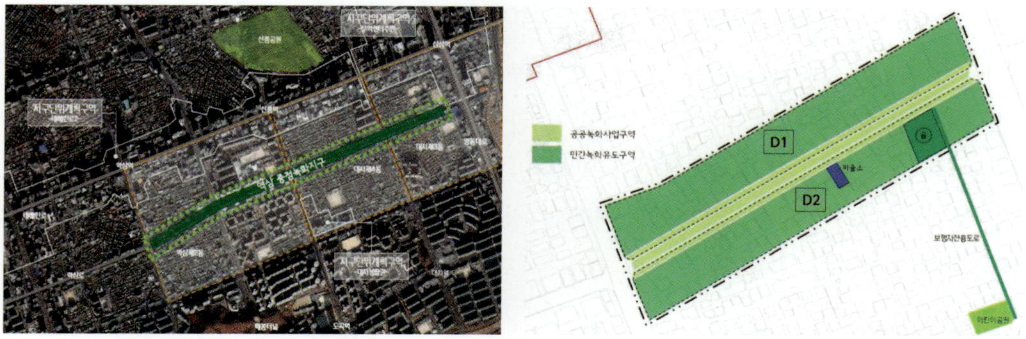

역삼 중점녹화지구 일대 현황　　　　　　역삼 중점녹화지구 1지구 도시녹화정비계획

그림 5.43 2030 서울시 공원녹지기본계획: 도시녹화계획 예시

출처 : 서울특별시(2015) 2030 서울시 공원녹지 기본계획

'도시자연공원구역 기본계획'은 도시자연공원이 도시자연공원구역으로 전환됨에 따라 환경성 검토(자원적 가치), 이용성 검토(여가적 수요 충족), 계획적 정합성 검토(공간 계획적 적합성)의 세 가지 부문으로 기존 도시자연공원을 검토하여 도시관리계획을 변경하고 영역별 관리계획을 수립하였다.

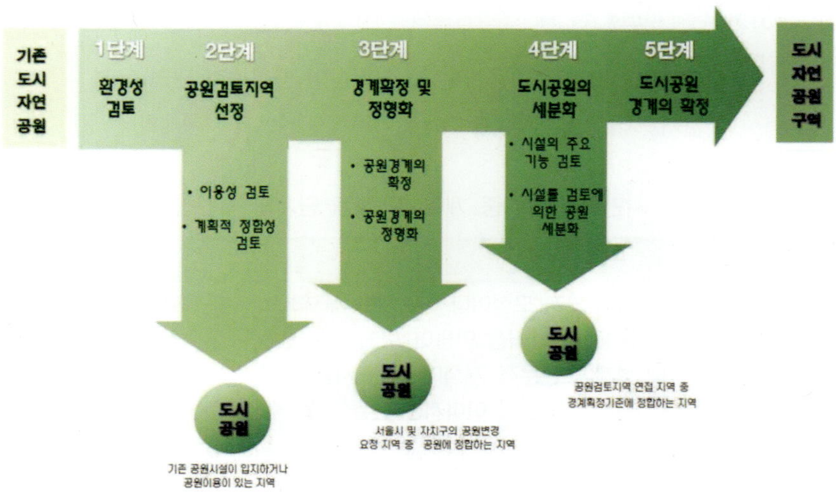

그림 5.44 2030 서울시 공원녹지기본계획: 기존 도시자연공원의 도시관리계획 변경 원칙 및 경계확정 프로세스

출처 : 서울특별시(2015) 2030 서울시 공원녹지 기본계획

마. 공원녹지 관리 · 이용계획 및 시민참여계획

서울시 공원녹지 기본계획에서는 조성된 공원과 녹지의 효율적이고 체계적인 관리와 이용을 위하여 공원녹지 관리계획, 재해방지 관리계획, 공원녹지 이용계획, 시민참여계획으로 나누어 공원녹지 관리 · 이용계획 및 시민참여계획의 기본방향과 원칙을 수립하였다.

'공원녹지 관리계획'은 공원녹지 시설의 장애물 최소화 정비, 범죄예방 환경 조성 및 관리, 수목재활용을 통한 수목관리 계획을 포함하고 있으며, 공원녹지 관리체계를 수립

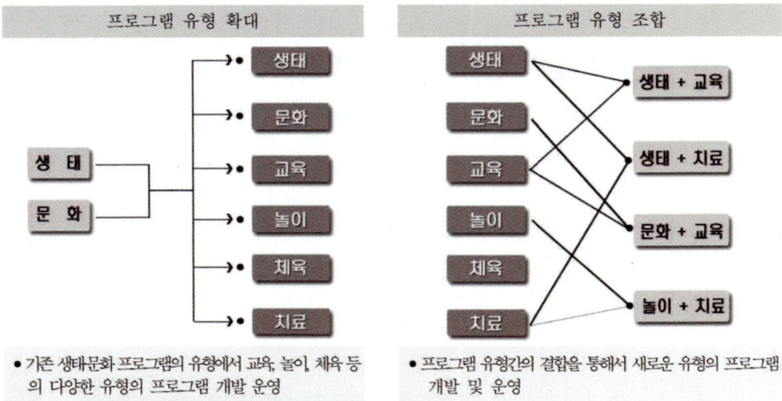

그림 5.45 공원녹지 이용계획 중 시민참여 공원녹지 관리 유형

출처 : 서울특별시(2015) 2030 서울시 공원녹지 기본계획

표 5.11 시민참여계획 중 계획 및 설계 단계의 시민참여 방안

도구		방법
소극적	모형 KIT 이미지 KIT	• 여러 가지 모형이나 이미지를 제시하고, 시민들로 하여금 자신이 마음에 드는 공원을 직접 만들어 보게 하는 방식 • 설계에 전문적 지식이 없는 사람도 단위 유니트의 조합으로 쉽게 자신이 원하는 공원의 이미지를 만들어 볼 수 있음
	아이디어 스케치 만들기 놀이	• 시민들로 하여금 자신들이 바라는 공원에 대하여 직접 스케치하는 방식 • 쉽게 사용할 수 있으나, 시민들의 공통적인 의견을 수렴하는데 한계가 있음
	설문조사 주민인터뷰	• 여러 가지 설계의 대안을 보여주고, 그 중에서 마음에 드는 공원을 고르게 하는 방식 • 주민들의 공통적인 의견을 수렴하는 데는 효과적이나, 창의적인 아이디어의 수렴은 한계가 있음
적극적	디자인 회의	• 전문가, 설계자, 지역주민들이 디자인과정에서 직접 참여하여 설계안을 작성

출처 : 서울특별시(2015) 2030 서울시 공원녹지 기본계획

하여 관리방안의 현황을 파악하고 관리 운영방안을 제시하였다. '재해방지 관리계획'은 공원녹지와 연관이 있는 산사태 및 산불, 병해충의 서울시 내 재해 현황 및 상세 관리계획을, '공원녹지 이용계획'은 이용시설, 만족도, 프로그램에 대한 현황 및 문제점을 분석하여 상세한 이용방안과 프로그램 유형 등을 다루고 있다. 마지막으로 '시민참여계획'은 설계, 조성, 관리, 시민기금조성 단계로 구분하여 시민참여 현황 및 문제점에 대해 분석하고, 시민참여 방안에 대한 단계별 계획방안을 제시하고 있다.

2.3. 농촌·산촌·어촌계획

1) 개요

농·산·어촌은 생활공간이자 여가 · 문화 공간이며 환경적 가치가 높은 미래공간으로서 중요한 자산이다. 생산의 땅인 농지와 산지는 다양한 생물종이 서식하는 생명의 땅이고 아름다운 경관과 그 안에서 살아가는 사람들의 생활상이 함께 투영되는 어메니티(amenity)가 유지되는 지역이다. 따라서 농·산·어촌 계획은 물리적인(physical) 요소 뿐 아니라 지역이 지닌 고유한 환경·생태·사회·경제·공동체·문화·역사를 담아 고유의 농촌다움(rurality)을 유지하고 지속가능한(sustainable) 삶을 목표로 수립하는 종합계획(master plan)이다.

2) 농촌 및 산촌 계획 사례

농·산촌은 인구감소, 고령화, 농산업 변화로 인해 예전에는 하나의 마을이 담당하던 최소 생활권이 마을에서 읍·면으로, 시·군 전체로 확대되고 있다. 따라서 생활권 위계에 따라 계획가와 해당지역 거버넌스(이해관계자)의 역할이 다르며 그 내용은 다음과 같다.

표 5.12 농촌 및 산촌 공간위계별 계획 기법

공간위계	계획가		거버넌스 참여	
	항목	기법	항목	기법
시군단위	• 공간구조 및 물리적 환경 분석 • 상위계획, 대내외적 여건분석 • 성과목표지표 설정 –목표인구 / 만족도 / 이용률 등 • 생활권설정 및 사업계획 • 재정, 투자계획 • 모니터링, 운영관리계획	GIS, CAD, SPSS 등	• 생활서비스 이용현황 조사 • 필요시설 도출	워크숍 회의 포럼 설문 인터뷰 앙케이트
읍면단위			• 생활서비스 이용현황 조사 • 필요시설 도출 • 생활권 거버넌스 주체 발굴 • 운영참여주체 발굴	
마을단위	• 환경관리구역(등) 설정 • 단위사업계획	GIS, CAD 등	• 문제 도출 및 해결방안 • 참여희망가구(조직)발굴	워크숍 회의 설문

※ 거버넌스(governance) : 관계되는 여러 조직으로 이뤄진 수평적 이해관계자 집단

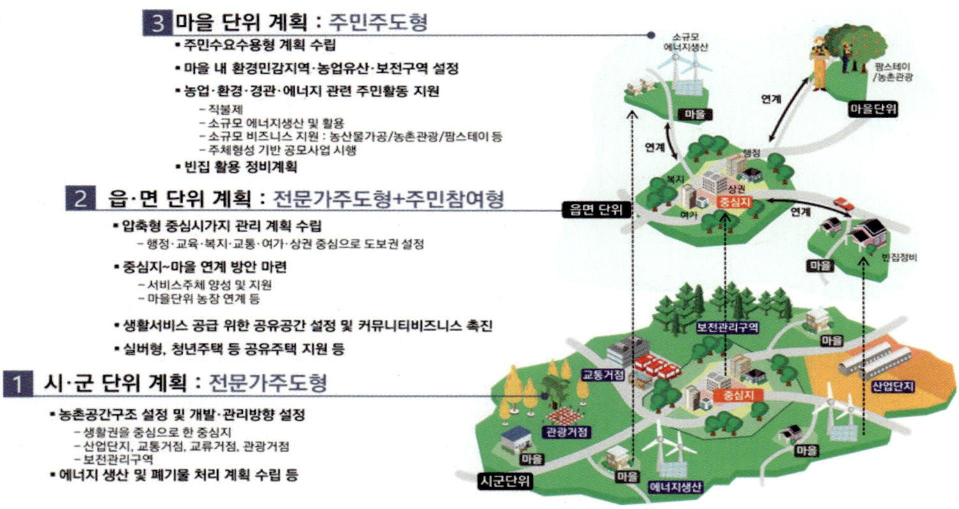

그림 5.46 농촌 및 산촌 공간계획 위계에 따른 기능과 역할

가. 시군단위계획 : 평창군 농촌공간 전략계획

시군단위 계획에 있어서는 농촌공간의 계획적인 이용·관리와 효율적인 생활권 구분 및 난개발을 방지하기 위한 방안 마련이 필요하다. 공간구조 분석을 통해 생활권 및 관리구역을 설정하며 분석 항목으로는 지형지세·수계·교통축·녹지축·농업생산축 및 기능별로 분포한 생태·교류·산업·관광 등의 거점이 있다.

평창군은 강원도 남부에 위치, 강릉·정선·횡성·영월·홍천군과 연접하며 2018년 평창동계올림픽 개최로 KTX가 개통되어 수도권에서 접근이 유리한 지역이다. 1읍 7개면, 191개 행정리에 인구는 약 40,996명(2021년 기준)이 거주하고 있으며 전체 면적에서 산림이 91.6%를 차지하여 가용할 수 있는 토지가 타 지자체에 비해 낮으며 보유한 산림 및 하천 등 농촌다움 환경 보전과 관리가 중요한 지자체이다.

평창의 경우 공간구조 분석결과, 산맥과 수계를 중심으로 마을(주거지)이 형성되어 있고, 교통망과 농림 생산 활동에 따라 생활권이 구분되어 있다. 생활권을 설정하는 것은 주민 삶에 필요한 생활서비스를 제공하는 기틀이 되므로 합리적으로 생활권을 분류하여 공공에서 제공하는 필요(필수) 시설을 도입, 계획을 수립하는데 중요한 근간이 된다. 시군단위 계획을 수립 할 경우 지역을 전체적으로 바라보는 시각과 농촌공간구조를 파악하는 분석 능력이 필요하다.

표 5.13 평창군 자연·지리적 공간구조 특성 분석

구분	공간구조 특성
지형·지세	산림의 능선에 따라 읍·면의 행정구역 형성 → 동–서형, 남–북 형 등 행정구역 형태 다양 → 읍·면별 행정구역 면적 차이 상이 경사도가 비교적 완만한 지역을 중심으로 읍·면 소재지 형성 → 높은 해발고, 경사도에 입지한 마을과 읍·면 소재지 간의 접근성 열악
수계·하천	계곡 분수령에 따른 마을 형성 → 취락이 소규모로 분산 배후 산지에서 시작된 계곡이 합류하는 하류 지역에 읍·면 소재지 형성 → 산맥으로 인한 수계 분리로 읍·면 소재지와 접근성이 단절된 행정리 분포
보전축	서–북–동측 주변을 연결하고, 남–북을 연결하는 생태네트워크 형성 봉평면과 미탄면에 일부 분절된 생태축은 농촌다움 유지를 위해 필수적으로 보전 필요
농업생산축	주요 수계축을 따라 남북 방향으로 농업진흥지역 분포
교통축	지역균형개발 목적의 남–북 연결 교통축과 동–서 연결축이 대화면과 용평면을 중심으로 교차

■ 평창군 지형분석

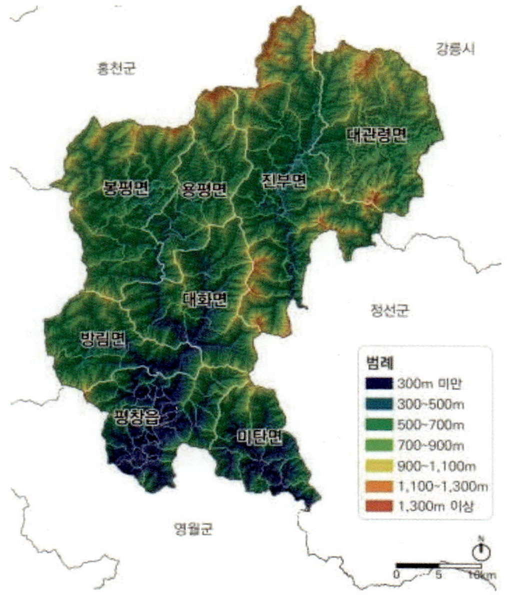

■ 평창군 교통축·개발거점

■ 평창군 생활권 연계방안

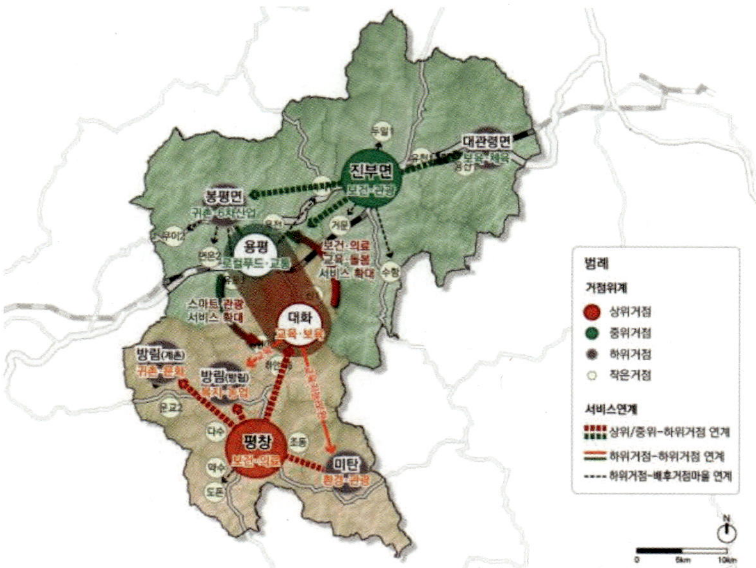

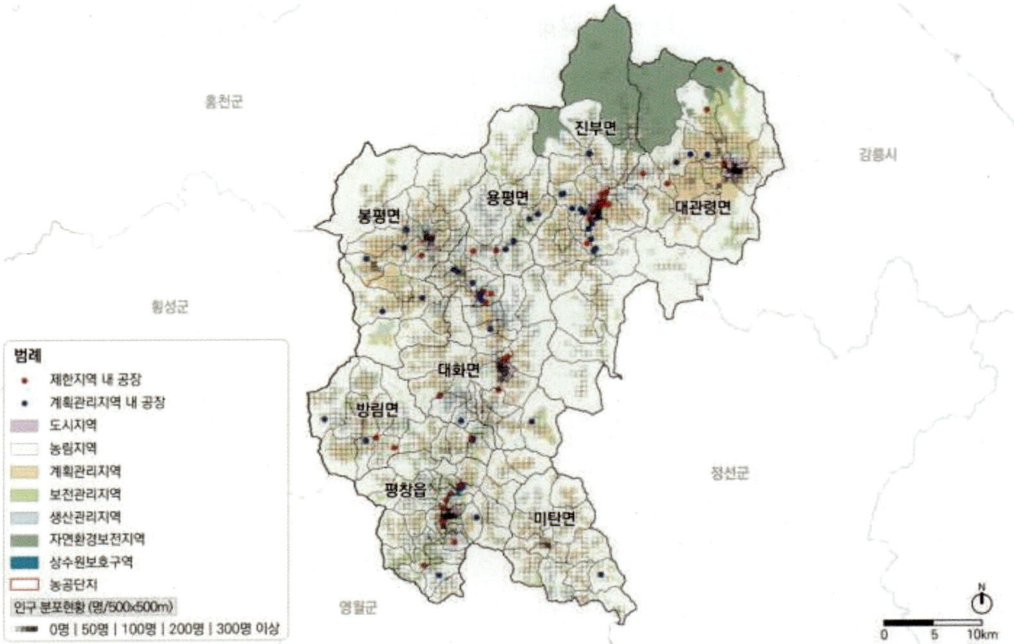

그림 5.47 평창군 제한지역 내 공장 분포 현황

출처 : 지역활성화센터(2021c) 평창군 농촌공간 전략계획, 평창군

시군단위 계획에 있어 중요한 사항 중 하나는 난개발 요소를 파악하고, 이를 정비할 수 있는 방안을 마련하는 것이다. 난개발요소는 공장, 창고, 태양광설비 등이 있다. 이는 규모, 위치에 따라 위해요소로 구분되며 GIS 분석을 실시한 뒤 현장분석을 통해 검증한다. 정비가 필요한 지역은 지역주민과 협의를 통해 개선방안을 마련한다.

표 5.14 농촌공간정비 우선 사업지구 선정기준 설정 예시

선정기준		내용
시급성 필요성	농촌마을 낙후도	과소화마을, 빈집이 많거나 노후 건축물이 많은 곳
	난개발요소 밀집도	태양광시설·공장, 창고 등 난개발요소 밀집 정도
지역 요구도	농촌공간정비 효과	농촌공간정비 대상 지역 인구수
	지역주민수요	농촌공간정비에 대한 지역주민 수요 여부
		농촌공간정비에 대한 지역주민 합의도출 가능 여부

나. 마을단위계획 : 충남 홍성군 장곡면 도산2리 경관계획

도산2리는 홍동저수지를 중심으로 오미·되재·대교마을로 구성된 행정리이다. 이곳은 유기농업을 시작으로 농업·농촌 교육에 힘쓰는 젊은협업농장, 사회적농업(사회적 약자를 대상으로 교육·돌봄·일자리 등 다양한 사회복지 서비스를 제공하는 농업활동)을 선도하는 행복농장이 위치하고 있어 외부인의 교류가 활발한 마을이기도 하다.

젊은협업농장·행복농장 중심으로 유기·친환경농업을 지속하려 노력하고 있으나 축사 폐수문제, 고령화에 따른 농업포기 농지 및 빈집 발생, 농약·비료 과다사용, 불법 쓰레기 소각 등 여러 환경문제가 발생했다. 지난 20년간 유기농업을 실천하며 농지를 확보하고 노력하며 지켜낸 농촌 환경은 빠르게 파괴되었으며 농업의 근간이 되는 홍동저수지의 수질 또한 악화기로에 놓여 백로, 왜가리, 도요새, 개구리도 보기 어려운 지경에 이르렀다.

심각성을 인식한 주민과 여러 이해 관계자는 깨끗한 수질과 건강한 토양을 되찾아 다시 도산리다운 건강한 환경을 회복하고자 방안을 모색하였다.

계획가(전문가)는 토양·수질오염 등의 농업환경과 마을경관·생활폐기물·쓰레기 등 생활환경을, 주민은 동·식물상 현황 및 지역탐사를 통한 조류 조사 등을 시행했다. 마을 생태·환경 분석을 통해 해결해야 할 문제를 적시하고, 농림축산식품부 정책사업으로 추진하는 농업환경보전프로그램의 지원을 받아 주민활동에 따르는 비용을 마련하였다. 이를 체계적으로 추진하기 위해 주민역량을 고려하여 다음과 같이 계획하고 주민참여에 따라 활동비를 지급하여 행동이 확산될 수 있도록 했다.

그림 5.48 홍성군 장곡면 도산2리 전경

표 5.15 농업환경보전프로그램 주민활동 내용

개 별 활 동	공 동 활 동
완효성 비료(slow–release fertilizer) 사용하기 농사 후 남은 농업부산물 논밭 환원하기 휴경기 녹비작물 재배 및 토양 환원하기 천적으로 해충 방지하기 제초제 없이 잡초 제거하기 태양열로 토양 소독하기 경운 최소화하기	오염된 하천, 저수지 청소하기 영농폐기물 공동수거 및 분리배출하기 생활폐기물 공동수거 및 분리배출하기 공동 공간 관리 및 청소하기 전통적 농업기술 유지 및 계승하기 조류 모니터링하기

출처: 지역활성화센터(2021a) 농업환경보전프로그램 운영, 홍성군

| 되재마을 단풍나무 아래 벤치 |
- 되재마을 할머니들이 모여 이야기를 나누는 공간

| 대교마을 이춘진어르신댁 마당정원 |
- 대교마을 할머니들의 사랑방 공간

| 대교마을 감나무 정자목 |
- 대교마을 어르신들이 모여 쉬는 공간

그림 5.49 도산2리 주민교류 공간

출처 : 지역활성화센터(2021b) 사회적농업마을조성을 위한 도산2리 경관계획수립, 오누이친환경마을협동조합

주기적인 개인활동은 주민의 환경에 대한 관심 증대로 이어지며 조류 모니터링단 활동은 지역 아이들의 참여를 가져온다. 공동활동을 통해 크고 작은 공동체 활동의 경험을 하며 상호 관계가 형성되는 계기가 마련된다. 활동은 여러 유형의 마을공간에서 이루어지며 공간의 변화를 가져온다. 변화된 마을공간은 주민의 인식개선과 공감대 형성에 도움을 주고 더 많은 주민의 참여를 만든다.

주민공동체 활동은 마을회관, 경로당을 중심으로 이어지지만 보행이 불편한 노인은 마을공동시설로 가기가 어렵다. 집 앞 그늘이 좋은 정자목이나 개인집 마당이 공동체 공간을 대신한다. 계획가는 주민활동이 일어나는 정자목 아래, 마을마당 등을 찾아 교류공간을 계획해야 한다. 마을의 고령화로 주민교류공간을 조성하고 관리하는데 지역 청년의 관심이 필요하므로 도산2리에서는 젊은 협업농장을 통해 잠시 체류하는 청년의 활동과 연결하고 금산 중도8리에서는 지역대학 학생들이 수업을 통해 정원을 계획·조성하였다.

마을단위 계획수립에 있어 가장 중요한 것은 실현가능성이다. 농·산촌 마을은 인구가 적으며 고령화되고, 물리적인 시설은 낡고 부족하다. 재생해야 할 시설과 주민에게 필요한 활동은 많은데 만회하기가 쉽지 않기 때문에 실천 가능한 주민활동을 찾아 지속할 수 있도록 프로그램을 제시하는 계획을 수립해야 한다.

주민 공감대를 얻고 스스로 움직이도록 촉진할 수 있는 방안을 찾기 위해서는 계획가로서의 입장이 아닌 마을 주민 입장이 되어야 한다. 계획기간 동안 외부 조력자로서 마을과 관계 맺고 마을과 밀착하여 주민행태를 읽고, 현황을 들여다보고 계절을 읽고 지역문화를 이해해야 한다.

그림 5.50 자투리공간을 정원으로 조성, 주민교류공간으로 재탄생

출처 : 지역활성화센터(2021b) 사회적농업마을조성을 위한 도산2리 경관계획수립, 오누이친환경마을협동조합

3) 어촌 계획 사례

가. 어촌뉴딜 300[45)]

어촌은 정주여건 악화, 어촌고령화, 낙후된 시설 등 열악한 환경에도 불구하고 최근 해양관광과 레저 수요가 꾸준히 늘고 있어, 이를 통한 일자리 창출과 지역경제 활성화를 위

45) https : //www.korea.kr/special/policyCurationView.do?newsId=148863948 대한민국 정책브리핑

해 어촌·어항의 통합적 재생과 개발은 매우 중요한 과제다. 2020년 2월부터 시행된 「어촌·어항법」 및 시행령 개정안에 근거한 '어촌뉴딜300' 사업은 전국 어촌·어항 기반시설을 현대화하고 어촌이 보유한 핵심자원을 활용해 차별화된 콘텐츠를 발굴함으로써 어촌지역에 활력을 불어넣고, 어촌 주민의 삶의 질을 높이기 위한 사업이다.

어촌뉴딜300사업은 그간 상대적으로 낙후되었던 소규모 연안 및 도서 지역의 어촌을 되살려 지역경제 활성화 및 국가 균형발전을 실현하는 것을 목적으로 하며, 주요 추진 내용은 어촌 접근성을 위해 해상교통시설 현대화, 어촌의 핵심자원을 활용한 해양관광 활성화, 어촌지역의 공동체 역량 강화, 부처 연계사업 등이다. 2018년 9월부터 순차적으로 시작된 어촌뉴딜 사업의 사업지 300개소 선정이 2021년 12월에 완료되었으며, 2024년까지 300개소의 준공을 목표로 하고 있다. 사업 대상지 중 자연경관이 뛰어나고, 개발에 따른 마중물 효과가 클 것으로 기대되는 곳을 '선도 사업' 대상지로 선정해 어촌뉴딜 대표 상표로 육성하고 있다. 한편, 해양수산부는 어촌뉴딜300사업 추진 기간동안 리빙랩 기관이 전문가 등과 지역사회 현장으로 직접 들어가 일정기간 상주하면서 주민과 함께 지역문제를 진단하고 해결방안을 모색하는 리빙랩(Living lab)사업을 2021년 시범도입하여 현장밀착형 정책지원을 하고 있다.

나. 전남 여수시 두문마을 죽포항 어촌뉴딜사업[46)]

두문마을은 전통적인 어촌마을과는 달리 어업 대비 농업종사 인구 비율이 높은 반농반어(半農半漁)의 형태를 띠며, 지방어항인 죽포항은 비교적 정비가 잘 되어 있으나 안전시설과 어항경관이 미흡하며 체험공간들의 방치 및 미활용으로 농업·어업외 소득창출이 어려운 실정으로 방문객도 많지 않아 전체적으로 활력이 저하된 마을이다.

이에 따라, 불안한 어항시설 보완으로 안전한 어항환경 마련, 불편한 기반시설 확충으로 생활여건 개선, 부족한 어업외 소득 창출 지원을 위한 소득기반시설 확충을 통해 살기 좋은 죽포항 조성을 계획의 목적으로 설정하였다.

계획목적을 달성하기 위해 안전시설 설치, 어항구역 경관개선이 포함된 '공통사업', 갯벌생태체험장 복원, 두문마을 둘레길 조성 등 지역고유의 자연환경·산업·역사·문화 등을 반영한 '지역특화사업', 사업을 통해 조성된 시설·프로그램에 대한 자체 지속가능성을 확보하는 'S/W사업' 등이 추진된다.

46) '선재이앤씨(2019) 죽포항 어촌뉴딜300사업 기본계획 보고서' 참고

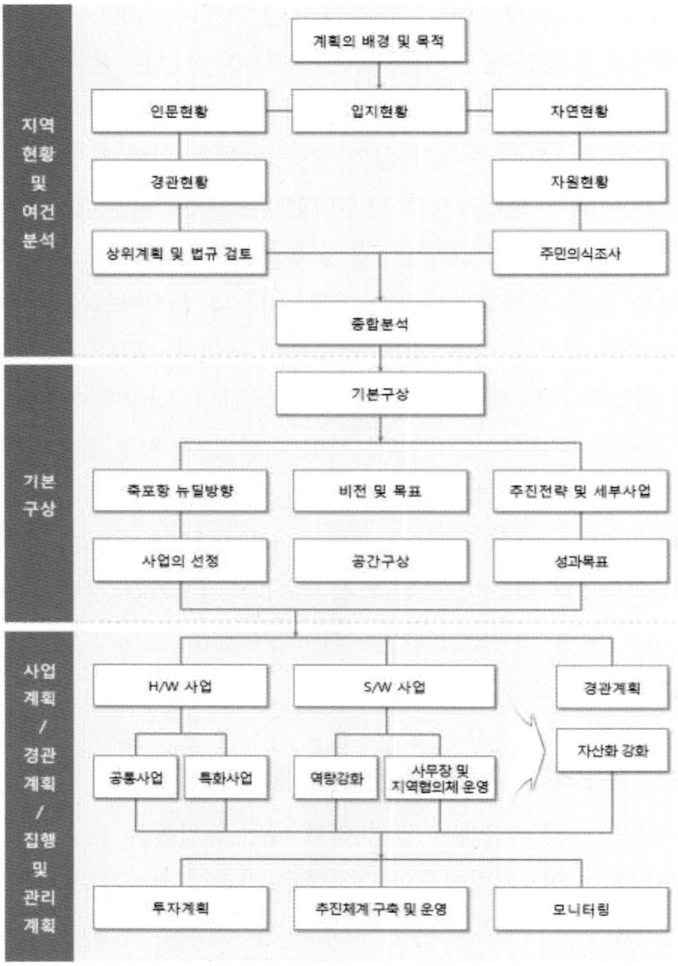

그림 5.51 죽포항 어촌뉴딜사업의 계획수립 흐름체계

출처 : 선재이앤씨(2019) 죽포항 어촌뉴딜300사업 기본계획 보고서

■ 대상지 현황 및 공간구상도

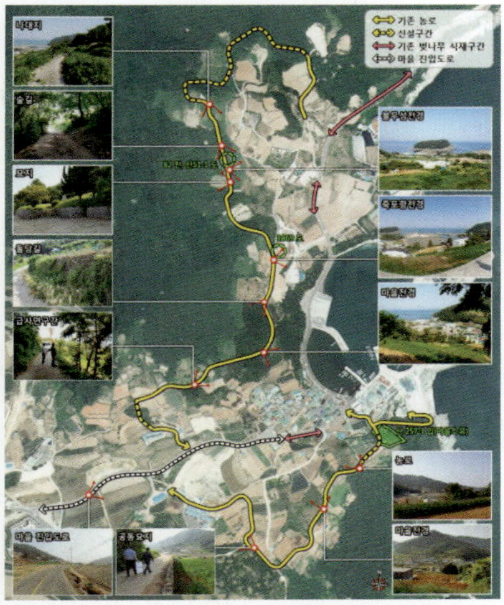

■ 죽포항 어촌뉴딜사업 계획

그림 5.52 죽포항 대상지 현황 분석 및 어촌뉴딜사업 계획

출처 : 선재이앤씨(2019) 죽포항 어촌뉴딜300사업 기본계획 보고서

2.4. 도시 바람길 계획

1) 개요

바람길 계획은 야간에 도시 외곽 산림 등에서 생성되는 '시원하고 신선한 공기(찬공기)'를 도심 개발지까지 흐르게 하여 공기순환을 촉진함으로써 대기오염 및 열환경 개선에 도움을 주는 계획으로, 슈투트가르트(Stuttgart) 등 독일의 많은 도시에서 친환경적 계획요소로 활용하고 있다. 바람길이 도시까지 이어지지 못하는 이유는 크게 건물들에 의해 발생하는 '물리적 장해'와 도시의 더운 공기로 인해 차가운 효력이 막히게 되는 '대기 환경적 장해'로 구분할 수 있다. 물리적 장해는 건축물의 높이와 밀도를 낮추는 등 도시 공간구조를 변경함으로써 해결할 수 있으며, 대기 환경적 장해는 도시내에서 대기 온도를 낮춰주는 공간을 조성함으로써 해결할 수 있다. 최근 산림청에 의해 조성되고 있는 도시 바람길숲은 바람길 확산의 대기환경적 장해를 해결하기 위한 방안이며, 도시 공간구조를 변경하는 제도·계획과 함께 시행될 때 가장 효과적인 바람길을 구현할 수 있다(엄정희 외, 2020).

그림 5.53 차고 신선한 공기 흐름의 장애 요인

출처 : 엄정희 외(2020) 도시 바람길숲의 조성원리와 제도화를 위한 연구, 산림청; 김주열 외(2022) 도시바람길숲 조성 · 관리 실무가이드, 산림청

2) 도시 바람길숲

산림청에서는 바람길 개념을 도시숲과 연계한 '도시 바람길숲 조성 사업'을 추진하고 있다. 바람길숲은 '도시 내외곽 산림에서 생성되는 찬공기를 도심으로 유도·확산할 수 있도록 조성하는 도시숲'을 의미하며, 바람생성숲, 연결숲, 디딤·확산숲의 세 가지 요소로 구성된다. '바람생성숲'은 야간에 찬공기가 생성되어 정화된 찬바람이 부는 숲으로 도시 외

곽의 산림 및 녹지를 의미하며, '디딤·확산숲'은 기온차를 통한 미풍생성 역할을 하는 도시 내 거점숲으로 공원 등 도시 내 면적인 녹지를 의미하고, '연결숲'은 외곽 산림과 디딤·확산숲을 연결해서 찬공기의 이동을 원활하게 해주는 역할을 하는 가로수, 하층식재, 하천변 녹지 등 선형적인 녹지를 의미한다(김주열 외, 2022).

본 서에서는 도시 바람길숲 조성 사업을 중심으로 도시 바람길을 조성하는 과정에서 조경계획의 역할을 살펴보고자 한다.

3) 세종시 도시 바람길숲 조성 사업 : 세종이음숲

가. 바람길숲 조성여건 조사 및 분석

바람길숲의 조성을 위해서는 미세먼지, 폭염 등 바람길이 필요한 '도시환경 취약지역 현황', 야간에 숲에서 생성되는 시원하고 신선한 공기의 흐름인 '바람길 현황', 산림과 숲, 공원, 녹지 등 도시 내외곽에 이미 존재하는 '바람길숲 현황'을 조사 · 분석해야 한다.

세종시는 0.3m/s의 무풍에 가까운 바람의 비율이 높고 평균풍속이 낮으며, 특히 주간에 비해 야간의 풍속이 낮아 대기가 정체되는 야간의 대기순환이 필요한 지역이다. 또한, 도시 외곽의 풍부한 산림에서 생성된 찬공기가 원활하게 도시로 유입되고 있으나, 행정

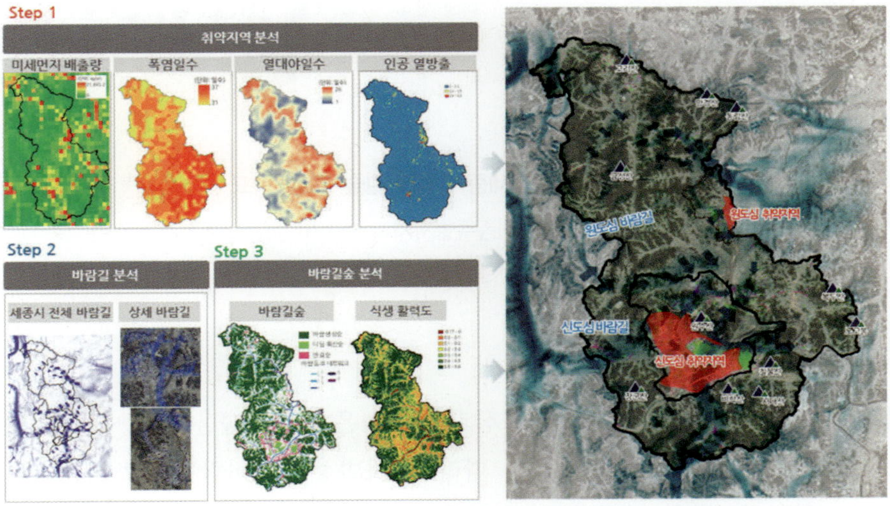

그림 5.54 세종시 바람길숲 조성여건 분석 및 종합

출처 : 세종특별자치시(2020) 세종특별자치시 도시바람길숲 조성사업 기본 및 실시설계 보고서

중심복합도시로 조성되는 신도심 및 조치원 중심의 구도심은 대기 및 열환경에 취약한 지역으로 분석되어, 이 지역을 중심으로 구체적인 바람길숲 조성 계획이 조성될 필요가 있다.

나. 바람길숲 조성 목표

도시 외곽 산림에서 생성된 시원하고 신선한 공기를 세종시 중심 취약지역까지 이어지게 하기 위해 바람생성숲–연결숲–디딤·확산숲으로 이어지는 바람길숲 네트워크를 조성하는 목표를 수립하였다. 또한, 인구가 밀집되고 환경이 취약한 신도심 및 구도심을 중심으로 바람길숲을 우선적으로 계획하되 현재 풍부한 바람생성숲 보다는 취약지역 내 디딤·확산숲과 연결숲을 새롭게 조성하는 것에 중점을 두었다.

그림 5.55 세종시 바람길숲 조성 목표

출처 : 세종특별자치시(2020) 세종특별자치시 도시바람길숲 조성사업 기본 및 실시설계 보고서

다. 바람길숲 기본 구상 및 기본방향

바람길숲 조성계획이 수립되는 신도심과 구도심은 바람길숲을 계획 · 조성하는데 중요한 도시 공간구조 여건에 차이가 있다. 따라서, 차별성있는 바람길숲 조성 기본방향을 수립하였다. 세종정부청사 등 행정 및 연구중심의 신도심은 '계획된 바람길숲의 도시'를 조성방향으로 설정하고, 그 특성에 따라 주거중심, 국가행정중심, 상업중심, 행정 및 연구중심의 4개 구역으로 구분하여 조성 방향과 기본 구상을 수립하였다.

표 5.16 세종시 신도심 바람길숲 조성 방향

구분	조성방향
주거중심	• 고운동, 아름동, 종촌동 일대는 주거중심의 지역으로, 찬공기 흐름이 약화되는 곳이며 미세먼지에 취약한 지역임 • 주변을 둘러싸고 있는 생성숲과의 연결성을 확보하여 찬공기 흐름을 강화해야 함 • 생활자원회수센터에서 발생하는 오염물질을 차단할 차단숲 조성이 필요함
국가행정 중심	• 도담동, 어진동 일대는 국가행정기관이 위치한 지역으로, 찬공기 흐름이 약화되는 곳이며 미세먼지 및 열환경에 취약한 지역임 • 규모가 큰 생성숲을 보완하여 찬공기의 생성능력을 강화해야 함 • 북쪽에서 불어오는 찬공기의 흐름 방향을 고려하여 하천과 도로를 활용해 연결숲을 강화해야 함
상업중심	• 한솔동, 새롬동 일대는 상업 중심지역으로 찬공기 흐름이 약하며, 미세먼지 및 열환경에 취약한 지역임 • 생성숲이 상대적으로 적기 때문에 최대한 많은 지역에 디딤·확산숲을 조성해야 함 • 통행량이 많은 도로가 형성되어 있어 도로에서 발생하는 미세먼지가 인근 상업지역으로 확산되지 않도록 미세먼지 차단을 고려한 연결숲을 조성해야 함
행정 및 연구중심	• 대평동, 보람동, 소담동 일대는 행정 및 연구기관이 위치한 지역임 • 찬공기 흐름이 약화되고 열환경에 취약한 지역임 • 남측에 위치한 생성숲과의 연결성을 확보하여 연결숲을 조성함으로써 찬공기 흐름을 강화해야 함 • 또한 금강을 따라 흐르는 찬공기가 시가지로 유입되도록 연결숲을 조성해야 함

출처 : 세종특별자치시(2020) 세종특별자치시 도시바람길숲 조성사업 기본 및 실시설계 보고서

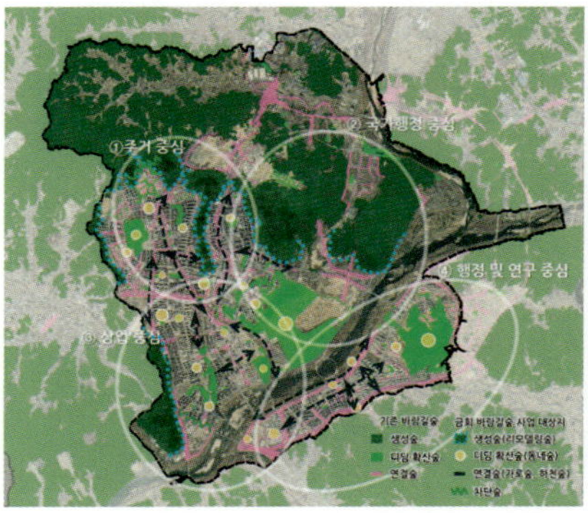

바람길숲 기본구상

계획된 바람길숲의 도시-행복도시

생성숲	
리모델링숲 (숲가꾸기)	• 기존 산지형 근린공원의 숲가꾸기(숲구조 및 식생 변경)를 통해 바람 생성 기능 강화
디딤·확산숲	
동네숲	• 취약지역 내 신규 디딤·확산숲을 조성하여 바람흐름을 확산
	• 기존 도시공원의 식재 보완을 통해 바람 생성 및 확산 기능 강화
공공숲	• 기존 공공기관 및 학교의 녹지공간 개선 및 확충을 통해 바람확산 역할 강화
연결숲	
가로숲	• 도로 가로숲 식재를 보완하여 연결숲 기능 강화
	• 취약지역 내 신규 연결숲을 조성하여 바람흐름 연결 기능 강화
하천숲	• 하천변 녹화를 통해 바람 흐름 연결성 강화
차단숲	
차단숲	• 차단숲을 조성하여 주변지역으로 확산되는 미세먼지 및 오염물질을 차단

바람길숲 기본방향

그림 5.56 세종시 신도심 바람길숲 기본구상

출처 : 세종특별자치시(2020) 세종특별자치시 도시바람길숲 조성사업 기본 및 실시설계 보고서

조치원역 중심의 구도심은 '명품 정원의 도시'를 조성방향으로 설정하고, 조치원역 동측, 조치원역 일대, 조치원역 서측의 3개 구역으로 구분하였다.

표 5.17 세종시 구도심 바람길숲 조성 방향

구분	조성방향
조치원역 동측	• 조치원역을 중심으로 동측 일대에 형성된 주거 및 상업중심지역임 • 오래전부터 형성된 주거 및 상업적 용도의 건물들이 밀집된 지역으로 녹지면적이 부족한 곳임. 또한 취약계층인 아동 및 노인계층이 많이 거주하고 있음 • 바람길숲 조성 여건 분석 결과, 찬공기 흐름이 약화되고 열환경에 취약한 지역으로 바람길숲 조성이 우선적으로 고려되어야 할 지역임 • 하지만 주거 및 상업지역이 밀집해 있으며 바람길숲을 조성할 수 있는 공간이 협소하므로 주민들과 협업을 통해 대상지를 확보하고, 작은 공간이더라도 최대한 많은 지역에 디딤·확산숲 및 연결숲을 조성해야 함
조치원역 일대	• 조치원역이 형성된 교통 중심 지역으로 철로변에서 발생하는 미세먼지가 주변의 주거 및 상업지역으로 확산되는 영향을 최소화 하는 것이 필요한 지역임 • 미세먼지 발생과 동시에 찬공기 흐름이 약화되고 열환경 또한 취약한 지역으로 분석되어 바람길숲 조성이 필요한 지역임 • 조치원 철도변 일대에 미세먼지 차단을 고려한 연결숲을 조성하여 인근 지역으로 확산되는 미세먼지의 영향을 줄이고, 철도 주변 공공용지 및 주차장을 활용하여 녹화해야 함
조치원역 서측	• 조치원역 서측일대는 주거 중심지역임 • 원도심의 다른 지역에 비해 개발 밀도가 상대적으로 낮고 현재 규모가 큰 디딤·확산숲이 존재하지만 찬공기 흐름이 약화되고 열환경에 취약한 지역임 • 기존의 규모가 큰 디딤·확산숲을 리모델링하여 찬공기 생성능력을 강화하고, 하천과 도로를 활용한 연결숲을 조성하여 찬공기 흐름을 강화해야 함

출처 : 세종특별자치시(2020) 세종특별자치시 도시바람길숲 조성사업 기본 및 실시설계 보고서

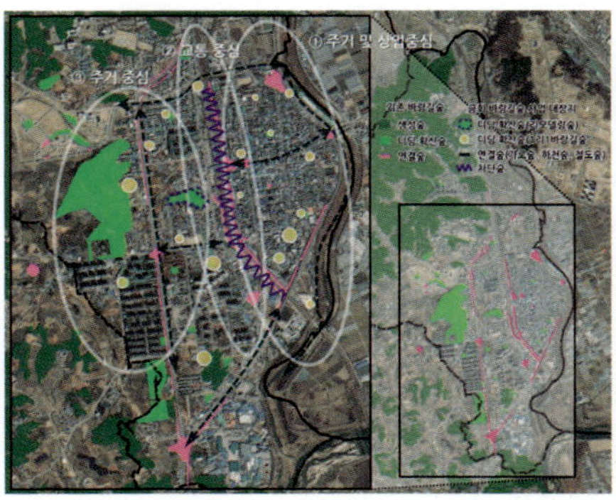

바람길숲 기본구상

명품 정원의 도시 - 조치원

디딤·확산숲	
리모델링숲	• 바람 생성숲 기능을 강화하기 위한 숲가꾸기
동네숲	• 취약지역 내 신규 디딤·확산숲을 조성하여 바람흐름을 확산
담장 허물기	• 주거지 내 담장을 허물고 자투리땅을 녹화하여 주변으로 찬공기 흐름 확산
녹색주차장	• 기존 아스팔트로 된 주차장의 포장 변경 및 녹화를 통해 친환경 녹색주차장 조성
공원 리모델링	• 기존 도시공원을 친환경적 공원으로 리모델링
자투리땅 녹화	• 자투리 공간을 녹화함으로써 원도심 취약지역 내 최대한 많은 디딤·확산숲 확보

연결숲	
가로숲	• 도로 가로숲 식재를 보완하여 연결숲 기능 강화 • 취약지역 내 신규 연결숲을 조성하여 바람흐름 연결 기능 강화
하천숲	• 하천변 추가 식재를 통해 바람 흐름 연결성 강화

차단숲	
차단숲	• 철도변, 도로변에 차단숲을 조성하여 주변지역으로 확산되는 미세먼지를 차단

바람길숲 기본방향

그림 5.57 세종시 구도심 바람길숲 기본구상

출처 : 세종특별자치시(2020) 세종특별자치시 도시바람길숲 조성사업 기본 및 실시설계 보고서

그림 5.58 세종시 신도심 및 구도심 취약지역의 바람길숲 조성전략

출처 : 세종특별자치시(2020) 세종특별자치시 도시바람길숲 조성사업 기본 및 실시설계 보고서

라. 바람길숲 조성 기본계획

세종특별자치시는 뚜렷한 바람생성숲이 존재하므로 기존 바람생성숲의 지형 보존 및 주변 큰 산림과의 연계성을 강화하는 것이 중요하다. 또한 새로운 바람생성숲을 조성할 필요는 없으나, 훼손된 바람생성숲은 숲가꾸기 등을 통해 찬공기 생성 기능을 강화하기 위해 산림리모델링을 실시하여야 한다.

신도심 및 구도심 내 취약지역 일대에는 디딤·확산숲과 연결숲을 집중적으로 조성하는 것이 필요하다. 신도심의 경우 바람생성숲에서 형성된 찬공기가 도시환경 취약지역까지 원활히 연결되도록 디딤·확산숲을 조성하고, 연결숲을 중심으로 바람길숲을 조성하되, 특히 식생의 활력도가 낮은 가로숲, 하천숲 등의 연결숲을 보완한다. 구도심 내 도시환경 취약지역은 새로운 디딤·확산숲을 조성할 공간이 부족하므로 다양한 녹화 기법을 통해 디딤·확산숲 및 연결숲을 조성해야 한다. 다양한 녹화기법으로는 옥상녹화, 벽면녹화, 담장허물기를 통한 녹화, 쌈지공원 조성, 공공숲 조성, 녹색주차장 조성, 자투리땅 녹화 등이 있다.

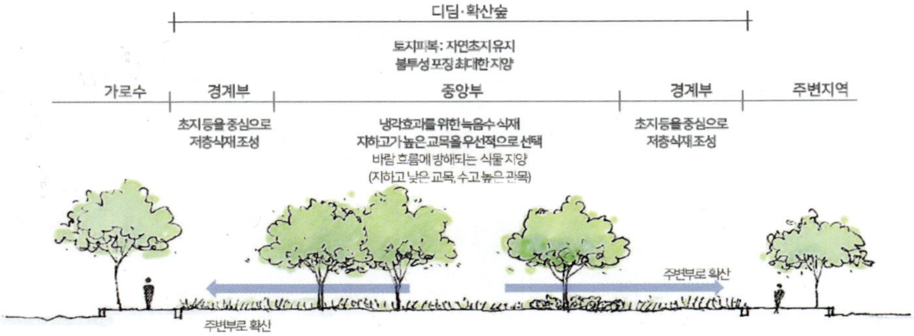

디딤·확산숲 조성 및 관리 모델

출처 : 엄정희 외(2020) 도시 바람길숲의 조성원리와 제도화를 위한 연구, 산림청

공원

어린이공원

담장허물기

녹색주차장

그림 5.59 디딤·확산숲 조성 모델 및 사례

출처 : 세종특별자치시(2020) 세종특별자치시 도시바람길숲 조성사업 기본 및 실시설계 보고서

3. 지구 단위

3.1. 도시재생 계획

1) 개요

도시재생은 주민이 동네에 관심을 갖고 참여하여 이웃과 사회적 관계를 만들어 지역 커뮤니티를 유지·활성화 시키는 것을 목표로 한다. 도시재생계획은 주민들이 필요로 하는 공간을 기획·디자인하고, 주민 스스로 공간과 활동 프로그램을 운영할 수 있도록 해야 할 일의 내용, 방법, 절차를 정리해 두는 것이다. 계획가는 주민의 참여를 유도하고, 활동을 촉진하고, 지역사회의 관계를 만들고, 주민이 도시의 관리자가 되도록 계획을 수립해야 한다.

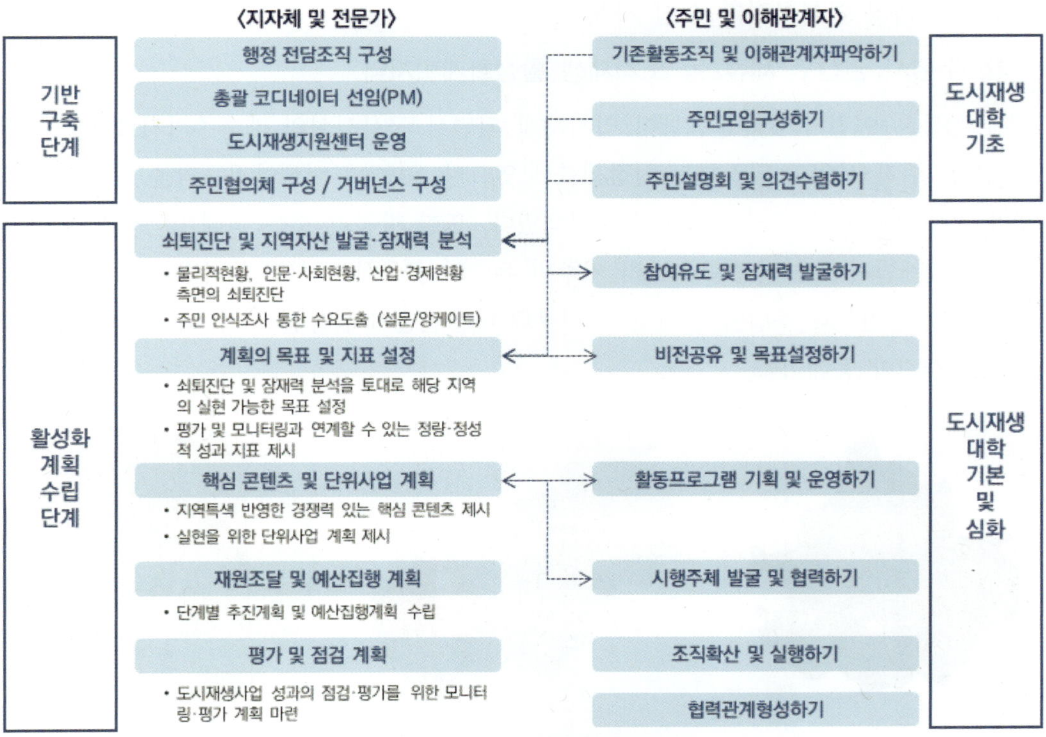

그림 5.60 도시재생활성화계획 수립 절차

2) 주민참여의 의미

주민참여란 지역주민이 스스로 동네의 의제를 수렴하고, 의제에 관심이 있는 조직을 만들고, 사익이 아닌 공익적 대안을 논의하고 스스로 할 수 있는 해결방안을 제안하여 스스로 실천하는 과정이다. 지속적이고 자발적인 참여활동을 통해 주민은 공동체(community)의 힘을 가진다.

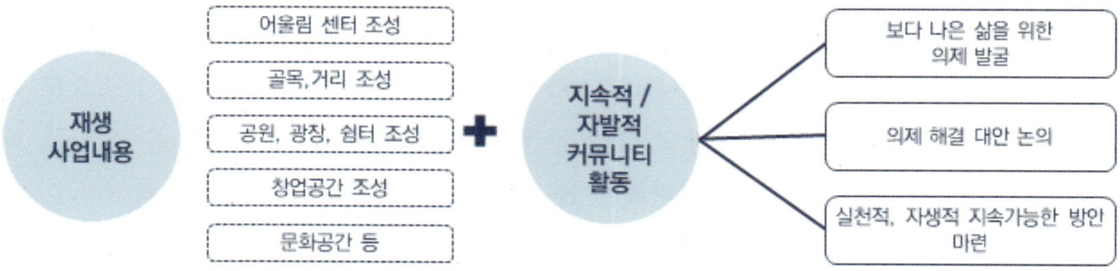

그림 5.61 주민참여 의미

3) 도시재생 활성화계획 수립 사례

가. 수원시 권선구 세류2동 도시재생 활성화계획지역

세류2동은 인접지역에 군공항이 입지하게 되면서 군사시설의 배후주거지로서 생활권을 형성, 주거·상업이 밀집하는 성장세를 보였으나 1983년 비행안전구역을 위한 개발규제가 적용됨에 따라 물리적 쇠퇴가 시작되었다. 또한 항공기 소음 피해 및 인근 지역 대규모 택지개발사업이 진행됨에 따라 거주민 유출과 골목상권 쇠퇴가 가속되어 그 심각성을 인지한 수원시와 주민이 함께 2010년부터 마을만들기 활동을 시작, 주민참여 10년의 역사를 간직한 동네이다.

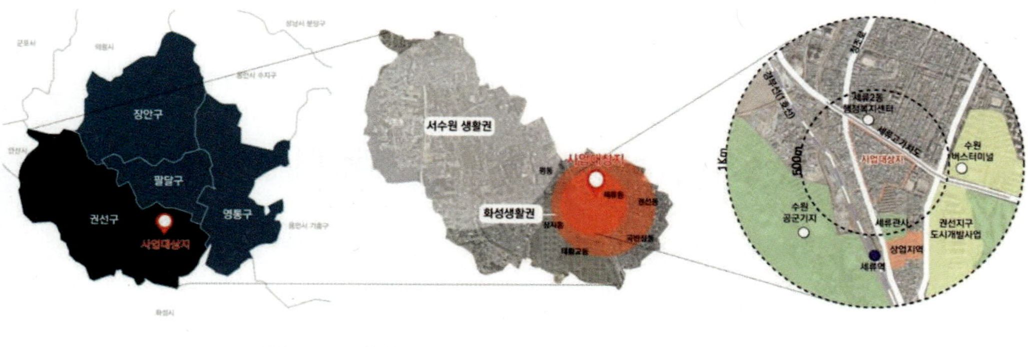

그림 5.62 수원시 세류2동 도시재생 활성화사업 범위

출처 : 지역활성화센터(2019) 세류2동 도시재생활성화계획, 수원시

나. 계획수립의 기초 : 현장조사(field survey)

앞서 언급한 활성화계획 수립 절차(그림 5.60)에서 필요로 하는 쇠퇴진단 및 지역자산 발굴 등 여러 현황과 여건을 충분히 검토하는 것은 무엇보다 중요한 일이다. 문헌검토, 현장조사, 탐색(searching), 인터뷰, 통계자료분석 등 다양한 노력이 요구되며 계획수립에 있어 가장 많은 시간이 투입되는 단계이다. 정확한 데이터를 기반으로 분석의 결과가 도출되어야 타당한 사업이 도출될 수 있기 때문이다. 더불어 여러 분석 항목 중에서 현장조사(field survey)가 필수인 항목은 〈표 5.18〉과 같다.

현황조사 및 여건분석을 바탕으로 쇠퇴진단 및 잠재력을 분석하고 사업이 필요한 대상 구역(site)을 1차적으로 선정한다. 참여주민과 함께 의제별 분과를 구성하여 추가적인 의견을 나누는 과정을 거쳐, 현장의 문제점과 문제해결방안 뿐 아니라 지역 커뮤니티가 함께 만들어 나갈 지역 미래상(vision)을 구체적으로 작성한다.

표 5.18 현장조사 항목

구분	내용	도면예시
공간	공실(점포)·공가·나대지	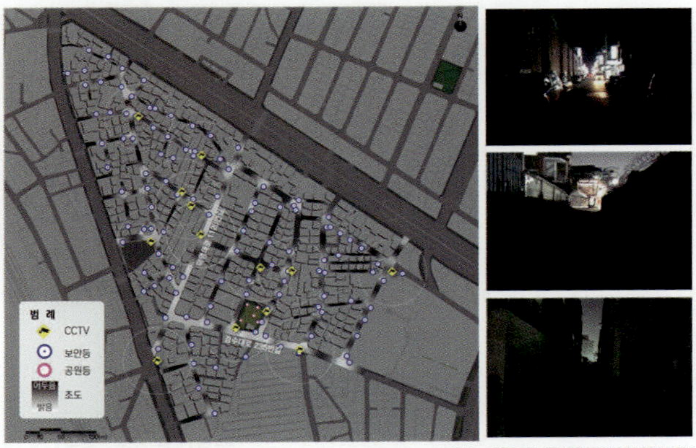
시설	공공시설운영현황	
주차	불법주차현황 (주간, 야간/ 평일, 주말)	
골목 안전	야간보행환경(조도)	
	쓰레기적치불량보도	
공동체 (인터뷰)	사회적경제단체 활동현황	
	공동체 활동현황	
상권 (인터뷰)	골목상권운영현황	
	개별 점포수요 도출	◎ 출처 : 현장조사 2019년 3월 2일(야간 8시)

그림 5.63 문제해결방안 워크숍 진행모습

참여하는 주민은 대부분 50대 이상의 주민이 다수지만, 청소년, 청년, 학부모회 등의 여러 계층의 참여를 유도하기 위한 방안을 고민하는 것이 요구된다. 매번 회의형태로 운영하여 소극적 참여가 되지 않도록, 1-2번 정도의 의견수렴을 위한 워크숍을 별도로 추진하는 것이 좋다. 청소년, 여러 활동조직의 참여를 위해서는 학교, 관계 기관의 협조를 통해 진행할 수 있다.

그림 5.64 종합분석도

출처 : 지역활성화센터(2019) 세류2동 도시재생활성화계획, 수원시

다. 기본구상 수립

사업의 효과 등 선정원칙에 따라 우선순위가 높은 사업을 선정한다. 주민, 행정과 함께 논의하여 합리적이고 투명한 의사결정 과정을 거친다. 비전체계는 〈비전-목표-전략-사업〉으로 구성하며 누구나 알기 쉽고 명료하게 제시하여야 한다.

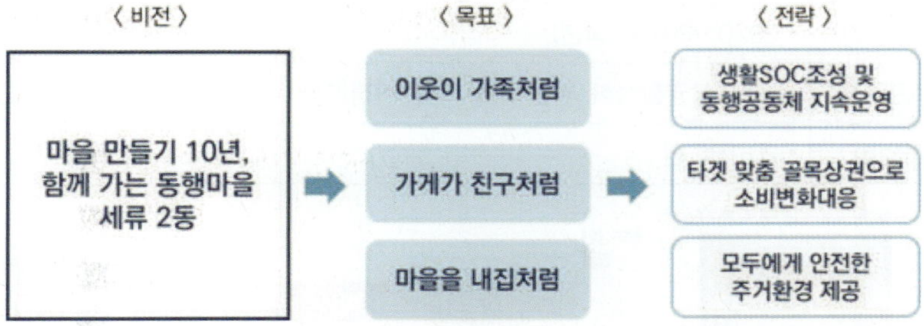

그림 5.65 비전체계도

라. 단위사업 계획수립

도시재생사업은 물리적인 하드웨어사업(hardware)이 진행되더라도 이를 운영하고 관리해 나갈 주체, 즉 주민이 가장 중요한 사업이다. 따라서 주민 역량을 키울 수 있는 사업과 주민조직화 방안을(software & humanware) 함께 제시해야 한다. 세류2동의 경우 낙후된 근린생활지역 사업인 만큼, 외부 공간 중 특히 골목 관리를 위한 주민·상인의 노력이 필요했으므로 상인을 조직화하고 함께 외부공간을 관리할 수 있는 힘을 키울 수 있도록 경관협정 기틀을 만드는 것에 집중했다.

표 5.19 단위사업 내용 예시

<table>
<tr><th colspan="2">구분</th><th colspan="2">내용</th></tr>
<tr><td rowspan="5">개요</td><td>위치</td><td>• 세류동 975-13번지 외 1필지</td><td rowspan="5"></td></tr>
<tr><td>규모</td><td>• 445.37m²</td></tr>
<tr><td>사업기간</td><td>• 2020~2023년(4년)</td></tr>
<tr><td>추진목적</td><td>• 골목 상권활성화 위한 커뮤니티 거점조성</td></tr>
<tr><td>사업비</td><td>• 20.1억 원</td></tr>
<tr><td>내용</td><td colspan="3">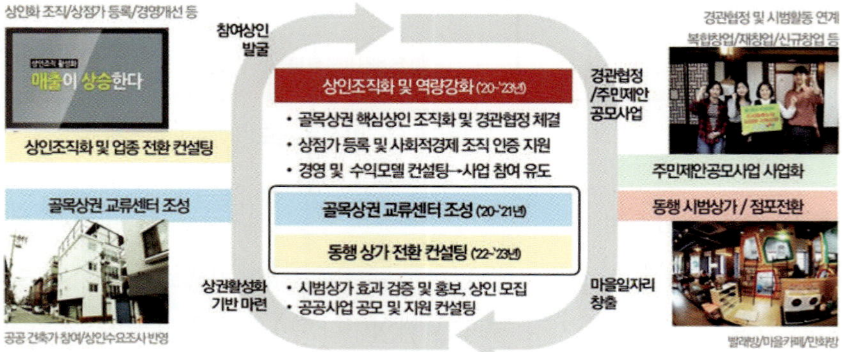</td></tr>
<tr><td>프로세스</td><td colspan="3">
<table>
<tr><th>구분</th><th>2019~2020</th><th>→</th><th>매년
상반기(2021~2023년)</th><th>→</th><th>거리재생워크숍 이후</th></tr>
<tr><td>SW</td><td>현장조사를 통한
사업필요 대상지도출</td><td></td><td>거리재생워크숍
→ 경관협정 체결</td><td></td><td>지역대학 연계 거리재생
실습 운영</td></tr>
<tr><td>SW
hW</td><td>상인조직화/집수리업
체협업체계구축</td><td></td><td>협동조합설립
교육 및 컨설팅 / 실행</td><td></td><td>평가 및 분석 / 운영</td></tr>
<tr><td>HW</td><td>부지매입 /
건축물 정밀
안전진단</td><td></td><td>리모델링 시설공사완료
(2020하반기)
프로그램 시설기능완비
(2021년 상반기)</td><td></td><td>거점 유지·관리
(시설/프로그램)</td></tr>
</table>
</td></tr>
</table>

출처 : 지역활성화센터(2019) 세류2동 도시재생활성화계획, 수원시

도시재생은 도시재생 활성화 및 지원에 관한 특별법에 따라 진행되는 정책 사업으로 법 안에서 지정하는 대상지역(인구감소, 사업체 수 감소, 생활환경 악화 등) 요건이 있다. 따라서 활성화계획을 수립하는 지역은 주변 동네보다 환경이 상대적으로 열악하므로 외부 공간, 특히 골목길 안전이 중요한 지역 현안으로 떠오른다. 주차공간은 부족하고,

그림 5.66 설계사례

녹지는 없으며 공원도 부족하다. 어린이 놀이터도 낙후되고 부족하며 안전사고의 위험이 도사리고 있는 지역이 많다. 분리수거장이나 관리사무소가 위치하고 있지 않다보니 음식물쓰레기를 처리하거나 재활용품을 버리는 일이 빈번하고 택배 받는 것 또한 여의치 않다. 어린이집이 인근에 위치하지 않으면 버스를 태워 멀리 보내야 하는 실정이며 낡은 보도블록은 유모차를 끌고 다니기 힘들다.

쓰레기가 쌓여있고, 우범지대가 되는 좁고 어두운 골목도 잘 들여다보면, 낮에는 버려진 소파, 의자를 활용하여 어르신들이 담소 나누시는 장소가 되기도 한다. 소소하게 일상을 나누고, 아이들이 학교에 가는 모습을 지켜보며, 이웃에게 어떤 일이 있는지 관심을 갖게 되는 커뮤니티의 장인 것이다. 이런 면에 착안하여 골목이 좁은 집을 대신하는, 소통의 장이 될 수 있도록 프로그램을 계획하고, 시설물 조성계획을 수립한다. 이를 지속적으로 관리할 수 있도록 주민과 함께 논의하고 공감대를 형성해 나갈 수 있도록 계획한다.

위와 같이 현장은 시간에 따라 다른 모습을 보여주기도 하므로 현장을 세심히 관찰하여 보완해야 하는 기능을 찾아내는 것이 계획가의 역할이다.

3.2. 스마트 그린도시

그림 5.67 스마트그린도시 4대 분야 및 10대 유형

출처 : 스마트그린도시 홈페이지

1) 개요

기후변화에 직면한 도시는 지속가능한 생활공간을 조성하기 위한 기후탄력적 도시환경 구축이 필요하다. 환경부는 그린뉴딜 5대 주요사업 중 인간과 환경이 공존하는 지속가능한 미래 환경 도시를 구현하고자 '스마트 그린도시' 조성을 추진하고 있다. 스마트 그린도시는 스마트와 그린의 결합을 통해, 에너지 소비를 저감시키고 기후변화에 대응하며 시민의 삶의 질을 향상시키는 것을 목적으로 하며, 4대분야 10대유형의 모델을 제시한다. '4대 분야'는 ICLEI(Local Governments for Sustainability, 지속가능성을 위한 세계지방정부협의회)의 "지속가능한 도시로의 전환을 위한 비전"을 토대로 구성된 도시환경 개선을 위한 중점분야로, 회복력, 저배출, 생태복원, 인간중심으로 구성된다. '10대 유형'은 4대 분야에서 보다 구체적으로 분류·시행될 수 있는 기후환경분야 정책사업으로 기후탄력, 물순환, 물안전안심, 미래차, 자원순환, 생태복원, 생태휴식, 청정대기, 환경교육, 생활환경으로 구성된다. 환경부는 지역이 주도하는 도시의 맞춤형 녹색전환을 추진하기 위해 2021년 문제 해결형 모델 20곳과 종합 선도형 모델 5곳을 선정하여 스마트 그린도시 사업을 시행하였다. '문제 해결형'은 10대 유형 사업 중 2개 이상의 사업유형이 결합된 모델로서 참신함과 파급성이 높은 혁신사례 발굴을 위해 추진하며, 안양시, 해남군, 밀양시, 광주 동구 등 도시 커뮤니티 단위에서 체감하는 기후 환경 문제에 대한 개선방안 마련을 목표로 한다. '종합 선도형'은 10대 유형 사업 중 3개 이상의 사업유형이 결합된 모델로서 참신함과 파급성 외 솔루션 간의 연계성, 스마트 그린도시 대표사례 발굴을 위해 추진하며, 화성시, 전주시, 강진군, 상주시, 김해시를 대상으로 도시 커뮤니티 및 지역 단위에서 체감하는 기후 환경문제에 대해 녹색전환을 촉진하고 선도할 수 있는 개선방안 마련을 목표로 한다. 환경부는 2022년부터 사업 명칭을 '탄소중립 그린도시'로 변경하여 후속 사업을 진행하고 있다.

2) 스마트 그린도시 적용 방안[47)]

환경부는 스마트 그린도시의 추진에 앞서, 10개 유형별로 주요한 단위모델들을 발굴하고 모듈을 기반으로 한 사업추진 시 고려사항, 적용가능한 대상지 및 참고 가능한 사례 등을 제시하였다〈표 5.20〉.

표 5.20 스마트 그린도시 유형별 단위모델 (예)

구분	기후 탄력	물순환	물안전	미래차	자원순환	생태복원	생태 기반	청정 대기	환경 교육	생활 환경
1	하천변 기후적응 및 탄소흡수원 확대를 위한 그린인프라 조성	도시 물순환성 향상을 위한 기반시설 건전성 평가시스템 구축	디지털트윈 기반 도시수자원 관리시스템 구축	주거밀집 지역 스마트 충전 인프라	IoT 및 공간정보 데이터 기반 산업단지 불법폐기물 단속	유휴지를 활용한 생태재생 및 스마트 생태교육 사업	친환경 스마트 그린 산책로	GPS 기반 사용자 위치 중심 실시간 미세먼지 알림 서비스	셀프 그린파크	산업단지 주변 생활환경 유해가스 모니터링 시스템
2	도심 내 기후변화 대응형 다목적 스마트 그린인프라 구축	우리동네 물순환 APP 개발	사회적 약자 맞춤형 수재해 조기경보 시스템 구축	생활거점 복합 메가스테이션 구축	불법 영농폐기물 방지를 위한 수거 및 처리과정 감시 시스템	노후 도시공원의 에너지 자립 및 기후변화 대응형 공원 재조성사업	모바일 AR/VR 기반의 청소년 생태 체험존	교통정보 제공 및 교통량 관리를 통한 차량 배기가스 배출 저감 서비스	스마트 에코마일리지 인프라	주거지역 소음진동 관리

47) '박창석과 최희선 외(2021) 스마트 그린도시 종합연구 수립 연구'를 기반으로 재정리하였음

3	재해위험지의 기후탄력성 증대를 위한 스마트 그린인프라 조성	스마트 가로수 관리 포털 및 모니터링 시스템 구축	ICT기반 센서블 워터 리모델링	커뮤니티 복합 그린에너지 스테이션 구축	유통기한 스마트 알림을 통한 음식물쓰레기 배출 저감	지역 내 생태계 연결을 위한 훼손지 복원사업(도시 생태 네트워크 사업)	도심 속 소통을 위한 친환경 커뮤니티 가든	지역 내 주요오염물질 배출원에 대한 대기질모니터링 실시간정보 제공 서비스	스마트 그린웨이 인프라	스마트 악취관리
4	도시 가로공간 에너지 전환 기후적응 가림막 설치	플로팅 센서를 활용한 도심하천 모니터링 시스템 구축	녹색전환 지역상생 수상태양광 발전시설 구축	노후 저층주거지 기반 스마트 그린 충전 인프라 구축	머신러닝 기반 분리수거 자동화 시스템	원격탐사 활용 자연재해로 인한 산림 훼손지 도출 및 스마트 복원관리사업	모니터링 체험중심의 생태관찰소	이동측정장치를 이용한 생활권 내 오존-대기오염물질 농도 모니터링 및 배출량 관리	생활형 스마트 그린 교육프로그램 개발사업	이동형 센서기반 환경 모니터링
5	기후변화 취약 주거지 및 공공건축물 탄소중립화	악취 해충 없는 빗물 저류배수 시설 조성	도심하천의 수질개선을 위한 에코필터링 시설	스마트 수소차 충전소	어플리케이션 및 IoT 키오스크 기반 분리배출 정보 제공 및 신고대상 폐기물 접수	인공지반 녹화를 통한 도시녹지 르네상스 사업	숲 식물 관찰 및 체험 생태놀이터 조성	암모니아 발생억제를 위한 스마트 퇴비 모니터링 및 유통 시스템	살아있는 그린박물관	건강한 생활환경을 위한 스마트 방역 방재
6	폭염 및 한파 취약지 기후 모니터링 시스템 구축	사이니지형 스마트 그린 폴 조성	XR 기술을 활용한 포켓 방재공원	배터리 밸류체인 구축을 위한 폐배터리 재생환경 조성	지역 내 대형폐기물 신고 및 수거 스마트 플랫폼	하천변 복원을 통한 에너지 자족형 스마트 수변정원도시 조성사업	–	빅데이터 기반 중앙분리대 스프링클러 자동 대기정화 시스템	그린 메모리얼 센터	누구나 쉴 수 있는 스마트 그린 커뮤니티
7	시민참여를 통한 클라우드 기반 도시 내 그린인프라 데이터 구축 사업	빗물 활용 그린 미스트 조성	지하수 저류지를 활용한 나눔지하수 조성	농어촌 이용자 기반 스마트 그린 대중교통 서비스	IoT 기반 수거정보 알림 생활폐기물 처리 시스템	시민참여 생태복원 모니터링 체계 구축	–	취약지역 예측을 통한 이동형 대기정화 도로분진 흡입 청소차 및 살수차 맞춤 운영	스마트 환경교육파크	쾌적한 스마트 도시관리 시스템

8	–	강우 유출수 및 비점오염 저감을 위한 그린인프라 구축	아쿠아 스마트 쉘터 조성	수요기반 교통약자 이동지원을 위한 인프라 구축	업사이클링 확산과 적정기술 산업 연계 서비스	–	–	중소기업 사업장 대상 스마트 저녹스버너 (저(低) Nox버너) 설치 지원	스마트 그린 직업교육 훈련원	그린 스마트 이동경로 조성

출처 : 박창석과 최희선 외(2021) 스마트 그린도시 종합연구 수립 연구, 환경부

또한 유형간의 연계 및 결합을 통해 증가될 수 있는 시너지 효과를 고려하여 종합모델모듈을 제시함으로써 적용가능성과 효과 등을 검토하였다. 종합모델모듈은 크게 도시공간구조, 인프라, 데이터 및 서비스, 정책의 측면에서 각각의 위계(layer)에서 고려될 수 있는 항목들을 도출하여 적용하고 종합화하는 과정으로 제시하고 있다〈그림 5.68〉.

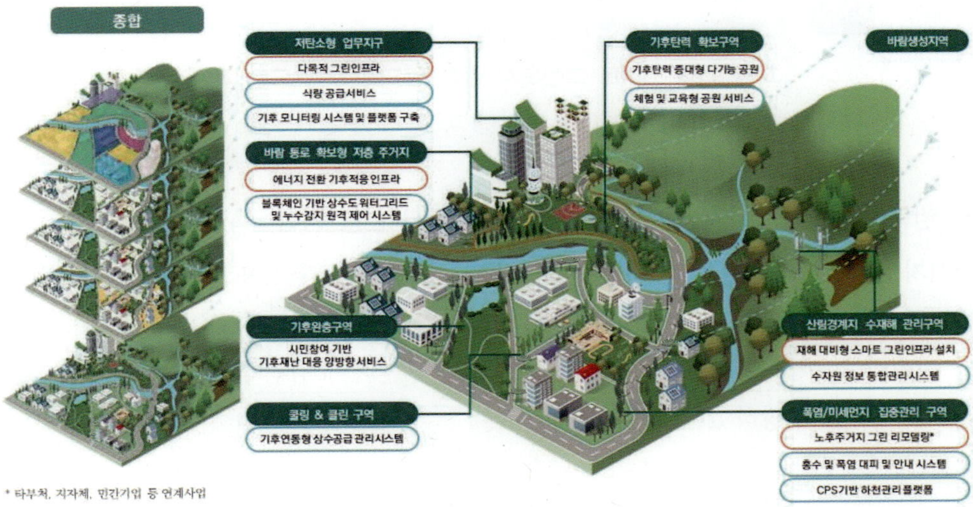

기후탄력 중심 적용 모듈 예

그림 5.68 단위모델을 기반으로 한 종합모델모듈 개발 (예)

출처 : 박창석과 최희선 외(2021) 스마트 그린도시 종합연구 수립 연구, 환경부

3) 스마트 그린도시 조성 사례

가. A시의 스마트 그린도시 조성을 위한 종합전략 및 계획 도출[48)]

스마트 그린도시의 종합전략 및 계획 도출 과정은 환경이슈를 기반으로 한 목표설정, 대상지 현황 종합, 단위모델의 적용 등을 기반으로 한 대상지 구상 및 계획, 스마트 그린도시 계획에 따른 효과 예측 등의 과정에 기반하여 제시하였다〈그림 5.69〉.

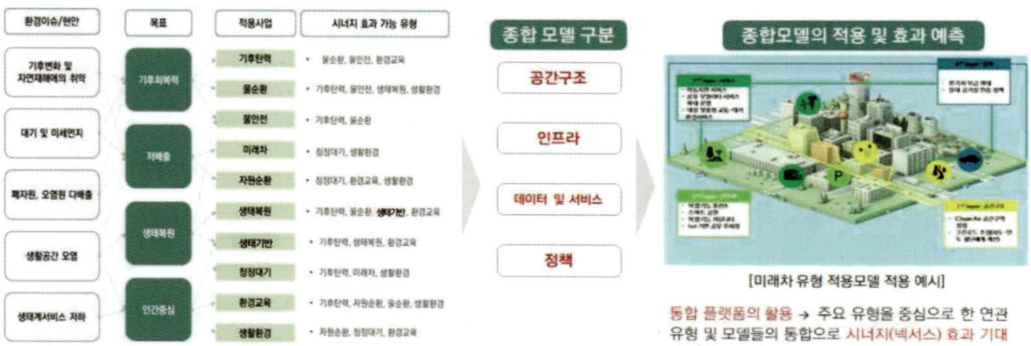

그림 5.69 스마트 그린도시 종합전략 및 계획 도출 과정

출처 : 박창석과 최희선 외(2021) 스마트 그린도시 종합연구 수립 연구, 환경부

① 환경이슈를 기반으로 한 목표 설정 및 대상지 현황 종합

도시차원 및 지역차원의 취약성과 용도지역, 토지피복, 환경용도 등 토지이용의 특성에 기반한 대상지의 현황 조사 및 분석을 진행하였다. 분석한 문제점을 바탕으로 주요 특성을 정리하고, 이를 스마트 그린도시 유형으로 구분하여 공간적 특성과 유형을 고려한 공간 및 사업을 구상하였다〈그림 5.70〉.

48) '박창석과 최희선 외(2021) 스마트 그린도시 종합연구 수립 연구'를 기반으로 재정리하였음

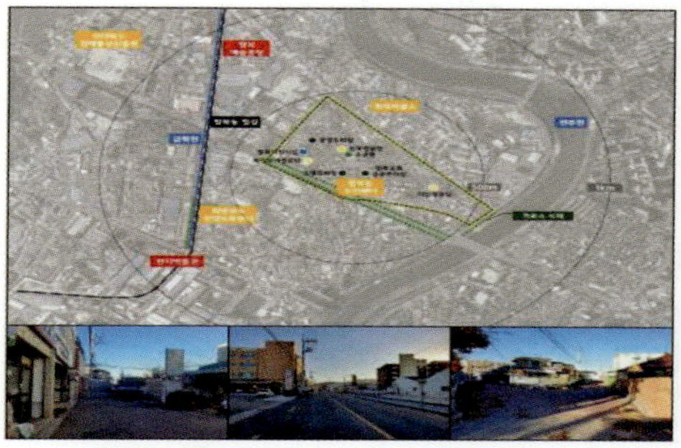

중점환경이슈의 도출 과정 예

대상지 현황 예

(취약) 주요 특성	유형	공간구상 방향
홍수침수	기후탄력, 물순환, 물안전	침수취약지역을 중심으로 한 물순환체계 확보
미세먼지 집중관리구역	생태복원, 청정대기	그린인프라 기반의 스마트 공간관리
경제활동 및 공간이동 주요	미래차, 생태기반, 생활환경	쾌적한 휴식 및 공유공간의 확대와 접근성 확보
주거지역, 공업지역, 상업지역	생태복원, 자원순환, 생활환경	오염원 배출 최소화를 위한 스마트 인프라 확대

그림 5.70 중점 환경이슈 기반의 유형도출 (예)

출처 : 박창석과 최희선 외(2021) 스마트 그린도시 종합연구 수립 연구, 환경부

② 단위모델의 적용 등을 기반으로 한 대상지 구상 및 계획

사례도시에 적용이 필요한 기후탄력 및 생활환경 중심의 모듈을 기반으로, 앞서 고려한 계획을 최대한 반영할 수 있는 사업 탐색 및 계획을 적용하여 실행계획 구상도가 제시되었다.

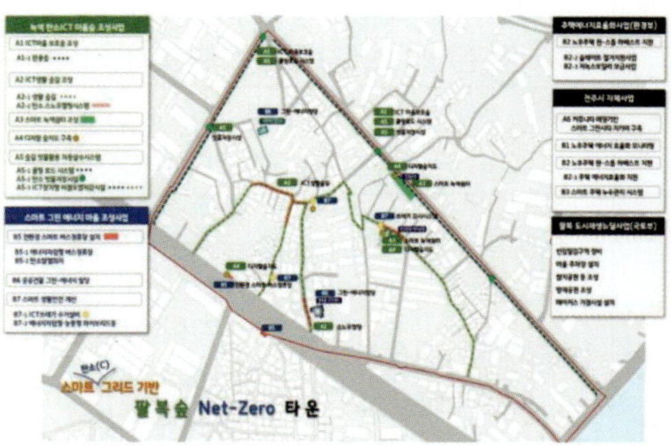

실행계획 구상도 예

스마트 그린도시 모델적용 예

그림 5.71 대상지 구상 및 모델적용 (예)

출처 : 박창석과 최희선 외(2021) 스마트 그린도시 종합연구 수립 연구, 환경부

③ 스마트 그린도시 계획에 따른 효과 예측

A시에 적용된 종합모델은 다음과 같은 효과가 있을 것으로 예측할 수 있다.

표 5.21 스마트 그린도시 계획에 따른 효과 예측

<table>
<tr><th colspan="4">예측항목</th><th colspan="2">근거</th></tr>
<tr><td colspan="4">녹지율(%)/생태면적률</td><td>(현재) 6.32</td><td>(변경 후) 17.88</td></tr>
<tr><td rowspan="7">물순환 효과</td><td rowspan="7">토지
피복 변화에
따른
LIDMODE2
적용을 통한
유출량 등의
효과 분석</td><td colspan="2">불투수 면적률(%)</td><td>(현재) 86.5</td><td>(변경 후) 77.3</td></tr>
<tr><td colspan="2">표면 유출량(mm/yr)</td><td>(현재) 995.86</td><td>(변경 후) 276.75</td></tr>
<tr><td rowspan="3">연간
오염량</td><td>Nitrogen Load
(kg/yr)</td><td>(현재) 1,350</td><td>(변경 후) 1,233</td></tr>
<tr><td>Phosphorous
Load(kg/yr)</td><td>(현재) 203</td><td>(변경 후) 185</td></tr>
<tr><td>BOD(kg/yr)</td><td>(현재) 8,298</td><td>(변경 후) 7,510</td></tr>
<tr><td colspan="2">강우총유출량(m^2)</td><td>(현재) 42,380</td><td>(변경 후) 4,110</td></tr>
<tr><td colspan="2">첨두 유량(cms)</td><td>(현재) 11.53</td><td>(변경 후) 1.47</td></tr>
<tr><td rowspan="4">그린인프라
기반의 온실
가스 감축량</td><td colspan="3">그린루프</td><td colspan="2">옥상녹화 조성면적 : 11,240.09m^2
총 온실가스 감축량 : 158.767tCO_2eq</td></tr>
<tr><td colspan="3">도시숲 및 가로수 식재</td><td colspan="2">보급나무(그루) : 28그루
총 온실가스감축량 : 1.232tCO_2eq</td></tr>
<tr><td colspan="3">빗물 재이용</td><td colspan="2">시설 한 대당 급수용량 : 1m^2
소형 빗물 재이용시설 : 2대
총 온실가스감축량 : $3.32 \times 10^{-4} tCO_2eq$</td></tr>
<tr><td colspan="3">쿨루프</td><td colspan="2">11.595tCO2eq</td></tr>
<tr><td rowspan="3">기타 부문의
온실
가스 감축량</td><td colspan="3">수소차
버스</td><td colspan="2">수소버스 대수(대) : 2대
총 온실가스 감축량 : 89.364tCO_2eq</td></tr>
<tr><td colspan="3">자동차 공동이용제도</td><td colspan="2">운영대수(대) : 10대
총 온실가스 감축량 : 0.01tCO_2eq</td></tr>
<tr><td colspan="3">전기
자전거</td><td colspan="2">0.0016tCO_2eq/km</td></tr>
<tr><td>사회적
형평성</td><td>생활 SOC 분석방법
적용</td><td colspan="2">생활권 공원 분석</td><td>(계획이전) 대상지에서
도보 10분 내
생활권공원 접근이
불가한 곳이 있음</td><td>(계획이후) 대상지
전체에서 도보 10분 내
생활권 공원 접근
가능하여 녹색복지
개선</td></tr>
</table>

출처 : 박창석과 최희선 외(2021) 스마트 그린도시 종합연구 수립 연구, 환경부

나. 순천시의 청정대기 빗물순환 스마트 그린도시[49)]

순천시의 구도심에 위치한 장천동은 순천시 대기오염측정망 중에서 가장 높은 미세먼지 농도값을 보이며, 주민의 주거환경의 삶과 질 향상을 위해 개선이 필요함에 따라 '스마트 그린도시' 사업 중 '문제해결형 사업'에 선정되어 사업을 추진하였다(2021년~2022년).

계획 대상지는 장천동 고가도로 일원으로, 이 일대의 대기오염, 녹지 부족 문제를 ICT 기술을 활용한 빗물 순환 인프라를 조성하여 지속가능한 방식으로 해결하고자 하였다. 또한, 장천동 고가도로 일원에 초기 오염 우수를 여과하고 저장 · 활용할 수 있는 빗물 순환 통합관제시스템 구축을 계획하였다.

구체적으로 장천동 고가도로 주변에서 미세 타이어칩 등 오염물질이 섞여 유입되는 빗물을 정화해 자동으로 마을 정원에 유입시키고자 우수저류조 빗물을 활용한 도로 표면 청소와 토지의 빗물 저장 능력 복원을 위한 보도블록 및 띠녹지, 오염우수가 여과를 거칠 수 있도록 친수공간 등을 조성한다. 생활쓰레기 투기 구역에는 클린하우스를 설치해 분리수거 공간 등도 제공한다.

이러한 빗물 정화 및 재이용 기술을 도입하여 장천동 고가도로변 미세먼지 및 비점오염을 저감시키고, 빗물정원 조성으로 물을 효과적으로 이용할 뿐만 아니라 동천 수질개선 등을 기대할 수 있다. 또한, 녹지 조성을 통한 빗물여과 및 저장·관수 제어기능에 대한 통합관리까지 가능할 것으로 기대하고 있다.

표 5.22 청정대기 빗물순환 스마트 그린도시 서비스 흐름도

데이터 종류	데이터 연계	데이터 활용방안
• 비산먼지 모니터링 측정설비를 통한 월별 데이터 수집 • 도로표면온도 월별 측정	• 순천시 CCTV 통합관제시스템 • 순천시 통합플랫폼	• 비산먼지와 온도를 시스템 설치전과 설치후의 통계 데이터로 산출하여 연간 운영 및 관리 추기 실적 분석

출처 : 유승덕 외(2021) 순천시 스마트 도시계획(2021~2025), 순천시

49) '유승덕 외(2021) 순천시 스마트도시계획(2021~2025)'를 기반으로 재정리하였음

표 5.23 청정대기 빗물순환 스마트 그린도시 서비스 주요기능

기능	세부내용
IoT 클린로드 시스템	• 고정식 자동살수시스템을 설치·운영하여 도로변의 미세먼지 제거로 대기질을 개선하고, 폭염으로 인한 도시열섬 현상을 완화하는데 기여
지하차도 자동 관수 벽면녹화	• 정원의 도시에 걸맞는 도심 미관 조성 및 미세먼지 저감 효과
고가도로 하부 우수저류조 및 빗물 전망대 설치	• 생활수준 향상으로 환경에 대한 요구수준이 높아짐에 따라 생태 환경교육 장소로 활용하여 시민 만족도 제고
고물상 부지 이전 빗물정원 조성	

출처 : 유승덕 외(2021) 순천시 스마트 도시계획(2021~2025), 순천시

그림 5.72 순천시 스마트 그린도시 사업 서비스 구성

출처 : 순천시, 한국판 그린뉴딜 스마트 그린도시 공모사업 선정, 작은뉴스

3.3. 미세먼지 저감 녹지계획

1) 미세먼지의 개요

먼지란 대기 중에 떠다니는 입자상 물질로서 석탄·석유 등의 화석연료를 태우는 과정이나 공장·자동차 등의 배출가스에서 많이 발생한다. 먼지는 입자의 크기에 따라 50 μm 이하인 총 먼지(TSP, Total Suspended Particles)와 입자크기가 매우 작은 미세먼지(PM, Particulate Matter)로 구분된다. 미세먼지는 다시 지름이 10μm보다 작은 미세먼지(PM10)와 지름이 2.5μm보다 작은 초미세먼지(PM2.5)로 나뉜다(산림청, 2019).

미세먼지는 눈에 보이지 않을 만큼 매우 작기 때문에 대기 중에 머물러 있다가 호흡기를 거쳐 폐 등에 침투하거나 혈관을 따라 체내로 이동하여 건강에 나쁜 영향을 미칠 수도 있다. 세계보건기구(WHO)는 미세먼지(PM10, PM2.5)에 대한 대기질 가이드라인을 1987년부터 제시해 왔다. 2013년에는 세계보건기구 산하의 국제암연구소(IARC, International Agency for Research on Cancer)에서 미세먼지를 사람에게서 발암이 확인된 1군 발암물질(Group 1)로 지정하였다(산림청, 2019).

미세먼지의 측정은 방사선 또는 빛의 물리적 특성을 이용하여 간접적으로 측정하는 방법(베타선 흡수법, 광산란법 등)과 미세먼지의 질량을 저울로 직접 측정하는 방법(중량농도법)이 있다. 이렇게 측정한 미세먼지 농도는 공기 1m^3 중 미세먼지의 무게(백만 분의 1g을 의미하는 μg)를 나타내는 μg/m^3 단위로 표시한다.

미세먼지 발생원은 자연적인 것과 인위적인 것으로 구분된다. 자연적 발생원은 흙먼지, 바닷물에서 생기는 소금, 식물의 꽃가루, 식물의 대사과정에서 발생하는 물질 등이 있다. 인위적 발생원은 보일러나 발전시설 등에서 석탄·석유 등 화석연료를 태울 때 생기는 매연, 자동차 배기가스, 건설현장 등에서 발생하는 비산먼지, 소각장 연기 등이 있다.

미세먼지는 굴뚝 등 발생원에서부터 고체 상태의 미세먼지로 나오는 경우(1차적 발생)와 발생원에서는 가스 상태로 나온 물질이 공기 중의 다른 물질과 화학반응을 일으켜 미세먼지가 되는 경우(2차적 발생)로 나누어진다. 석탄·석유 등 화석연료가 연소되는 과정에서 배출되는 황산화물이 대기 중의 수증기, 암모니아와 결합하거나, 자동차 배기가스에서 나오는 질소산화물이 대기 중의 수증기, 오존, 암모니아 등과 결합하는 화학반응을 통해 미세먼지가 생성되기도 한다. 이것이 2차적 발생으로 생겨나는 미세먼지이다. 우리나라 수도권의 경우 화학반응에 의한 2차 생성 비중이 전체 미세먼지(PM2.5) 발생량의 약 2/3를 차지할 만큼 매우 높다.

미세먼지 배출량이 가장 많은 배출원은 제조업의 연소공정이며, 그 다음으로 자동차를 비롯한 이동오염원에서 많이 배출된다. 이동오염원에서 나오는 미세먼지는 대부분이 PM2.5로 그 비중이 92%에 이른다. 도로 이동 오염원의 경우 자동차에서 미세먼지 대부분이 배출되며, 비(非)도로 이동 오염원의 경우 선박과 건설장비 등에서 미세먼지가 많이 나온다. 따라서 녹지를 활용한 미세먼지 저감계획도 주로 도로 주변 또는 배출원 주변을 대상으로 수립하는 것이 효과적이다.

대기 중 기온은 일반적으로 고도가 100m 높아질 때마다 약 0.6℃씩 낮아진다. 하지만 이와는 반대로 고도가 높아질수록 기온이 올라가는 현상이 나타나기도 하는데 이를 '기온역전현상'이라고 한다. 기온역전현상은 지표면에 접한 공기가 빠르게 냉각하며 생기는 경우가 대부분으로, 일교차가 큰 계절이나 산간분지에서 자주 발생한다. 대개 공기는 더울수록 밀도가 낮아지기 때문에 덥고 가벼운 공기는 위로, 차갑고 무거운 공기는 아래로 이동한다. 그러나 기온역전현상이 발생하면 고도가 낮은 쪽에 무거운 공기가, 높은 쪽에 가벼운 공기가 위치하게 되므로 대류에 의한 공기의 상하이동이 일어나지 않는다. 도심 등 미세먼지 배출원에서 기온역전현상이 나타나면 지상에서 주로 발생하는 미세먼지 등 대기오염물질이 확산되지 못하고 지상층에 머무르며 계속 쌓이면서 그 농도가 높아지게 된다.

미세먼지는 계절별로도 큰 차이를 보인다. 우선 봄에는 이동성 저기압과 건조한 지표면의 영향으로 황사를 동반한 고농도 미세먼지가 발생할 가능성이 크다. 반면 비가 많이 내리는 여름철에는 미세먼지 농도가 낮아질 가능성이 높다. 비가 내리면 미세먼지와 같은 대기오염물질이 빗방울에 씻겨 제거됨으로써 대기가 깨끗해지기 때문이다. 가을에는 미세먼지가 상대적으로 적은데 이는 다른 계절에 비해 기압의 흐름이 빠르고 지역적인 대기의 순환이 원활하기 때문이다. 난방 등 연료사용이 증가하는 겨울이 되면 다시 미세먼지 농도가 높아진다. 서울의 경우 계절별 미세먼지(PM10) 농도는 30~60$\mu g/m^3$로 겨울과 봄에 미세먼지 농도가 높고 여름과 가을에는 상대적으로 낮다.

따라서 녹지를 활용한 미세먼지 저감계획을 수립하기 위해서는 이와 같은 미세먼지의 특징과 기온역전현상, 계절에 따른 특성 변화 등을 충분히 고려해야 한다.

2) 녹지를 활용한 미세먼지 저감방법

미세먼지는 나뭇잎 기공(크기 20㎛)으로 흡수되는 가스상 오염물질과 달리 식물에 의한 차단, 흡착, 침강과 같은 방식으로 저감된다. 초미세먼지의 극히 일부는 잎 기공(20㎛ 이내)을 통해 흡수되어 정화되지만 대부분의 미세먼지는 복잡한 표면을 가진 나뭇잎과

가지, 줄기에 흡착되어 저감된다. 또한 방풍림과 같은 형태로 식재된 수목이 미세먼지를 차단하여 저감하기도 한다.

이를 세부적으로 살펴보면 식물이 미세먼지를 저감하는 방식을 흡수, 흡착, 차단, 정체와 침강으로 구분해볼 수 있다. 성장한 참나무 한그루는 연간 약 35.7g의 미세먼지를 흡수한다. 흡수를 통한 저감은 수목이 저감하는 미세먼지의 0.13%에 해당하여 매우 미미하다. 하지만 수목은 흡착을 통해 21.5%, 차단으로 34.8%, 정체 및 침강으로 43.6%를 저감한다. 이를 1ha의 도시숲으로 환산할 경우 1ha의 숲은 연간 약 168kg의 미세먼지를 저감시킨다.

숲의 종류에 따라서도 미세먼지 저감효과가 달라진다. 일반적으로 침엽수와 활엽수가 함께 있는 숲이 미세먼지 저감효과가 가장 좋고, 다음으로 활엽수림, 침엽수림, 관목림, 초지 순서로 미세먼지 저감효과가 감소한다. 따라서 침엽수와 활엽수가 혼합된 숲을 조성하는 것이 미세먼지 저감에 도움이 된다.

이와 같이 자연을 활용하여 미세먼지나 온실가스 문제를 해결하는 방법을 자연기반해법(NbS, Nature-based Solution)이라고 한다. 자연기반해법은 미세먼지 저감 뿐만 아니라 기후변화, 식량, 물, 재해위험, 건강, 생물다양성 등 다양한 사회 및 환경문제를 효과적으로 해결하고 동시에 인류복지와 생물다양성 보전을 돕는다.

자연기반해법은 크게 자연환경의 보호, 복원, 관리, 창조와 같이 4가지 방법으로 구분된다. 보호(Protection)는 생태계서비스 및 문화적 가치와 함께 자연을 장기간 보존하는 방법이다. 국립공원과 같이 기존의 자연환경을 훼손하지 않고 보호하는 것이 이에 해당한다. 복원(Restoration)은 퇴화, 손상, 파괴된 생태계를 이전 상태로 되돌리는 것을 의미한다. 복원 사업을 통해 훼손지를 원래 상태로 복원하는 활동을 예로 들 수 있다. 관리(Management)는 복원이나 보호 외에 자연자원을 관리하는 방법으로 순환적인 임업을 지향하는 조림 및 숲 가꾸기 등과 같은 임업적인 관리가 해당한다. 마지막으로 창조(Create)는 인공 생태계를 새롭게 조성하거나 관리하는 활동이다. 인공 초원, 조성된 습지, 조성된 도시공원, 인공지반녹화 등과 같은 녹지조성 및 관리활동이 이에 포함된다(한국환경산업기술원, 2021).

미세먼지 저감을 위한 녹지계획에서는 자연기반해법의 4가지 방법을 모두 활용할 수 있다. 기존의 잘 보전된 산림을 지속적으로 보호하고, 훼손된 지역에 대해 자연환경을 복원하거나, 조림지 관리와 같은 임업적인 접근을 통한 관리, 도시에 새로운 녹지 공간을 조성하는 창조와 같은 방법으로 미세먼지 저감을 위한 녹지계획을 세울 수 있다.

3) 미세먼지 저감 녹지계획의 주요내용

가. 미세먼지 저감 녹지의 종류

미세먼지 저감 녹지는 기능에 따라 저감숲, 차단숲, 바람길숲으로 구분된다(산림청, 2019). 미세먼지 저감 기능의 효과를 높이기 위해서는 이들 녹지간의 상호연계성을 증대시키는 것이 중요하다.

① 차단숲

차단숲은 생활권으로 미세먼지가 유입되지 않도록 차단하기 위해 미세먼지 발생지역 주변에 조성·관리된 숲이다. 차단숲은 숲 내부의 공기 흐름이 최소화되도록 조성하는 것이 필요하다. 공장 주변 완충녹지와 같은 역할을 하는 숲이 대표적이다. 차단숲을 경계로 미세먼지 발생원과 생활권이 공간적으로 분리되도록 조성하는 것을 원칙으로 한다.

② 저감숲

저감숲은 미세먼지 저감 기능을 충분히 발휘하기 위해 숲 내부의 공기 흐름을 적절히 유도하고 줄기, 가지, 잎 등이 미세먼지와 최대한 접촉하도록 조성·관리되는 숲이다. 숲을 구조적으로 개선하고 수종별 생·물리적 특성을 활용하여 저감숲이 미세먼지 저감기능을 적극적으로 수행할 수 있도록 계획해야 한다.

③ 바람길숲

바람길숲은 산림에서 생성된 양질의 공기를 생활공간으로 공급하는 바람통로의 역할을 하는 숲이다. 도시 생활환경 개선을 위해 도시 내·외곽 숲에서 생성된 신선하고 깨끗한 공기를 도심으로 유도·확산할 수 있도록 연결된 숲이다. 숲과 나무로 구성된 공간의 연결성(네트워크)을 증대하여 신선하고 깨끗한 공기를 유도하는 녹색통로(Clean & Green Corridor)로서의 기능을 수행할 수 있도록 계획해야 한다.

나. 미세먼지 저감녹지의 식재밀도

미세먼지 저감을 위해서는 저감녹지 유형별로 적정한 식재밀도를 유지하는 것이 필요하다. 녹지유형별 식재밀도는 〈표 5.24〉와 같다.

표 5.24 미세먼지 저감녹지 유형별 적정식재밀도

구분	차단숲	저감숲	바람길숲
이미지	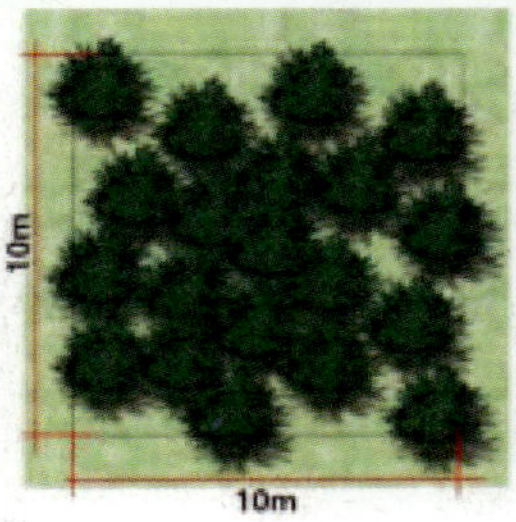		
적정 식재 밀도 (주/100m^2)	18주 이상 식재간격 2m내외	8 - 10주 식재간격 4m내외	5주 이하 식재간격 6m내외
최대풍속 대비 목표 저감률	75% 이상	약 50%	25% 이하

출처 : 수원시(2019) 미세먼지 저감 도시숲 조성 매뉴얼

다. 미세먼지 저감녹지 조성 수종

미세먼지 저감효과가 큰 수종은 다음과 같은 기준으로 선정하는 것이 필요하다.

- 대기오염물질의 흡수·흡착 능력이 좋은 수종
- 대기오염이나 토양, 가뭄, 인공조명, 병해충 등에 내성이 강한 수종
- 환경이나 생리적 조건의 영향을 적게 받는 수종
- 경관적으로 아름다운 수종
- 이식이나 유지관리가 쉬운 수종
- 꽃가루 알레르기와 같이 인체에 부정적인 영향이 적은 수종
- 미세먼지가 심한 겨울과 봄철에 잎을 달고 있는 수종
- 시장성이 높아 넓게 식재할 수 있는 수종
- 지역특성에 적합한 고유종(지역의 잠재자연식생 구성종)

미세먼지 저감 권장 수종은 〈표 5.25〉와 같다.

표 5.25 산림청 발표 미세먼지 저감 수종 목록

구분			수종
교목 및 소교목	상록	우수	가문비나무, 곰솔, 구상나무, 금백(황금편백), 금송, 나한송, 독일가문비, 리기다소나무, 백송, 버지니아소나무, 분비나무, 삼나무, 서양측백, 섬잣나무, 소나무, 스트로브잣나무, 실화백, 잣나무, 전나무, 주목, 측백나무, 편백, 향나무, 향나무'가이즈카', 홍가시나무, 화백
		양호	가시나무, 굴거리나무, 녹나무, 담팔수, 동백나무, 비파나무, 소철, 식나무, 아왜나무, 애기동백나무, 태산목, 황칠나무, 후박나무
		권장	개잎갈나무, 구실잣밤나무, 까마귀쪽나무, 당종려, 대나무류(오죽 등), 먼나무, 후피향나무
	낙엽	우수	갈참나무, 귀룽나무, 낙우송, 느티나무, 두충, 메타세쿼이아, 밤나무, 버즘나무, 쉬나무, 일본잎갈나무, 자귀나무
		양호	감나무(돌감나무), 거제수나무, 겹벚나무류, 계수나무, 고로쇠나무, 고추나무, 공작단풍, 괴불나무, 굴참나무, 노각나무, 느릅나무, 능수버들, 다릅나무, 단풍나무(청단풍, 홍단풍), 당단풍나무, 대왕참나무, 대팻집나무, 돌배나무, 들메나무, 떡갈나무, 마가목, 말채나무, 매실나무, 모감주나무, 모과나무, 목련, 물푸레나무, 미국풍나무, 박달나무, 백합나무, 벚나무, 벚잎꽃사과나무, 벽오동나무, 복사나무류(꽃복숭아, 능수백도화), 복자기, 복장나무, 비목나무, 뽕나무, 산겨릅나무, 산벚나무, 산사나무, 살구나무, 상수리나무, 서부해당, 서어나무, 석류나무, 수양버들, 시닥나무, 신갈나무, 신나무, 아그배나무, 야광나무, 양버들, 열녀목, 오동나무, 오리나무, 옻나무, 왕버들, 왕벚나무, 용버들, 은행나무, 음나무, 이태리포플라, 이팝나무, 자엽꽃자두, 자작나무, 졸참나무, 좀야광나무, 중국단풍, 쪽동백나무, 참느릅나무, 참빗살나무, 참죽나무, 채진목, 층층나무, 칠엽수, 팥배나무, 팽나무, 푸조나무, 피나무, 함박꽃나무, 황금회화나무, 황벽나무, 황철나무, 회화나무
		권장	가죽나무, 개오동, 나래회나무, 때죽나무, 루브라참나무, 배롱나무, 산딸나무, 산수유, 안개나무, 일본목련, 풍년화, 호두나무
관목	상록	우수	꽃댕강나무, 꽝꽝나무, 눈향나무, 비자나무, 사스레피나무, 설악눈주목, 향나무'글로보사'(옥향, 둥근향), 황금측백나무, 회양목
		양호	금목서, 다정큼나무, 돈나무, 영산홍/자산홍, 좁은잎피라칸타(피라칸사스), 호랑가시나무, 소철, 식나무
		권장	광나무, 까마귀쪽나무, 남천, 백량금, 사철나무, 실유카, 유카, 은목서, 조릿대, 치자나무, 팔손이, 황금사철류(금반, 금테, 황록 등)
	낙엽	우수	겹산철쭉, 고광나무, 국수나무, 덜꿩나무, 두릅나무, 말발도리, 병꽃나무, 보리수나무, 분꽃나무, 산철쭉, 좀작살나무, 참조팝나무, 해당화
		양호	개나리, 개쉬땅나무, 갯버들, 고추나무, 골담초, 괴불나무, 나무수국, 낙상홍, 노린재나무, 누리장나무, 단풍철쭉, 대추나무, 댕강나무, 딱총나무, 뜰보리수, 마가목, 만리화, 매자나무, 모란, 무궁화, 무화과나무, 바위말발도리, 백당나무, 병아리꽃나무, 불두화, 뽕나무, 산가막살나무, 산수국, 산옥매(옥매화), 생강나무, 소사나무, 쉬땅나무, 아그배나무, 앵도나무, 올괴불나무, 일본매자나무(양매자), 일본조팝나무, 작살나무, 장미, 조팝나무, 쥐똥나무, 진달래, 채진목, 철쭉, 초피나무, 칠자화, 홍괴불나무, 황매화, 흰말채나무, 히어리

		권장	가침박달, 공조팝나무, 꼬리조팝나무, 덩굴장미, 명자나무, 미선나무, 박태기나무, 수수꽃다리, 아로니아류, 나래회나무, 애기배롱'포코모케', 영춘화, 풍년화, 화살나무, 황근
지피식물	상록	양호	수호초
		권장	고비고사리, 빈카, 속새, 털머위
	낙엽	양호	감국, 구절초, 꽃잔디, 꽃향유, 노루오줌, 마타리, 민들레류, 배초향, 뱀딸기, 벌노랑이, 쑥부쟁이, 아주가, 양지꽃, 잔디, 제비꽃
		권장	개미취, 금계국, 기린초, 김의털, 노랑꽃창포, 돌나물, 돌단풍, 두메부추, 둥굴레, 땅채송화, 맥문동, 물레나물, 벌개미취, 비비추, 사초류1), 수크령, 억새, 옥잠화, 원추리, 타래붓꽃, 톱풀, 패랭이꽃
덩굴성식물	상록	양호	멀꿀, 아이비, 줄사철나무
		권장	마삭줄, 모람, 붉은인동, 송악, 인동덩굴
	낙엽	양호	노박덩굴, 다래, 담쟁이덩굴, 미국담쟁이덩굴, 바위수국, 오미자, 으름덩굴, 으아리
		권장	능소화, 등, 목향장미(덩굴장미), 청가시덩굴, 청미래덩굴

* 밑줄친 수종은 교목과 관목 두 그룹에 모두 속한 수종임.

1) 사초류 중 가는타래사초, 대저사초, 미국산사초, 미국타래사초, 작은비사초, 한석사초는 외래식물이므로 제외하고 식재

출처 : 국립산림과학원, "미세먼지 저감 능력 높은 나무 골라 심을 수 있다", 2023.1.10. 보도자료

4) 미세먼지 저감 녹지계획 수립

가. 미세먼지 발생 현황 분석

미세먼지 저감 녹지를 조성하기 위해서는 미세먼지 발생 원인과 피해 현황 등을 조사·분석하는 것이 먼저 진행되어야 한다. 미세먼지의 발생원으로 대표적인 것은 도로이다. 도로이동오염원에서는 자동차 주행 중에 발생하는 배기가스와 비산먼지에 의해 미세먼지가 배출되며, 질소산화물(NOx)이 다량 발생한다. 도로에서 배출되는 미세먼지는 그 피해지역이 넓지 않은 특징이 있다. 따라서 소음차단과 미세먼지 저감을 병행할 수 있는 녹지대 조성을 통해 효과적인 미세먼지 저감이 가능하다.

다음으로 시설에서 배출되는 미세먼지이다. 에너지산업, 제조업 등 공업시설에서는 미세먼지 배출량이 많을 뿐만 아니라, 황산화물(SOx), 휘발성 유기화합물(VOCs) 등 미세먼지와 함께 대기질을 악화시키는 물질이 발생하기 쉽다. 또한 시설에서 배출되는 미세먼지는 영향을 미치는 범위가 매우 넓은 특징이 있다. 예를 들면 경기도 남부지역 화력발전시설에서 배출된 미세먼지는 서울과 경기도 전역의 미세먼지 농도에 영향을 준다. 이렇게 시설에서 배출되는 미세먼지는 집진시설 등을 활용하여 발생원에서 직접 미세먼지 발생을 억제하는 것이 가장 중요하다.

마지막으로는 해외 유입 미세먼지이다. 우리나라의 경우에는 국내에서 배출된 미세먼

지는 물론 해외에서 유입되는 미세먼지의 영향을 함께 받는다. 해외 유입 미세먼지는 지리적 또는 지정학적인 요인이 크게 작용하며, 겨울철이나 봄철에 집중되는 등 계절에 따라 유입이 달라지기도 한다.

녹지를 활용한 미세먼지 저감은 미세먼지 발생원이 가깝고 배출량이 적을수록 효과가 크고, 정밀한 미세먼지 저감 녹지계획을 수립할 수 있게 된다. 미세먼지 저감 녹지의 효과와 배치는 미세먼지의 배출원, 농도, 풍향, 거리, 풍속 등에 따라 결정되므로 다양한 요인에 대한 데이터를 수집하여 다각도로 분석해야 한다.

나. 미세먼지 저감 녹지계획 구상

미세먼지 배출현황에 대한 분석이 완료되면 이 결과를 바탕으로 미세먼지 저감 녹지계획을 구상하는 것이 필요하다. 저감 녹지계획 구상은 위치, 면적, 수종과 수목의 규격, 식재밀도 등을 결정하는 과정이다. 이를 위해 분석 과정에서 수집된 자료를 바탕으로 효과를 높일 수 있는 대안을 작성하는 것이 필요하다. 대안은 활용 가능한 토지의 폭, 길이 등 공간조건과 미세먼지 저감 효과의 대상이 되는 주변 시설 특성(학교, 상가, 주거단지 등)을 고려하여 작성하도록 한다. 여러 구상안을 바탕으로 최종 대안은 컴퓨터 모델링 등의 정량적인 검토와 휴게공간, 운동공간 등 녹지의 활용에 대한 요구 내용을 종합적으로 반영하여 결정한다.

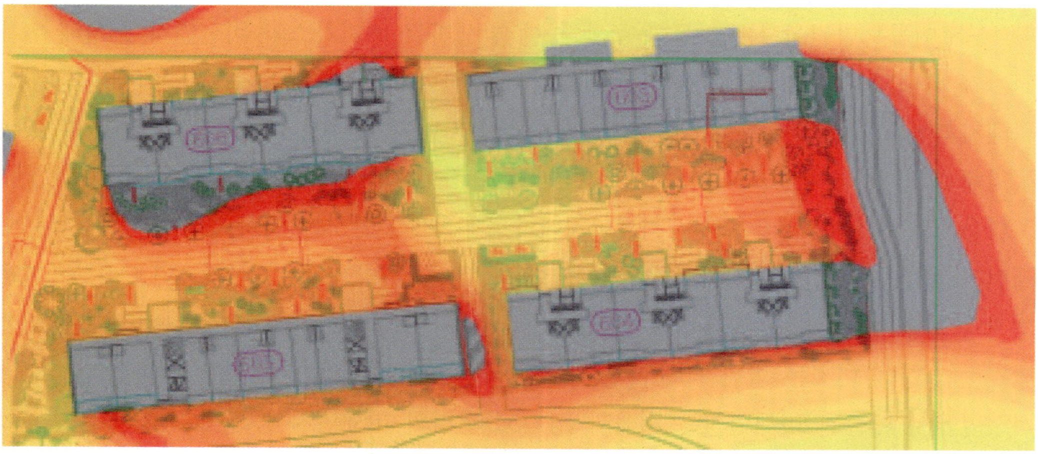

그림 5.73 도로변 아파트의 대기 흐름 분석 사례

(붉은색일수록 정체 심함, 서울시 강동구)

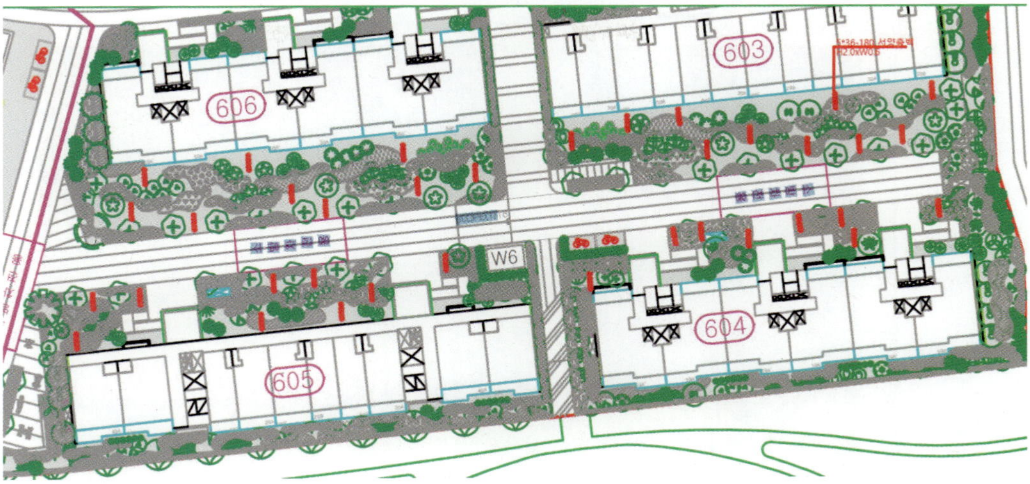

그림 5.74 미세먼지 저감을 위한 식재계획 사례

(주풍향 수직으로 서양측백(붉은색) 식재, 서울시 강동구)

다. 미세먼지 저감 녹지계획

미세먼지 저감 녹지계획은 녹지의 종류를 차단숲, 저감숲, 바람길 숲 등으로 구분하고 각 기능별 숲에 적합한 수종 및 규격, 식재위치, 식재밀도 등을 결정하는 과정이다. 이때 미세먼지 차단 및 저감 외에도 차단이나 침강된 미세먼지가 재비산하지 않도록 바람 방향의 후면부에 관목을 식재하는 것이 중요하다.

미세먼지 저감 녹지의 조성 기준은 다음과 같다.

- 차단숲, 저감숲, 바람길숲을 적절하게 배치하여 미세먼지 저감효과를 극대화함
- 사람이 이용하는 통로 및 보도 주변은 바람길숲, 사람이 이용하지 않는 안쪽 숲은 차단 숲, 바람길숲과 차단숲 사이는 저감숲으로 복합화하여 미세먼지 차단을 위한 다양한 기능을 도입함
- 차단숲의 경우에도 간헐적인 바람통로 확보하여 바람길의 기능을 유지하도록 함
- 미세먼지 저감 기능을 극대화할 수 있도록 복층식재 하되, 바람길숲과 저감숲은 충분한 관목을 식재
- 바람길숲, 저감숲의 경계부, 전면, 후면부에 넓은 폭원으로 관목을 식재하여 침강된 미세먼지가 다시 비산하지 않도록 함

그림 5.75 미세먼지 저감녹지 평면도

출처 : 수원시(2019) 미세먼지 저감 도시숲 조성 매뉴얼

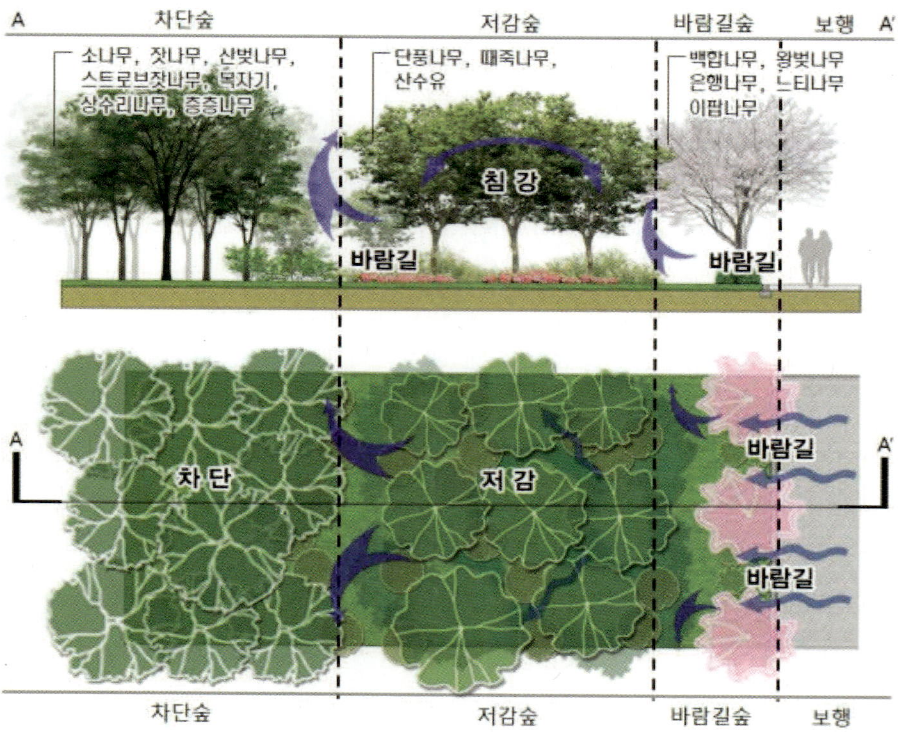

그림 5.76 미세먼지 저감녹지 평면 및 입면도

출처 : 수원시(2019) 미세먼지 저감 도시숲 조성 매뉴얼

3.4. 친수공간계획

1) 개념

친수공간(親水空間)이라 함은 물을 배경으로 하거나 주제로 한 공간이며, 일반적 정의[50]는 수제선(水際線 ; 물과 땅이 닿아서 이루는 선)을 사이에 두고 수역과 육역의 양측 일정 범위를 포함하는 공간을 말한다.

육역과 수역이 유기적으로 결합되어 일체화된 공간으로서, 오픈스페이스 기능뿐만 아니라 친수경관, 레크리에이션, 정서함양, 생태적 건전성, 생산 등의 복합적 기능을 수행하는 공공성이 높은 공간이라 할 수 있다(안병철, 2016). 또한 물이 주는 매력, 흥미로움 그리고 가변성 등이 주변 환경과 조화를 이룰 때 장소적 가치를 높일 수 있는 공간으로 평가받는다.

우리나라는 국토의 삼면이 바다로 둘러싸여 있고, 많은 도시들이 유역을 중심으로 강과 하천 주위에 위치하고 있다. 바다와 연안, 강과 하천 그리고 호수의 수변을 대상으로 하는 친수공간은 도시의 수준과 도시민의 삶의 질 향상에 영향을 줄 수 있는 옥외 환경요소이며, 조경계획의 중요한 대상이 된다.

- 수변공간

수변공간(水邊空間)은 '강가, 호숫가, 바닷가 등의 비교적 규모가 큰 물을 대상으로 수면부, 육지부가 유기적으로 결합되어 일체가 된 영역'으로 표현될 수 있으며 친수공간과 구분하기 어려울 정도로 거의 동일한 개념을 내포한다.

- 친수공간

수변공간이 물가를 의미하는 물리적 공간의 성격이 강하다면, 친수공간은 수변공간과 동일한 공간에서 친수적 행위가 함축되어 있는 장소성을 갖는 곳을 의미한다고 할 수 있다. 주로 수변의 공간적 측면을 강조하는 '수변공간'이라는 용어와 행위와 기능적 측면을 강조하는 '친수공간'의 용어를 혼용하여 사용한다.

2) 친수공간 유형

친수공간의 유형은 지형적인 특성과 물의 속성에 따라 크게 강과 하천변의 공간, 연안과 바다의 공간, 그리고 호수변의 공간으로 구분할 수 있다.

---

50) 국토교통부(2010) 친환경 하천경관 가이드라인

① 강변 친수공간(River front)

- 강, 하천변의 친수공간이며, 담수생태계 중 주로 흐르는 물인 유수역을 대상으로 한다. 대부분 도시하천을 중심으로 형성되며, 하천구역 내의 친수지구[51]와 하천구역 바깥부분인 제내지의 오픈스페이스를 대상으로 계획할 수 있다.
- 강변의 수려한 경관, 역사문화, 쾌적성, 활동성, 접근성 등을 고려하여 주변환경과 조화될 수 있는 친수공간 계획을 수립할 수 있다.

세느강(프랑스 파리)

오진(중국 절강성)

하펠강(독일 포츠담)

그림 5.77 강변 친수공간 사례

② 호수변 친수공간(Lake front)

- 호수, 저류지, 소류지, 저수지, 방죽 등의 수변을 대상으로 한 이용중심의 친수공간이며, 담수생태계 중 정수역에 해당된다.
- 대상지의 자연성 및 생태환경 보전과 정서적, 심리적, 시각적 요소를 고려하여 환경친화적인 호수변 친수공간 계획을 수립할 수 있다.

이식쿨(키르기스스탄)

비스보쉬(네덜란드 로테르담)

대청호(대한민국 대전)

그림 5.78 호수변 친수공간 사례

51) 하천법 44조(지연친화적 하천조성을 위한 보전지구 등의 지정)와 하천법시행령 49조(보전지구 등의 지정)에 의해 하천내 직간접적인 친수활동을 목적으로 하천점용허가를 받아 상거래행위를 하는 하천구역이나 전통적으로 친수활동이 활발하게 이루지고 있는 하천구역을 대상으로 계획을 수립할 수 있다.

③ 해안 친수공간(sea front)

- 바다와 연안에 접해있는 수변 공간이며 해안 또는 기수역 생태계를 대상으로 친수공간 계획을 수립할 수 있다.
- 해변, 항만, 섬, 하구의 완충 또는 전이공간의 특성을 살린 조경계획을 수립할 수 있다.
- 연안을 쾌적하게 이용할 수 있도록 친수공간을 조성하고, 공원, 광장, 산책로, 편의시설 등의 휴식공간을 조성하는 사업 등을 계획할 수 있다[52].

니하운(덴마크 코펜하겐) 바로셀로나항(스페인) 정동진(대한민국 강릉)

그림 5.79 해안 친수공간 사례

3) 친수공간 특성

친수공간은 '물'을 배경으로 또는 '물'을 주제로 한 공간이다. 강, 하천, 바다 그리고 호수변을 대상으로 공간계획이 수립되고 새로운 장소성이 부여되었을 때, 다른 공간과의 차별성을 갖게 된다. 친수공간이 갖는 속성이라고 할 수 있으며 공간계획 수립시 고려되어야 할 주안점이기도 하다.

친수공간의 특성은 쾌적성(amenity), 생태성(ecological property), 활동성(activity), 문화성(cultural property)으로 설명될 수 있으며 역할과 가치를 포함한다.

① 쾌적성

친수공간은 물의 속성이 내포하는 시원한 청량감을 시각, 청각, 촉각으로 체험할 수 있게 한다. 쾌적한 공간감과 어메니티를 느끼게 하며 심리적, 정서적 만족감을 가져다 준다. 이러한 쾌적성은 도시의 복잡한 구조와 대비되어 강하게 작용된다.

또한 시간의 흐름에 따른 수경관의 변화는 계절감을 체험할 수 있도록 하며 타 공간과의 높은 차별성을 갖게 하는 요소라고 할 수 있다.

---

52) 연안관리법 제2조(정의)와 동법 시행규칙 제7조(시도지사 등이 시행하는 연안정비사업)

② 생태성

수변은 서로 다른 생태계의 전이지역에 해당된다. 상대적으로 생물다양성이 높은 속성을 지니고 있으며, 생태적 건강성의 차별적 우위를 갖는 공간이라고 할 수 있다. 친수공간 계획시 가급적 최소의 지역을 대상으로 하되 생태성의 가치를 보전할 수 있도록 해야 한다.

특히 도시 내 물을 주제로 한 친수공간은 도시 미기후를 조절하고 열섬저감의 효과를 기대할 수 있는 공간의 차별성을 갖는다.

③ 활동성

활동성은 인간행위의 정적활동과 동적활동을 말한다. 친수공간에서의 활동성이라 함은 주로 동적활동을 의미한다. 인위적 수경시설을 통한 활동, 자연의 물을 이용한 수상레저 활동, 생산을 위한 활동 등 다양한 방식의 활동을 유도한다.

특히 친수적 행위의 활동성은 대상지의 움직이는 경관 변화를 창출함과 동시에 지속적인 장소성을 부여하게 된다. 지역사회의 활성화와 삶의 질을 높여 줄 수 있는 특성이라고 할 수 있다.

④ 문화성

세계 문명은 큰 강 유역에서 시작하였고 인류의 도시 번영이 물과 함께 이루어져 왔다. 수변에서 생활에 필요한 용수를 공급하고, 생산 활동을 하며 교류를 위한 삶의 터전으로 사용하여 왔다. 수변의 장소성은 시간의 변화에 따라 다양한 형태로 전달된다. 물에 얽힌 전설, 나루터 와 장터 문화, 전통 축제와 강변 페스티벌 등의 문화적 속성을 지니고 있다.

강과 바다를 배경으로 그 곳의 문화와 역사를 담는 친수공간은 지역의 관광자원으로 활용되고 명소가 될 수 있다. 공간이 갖는 기능적인 측면 뿐만 아니라 대상지 고유의 수변 문화를 흡수할 수 있는 계획이 되어야 한다.

4) 친수공간계획 사례 : 부산 에코델타시티

국내 친수공간 대표적 사례로서, 수변의 친수환경의 가치를 지향하고 친수도시를 표방한, 친수구역법[53]에 의해 최초로 계획된 부산 에코델타시티의 조경계획 사례를 살펴본다.

53) 친수구역 활용에 관한 특별법 (법률 제10421호, 2010년 제정)

가. 친수공간 조성여건 및 분석

에코델타시티 친수구역 조성사업은 면적 11.8km^{2}로 부산광역시 강서구 명지동·강동동·대저2동 일원에 위치하며, 인구 76천명을 수용하는 주거단지 조성 및 도시형 첨단산업과 국제물류를 유치하도록 계획되었다. 특히, 낙동강 하구 삼각주와 동양 최대의 철새도래지, 서낙동강·평강천·맥도강 세 개 물길의 친수자원을 보유하고 있다.

그림 5.80 에코델타시티 위치도 및 토지이용계획도

출처 : K-water(2014) 부산 에코델타시티 기본설계 보고서

에코델타시티 친수구역 조성사업의 '3色 물길이 만드는 새로운 친환경 수변복합도시 Eco-Delta City'라는 슬로건 아래 3개의 조성 방향을 설정하였다.

- 수변 문화·레저도시 : 3개의 강을 활용한 River Front형 문화·관광·레저 도시 구현
- 자연감성 생태도시 : 강, 생태, 어메니티가 조화되는 녹색도시 체계 구축
- 글로벌 미래 첨단도시 : 국제 물류, 첨단산업 중심 동북아 거점도시 육성

나. 친수공간 계획 목표

'Blue stitch 33miles'를 컨셉으로 한 공간계획은 어디서나 도보로 5분 이내에 녹지와 수변에 접할 수 있으며, 단순한 녹음이 아닌 자연, 역사, 문화등이 조화롭게 어우러지는 공원·녹지체계를 수변과 융합하여 BLUE라는 의미를 부여하였다. 33마일(53.8km)의 수변을 따라 자연(녹지, 물, 바람), 경관, 문화를 엮어 수변 친수도시를 완성하는 계획이다.

- [수변축] 수변도시 가치와 자연과의 상생 실현 : 철새서식처, 습지생태공원 등
- [녹지축] 자연중심의 도시 커뮤니티 공간 : 중앙공원, 보행교, 전망대, 스마트공원 등
- [경관축] 문화와 여가중심의 녹색복지의 실현 : 역사, 수변체육공원, 자연문화공원 등

다. 친수공간 기본구상

수변공간과 문화 및 여가의 핵심공간, 그리고 철새와 인간이 상생하고 있는 생태공간을 골격으로 기본구상을 수립하였다.

- [River Scape] 친수도시로의 가치를 실현하는 공간
- [City Scape] 다양한 시민 복지가 실현되는 문화/여가의 핵심공간
- [Eco Scape] 자연과 인간을 위해 제공하는 상생의 공간

그림 5.81 에코델타시티 기본구상 개념

출처 : K-water(2014) 부산 에코델타시티 기본설계 보고서

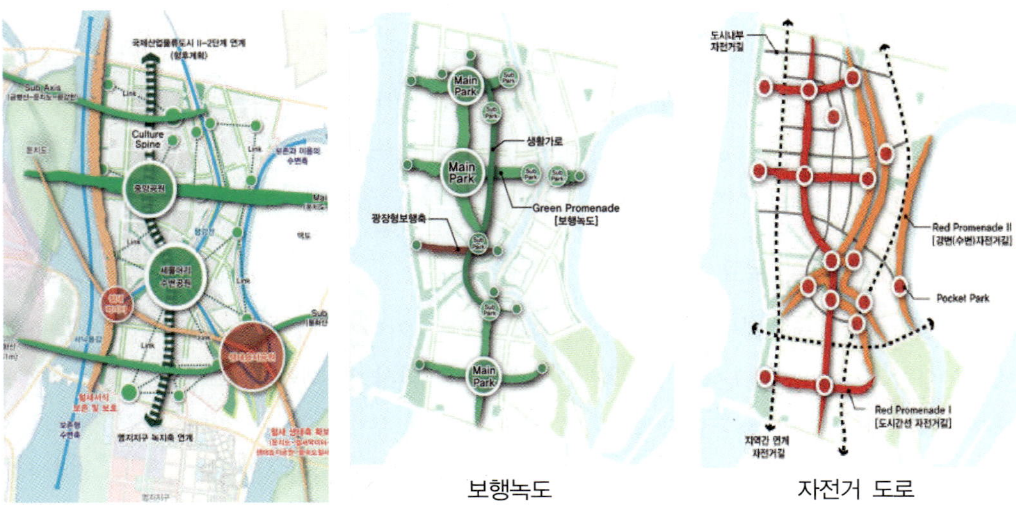

그림 5.82 에코델타시티 공원녹지 네트워크 계획도

출처 : K-water(2014) 부산 에코델타시티 기본설계 보고서

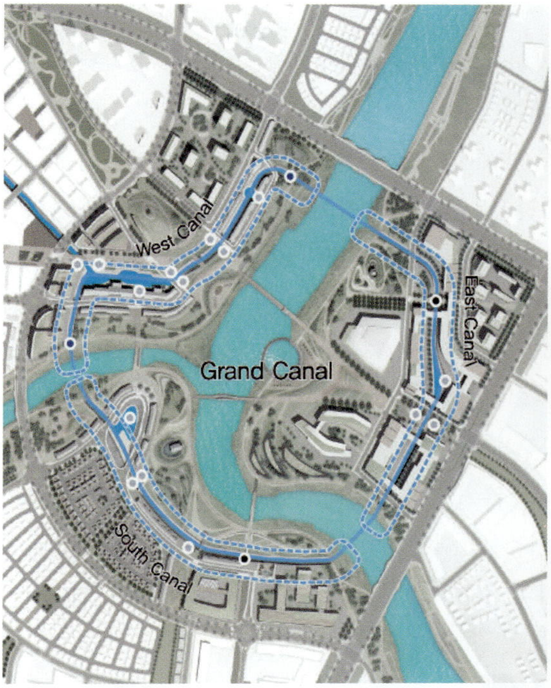

EDC 문화공원 계획

EDC 커넬 계획

EDC 세물머리 특화계획

EDC 중앙공원 계획

그림 5.83 에코델타시티 친수공간 기본계획

출처 : K-water(2019) 에코델타시티 설계공모 보고서

또한 공간계획을 바탕으로 녹지축과 수변축의 유기적인 연계를 도모하고 기존 자연자원의 보전 및 활용을 극대화 할 수 있는 공원·녹지 및 가로 네트워크를 구상하였다.

라. 친수공간 기본계획

타 도시와 차별화되는 계획의 첫 번째는 도시 중심부의 세물머리 구간의 수변특화 계획이다. 물길의 주운수로(Canal)와 세물머리 수변공원을 계획하여 문화와 레저, 커뮤니티를 연결하고자 하였다.

두 번째는 에코델타 스마트시티 내 다양한 혁신 기술을 체험할 수 있는 스마트 수변공원 계획이다. 에코델타시티 수변공원 전체에 스마트 기술을 더하여 포용적 스마트 서비스를 제공하고자 하였으며, 'Blue Stitch 33mile' 컨셉에 스마트 기술과 디자인을 결합하고자 하였다. 수변친화, 조류상생, 재해안전, 복합문화, 스마트 컨넥팅의 5가지 설계전략을 기반으로 친수공간의 차별성을 갖고 다양한 계층, 연령이 이용할 수 있는 포용적 서비스를 제공하는 계획을 수립하였다.

세 번째는 낙동강 철새도래지와 연계한 생태공간 계획이다. 낙동강 하구의 철새이동 네트워크의 보존과 조류 서식환경 개선을 위한 공간을 계획하여 자연과 사람이 공존하는 친수도시를 만들고자 계획하였다. 사업지구는 국가지정 문화재인 낙동강 하구 철새도래지로 지정 관리되고 있는 지역으로 큰고니, 큰기러기 등 주요 종이 서식하고 있으며, 청둥오리, 물닭, 흰뺨검둥오리 등 2019년 기준 146종 7만6천여 개체가 발견되고 있다. 지리적, 지형적 특성에 맞는 생태보전 중심의 강변 친수공간 계획이라고 할 수 있다.

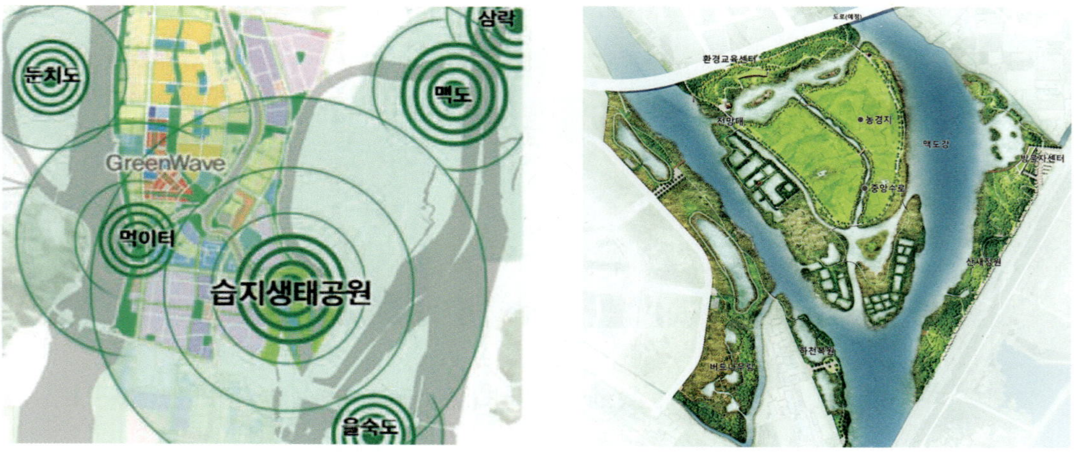

그림 5.84 철새서식을 위한 습지생태공원기본계획

출처 : K-water(2021) 에코델타시티 습지생태공원 기본계획

3.5. 공공정원계획

1) 정원의 정의와 가치

정원에는 자연의 모습과 문화적 양상이 혼합되어 있다. '자연은 최고의 정원사' 라는 의미로부터 정원은 자연의 아름다움을 최대한 이끌어 낼 때 진정한 가치를 지니며, '문화와 자연', '사고와 물질', '인간과 자연' 등을 연결 짓는 속성을 가진다(조경진, 2014).

정원에 대한 어원을 서구식 표기를 풀어보면 garden(영), jardin(프), garten(독) 등 히브리어(Hebrew language)로 '울타리 또는 둘러싸는 공간이나 둘러싸는 행위'를 의미하는 'gan'과 즐거움 혹은 기쁨을 의미하는 'oden'의 합성어로 의미가 구성되어 있다. 한편 동양에서 정원에 대한 표기는 '원림(園林, 중국)', '정원(庭園, 일본, 한국(중종 이후))', 그리고 한국 고문의 경우 '가원(家園); 임원(林園); 임천(林泉); 원(園, 苑)'등을 사용하고 있다.

이와 같이 동양과 서양의 정원에 대한 어원의 동질성은 정원의 형태가 지칭하는 '위요공간'으로서 의미를 가지며(송태갑, 2014), 외부로부터 구분되는 한정된 내부공간을 자신의 영역으로 즐기고자 하는 인간 본연의 사유영역 설정에 대한 속성을 가진다.

정원의 개념적 정의는 시대적 흐름에 따라 변화하고 진화되었는데, 사적영역으로 취급되었던 정원의 범위가 '공공영역'으로 확대되어 불특정 다수를 위한 정원으로 조성되고 있다. 그러므로 정원에 대한 사전적 정의와 법제적 정의는 다음과 같이, 오래전 정원의 어원으로부터 시작된 개념이 동시대에 접어들어 자연과 환경에 대한 다목적성을 가진 확장적 개념으로 진화하며 진행형으로 인간의 삶과 관계한다.

- 집안에 있는 뜰이나 꽃밭으로 집에 예속된 공간을 의미(한국민족문화대백과사전)
- 꽃, 채소, 허브 및 과일의 재배에 사용되는 토지로서 경작의 의미를 가지는 토지를 포함(American Heritage Dictionary)
- 식물, 토석, 시설물(조형물을 포함) 등을 전시·배치하거나 재배·가꾸기 등을 통해 지속적인 관리가 이루어지는 공간(수목원·정원의 조성 및 진흥에 관한 법률, 제2조)

오늘날 '공공정원(public garden)'에 대한 개념적 정의는 미국공공정원협회(American Public Garden Association, APGA)의 내용을 참고할 수 있는데, 수목원과 식물원의 의미를 모두 포함하며 아울러 도시민에게 도시 활동을 장려하고, 대중들에게 식물의 정보를 공유하며, 생물들에게 서식처의 역할을 하는 인간과 생물과의 연결고리로서 개념을 확장하고 있다(국립수목원, 2015).

그러므로 공공정원의 모습은 다양한 영역과 유형의 녹지공간을 포용하는데 공원과 같은 거대한 규모의 정원으로부터 아주 작은 정원까지 의미를 부여하며, 도시의 숲과 연계되기도 하며, 식물원과 같이 교육과 여가를 위한 공간으로 그리고 다양한 오픈스페이스 등과 유사한 성격을 가진 공적 공간으로 다가온다. 따라서 공공정원이 추구하는 주요 기능은 '이용자 중심의 공간 기능', '생태환경 보호와 물순환 등을 위한 생태적 기능' 그리고 정원이 만들어가는 '심미적 아름다움과 휴양·치유 등의 문화적 기능' 등을 복합적으로 수행한다.

본 서에서는 우리나라에 조성된 대표적인 공공정원(국가정원, 지방정원 등)을 중심으로 정원과 관계된 조경계획의 영역을 살펴본다.

2) 공공정원의 조성 사례

가. 국가정원

국가정원은 국가가 조성하고 운영하는 정원을 의미한다(수목원·정원의 조성 및 진흥에 관한 법률 제4조). 2013년 순천만국제정원박람회의 성공적 개최는 정원에 대한 국민들의 관심을 높였으며 정원에 대한 법령제정의 계기를 제공하였다. 그 결과 2015년에 시행된 '수목원·정원의 조성 및 진흥에 관한 법률'(일명 수목원·정원법)은 정원을 체계적으로 관리하여 국민의 삶의 질 향상과 국민경제의 발전에 기여할 수 있는 제도적 기반이 되었다.

국가정원은 총면적 30만㎡(30㏊) 이상으로 구성되며, 정원의 총면적 중 녹지면적이 40%이상 충족되어야 하며, 각기 다른 주제로 조성된 정원 5개소 이상을 갖추어야 한다.

① 순천만국가정원

순천만국가정원의 시작점은 순천만이다. 순천만은 2006년 람사르협약 습지보호지역, 2008년'국가지정 문화재 명승 제41호'로 지정되었으며, 농게·칠게·짱뚱어 등 갯벌 생태계의 가치가 높은 곳이다. 그러나 순천시의 도시 팽창이 가시화되고 순천만자연생태공원을 방문하는 관광객의 증가로 순천만의 생태환경이 위협을 받게 되었다.

따라서 절대 보전공간인 순천만을 지키기 위해, 순천만에서 도심 쪽으로 5.8㎞ 떨어진 곳에 순천만의 입구를 만들고 순천만국제정원박람회를 개최하여 순천만을 보존하는 전이 공간(ecotone)의 역할을 부여하였는데, 이곳이 순천만국가정원이 되었다.

봉화언덕

전경 네덜란드정원

그림 5.85 순천만국가정원의 전경, '봉화언덕'과 '네덜란드정원'의 모습

출처 : 순천시 제공(2021)

한국정원 프랑스정원

그림 5.86 순천만국가정원의 '한국정원'과'프랑스정원'

출처 : 순천시 제공(2021)

2013년 순천만국제정원박람회는 '지구의 정원, 순천만'이라는 주제로 6개월간(4월~10월), 약 111만2천㎡의 공간에서 개최되었으며, 주제정원으로 세계정원·참여정원·테마정원 등 약 83개의 정원이 조성되었고 순천만국제습지센터 등의 시설을 갖추었다. 이와 같은 기반시설을 바탕으로 2015년 9월 대한민국 제1호 국가정원으로 지정되었다. 순천만국가정원에는 박람회에 참가하였던 세계 13개국의 전통정원의 모습을 엿볼 수 있으며, 대표적인 주제정원으로는 순천의 '봉화산·동천·시가지'를 모티브로 '찰스 젱스(Charles Jencks)'가 디자인한 '호수정원'이 있다.

② 태화강국가정원

태화강국가정원은 태화강의 우수한 생태자원을 정원을 통한 가치 부여와 세계화를 목적으로 조성되었다. 우리나라 제2호 국가정원으로, 울산광역시 중구(태화동)와 남구(무거동, 신정동) 일원에 태화강을 양안에 둔 자연 지형인 하천 퇴적지에 약 83만5천㎡의 규모로 조성되었다. 태화강국가정원은 크게 2개의 구역으로 구분되는데, 태화강 정원박람회가 개최되는 태화지구에는 대나무정원·계절정원·수생정원·참여정원·무궁화정원 등의 주제정원이 조성되었다. 이중 대나무정원은 태화강의 장소성과 경관성을 대표하는 자연자원인 대나무를 주제로 조성되었는데, 대나무 63종을 전시한 대나무생태원을 비롯하여 만회정·십리대숲·은하수정원 등으로 구성되어 차별성을 가진다.

계절정원은 계절에 따라 모습을 바꾸는 형형색색의 다양한 초화류로 구성되어 있으며, 피트 아우돌프(Piet Oudolf)가 조성한 정원이 포함되어 있다.

그림 5.87 태화강국가정원의 전경

출처 : 울산광역시 제공(2021)

삼호지구에 조성된 태화강국가정원은 생태정원의 성격을 가지며 사계절 다양한 생태경관과 생태서식지를 제공하는 목적으로 만들어졌다. 주제정원으로 도심 속 철새도래지인 조류생태원을 비롯하여 은행나무정원·보라정원·약초원·나비생태원·숲속정원 등으로 구성되어 있다.

봄꽃 축제

십리대숲 길

그림 5.88 태화강국가정원의 봄꽃 축제 및 '십리대숲 길'

출처 : 울산광역시 제공(2021)

나. 지방정원

지방정원은 지방자치단체가 조성한 정원으로 10만㎡(10ha) 이상의 면적을 가지며 40% 이상의 녹지로 조성되는데, 정원 관리를 위한 전담부서, 편의시설, 지방정원 운영관리 등의 조례가 충족되면 시·도지사가 지정하여 등록할 수 있다.

영월 동서강정원 연당원

경기도 세미원

그림 5.89 영월 동서강정원 '연당원'과 경기도 '세미원'

출처 : 영월군(2021) https : //cdn.mediayonhap.com/news/photo/old/data/old2/2009

참고문헌

경기도 (2020) 제2차 경기도 경관계획, 경기도.

경주시 (2017) 2025 경주시 경관계획, 경주시.

국립공원연구원 (2018) 2019-2028 태백산국립공원 보전·관리계획.

국립산림과학원 (2023) "미세먼지 저감 능력 높은 나무 골라 심을 수 있다" 보도자료.

국립수목원 (2015) 정원진흥기본계획 수립을 위한 정원의 제도적·문화적 활성화 방안 연구.

국토교통부 (2010) 친환경 하천경관 가이드라인.

국토교통부, 환경부 (2019) 국가 국토-환경계획 통합관리 5대 전략.

김태윤 (2015) 제주지역 해양국립공원 조성을 위한 기초 연구, 제주발전연구원.

김주열, 김동욱, 윤효진, 이희진, 엄정희, 서은실, 서홍덕, 손정민, 박주현 (2022) 도시바람길숲 조성 · 관리 실무가이드, 산림청.

김포시 (2020) 김포시 환경보전계획(안). 중간보고회 자료.

달성군 (2017) 2030 달성군 기본경관계획, 대구광역시 달성군.

당진시 (2019) 당진시 경관자원 조사, 당진시.

대구광역시 (2017) 2030 대구광역시 경관계획, 대구광역시.

박창석, 최희선 외 (2021) 스마트 그린도시 종합계획 수립 연구, 환경부.

산림청 (2019) 2019년 신규사업[미세먼지 저감] 도시숲 조성·관리 지침.

서울특별시 (2015) 2030 서울시 공원녹지 기본계획

서울특별시 (2016) 2016 서울특별시 경관계획, 서울특별시.

선재이앤씨 (2019) 죽포항 어촌뉴딜300사업 기본계획 보고서.

세종특별자치시 (2020) 세종특별자치시 도시바람길숲 조성사업 기본 및 실시설계 보고서.

손용훈 (2016) 한국 국립공원의 특수성과 미래 국립공원 관리 과제. 환경논총 57 : 4-12.

송태갑 (2014) 정원도시 육성을 위한 가이드라인 설정, 전남발전연구원.

수원시 (2019) 미세먼지 저감 도시숲 조성 매뉴얼.

안병철 (2016) 친수공간 이용효율성 개선을 위한 중요도 · 만족도 분석. 한국조경학회지 44(4): 86-99.

엄정희, 손정민, 백준범, 성욱제, 김주은, 민진규, 박주현, 김연미, 김대욱 (2020) 도시 바람길숲의 조성원리와 제도화를 위한 연구, 산림청.

용인시 (2019) 2030 용인시 경관계획. 용인시.

유승덕, 곽승훈, 한기호, 이문수, 김민성, 주찬미, 김종석, 전해숙, 오건, 조승일, 김기수 (2021) 순천시 스마트도시계획(2021~2025). 순천시.

이경재, 송윤정, 이상민, 방재성 (2020) 지역 경관관리의 실효성 제고를 위한 중점경관관리구역 제도 개선 연구. 건축도시공간연구소.

이상민, 송윤정, 권윤구, 서자유, 정해준 (2020) 주민과 함께 만드는 경관약속, 경관협정의 이해와 활용. 건축공간연구원.

인제군 (2020) 아미산군립공원 보전·관리계획(안).

전주시 (2017) 전주시 경관계획. 전주시.

조경진 (2014) 히르시펠트(C.C.L.Hirschfeld) 정원예술론의 의미와 가치의 현대적 해석. 한국전통조경학회지 32(3).

주신하, 김경인 (2015) 알기쉬운 경관법 해설. 보문당.

지역활성화센터 (2019) 세류2동 도시재생활성화계획(일반근린형). 수원시.

지역활성화센터 (2021a) 농업환경보전프로그램 운영. 홍성군.

지역활성화센터 (2021b) 사회적농업마을 조성을 위한 도산2리 경관계획 수립. 오누이 친환경마을 협동조합.

지역활성화센터 (2021c) 평창군 농촌공간 전략계획. 평창군.

충청남도 (2019) 충청남도 생물다양성 전략수립 및 야생동물 보호 세부계획.

충청남도 (2021) 제4차 충청남도 종합계획(2021~2040)

한국환경산업기술원 (2021) 자연기반해법의 이해(국내외 IP 요약보고서).

화순군 (2015) 동복천, 외남천 생태하천복원계획.

환경부 (2012) 제2차 자연공원 기본계획.

환경부 (2017) 지자체 단위의 국토-환경계획간 연계 기반 마련 연구. 충남연구원.

환경부 (2019) 제5차 국가환경종합계획(2020~2040).

환경부 (2020a) 김포시 환경계획 수립 지원을 위한 공간분석. 환경부 내부 내부자료.

환경부 (2020b) 지자체 국토-환경계획 통합관리 시행기반 구축사업 : 광역/기초 지자체 통합관리 모델 구축. 한국환경정책·평가연구원.

환경부 (2021a) 시군구 환경계획 수립지침.

환경부 (2021b) 시도 환경계획 수립지침.

환경부 (2021c) 생태하천복원사업 업무추진 지침(예·결산, 사업관리) (13차 개정).

환경부, 청주시 (2016) 청주시 환경보전계획(2016~2025), 충남연구원.

IFEZ (2014) 인천경제자유구역 경관디자인 가이드라인, 인천경제자유구역청.

IFEZ (2020) 인천경제자유구역 경관계획 (재정비), 인천경제자유구역청.

K-water (2014) 부산 에코델타시티 기본설계 보고서.

K-water (2019) 에코델타시티 설계공모 보고서.

K-water (2021) 에코델타시티 습지생태공원 기본계획.

◎ 웹사이트

http : //www.landezine.com/index.php/2016/06/renaturation-of-the-river-aire-geneva/

https://www.korea.kr/special/policyCurationView.do?newsId=148863948 대한민국 정책브리핑

PART 6

조경계획의 미래

1. 글로벌 환경위기와 조경계획의 역할

1.1. 글로벌 환경위기와 대응 목표

1) 기후위기와 탄소중립

IPCC(Intergovernmental Panel on Climate Change)는 기후변화로 인한 전 지구적 위험을 평가하고 국제적인 대책을 마련하기 위해 설립된 국제 협의체이다. 이 단체가 발행하는 보고서는 전 세계의 정부, 학계, 산업의 주요한 나침반이 되고 있다. 2021년 발행된 6차 보고서는 온실가스 배출 추세가 현재와 같이 지속된다면 지구 평균 기온이 1.5℃ 상승하는 시점은 2020~2040년 사이가 될 것이라고 전망한다. 이 전망치는 이전 2018년 '1.5℃ 특별보고서'에서 예상한 시점(2030~2052년)보다 무려 10년이나 앞당겨진 예측결과이다. 이보다 훨씬 앞선 시기부터 국제사회는 기후위기에 대응하기 위한 전 지구적인 노력을 강조해왔다. 2015년 유엔 기후변화 회의에서 채택한 파리협정의 내용에는 모든 당사국은 지구 평균 기온 상승을 섭씨 2℃ 보다 현저히 낮은 수준으로 유지하고 산업화 전 수준 대비 지구 평균 기온 상승을 섭씨 1.5℃로 제한하기 위해 함께 약속하고, 시간의 경과에 따라 진전되는 노력을 요구하고 있다. 이에 각 국은 2030년까지 온실가스 감축약속을 담고 있는 국가결정기여[54]를 제출하고, 2050년까지의 장기저탄소발전전략(LEDS[55]*)을 제출을 해야 한다. 전 세계 평균기온 상승 온도 1.5℃ 또는 2℃의 목표 달성을 위해서는 2011년에서 2100년 사이에 총 400 GtCO2, 1,000 GtCO2 이하로 온실가스를 줄여서 배출해야 한다(IPCC, 2014). 많은 과학자들은 2050년을 기점으로 탄소배출이 없는 사회로의 전환이 이루어져야 파리협정의 목표를 달성할 수 있을 것으로 전망하고 있다. 2021년에는 우리나라를 포함한 많은 국가가 2050년 이산화탄소의 배출과 흡수를 "0"으로 맞추겠다는 '2050 탄소중립'을 선언하였고 법제화 등을 위해 많은 노력을 기울이고 있다. 우리나라는 기후위기 대응을 위해 2020년 12월 15일 '2050 장기저탄소발전전략(LEDS*)'을 수립하였으며, 2021년에 '2050 탄소중립'을 선언하고, 「기후위기대응을위한탄소중립·녹색성장기본법」을 제정하여 탄소중립 및 2030년 온실가스 감

54) NDC : Nationally Determined Contribution(국가결정기여), 국가가 설정한 온실가스 감축목표

55) LEDS : Long-term low greenhouse gas Emission Development Strategies (장기 저탄소 발전 전략), 탄소중립 실현을 위해 무엇을 어떻게 바꿔나갈지 정부가 세운 장기 계획

축목표를 명문화하였다.

전 지구적인 온실가스 배출량 통계를 살펴보면 인간이 화석연료를 사용해 발생하는 온실가스는 대기 중으로 배출되는 양이 대부분이지만, 도시를 만들기 위해 산림을 개간하고 식량을 생산하기 위해 경작지를 넓혀가는 등 토지이용변화로 인한 배출량도 상당하여, 이 양이 인위적 온실가스 배출량의 10% 해당한다. 파리협정에서는 식생, 토양, 하천, 습지 및 해양을 매우 중요한 탄소 저장고이자 흡수원으로 규정하고 자연·생태계를 이용한 탄소흡수 능력 확대 및 탄소흡수원 확장 방안을 논의하였다. IPCC 6차 보고서에서는 2020년 기준 지구 평균온도 상승폭이 산업화 이전 대비 1.1℃에 도달한 기준년도에도 산업화 이전에 비해 기온상승, 가뭄, 홍수 등 수차례의 기상이변이 발생하였는데, 1.5℃ 사회에는 이보다 더 심각한 이변이 예상된다고 보고하고 있기에(IPCC, 2021), 이에 대응할 수단으로써 자연의 회복탄력성(Resilience)을 높여줄 그린인프라 활용은 필수불가결하다.

2) 생물다양성 위기와 보호지역 확대

많은 생물종은 인류에게 현재 시스템대로 살 수 있도록 도와주는 귀중한 자원이자, 수분 작용 등을 포함한 많은 서비스를 제공해주며, 인류와 함께 수천 년 동안 지구를 공유해 온 생명체이다. 때문에 본질적으로 매우 중요한 존재이다. 과학자들은 인간의 토지이용에 따른 생물서식지 손실과 현 상황의 기후변화가 유지된다면 지구상의 모든 종의 1/3에서 1/2이 금세기 말이면 멸종위기에 처할 것이라고 예측한다(Thomas et al., 2004). 많은 종의 멸종은 생태계에 매우 위협적이며, 인류 문명을 불안전하게 하는 요인이라고 이야기되고 있다. 생물다양성을 위협하는 가장 중요한 동인은 그들의 생존 서식지의 파괴이며, 기후변화, 그리고 산업화를 위한 과도한 수확과 남획 등이다. 예를 들어 인류는 바다의 해산물 공급량을 초과하지 않고 수천 년 동안 물고기를 지속 가능한 수준으로 잡아왔는데, 어업이 산업화 됨에 따라 바다가 공급하는 것보다 더 많은 물고기를 포획하여 물고기 개체군이 많이 사라졌다. 또하나의 중요한 동인은 화학적 오염이다. 농약, 미세플라스틱과 같은 화학제품은 생태계서비스에 매우 중요한 역할을 하는 종을 붕괴시키는 원인이 되고 있다. 국제사회는 생물 다양성 협약(Convention on Biological Diversity, CBD)을 통해 생물 다양성을 생태계, 종, 유전자 등 여섯 가지 수준에서 파악하고 생물다양성의 보전, 생물 다양성 구성 요소의 지속 가능한 이용, 유전자원의 이용으로부터 발생하는 손익의 공정하고 공평한 배분할 것을 약속하고 있다. 뿐만 아니라 생물유전자원의 접근과 이익공유에 관한 국제적 협의를 담은 '나고야 의정서'에 많은 국가가 동참하고 있다.

생물 다양성 및 생태계 서비스에 관한 정부간 과학·정책 플랫폼인 IPBES(The Intergovernmental Science-Policy Platform on Biodiversity and Ecosystem Services)는 보고서를 통해 기후변화로 인해 생물다양성과 생태계서비스가 악영향을 받고 있으며, 특히 아시아-태평양 지역에서 손실이 가속화되고 있다고 설명한다. 이에 국내외에서는 기후변화 등의 환경변화 위협에 대응하여 생물다양성 보전을 위해 다양한 전략과 목표를 수립하고 있으며, 그중 보호지역의 지정을 중요한 수단으로 제시하고 있다(허학영 외, 2017). 국제사회에서는 2020 생물다양성목표(Aichi target-11)로 국토 면적 17% 이상의 육상 보호지역과 10% 이상의 해상 보호지역의 양적 확대 목표와 생태적 대표성, 관리효과성 등 보호지역이 갖추어야 할 질적 향상 목표를 구체적으로 명시한 바 있다(홍진표 외, 2017). 생물다양성협약(Convention on Biological Diversity, CBD)의 'Post-2020 글로벌 생물다양성 프레임워크'에서는 육상지역 30%, 해양지역 30%를 보호지역이나 기타 효과적인 보전수단(OECMs)으로 지정하고 관리하는 것을 목표로 제시하고 있다(IUCN, 2021). 앞으로는 생물다양성 보호 및 증진과 기후위기 극복을 위한 탄소흡수 전략이 보호지역 설정과 연계되기 때문에 중요지역에 대한 탐색이 중요하다.

3) 팬데믹(pandemic)과 공원녹지서비스 확대

코로나바이러스감염증-19(이하 COVID-19) 확산은 도시인들의 공간 이용 행태에 커다란 변화를 가져왔다. COVID-19의 확산을 막기 위해 시행되는 '사회적 거리두기' 정책은 공원, 광장, 건물, 보행로 등 공간 위에서 사람들의 행위를 제약하는 요소로 작용하고 있다(Park et al., 2021). 사람들은 되도록 많은 이들이 모이는 장소를 회피하고, 여건이 허락한다면 실내보다는 실외에서 활동하고자 한다. 이른바 '밀폐, 밀접, 밀집'을 특징으로 하는 장소를 회피하고자 하는 행태가 일반화되고 있다. 그리고 집은 가장 안전한 장소로 인식되면서 사람들은 집에 머무르는 시간이 많아졌고, 실내외를 막론하고 전반적으로 활동 인구가 줄어들었다(문화체육관광부, 2020).

이런 상황을 살아가는 도시인들에게 공원은 한층 더 가치있게 다가온다. 도시공원은 도시인들이 햇빛, 신선한 공기, 동식물 등 자연환경 등을 즐기고, 적당한 신체 활동을 수행하며, 가족 및 지인들과 공동 여가활동을 하고, 이웃과 소통하는 등 다양한 활동이 벌어지는 곳이다(조경진, 2007). 도시공원은 공공재로서 모두에게 개방되어 있어, 도시 빈민 등 사회적 약자들도 누구나 이용할 수 있는 열린 공간이라는 점에서 도시의 포용성을 증진하는 데도 기여하고 있다(김용국, 2019).

COVID-19에 따른 도시공원의 이용사례를 분석한 한 연구에서 공원이 주는 서비스 효과를 발견하게된다. 올림픽공원과 같은 대규모 종합공원과 반대로 가깝고 규모가 더 작은 근린공원의 이용정도가 다르게 나타났다. 올림픽공원의 경우에는 평소 주변지역 주민뿐만 아니라 먼 지역에서 방문하는 사람들도 많은 거점 공원이기 때문에 COVID-19로 인한 이동성 감소에 따라 이용자 수 감소가 나타난 반면, 근린공원들은 COVID-19로 인해 오히려 이용자 수가 약간 증가하거나 변화가 없다고 한다(Park et al., 2021). 이러한 사실은 COVID-19와 같은 전염병 재난 시 도시공원, 특히 주거지역 내 근린공원이 도시인들에게 주요한 피난처이자 여가공간으로서 서비스를 수행한다는 것을 시사한다. 많은 전문가는 감염병에 따른 재난상황이 언제든 재현될 수 있다고 이야기한다. 도시 근린공원의 공급이 잘 이뤄지지 않은 곳에 공원녹지 공간을 효율적으로 확충하는 공공정책을 시행한다면 또다시 팬데믹 상황이 닥쳤을 때 공원은 도시인에게 훌륭한 도시서비스를 제공할 것이다.

1.2. 글로벌 환경위기 극복을 위한 새로운 패러다임

1) 자연기반해법 (Nature-based Solutions)

자연기반해법(NBS, Nature-based Solutions)이란, 기후·환경오염·자연재해·수자원·질병 등의 문제를 자연생태계의 보호·복원·관리를 통해 효과적이고 지속 가능한 방식으로 해결하려는 행동이다(IUCN. 2020). 자연기반해법은 생태계를 관리, 보호 및 복원하는 프로젝트를 핵심으로 하고 있으며, 21세기 가장 큰 글로벌 환경문제인 기후변화, 생물다양성 손실을 해결하기 위한 윈-윈(win-win)전략으로 간주되고 있다. 자연기반해법이 순 제로 배출량(탄소중립)[56]을 달성하는데 역할을 할 수 있을 것으로 기대되며, 21세기 후반까지 장기적으로 지구의 온도를 낮추는 데 중요한 역할을 할 것으로 알려져 있다(Jenkins et al., 2018). 자연기반해법은 세 가지 방법으로 대기 온실가스 농도를 줄이는 것을 목표로 한다. 하나는 생태계를 보호하여 탄소 배출을 줄이는 것이다. 여기에는 삼림 벌채를 제한하는 노력이 포함된다. 다른 하나는 습지와 같은 생태계를 복원하여 탄

56) 순 제로 배출량 : 온실가스 농도가 더이상 증가되지 않도록 순 배출량이 0이 되도록 하는 것으로, Net-Zero라고도 함

소를 격리하는 것이다. 세 번째는 탄소, 메탄 및 아산화질소의 배출을 줄이고 탄소를 격리하기 위해 목재, 농작물 생산 및 가축 방목을 위한 토지관리를 개선하는 것이다.

기존의 자연보전 활동이 야생동·식물 및 미생물 군집 복합체 등 생태계를 지키기 위한 보전에 중점을 두었다면, 자연기반해법은 생태계를 보호·복원·관리하고, 실증을 통해 그 효과를 평가·확인하며 나아가 사회·경제적 효과를 창출·확산하는 개념까지 포함해야 함을 의미한다. 식물은 광합성을 통해서 이산화탄소를 산소로 변환하고, 인간은 산소를 소비하여 식물이 살아가는데 필요한 이산화탄소를 만들어내는 공존방식을 갖고 있기에 자연스스로가 인간이 배출하는 이산화탄소를 상쇄할 수 있을 정도의 숲을 더 만들어 균형을 찾는 것이 중요하며, 이에 더해 여러 가지 생물다양성 증진, 도시재생, 인간의 웰빙, 기후적응 등 다양한 사회-환경문제를 문제를 종합적으로 대응하는 것이 필요하다. 자연기반해법은 팬데믹과 같은 상황에서도 인간과 생태계의 공존에 기여하는 접근법이기 때문에 이를 주류화하는 행동이 필요하다.

2) 그린딜 (Green Deal)

유럽에서는 EU 그린딜(Green Deal) 선언을 통해 도시에서 사회 혁신을 촉진함으로써 기후 중립을 달성하려고 시도하는 중이다. 유럽은 그린딜을 실현하기 위해 혁신 연구에 대한 투자, 지역적 해법 도출, 공통의 목표 설정, 금융 및 기술의 사용, 인센티브 활용, 실증 사업 추진, 사업 효과 공유 등을 중요한 요소로 고려하고 있다. 그린딜은 주로 도시에 대한 투자를 촉진하는 인센티브 제공을 약속하고 있다. 이를 통해 도시 차원에서 기후 중립 도시 개념을 개발하고, 이를 각 도시에 적용할 수 있도록 프로세스를 배포하며, 평가 기준을 포함한 기후 행동 계획을 담아 여러 도시의 참여를 유도하는 것이다. 유럽연합 차원에서는 그린딜 선언을 통해서 2050년까지 30억 그루 나무 조림 사업을 수행하는 것과 보호지역 확대를 목표로 제시하였다. 기후변화 완화와 적응을 따로 구분하지 않고, 기후변화에 대응하기 위한 미래 모습 설정 후 통합적인 관점에서 접근하는 시도이며, 생물다양성 가치가 높은 지역을 보호하기 위한 기준을 설정한 것이다. 한국에서도 유휴부지, 훼손지 등을 녹색복원을 통해 자연생태계로 전환하는 계획을 수립하고 있으며, 범부처 논의를 통해서 생태적 전환과 함께 기후위기를 극복할 방안을 마련해가고 있다. 앞으로 이와 연계된 사업이 많이 수행될 전망이다.

1.3. 자연기반해법 적용에서의 과제

1) 균형 있는 목표선정

자연기반해법은 여러 사회문제를 해결함과 동시에 인간복지에 실질적인 혜택을 제공해야 한다. 이를 위해서는 구체적이고, 측정 가능하며, 달성할 수 있고, 현실적이며, 시기적절한(SMART) 목표를 설정하는 것이 중요하다. 파리 협정에서는 온실가스 저감에 있어 산림·습지 등 탄소흡수원의 보전·증진 행동의 이행 및 기후변화 완화·적응을 공동으로 접근하는 정책 강조하고 있다. 나고야 의정서에서는 생물다양성 보호를 위한 행동을 촉구하고 있다. IPCC Climate Change & Land 특별보고서(2019)에 따르면 토지관리를 잘 하면, 기후변화 완화·적응, 사막화 및 토지 황폐화 퇴치, 식량 안보 강화에 대한 대응에 많은 긍정적인 효과가 존재한다고 밝혀지고 있다. 하지만, 일부 기후변화 완화를 위한 행위는 생물다양성 보전에 측면에는 위협이 되기 때문에 이러한 작용과 반작용 요인을 이해한 가운데서 목표를 정하는 것이 중요하다. 자연의 탄소 흡수능력만 중요하게 고려하게 되면, 흡수능력을 증진하는 사업을 수행하는 동안 오히려 자연의 식생, 토양, 물 등에 현재 저장되어 있는 탄소를 배출하게 되는 경우도 발생할 수 있을 뿐만 아니라, 이 사업이 생물다양성에는 부정적 영향을 미칠 가능성도 내포하고 있다. 예를 들어, 기후변화 완화의 맥락에서 국제기구에서 자금을 지원받은 캄보디아 최초의 대규모 재조림 프로젝트(A/R CDM)에서는 이들은 34,007ha의 기존 산림을 벌목하고, 탄소 흡수율이 높은 아카시아 단일 수종 재배로 대체하였다. 이 프로젝트는 원 자연생태계를 파괴하여 해당 지역을 기반으로 생활을 영위하는 주민들에게 심각한 영향을 주었다(Scheidel and Work, 2018). 이 사건은 정책입안자와 과학자들에게 전 지구를 위한 정의가 무엇인지 성찰하게 한다. 탄소흡수에만 치중한 무리한 계획은 자칫 지역의 생존권 위협과 시민의 인식개선을 방해하여 긍정적인 정책효과를 저해할 수 있다. 뿐만 아니라 배출이 많이 이루어지는 국가나 기업이 갖는 배출감소 부담을 개발이 덜 된 취약한 지역에 있는 사람들에게 전가할 위험성도 있음을 우리는 각인해야 한다.

자연기반해법 적용은 토지를 기반으로 하고 있어 인구, 제도, 경제, 기술, 규범 등 다양한 요소와 함께 상호영향을 주고받는다. 토지기반의 기후변화 대응, 생물다양성 증진 모두 중요하므로 생물다양성이 기후변화로 어떤 영향을 받고, 기후변화 상황에서 생물다양성을 어떻게 보전하고 증진해 나갈지에 대한 방법 제시와 함께 지역사회에 맞는 균형점 있는 목표선정이 필요하다.

2) 데이터 기반 의사결정 지원

자연기반해법은 신뢰할 수 있고 측정 가능하며 포괄적이어야 한다. 대부분의 자연기반해법 적용 대상지는 적응과 완화에 대한 긍정적인 효과를 가질 수 있다. 하지만, 자연기반해법이 21세기 중반까지 탄소중립을 달성하는 데 얼마나 기여할 수 있는지에 대해서는 여전히 논쟁이 있다. 이는 기존 연구가 다양한 목표, 시간 프레임 및 모델 가정에 걸쳐 추정되었기 때문이다. 일부 연구자들은 식생복원이 우리가 사용할 수 있는 가장 효과적인 기후변화 해결책이라고 주장하고, 일부는 자연 기반 솔루션이 종종 언급되는 것만큼 빠르거나 효과적이지 않을 것이라고 주장하고 있다. 또한, 이러한 해법이 생물다양성이나 다른 사회문제 해결에 개념적으로 이바지한다고 주장되고는 있지만, 얼마나 기여하는지는 제대로 밝혀지지 않고 있다. 생물다양성의 핵심지역과 기후적응 탄소·물 관련 핵심지역이 많이 일치하기에 공동효과를 고려할수 있다는 연구 결과가 제시된 바 있다(Jung et al., 2021). 하지만, 공동효과를 위해 어느 정도 규모의 보호지역 설정이 효과적인지, 이해관계자는 어떤 상황에 놓이는지에 대한 논의도 필요하다. 아쉽게도 이러한 상호작용에 대한 이해는 부족한 상황이다.

자연기반해법이 지속 가능한 문제 해결 수단이 되기 위해서는 생물다양성과 생태계 온전성을 확보해나가는 데 이바지해야 한다. 조경계획에서는 공간적 특징을 확인하고, 복원지역, 보호지역, 관리지역을 구분하는 것도 중요한 행위라고 생각한다. 또한, 자연기반해법은 다른 기술적 대안보다 비용 효과적인 수단이라는 강점에서 주목받기 때문에 제안된 사업의 비용 및 효과에 대해서 가정을 명시하고, 조사하고, 검증하여야 한다. 이러한 연구가 수행된다면 자연기반해법을 적용하려는 의사결정자에게 긍정적 영향을 줄 수 있을 것이다.

3) 적응적 관리

적응적 관리란 문제를 인식한 후 계획하고, 실행하고, 모니터링 및 평가를 통한 학습을 통해 계획을 수정해 나가는 일련의 과정이다. 계획 단계에서는 자연기반해법을 통해 해결하고자 하는 사회적 문제를 명확하게 제시하고, 경제적·사회적·생태학적 맥락 속에 우리의 문제가 현재 어떤 상태인지 기술하고, 어떤 방법을 통해서 문제를 해결하고, 실행해야 하는지에 대해서 서술하여야 한다. 모니터링 및 평가는 자연기반해법의 디자인적 개입 전반에 걸쳐 개발 및 구현되어야 한다. 이를 통해 자연기반해법이 잘 작동하고 있는지, 의사결정 과정에는 문제가 없었는지 등을 확인하며 또는 예기치 않은 영향이 예상되는지 여부를 확인해 이에 대한 전략이나 행동의 변화가 필요하다. 자연기반해법이 다른 개입 또는 접근 방식과 공동효과를 발휘하는 경우에는 모니터링 및 평가계획에 포함하여, 전략을 수정해 나가야 한다. 적응관리의 핵심은 계획, 모니터링 및 평가 등 전반에 걸친 반복 학습을 통해 이루어져야 하며, 증거에 기반한 학습 및 수정계획이 수립되고 이행되어야 한다. 이러한 절차는 다양한 이해관계자의 상호이해를 높일 수 있으며 좋은 거버넌스를 유지하는 데 도움이 되어 장기적으로는 지속성을 높임과 동시에 다양한 위험을 줄일 수 있는 방식이다. 적응적 관리는 우리 사회가 생태적 전환을 통해서 다양한 사회-환경문제를 해결해 갈 수 있는 방향이자 수단이다.

2. 조경계획의 미래와 과제

2.1. 조경계획의 중요성과 역할

1) 지구적 환경위기와 첨단 기술혁신의 도래

2021년 UN IPCC 6차 보고서에 따르면 최근 10년간 그린란드의 빙하 유실속도는 과거 10년에 비해 3배 가까이 증가하였으며 북극의 얼음 또한 지난 10년간 32% 감소한 것으로 알려졌다. 기후변화는 해수면 상승 뿐만 아니라 폭염, 홍수 등 이상기후와 생물다양성 감소 등을 동반하며 전 세계적으로 인명 및 재산 피해를 증가시키고 있으며 전쟁, 감염병의 글로벌 확산 등은 공동의 가치와 철학, 소통의 부재 속에서 인류사회의 새로운 위기로 다가오고 있다. 이러한 가운데 "물리적 · 디지털적 · 생물학적 공간의 경계가 희석되는 기술융합의 시대"로 정의되는 제4차 산업혁명은 전 세계의 산업구조 및 시장경제 모델에 커다란 변혁을 가져올 것으로 전망된다(김진하, 2016). 특히 인공지능과 첨단통신 및 미디어 기술의 발달은 이미 전통적 업무와 생활패턴에 엄청난 변화를 가져오고 있으며 모든 것이 실시간으로 소통되는 초연결 사회에서 정보의 신속한 교류와 공유 및 융합을 통한 가치 창출은 새로운 기회로 부각되고 있다. 이러한 급격한 기술발전과 환경위기는 전통적 산업과 경제사회적 가치에 기반한 기존의 도시 구조와 인프라에 대한 새로운 질문을 던지며 변화와 혁신을 요구하고 있다. 조경 분야가 전통적인 학문 및 실천적 영역을 넘어 타 분야와의 융합 및 혁신기술의 발빠른 수용을 통해 지구적 · 인류적 문제에 대응할 수 있는 지식을 창출하고 실천해야 할 중요한 이유가 여기에 있다.

2) 공간 및 시간적 스케일의 다양화

미국의 조경가 스타이니츠(Steinitz)에 따르면 전통적으로 조경 분야는 작은 정원에서부터 주택단지, 대형 공원, 도시개발, 환경보전 등 다양한 스케일의 공간 영역에 관심을 가져 왔다. 그러나, 미래 사회에는 "경관"(landscape)의 가치에 대한 관심이 더욱 높아질 것이며 이에 따라 건축학, 지리학, 생태학, 엔지니어링 등 다양한 학문 및 실천 영역에서 대규모 공간에서의 계획에 대한 관심과 참여가 더욱 확대될 것으로 전망된다(Steinitz, 2022). 조경 분야가 특정한 스케일의 공간계획이나 설계에만 집중할 경우 거시적 경관 형성에 중요한 영향을 미치는 기후변화, 식량 및 수자원 공급, 생물종다양성, 문화유산, 인구 문제 등의 관심에 소홀해 질 수 있으며 이는 스스로의 권위와 책임의 영역을 축소하는 우를 범할 수 있다. 이러한 공간 및 시간적 스케일의 확장은 기존의 디자인과는 확연히 다른 차원의 정보와 데이터를 요구하고 있으며 GIS 등의 공간분석과 시계열적 통계 및 빅데이터 등 다양한 유형의 데이터 분석과 폭넓은 연구방법의 활용이 필요하다.

물론 이러한 스케일의 확장이 조경 분야가 앞으로 큰 스케일의 영역에만 집중하자는 것을 의미하지는 않는다. 오히려 스케일의 확장을 통해 조경계획이 관심을 가져야 하는 것은 작은 스케일과 큰 스케일을 연결하고 넘나들 수 있는 유연한 사고의 변화이다. 우리가 당면한 문제를 해결하기 위해서는 어떤 특정한 스케일에 국한되지 않고 다양한 공간과 시간적 범위를 연결할 수 있는 통합적 능력이 요구된다. 예를 들어 기후변화의 문제에 대응하기 위해서는 글로벌 규모의 연구와 대안이 필요하지만, 동시에 우리의 실생활과 작은 공간에 적용가능한 세밀한 전략과 대안도 동시에 요구된다. 앞으로의 조경계획은 미시적인 디테일부터 거시적인 광역적 체계까지 함께 아우르며 다룰 수 있는 종합적인 분석 및 의사결정 과정을 제시해야 한다.

3) 융합적 지식 창출과 소통의 강화

조경계획의 영역이 시·공간적으로 다양한 스케일을 다룬다면 다른 차원의 정보와 지식의 창출 및 적용이 필수적이다. 시공간적 스케일이 확장될수록 자연 및 인문환경의 구성요소가 더욱 다양해지고 대상지 및 주변지역 이해당사자들의 관심과 요구 또한 더욱 복잡해질 것이다. 이러한 스케일 확장의 문제는 단순히 조경 분야의 전문성으로만 해결할 수 있는 문제가 아니기에 다양한 학문적 영역과의 소통 및 융합적 연구가 필수적이다. 도시계획, 지리학, 생태학, 환경공학, 사회학, 행정학 등 다양한 자연 및 사회과학 분야와의 협력 및 공동연구는 조경계획의 가치와 확장성을 도모하기 위한 필수 조건이라고 볼 수 있다. 연구 뿐 아니라 계획 실무에서도 융합적 접근은 더 이상 선택의 문제가 아니다. 조경계획 전문가는 실제 실무를 진행하면서 토목엔지니어, 교통엔지니어, 도시계획가, 건축가 등 다양한 인접분야의 전문가들과 전통적으로 협업을 해왔다. 오늘날에는 이러한 인접 분야의 전문가들 뿐만 아니라 경영, 문화, 브랜딩, 프로그래밍 등 과거에는 접점이 명확하지 않았던 분야의 전문가들과도 협업을 해야 할 필요성이 증대되고 있다.

타 분야와의 학문적 소통 뿐만 아니라 이해당사자와의 소통 또한 조경계획의 중요한 영역이다. 이해당사자들과의 소통은 경관의 다양한 가치 스펙트럼을 이해하고 새로운 유형의 지식을 도출하기 위한 매우 중요한 과정이며 계획의 완성도와 실행 가능성을 높일 수 있는 수단이기도 하다. 특히, 수용성 높은 계획수립을 목표로 시민 참여를 통해 다양한 계획 시나리오를 수립하여 함께 논의하고 수정 발전시키는 과정은 대규모의 공원이나 지역단위의 조경계획에서도 매우 중요하게 인식되고 있다. 시민들로 하여금 조경의 다양한 가치와 기능을 이해하게 하고 거시적 스케일과 장기적 관점에서 그 가치가 극대화되도록 구현하기 위해서는 조경계획 전문가의 소통능력과 복잡한 의사결정 과정에 대한 통찰력 있는 이해가 더욱 중요하다.

2.2. 조경계획의 미래와 과제

본 서에서 광범위하게 논의한 다양한 이론과 사례에도 불구하고 조경계획의 학문적·실천적 영역에 대한 영역은 명확하게 규정되어 있지 않다. 이는 국가와 사회 문화적 환경에 따라 차이를 보이고 있으며 그 영역과 정체성에 대한 정의는 다양한 시대적 요구와 전문가들의 인식 및 역할에 따라 지속적으로 변화할 것이다. 다만, 현 시대가 직면하고 있는 중요한 문제들 즉, 기후변화, 자연재해, 생태계 파괴, 감염병의 확산, 사회적 불평등과 갈등, 사회안전 문제 등은 조경계획 분야가 결코 간과해서는 안되는 중요한 학문적·실천적 질문이자 과제이기도 하다. 우리가 당면한 이러한 문제들은 복잡하고 다양한 이슈들을 내포하고 있으며 해결방법 또한 매우 광범위하고 정교한 수준의 분석과 절차적 디자인이 요구된다. 따라서, 조경계획의 영역과 가치가 사회적으로 인정되고 또 조경계획가가 그 책무를 다하기 위해서는 다음과 같은 전략적 대응이 필요하다.

첫째, 환경 문제에 대한 보다 진지한 관심과 깊이 있는 이해를 바탕으로 조경계획의 방향과 전략을 수립할 필요가 있다. 기후변화 위기와 생태계 파괴 및 생물자원의 감소는 미래사회의 가장 큰 위협으로 다가오고 있으며, 자연을 지배와 이용 및 착취의 대상으로 보는 이분법적 패러다임에서 벗어나 공존의 대상으로 존중하며 이를 사회 구성원들과 공유하도록 공간을 계획하는 노력이 필요하다. 따라서, 다양한 시간적 · 공간적 스케일에서 환경문제의 복합적 속성을 이해하고 참여적 계획을 통해 생태적 회복과 커뮤니티와의 지속가능한 공존이 가능하도록 노력할 필요가 있다. 이러한 자연과의 공존은 도시재생 과정에서 그린인프라를 도입함으로써 지역의 생태적 능력을 회복하고 지역주민이 그 혜택을 공유하는 조경계획의 전략으로 구현될 수 있다.

둘째, 조경계획이 사회적 공정과 정의를 구현하기 위한 중요한 수단으로 활용될 필요가 있다. 2050년까지 전 세계 인구의 68%가 도시에 집중될 것으로 예측되는 가운데, 부의 편중과 사회계층 분화의 심화 및 갈등 또한 더욱 가중될 것으로 전망되고 있다. 급속한 도시화와 함께 농어촌 지역에 대한 대안도 함께 요구된다. 인구와 사회 구조의 변화는 도시와 지역의 불평등과 쇠퇴, 그리고 지역 정체성의 소멸 문제도 초래하고 있다. 인종이나 성별, 지역, 나이, 소득, 장애 등에 구애받지 않고 도시민 누구나 자유롭고 평등하게 이용할 수 있는 공공공간의 계획은 조경계획이 해결해야 할 중요한 과제가 될 것이다.

셋째, 첨단기술 활용에 대한 적극적인 노력이다. 드론, IT 기술, 빅데이터를 활용한 데이터 수집 및 분석 기술과 인공지능을 활용한 정교한 예측모델의 개발은 기존의 데이터 수준과는 비교할 수 없는 혁신적인 양질의 데이터와 의사결정 수단을 제공할 것이다. 지리학, 도시계획, 사회학, 환경 등 다양한 분야에서 쏟아지고 있는 방대한 데이터들에 주목하고 이를 다양한 스케일의 조경계획 수립 및 모니터링에 활용할 수 있는 능력은 향후 조경계획의 영역과 전문가의 역량을 좌우하는 중요한 지표가 될 수 있을 것이다. 또한, 스마트 기술 기반의 도시와 환경 구축은 더 이상 먼 미래의 일이 아니라 당장 우리의 현실에서 적용가능한 대안을 찾아야 하는 당면한 실천적 과제가 되었다. 혁신적 기술을 통한 연구와 분석의 결과는 새로운 현실에 실무적으로 적용되어야 한다. 조경계획은 AI기술, 자율주행자동차, 로봇공학, UAM, 블록체인 기술 등 미래를 주도하는 신기술을 어떻게 조경이라는 매체를 통해 실생활에 접목할지도 고민해야 한다.

넷째, 조경계획의 중요성과 가치를 설득하기 위한 정치적 관심과 정책적 개선 노력이 필요하다. 도시계획에서 '계획'이 가지는 속성이 필연적으로 정치적이라는 점을 부인할 수 없다면 조경계획 또한 이러한 속성의 중요성을 간과해서는 안된다. 계획은 복잡하게 얽힌 의사결정의 연속적 과정이며 이는 다양한 이해관계자들의 개입과 힘의 논리에 영향을 받을 수 밖에 없는 것이 현실이다. 조경계획가는 이러한 계획의 정치적 속성에 대한 이해를 바탕으로 다양한 이해관계자들과 의사결정자들과의 소통과 협력을 도모해야 하며, 이를 통해 공동의 목표를 도출하고 중요한 가치를 설득하며 효과적으로 실행하기 위해 실천가능한 방법과 전략들을 제시하여야 한다.

참고문헌

김용국 (2019) 포용적 생활 SOC 정책 추진을 위한 공원결핍지수 개발 연구, 한국조경학회지 47(5): 28-40.

김진하 (2016) 제4차 산업혁명 시대, 미래사회 변화에 대한 전략적 대응 방안 모색, KISTEP R&D Inl, pp. 45-58.

문화체육관광부 (2020) 코로나19가 바꾼 일상, '집 안 문화생활.집 근처 야외활동', 대한민국 정책브리핑. https : //www.korea.kr/news/policyNewsView.do?newsId=148879790

조경진 (2007) 공원문화의 현실과 지평 : 서구와 한국의 공원이용 변천과 비교를 중심으로, 환경논총 45 : 33-54.

허학영, 조동길, 심윤진, 유윤진, 홍진표, 심규원 (2017) 잠재 보호지역 발굴을 통한 국가 보호지역 확대 방안 - 보호지역 부합성에 대한 전문가 인식을 중심으로, 한국환경생태학회지 31(6) : 586-594.

홍진표, 심윤진, 허학영 (2017) 아이치 생물다양성 목표 11의 이론적 고찰 - 보호지역의 양적 확대 목표와 질적 향상 목표를 중심으로, 한국환경복원기술학회 20(5) : 43-58.

IPCC (2014) In : Core Writing Team, Pachauri, R.K.,, Meyer, L.A. (eds.) Climate Change 2014 : Synthesis Report. Contribution of Working Groups I, II and III to the Fifth Assessment Report of the Intergovernmental Panel on Climate Change. IPCC, Geneva, Switzerland.

IPCC (2019) Climate Change and Land : an IPCC special report on climate change, desertification, land degradation, sustainable land management, food security, and greenhouse gas fluxes in terrestrial ecosystems - Summary for policymakers.

IUCN (2021) Post-2020 global biodiversity frameworkhttps : //www.iucn.org/resources/issues-briefs/post-2020-global-biodiversity-framework.

Jenkins, S., Millar, R.J., Leach, N., Allen, M.R. (2018) Framing climate goals in terms of cumu-lative CO2-forcing-equivalent emissions. Geophysical Research Letters 45 : 2795-2804.

Jung, M., Arnell, A., de Lamo, X. et al. (2021) Areas of global importance for conserving terrestrial biodiversity, carbon and water. Nature Ecology and Evolution 5 : 1499-1509.

Park, I.K., Chung, I.R., Oh, D., Jung, Y. (2021) Changes in the Number of Urban Park Users Due to the Spread of COVID-19 : Time Series Big Data Analysis. Journal of the Korean Regional Science Association 37(2) : 17-33.

Scheidel, A., Work, C. (2018) Forest plantations and climate change discourses : New powers of 'green' grabbing in Cambodia. Land Use Policy 77 : 9-18.

Steinitz, C. (2022) On the Future of Landscape Architecture. Landscape Architecture Foundation (https://www.lafoundation.org/resources/2016/07/declaration-carl-steinitz)

Thomas, C., Cameron, A., Green, R. et al. (2004) Extinction risk from climate change. Nature 427 : 145-148.

저자소개

권진욱 (영남대학교 조경학과)

영남대학교 조경학과에서 학사, 서울대학교 환경대학원 환경조경학과에서 석사학위를 마쳤으며 프랑스 낭시국립건축학교에서 DESS 학위(조경전문학위), 파리 발드센느국립건축학교에서 DPLG 학위(프랑스국가공인건축사)를 취득했다. 프랑스 Barthelemy & Grino archi., (주)우대기술단 조경사업부에서 근무한 바 있으며 계원예술대학 부교수를 거쳐 현재 영남대학교 조경학과 교수로 재직중이다.

김건우 (한양대학교 도시대학원 랜드스케이프어바니즘전공 및 공학대학원 조경생태복원전공)

미국 일리노이대학교 어바나샴페인에서 조경학 학사학위를(2008), 서울대학교에서 조경학 석사학위를(2011), 미국 버지니아공과대학교에서 건축과 디자인 연구에서(조경 리서치) 박사학위를(2015) 취득하였다. 미국 애리조나 주립대학교에서 조경학과 조교수(2015-2017) 및 미국 노스캐롤라이나 A&T 주립대학교에서 조경학과(테뉴어트랙) 조교수(2017-2018)로 재직하였다. 그는 현재 한양대학교 도시대학원 랜드스케이프어바니즘전공 및 공학대학원 조경생태복원전공 주임교수로 재직하고 있다.

김민 (공주대학교 조경학과)

고려대학교 환경생태공학부에서 환경계획 및 조경학 박사를 취득한 후, 동대학 오정리질리언스연구원의 연구교수를 거쳐 현재 공주대학교 조경학과에서 교수로 재직중이다. 도시 지역의 잉여자원인 유휴공간과 빈집을 활용하여 기후회복력을 증진시킬 수 있는 생태복원 및 식재설계 연구를 수행하고 있다. 최근에는 가상현실, 딥러닝, IoT 등 4차산업기술을 활용하여 신재생에너지 경관, 폐기물 경관, 탄소중립공원 등 신기후 체제에서의 조경 관리 전략에 대한 연구로 확장하고 있다.

김복영 (중부대학교 정원문화산업학과)

연세대학교 주거환경학과 이학사, 서울대학교 환경대학원 조경학석사, The Ohio State University 예술학석사(MFA), 서울대학교 협동과정 조경학전공에서 공학박사 학위를 취득했다. 이후 (주)림인포테크 대표이사로 근무하면서 조경분야 스마트기술 도입을 위해 Smartech 교육과정 운영, 관련 도서 집필 등의 활동을 하다가 현재 중부대학교 정원문화산업학과 교수로 재직중이다. BIM, VR/AR, 메타버스 등 조경분야 스마트기술 및 정원 디지털 설계와 관련된 연구를 수행하고 있다.

김영민 (서울시립대학교 조경학과)

서울대학교에서 조경과 건축을 함께 공부하였고 하버드 대학교 GSD에서 조경학 석사학위를 받았다. 서울시립대학교 교수로 조경, 건축, 도시의 접점을 연구하고 있으며 광화문광장, 파리공원 재설계 등 다양한 설계 프로젝트를 수행하고 있다. 미국 SWA Group에서 실무를 수행하였고 USC 건축대학원의 교수진으로 강의를 했다. 역서로는 『랜드스케이프 어바니즘』이 있으며, 『스튜디오 201, 다르게 디자인하기』를 비롯한 다수의 공저가 있다.

김영재 (영남대학교 조경학과)

미국 Texas A&M University 조경 및 도시계획학과에서 박사학위를 취득 후 전임강사로 재직하였다. 이후 미국 North Dakota State University 조경학과에서 조교수를 거쳐 현재 영남대학교 조경학과에서 부교수로 재직 중이다. 조경계획, 도시계획, 공원녹지, 공중보건, 건강, 여가공간 등 여러 분야가 융합된 학제간 연구를 수행하고 있다.

김진오 (경희대학교 환경조경디자인학과)

경희대학교 조경학과를 졸업한 후 환경과조경 잡지사 기자를 거쳐 미국 Arizona State University에서 환경계획학 석사를, University of Texas at Austin에서 도시계획학 박사학위를 취득했다. University of Minnesota Institute on Environment에서 박사후 연구과정과 한국환경연구원에서 환경영향평가검토 실무를 거쳐 현재 경희대학교 환경조경디자인학과에 재직중이다. 조경 및 환경계획, 환경영향평가 연구에 주력하고 있으며 2024년부터 한국환경영향평가학회 회장을 수행하고 있다.

김충식 (한국전통문화대학교 문화재수리기술학과)

서울시립대학교 조경학과에서 공학박사학위를 취득했다. 쌍용엔지니어링, 강릉원주대학교 환경조경학과 교수를 거쳐고 현재 한국전통문화대학교 문화유산전문대학원 문화재수리기술학과에서 전통조경과 명승, 디지털 헤리티지에 대해 연구와 교육을 하고 있다. 국가유산위원회 사적분과 위원으로 전통조경을 담당하고 있다. '한국 조경의 새로운 지평', '디지털유산, 문화유산의 3차원 기록과 활용', '겸재, 스케치업 5.0을 만나다' 등을 저술하였다.

김 현 (단국대학교 환경원예조경학부 녹지조경학전공)

성균관대학교 조경학과에서 학사와 석사 그리고 동경대학에서 농학박사 학위를 취득하였다. 삼성물산에서 조경계획과 설계를 담당하였고 한국문화관광연구원에서 관광개발과 여가 및 관광정책 연구를 수행하였으며 현재 단국대학교에서 조경계획 및 공원녹지 분야를 교육하고 있다. 도시인프라로서의 공원녹지, 거버넌스 구축을 통한 공원관리에 관한 연구에 중점을 두고 있다.

나성진 (서브디비전)

서울대학교 조경학과와 하버드대학교 대학원(Harvard GSD)에서 조경설계를 전공했다. Field Operations와 West 8에서 조경 실무를 했고, 2016년부터 성균관대학교, 서울시립대학교, 고려대학교 및 경희대학교에서 컴퓨터 미디어와 설계 수업을 강의하고 있다. 2017년에 얼라이브어스를 설립해 공동대표로 국내외 다양한 프로젝트를 진행하였으며, 컴퓨테이셔널 디자인 중심의 설계를 위해 2021년 서브디비전을 창업했다. 조경을 베이스로 정원, 도시 건축을 포괄한 다양한 스펙트럼의 프로젝트들을 수행하며, 컴퓨테이셔널 디자인과 미디어, 테크놀로지에 관한 다양한 강의 및 워크숍을 진행하고 있다.

민성훈 (수원대학교 도시부동산학과)

서울대학교 조경학 학사, 연세대학교 경영학 석사, 건국대학교 부동산학 박사를 거쳐 현재 수원대학교 도시부동산학과에서 교수로 재직중이다. 부동산 금융론과 투자론을 가르치고 있으며, 스타일투자, ESG 투자, 벤치마크 지수 등을 연구하고 있다. 교수가 되기 전에는 금융기관에서 부동산과 관련된 금융과 투자업무를 수행했다. 이러한 경험을 바탕으로 현재 다수의 공적기금에서 투자심의위원으로 활동하고 있다.

박찬 (서울시립대학교 조경학과)

서울대학교 환경대학원 협동과정 조경학 박사학위를 취득하였으며, 현재 서울시립대학교 조경학과에 재직중이다. 조경계획, 공간정보체계, 환경생태정보학, 공간의사결정론 등을 강의하고 있으며, 기후변화 대응, 생태계 관리 등 환경, 경제 문제를 중심으로 진단 및 분석, 공간계획 및 복원, 효과평가 및 관리방안 과 관련된 연구를 수행하고 있다.

손용훈 (서울대학교 환경대학원 환경설계학과)

서울대학교 농업생명과학대학 조경학과를 졸업하고, 환경대학원 환경조경학과를 거쳐 일본 동경대학에서 농학박사 학위를 취득하였다. 일본의 관광정책을 연구하는 재단법인 일본교통공사와 국립지바대학 녹지환경학과 부교수를 거쳐 현재 서울대학교 환경대학원 환경설계학과에서 조경계획 분야를 교육하고 있다. 도시녹지의 보전과 활용에 관한 연구에 중점을 두고 있으며, 그 외에도 농촌경관, 휴양림, 국립공원 등을 대상으로 한 연구를 주로 수행하고 있다.

송기환 (전북대학교 생태조경디자인학과)

고려대학교 환경생태공학부에서 환경계획 및 조경학 박사를 취득한 후, 동대학 오정리질리언스연구원에서 연구교수를 거쳐 현재 전북대학교 생태조경디자인학과에서 교수로 재직중이다. 회복력의 개념을 기반으로 한 사회생태적 복원을 통해 이론과 실제의 간극을 메우고자 하는 연구들을 수행하고 있다. '지속가능성', '생태계서비스', '자연기반해법'과 같은 주요 개념들을 다양한 지역에 응용하며, 그 과정에서 특히 시공간 시뮬레이션 모델링과 빅데이터 관리 기술, 디지털 트윈 공간 계획 및 설계 기법 등을 환경생태 및 복원의 분야에 적용하고 있다.

신지훈 (단국대학교 환경원예조경학부 녹지조경학전공)

서울대학교 조경학과를 졸업하고 동 대학원에서 조경학석사와 공학박사 학위를 취득하였다. (주)그룹한 어소시에이트에서 경관생태디자인연구소장을 역임하였으며, 경주대학교 관광조경학과에 재직하였다. 현재는 단국대학교에서 조경계획과 조경설계, 조경미학과 단지설계 등의 과목을 강의하고 있으며, 경관평가와 분석, 경관계획, 친환경계획 등의 분야를 연구하고 있다.

안병철 (원광대학교 산림조경학과)

영남대학교 조경학과를 졸업한 후 고려대학교에서 석사 및 박사(환경계획 및 조경학 전공) 학위를 취득했다. 1995년~2015년까지 K-water에서 강, 하천 유역관리와 수변경관 실무를 수행하였으며, 현재 원광대학교 산림조경학과 교수로 재직 중이다. 한국조경학회 부회장, 한국환경복원기술학회 상임이사, 행정중심복합도시 총괄자문위원, 한국 강살리기네트워크 정책위원장으로 활동하며 생태적 유역관리와 탄소중립에 관련된 연구를 수행하고 있다.

안승홍 (한경국립대학교 식물자원조경학부)

영남대 조경학과 학사, 서울대학교 환경대학원에서 석사와 박사학위를 취득하였다. 서인엔지니어링에서 실무경력을 쌓았으며 서울대학교 환경계획연구소 연구원, 환경조경발전재단 사무국장을 역임했다. 정원설계, 공원 및 오픈스페이스 설계, 광역 및 단지설계, 융합설계스튜디오, 조경법제도, 조경예술론 등을 가르치고 있다. 연구 분야로는 도시공원, 정원, 명승에 중심을 두고 조경진흥법과 전통조경 기본계획 등 조경 및 전통조경 정책을 통해 실천적 대안을 찾고 있다.

엄정희 (경북대학교 산림과학 · 조경학부 조경학전공)

경북대학교 조경학과를 졸업한 후, 서울대학교 환경대학원에서 조경학석사, 독일 베를린공대에서 공학박사를 취득하였다. 국립기상과학원, 한국환경연구원, 계명대학교 생태조경학전공 조교수를 거쳐 현재 경북대학교 산림과학 · 조경학부 조경학전공 부교수로 재직 중이다. 도시 열환경 및 대기환경을 개선하기 위한 계획 및 정책연구에 중점을 두고 있으며, 바람길 계획, 기후대응형 도시숲 조성, 도시기후 공간정보 및 플랫폼 구축에 관한 연구를 수행하고 있다.

오충현 (동국대학교 바이오환경과학과)

서울시립대학교 조경학과에서 학사, 석사, 박사(환경생태학 전공) 학위를 취득했다. 1992년부터 2004년까지 서울시 도시계획국에서 근무했으며 현재 동국대학교 바이오환경과학과 교수 및 생태계서비스 연구소 소장으로 활동하고 있다. 도시생태, 보호지역 관리, 생물다양성과 생태계 서비스 관련 연구를 진행하고 있다.

오형은 (지역활성화센터)

영남대학교 조경학과를 졸업했으며 서울대학교 환경대학원에서 환경조경학 석사를, 서울시립대학교 대학원에서 조경학 박사학위를 취득했다. 조경기술사로 조경설계 서안(주)에서 근무했으며 현재 ㈜지역활성화센터에서 근무하고 있다. 주민이 참여하는 지역계획과 공동체 활동에 관심을 가지고 있으며 대통령소속 농어업농어촌특별위원회 위원과 행정안전부 균형발전분과 정책자문위원으로 활동하고 있다.

이소은 (지역활성화센터)

숙명여자대학교에서 환경디자인을 전공했으며 서울대학교 환경대학원 환경조경학 석사 및 동 대학원 박사과정을 수료했다. 지역과 사회에 대한 이해와 관심, 풍부한 상상력을 통해 로컬의 가능성을 도모하고 지역 커뮤니티의 새로운 역할을 만들어 가는 일을 하고자 지역활성화센터에 입사, 십여년간 몸담고 있다.

전진형 (고려대학교 환경생태공학부)

고려대학교 환경생태공학부에 재직중이며 생태조경융합전공 주임교수이다. 회복력 있는 생태공간 조성을 위해 도시–농촌–해안 지역에서 리질리언스 디자인 기법에 대한 다차원적인 교육과 연구를 수행하고 있다. 또한 산–학 연계를 통해 기후변화 적응 및 탄소중립을 위한 생태조경시스템을 개발하고 이를 현장과 가상공간에서 실험하고 있다. 특히, 생태학적 이론과 과학적 데이터를 근거로 한 시 · 공간 디자인 시뮬레이션을 통해, 설계 단계부터 시공 후까지 생태계 변화를 예측하여 지속가능한 사회생태시스템 구축을 위해 다양한 해법들을 모색하며 조경의 지평을 확장하는데 관심이 있다.

정해준 (계명대학교 생태조경학과)

고려대학교 환경생태공학부를 졸업하고, 영국 셰필드 대학교 조경학과에서 박사 학위를 취득하였다. 셰필드 대학교와 서울대학교 환경계획연구소에서 박사 후 과정을 거쳐, 현재 계명대학교 공과대학 도시학부 생태조경학과 조교수로 재직 중이며, 조경 및 경관 계획과 역사환경 분야를 교육하고 있다. 지역 경관의 체계적 관리방안 연구를 목적으로 경관계획연구실을 운영하고 있으며, 경관 평가 및 특성화, 문화경관 보전 및 활용, 그리고 공원녹지와 경관 자원을 활용한 녹색 사회적 처방 연구를 수행하고 있다.

조경두 (인천연구원 인천탄소중립연구지원센터)

서울대학교 조경학과(학사)와 환경계획학과(석사 및 박사)를 졸업했고, 환경부에서 한국환경연감(현 환경통계연감) 창간호 기획 및 편집을 담당했다. 1996년 이후 인천연구원에서 기후 및 대기환경분야의 정책연구를 수행해오고 있다. 2017년부터 인천기후환경연구센터(현 인천탄소중립연구지원센터) 센터장으로 일하면서 정부와 지자체의 기후대기환경 및 탄소중립 관련 정책연구와 평가자문 뿐 아니라, UNEP와 GCF, UNESCAP 등 국제기구와의 협력사업을 수행하고 있다.

조동길 (동아대학교 디자인환경대학 조경학과)

서울대학교 환경대학원 협동과정 조경학 전공(공학박사)을 졸업하고 넥서스환경디자인연구원(주)을 창립하고 대표이사를 지냈다. 2020년부터 동아대학교 디자인환경대학 조경학과 조교수로 재직하고 있으며, 진산환경연구원(주) 대표를 겸하고 있다. 생태복원 분야를 주로 강의하고 있으며, 생태복원을 위한 식재 기법, 저비용 · 고효율 방식의 생태복원지역 조성 및 관리 기법, 야생동물 서식처 조성 기법과 관련된 연구를 주로 수행하고 있다.

주신하 (서울여자대학교 원예생명조경학과)

서울대학교 조경학과를 졸업한 후 동대학교 대학원에서 석사와 박사를 취득했다. 토문엔지니어링 건축사사무소, 가원조경기술사사무소, 도시건축 소도에서 조경계획과 경관계획 실무를 경험하였우며, 신구대학교 환경조경과 초빙교수를 거쳐 현재 서울여자대학교 원예생명조경학과에 근무하고 있다. 한국경관학회 회장을 역임한 바 있으며, 저서로는 '조경계획 · 설계', '이미지스케이프', '알기쉬운 경관법해설', '경관계획방법론' 등을 집필하였다.

최윤의 (강원대학교 생태조경디자인학과)

경희대학교 환경조경디자인전공에서 조경학사를 취득한 후 고려대학교 환경계획 및 조경학 전공으로 이학박사를 취득했다. 고려대학교 오정리질리언스연구원에서 연구교수로 재직하였으며, 현재 강원대학교 생태조경디자인학과 교수로 재직 중이다. 생태복원, 경관자원보존, 조경관계법규 등을 교육하며, 생태학 이론에 기반하여 도시 및 농촌의 생태환경 분석 및 계획, 생태계서비스 관련 연구를 수행하고 있다.

최희선 (한국환경연구원)

서울대학교 환경대학원 협동과정 조경학(환경생태계획)으로 박사학위를 받았으며, 현재 한국환경연구원(KEI) 선임연구위원으로 재직 중이다. 국토-환경계획 통합관리제도, 생태관광지역 지정제도 등의 법제화에 기여한 바 있으며, 현재는 스마트 지속가능도시, 도시회복력, 순환도시 등에 관심을 기울이고 있다. 국내외 전문가와 함께 'Planning Climate Smart and Wise Cities: A Multidisciplinary Approach(Springer, 2021)'를 출간하기도 하였다.

조경계획론

초판인쇄 | 2024년 2월 23일
초판발행 | 2024년 2월 29일
저 자 | 권진욱 · 김건우 · 김 민 · 김복영 · 김영민 · 김영재
김진오 · 김충식 · 김 현 · 나성진 · 민성훈 · 박 찬
손용훈 · 송기환 · 신지훈 · 안병철 · 안승홍 · 엄정희
오충현 · 오형은 · 이소은 · 전진형 · 정해준 · 조경두
조동길 · 주신하 · 최윤의 · 최희선
발 행 인 | 이성범
발 행 처 | 문운당
주 소 | 서울시 종로구 혜화로5길 16 (명륜1가 45-3)
전 화 | (02)762-6010
팩 스 | 영업 (02)745-0265 / 편집 (02)762-8758
홈페이지 | http://munundang.co.kr
이 메 일 | 영업 munun2@chol.com
편집 munundang@naver.com

ISBN 979-11-5692-688-7 93520

정가 32,000원